U0390581

本书的研究和出版得到了国家社会科学基金重点项目（09AZD043）、教育部"985"三期项目、浙江大学农业现代化与农村发展研究中心（CARD)的资助，在此表示衷心的感谢！

A Study on Policy Design and Options of Agricultural Non-point Pollution Control

中国"三农"问题研究系列

农业面源污染治理政策设计与选择研究

韩洪云 杨曾旭 蔡书楷 ◎著

ZHEJIANG UNIVERSITY PRESS
浙江大学出版社

前　言

　　资源短缺和环境退化已经成为中国经济、社会发展的主要制约因素；生态环境退化已经成为全球最急迫和最具灾难性的问题。资源的效率配置与环境保护，无论是发展中国家还是发达国家都是经济、社会可持续发展的关键。随着对点源污染控制的重视及治理能力的提高，面源污染已成为世界范围内环境保护的一大挑战；由于面源污染的广域性、随机性和监测困难，使得面源污染治理政策设计无论对发达国家还是发展中国家而言，都是环境污染治理政策设计的挑战性领域。本专著在借鉴国内外相关理论和经验研究成果的基础上，探讨了以下三方面的问题：农业化肥施用面源污染政策设计；农药施用农业面源污染政策设计；生猪养殖规模演进及其污染治理政策设计研究。

　　本研究是国家社会科学基金重点项目"我国资源环境税收政策研究"（09AZD043）的研究成果，是在社会科学基金重点项目的支持下，博士论文研究的集成成果。在本项目研究的过程中，作者也明确感受到面源污染治理政策设计研究的困难。因为面源污染治理政策设计研究涉及生物学、经济学和社会科学的方方面面，本专著试图从资源与环境统一的视角，利用经济学的分析工具，系统探讨资源与环境的利用与管理问题，希望通过资源利用与配置规律的探索，以及环境政策的设计、选择的分析和环境价值评价最新方法的介绍，为研究人员和政府相关领域决策者制定政策提供一定的理论基础和实践指导。

　　当然，本书的研究尚存在不足和问题，相关研究还需进一步深入，希望本书的出版能够起到抛砖引玉的作用！如果本书能够为有志于中国资源与环境管理这一问题研究感兴趣的诸位同仁提供一点借鉴，为中国资源与环境管理政策制定作出一点贡献，那是我们的最大愿望！

韩洪云

2013 年 11 月于杭州

目 录
CONTENTS

第一篇　农业化肥施用与农业面源污染治理政策设计与选择

第二篇　农药施用与农业面源污染治理政策设计与选择

第三篇　中国生猪养殖规模演进及其污染治理政策设计与选择

0 绪 言

0.1 面源污染的成因

生态环境退化已成为全球最急迫和最具灾难性的问题。生态环境是指生物群落及非生物自然因素所构成的生态系统整体,包括一定空间内的生物群落及其环境。虽然生态系统本身具有内在的自我恢复基本功能和系统供给功能(李笑春,2002),但人类对生态系统供给功能的过度开发导致生态系统基本功能的退化或丧失,并制约系统供给功能的发挥和人类生存环境的持续恶化;经济增长方式不当和人类活动引致的环境退化是生态系统退化的最重要原因(胡聃,奚增均,2002)。中国生态环境退化主要表现在:水土环境退化和生物多样性消失。水是生态圈中生命维持系统的基本要素,土地环境退化与水环境恶化相互强化,水资源不足、水环境污染和水生态恶化已经成为制约中国经济社会可持续发展的重要因素(仇保兴,2006),水环境污染已经是中国政府最大和最难解决的问题(Brown & Halweil,1998)。

水污染包括点源污染(point source pollution)和面源污染(diffused pollution)。点源污染是指通过固定排放口集中排放的污染,主要包括工业废水、城市生活污水、固体废弃物处理厂排放的污水等固定污染源产生的污染;面源污染包括工农业生产和生活中的土壤泥沙颗粒、氮磷等营养物质、秸秆农膜等固体废弃物、畜禽养殖粪便污水、水产养殖饵料药物、农村生活污水垃圾、各种大气颗粒物等,通过地表径流、土壤侵蚀、农田排水、地下淋溶、大气沉降等形式进入水、土壤或者大气环境所造成的污染(Novotny et al.,1993)。面源污染已成为影响中国水环境质量的重要污染源。

根据面源污染发生的区域和过程,面源污染可以分为城市面源污染和农村面源污染两大类。城市面源污染,也称为城市暴雨径流污染,是指在降水条件下,雨水和径流冲刷城市地面,污染径流通过排水系统的传输,导致的受纳水体水质污染。农村面源污染包括农村生活和农业生产活动中的氮磷等营养物质、农药以及其他有机或无机污染物,通过农田地表径流和农田渗漏所形成的地表和地下水环境污染。中国水体污染物的约 1/3 来自农业面源污染(黄晶晶等,2006)。2010 年《第一次全国污染源普查公报》,农业污染源包括种植业、畜禽养殖和水产养殖,农业面源污染已超过点源污染,成为中国水环境污染的最大污染源,其中,种植业中总氮、总磷流失量占农业污染源总氮、总磷排放量的59.1%和38.2%。化肥、农药和集约化畜禽养殖,通过农田地表径流和农田渗漏造成水环境污染。化肥、农药及畜禽养殖是农业面源污染的主要来源(潘洁,2003;彭新宇、张陆彪,2007)。

中国农业污染研究起始于 20 世纪 80 年代的湖泊富营养化调查。我国"八五"攻关课题"滇池防护带农田径流污染控制工程技术研究"首次引进人工湿地工程技术以应对农田径流污染(杨文龙等,1996);中国存在循环经济的尝试,但面源污染治理仍然沿用了植物缓冲带等点源污染治理措施(张维理等,2004),技术创新依然是面源污染治理的主要目标,单项技术是研发活动的主要对象,缺乏与其他相关技术的有效衔接和明确的市场导向(章力建,朱立志,2006);随着对点源污染治理能力的提高,不受政策法规约束的大量的小农户,使得中国环境污染治理任务更为艰巨和复杂(Menzies,1991;Yeh,2000);农业部门和环境保护改革是中国改革进程中非常棘手的问题(Veeck & Wang,2000)。虽然中国政府承认保护环境需要农民采用减少污染的行动,但很少有研究真正关注农民改变其行为的理由(Adrian et al.,2005)。由于农业面源污染治理涉及自然条件、生产方式、政策法规、经济投入和公众意识等多个方面,不仅要依靠多学科的理论与方法,而且必须对新的客体和新的观念,建立新的理论体系(章力建等,2006)。面源污染政策缺失是中国生态恢复与环境保护的最大挑战。

随着对点源污染控制的重视及治理能力的提高,面源污染已成为世界范围内环境保护的一大挑战;由于面源污染的广域性、随机性和监测困难,使得面源污染治理政策设计无论对发达国家还是发展中国家而言,都是环境污染治理政策设计的挑战性领域(Buresh,1986)。现有的研究表明,尽管农业本身已经成为化肥过度施用的直接利益受损者(Tucker & Napier,2001),农民在承担环境友好型作业方式管理成本的同时,作业管理方式变化导致的环境收益将更多地以环境公共物品的形式转向社会,而非农户本身。由于政府规制政策的缺失,农民并不会自愿地采取环境友好的最佳管理措施(朱兆良等,2005)。"几乎没有证据表明亚洲的政策制定者对资源开发利用的公共物品特性给予适当考虑"(Dudgeon,2000:795)。不同生产模式与环境质量关系评价是制定适当的成本分担环境政策的基础(Weersink et al.,2002),不同地域或者不同生产者的环境保护效果差异使得环境政策的制定需要更多的信息要求(Claassen et al.,2005)。

中国农业面源污染研究尚处于起步阶段,农业面源污染研究主要集中于生物技术为主的农业污染防治技术研究方面,包括:废弃物资源化技术、立体污染阻控技术、无害化和污染减量化生产技术,以及关键工艺与工程配套技术等。农业资源保护技术激励缺乏和中国农业污染治理环境政策缺失,是中国农村水环境退化的制度根源。虽然政策制定者已经认识到农业污染防治补偿机制是农业污染防治的难点,但现有的研究本身既缺少深厚的理论基础,更缺少实践探索(章力建,侯向阳,2005)。人与自然和谐的关键在于规范人的行为。确保在维系生态系统健康的前提下开展人类经济活动,是经济社会可持续发展的基础;通过政策设计诱导和激励经济主体的环境保护行为,是未来环境政策设计的关键;通过政府政策支持实现环境友好的生产方式转变,面源污染防治的技术采纳经济激励是中国面源污染治理政策设计必须考虑的首要问题。

本研究将对发达国家政策安排的制度、组织和技术基础进行系统归纳,考虑中国发展的外部和内在环境条件,探讨可能的政策设计与选择,并运用选择模型法,对政策受体对于建议的农业面源和养殖业复合污染政策的设计与选择的可能反应进行定量评价,从而为政府环境污染事后治理政策设计与选择提供适宜的理论基础和数量依据。

0.2 国外农业面源污染政策设计与选择研究现状

0.2.1 农业面源污染政策设计

美国 $60\%\sim80\%$ 的水体污染来自农业面源污染,不合理农药施用导致的环境问题是美国农业环境保护政策的重点。Meran 和 Schwalbe(1987),Segerson(1988)首先提出了污染税—补贴政策,基于集体奖励与惩罚基础上的水污染税收—补贴政策能够克服面源污染监测困难。Xepapadeas(1991)则提出了奖励与惩罚结合政策,水污染税—补贴政策在实现政府政策目标的同时,并不一定能够实现参与者个人最优,这一政策的效率与公平效果令人质疑(Vossler et al.,2003)。水污染的易变和地点特性和监督困难,税收—补贴政策为技术创新提供激励和能够回收水污染处理高投入为经济学家所广为推崇。然而,政策实施对象不了解政府政策制定的背景是污染税—补贴政策失败的原因(Oxoby & Spraggon,2005)。

对于面源污染而言,命令控制政策可能比市场基础上的环境政策更有效率,但命令控制政策面临监督和实施困难(Power et al.,2005)。以往的农业面源污染政策包括:税收政策、制定尾水标准、为改进农场耕作管理提供激励和制定农业耕作管理标准(Shrotle & Dunn,1986);税收—补贴政策、集体惩罚或奖励政策、随机惩罚与奖励政策（Pushkarskaya，2006）。农业生产本身既是污染的来源，也是直接受害者。面源污染政策设计必须考虑以下问题：面源污染治理成本分担（Hoag & Hughes-Popp，1997），最优污染排放水平和实现预期排放水平的途径（Segerson & Walker，2002），政府环境政策的公正、有效和合理性是影响农户政策遵从的主要因素，政府法律法规的一致性决定了环境政策的监督和强制成本（Davies & hodge，2006）。对投入要素还是对产出征税取决于污染排放监测的难易程度（Griffin & Bromley，1982）。

除了污染政策设计本身的研究外，环境政策设计必须考虑与其他政策的协调效果。农产品价格和农业补贴政策、利率、汇率、贸易、能源价格、交通和经济增长，以及人口变化影响农户的投入与产出决策（Segerson & Walker，2002）。北美自由贸易协定和农业政策导致美国农药和化肥的使用量增加，以及墨西哥的农药增加和化肥减少（Willimas & Shumway，2000）。农业产业化和商品化增加了农民对除草剂的依赖，尤其是高收益的水果和蔬菜生产（Pingali，2001）。除了政策本身的实施效率考虑外，学者们对于环境政策效果进行了深入讨论。日本的水稻种植补贴政策刺激了化肥和农药使用（Anderson & Blackhurst，1992），农药税对作物种植结构和农药使用有显著影响（Shumway & Chesser，1994）。有效的农药税收方案要求详细的农药监测和预报系统（Zilbemrna & Millock，1997）。政府农药政策、生态防治技术和消费者对绿色产品的需求等会影响农药使用。对农药征税要与其他措施，比如农民教育和培训相配合才能发挥作用（Falocner & Hodge，2000）。

面源污染削减收益本身不仅包括生产性收益，而且包括环境收益，经济与环境收益评价是面源污染政策选择的理论基础（Griffin & Bromley，1982；Gardner & Young，1988）。美国环境保护法建议采用经济激励政策治理面源污染，自愿参与的环境政策设计成为面源污染政策热点（Jagger & Pender，2003）。农户技术选择影响因素在不同国家或地区是不同的，相同因素在不同国家农户技术选择的矛盾结果导致保护性农业面临挑战（Knowler & Bradshaw，2007）。以往的政策制定很少考虑环境和农户收入效果，农户对于政策设计的认识影响政府政策效果（Pingali et al.，2001）。

环境保护政策制定面临诸多公平的考虑，尤其是成本与收益的分配问题（Dietz & Atkinson，2010）。基于生产者意愿接受，而非环境潜在利益基础上的补偿政策并不能够诱导生产者的自愿参与行为（Babcock et al.，1997；Wu et al.，2001）。环境资产的价值评估是环境政策制定的具有挑战性的难题（Rolf & Windle，2005）。适宜的环境政策建立在成本收益对比基础上，包括市场和非市场收益与成本（Xu et al.，2007；Wang et al.，2007），农业环境保护项目必须能够反映生产方式和环境保护的物理关系（Ribaudo et al.，1999）。许多环境政策失败的直接原因在于环境政策并没有考虑环境保护与经济发展的关系，对于农户环境保护自愿参与行为的研究则十分少见，很少有关于环境保护市场发展的必要条件研究的相关报道（Adhikari，2009），关于农业结构变化与环境污染之间关系的经济学文献几乎是不存在的（Vukina，2003），政府与土地拥有者之间的权利与责任分配合约设计还没有成为环境政策设计的应有内容（Schilizzi et al.，2010）。政府环境政策目标、项目基础、支付政策结构、支付的接受者以及其他政策的选择与协调，决定了政府面源污染的绿色支付水平（Horan et al.，1999）。具体的环境政策设计与选择由其物理、经济和社会特性决定，政府环境政策设计必须考虑政策实施的经济、社会和环境效果。

0.2.2　养殖业污染政策设计

美国20%的农业污染来自集约化养殖的废物排放（Johnson et al.，1999），养殖业与农业污染一起，导致3/4的河道和溪流、1/2的湖泊污染（Innes，2000）。动物生产、废弃物存储和有机肥料的田间施用方式，决定了动物养殖污染程度；清厩频率、存储时间与方式，有机肥田间播撒时间与频率，pH值、气温、气流、湿度和微生物的存量，影响氮的流失量；动物肥料氮含量和运输距离决定了动物养殖废弃物的经济价值（Henry & Seagraves，1960）。肥料存储方式、可施肥面积、作物种植选择是影响农场肥料价值的主要因素（Roka & Hoag，1996），养殖者对于肥料的经济价值是不敏感的（Huang & Magleby，2001；Huang & Somwaru，2001）。政府环境管制对于动物肥料处理的过度关注导致养殖企业区域分布无效率，动物养殖分散性造成更高的外部性，政府应该实施养殖规模和进入限制（Innes，2000）。动物肥料有利于改进土壤的物理和化学特性，从而降低土壤流失和尾水水体污染。氮含量不确定性、高运输和施肥成本、对野草繁殖的担心，以及公众对于空气质量的忧虑与抱怨，影响农户的动物肥料接受意愿（Ribaudo & Agapoff，2003）。

2000年1月，美国环保局重新制定了全国土地和水产养殖废水排放标准（Kreeger，2000）。美国清洁水法将集约型的大型养殖场看作点污染源，由各州自行监督实施大型养殖场污染许可制度（Smith & Kuch，1995）。政府农田尾水排放限制降低了美国中西部生猪供给和玉米生产净收益（Schnitkey & Miranda，1993）。政府磷含量控制政策影响作物结构、养殖结构、肥料存储方式和养殖企业选址，并导致农户收入下降。从区域角度而言，如果动物饲养规模超过当地的氮需求水平，养殖场可能考虑将肥料运往更远的地区，或改变饲养方式以降低废弃物产量，或采用新技术使得动物养殖废弃物更易于运输和使用，或者削减养殖量（Schmitz et al.，1995）。出于运输成本考虑，中等规模的养殖场更倾向于选择养分保护性动物肥料存放而不是化粪池（Fleming et al.，1998）。政策服从成本依肥料运送量、存储方式和不遵从政策的养殖户数量变化。随着养殖规模的扩大与产业的集中,联邦政府动物废弃物管理面临如下选择:一是基于水清洁法基础上的规制政策;二是为自愿参与提供经济激励,包括技术支持、成本分担计划和教育支持;三是提供有关面源污染信息(Meyer,2000)。

养殖业的集中导致供给和需求条件的变化,以及相应的技术结构、产业结构和区域资源配置变化(Geisler & Lyson,1991)。政府环境政策应该考虑运输成本和市场竞争对产业分布的影响(Wimberly & Goodwin,2000)。美国农业部与环保局制定了针对大型养殖企业(1000 养殖单位)动物排泄物标准,这是一个基于技术基础上的点源污染政策,要求养殖场在 2009 年前必须完成氮管理计划,然而只有 5% 的养殖场符合目前的管制规定,如何通过劝说和教育机制诱导小规模养殖场遵从政府氮管理规定是一个悬而未决的问题。政府对于到底有多少养殖场没有遵从国家氮管理规定、养殖场对于国家环境政策的态度和参与意愿还知之甚少(Poe et al.,2001)。以往的养殖管理研究主要集中在研究动物养殖规模、肥料存储选择和氮施用比率和作物种植选择,不同规模的养殖场政府环境政策态度与参与意愿是政府养殖业污染政策设计的关键要素。

0.2.3 农业"最佳管理措施"政策设计

美国环保署提出的"最佳管理措施"(BMPS)包括工程和非工程措施,现已广泛应用的有人工湿地、植被过滤带、草地缓冲带、岸边缓冲区、免耕少耕法、综合病虫害防治、灌溉水生态化、生物废弃物再利用、防护林和地下水位控制等(Classen et al.,2005)。农户保护性耕作可能带来:农业生产成本节约、土地产量提高和食品安全水平提高、土壤流失降低、地下水和地表水污染降低、河流流量增加、洪水风险降低、对地下含水层的影响,机械化耕作导致的空气污染降低、降低二氧化碳排放,生物多样性保持;农业保护性耕作面临的可能成本包括:特殊种植设备的购买、短期作物病害影响、新管理技能学习、额外的除草剂施用、技术和培训项目发展。农户保护性农业收益成本对比在不同国家具有不同的结果(Knowler & Bradshaw,2007)。农民的农业生产行为不仅随物质资源和技术可获得而变化,而且依赖于现存的生产环境条件(Rahman & Hasan,2007)。

为促使农户采取土地保护性耕作措施,美国制定了包括推广教育、技术支持和成本分担等政策。农户自身的资本约束、对土壤流失的认知和资金获得能力,农户自身的创新意识、利润趋向和农业的重要程度(Ervin & Ervin,1982),农场规模、土地产权状态、人力资本、风险态度、土地质量以及其他经济和社会因素(Bosch et al.,1995),农场结构和农户偏好,以及政府法律规定的综合结果决定了农户政府环境政策的可能反应(Colman,1994)。农户往往出于经济原因而考虑是否遵从政府的环境政策,新技术的有用性和新技术的方便程度(Davis et al. ,1989),新技术是否能够改进工作效率和易于学习(Ajzen, 1991),决定了农户土地保护计划的参与行为。BMPS 管理技术的采用受农场规模、土地质量、农民受教育程度和其他区域因素影响(Fuglie & Kascak, 2001)。埃塞俄比亚的小规模农户的土地与水保护行为与信息获得能力呈正相关,与劳动力土地占有量成负相关(Bekele & Drake,2003)。信息和劳动替代技术缺乏、农场规模、风险规避态度、土地产权激励不足、管理知识、互补投入要素和基础设施缺乏,阻碍了农户新技术采用。信息传播、政府政策的分配效果、投入要素和产品价格、替代技术成本是影响技术扩散的主要外部因素(Feder et al. , 1985)。政府保护性耕作政策设计应该考虑其成本收益效果,由于对生产力或者异地收益和管理成本的忽略,农户自愿的环境保护参与率很低,农户环境保护技术利用影响因素值得深入研究。

0.2.4　水污染治理的政府责任

美国水污染控制立法已经有 100 多年的历史。美国 1948 年的《联邦水污染控制法》指出,水污染控制首先是各州和地方政府的责任,联邦政府在技术和资金上支持地方政府建立和实施水污染控制项目;1972 年《清洁水法》将焦点转向建立全国统一的控制技术标准,首次明确提出控制面源污染,倡导以土地利用合理化为基础的"最佳管理实践"(BMPs),建立由联邦环保局(EPA)执行的排污许可制度和污染治理政府成本分担计划;1987 年的《水质法案(WQA)》明确要求各州对面源污染进行系统识别与管理,联邦政府对面源污染治理给予资金支持。该法授予联邦环保局行政处罚权,权力更加集中并趋向单一管理主体,其管理责任更加明确,降低了各主体之间的破坏性竞争和摩擦(Nguyen et al. ,2006)。

政府的责任是创造一个支持性的制度环境,同时,政府干预在建立和实施产权的过程中是十分必要的。但政府干预有其自身无法克服的痼疾,包括项目投资的不良配置、过度膨胀的政府机构、对水质和水环境的忽视、非完备信息和非完备信息导致的外部性(Dinar et al. ,2001)。政府应该为市场竞争创造适宜的法律和法令基础。"单纯的市场和单纯的政府不能实现长期的资源效率利用。社区不得不依赖类似于政府和市场的制度的发展实施对资源的控制,这种成功的实现是有限度的,而且需要时间"(Ostrom,1991:1)。分散化的支持者认为当地的合作和自愿参与式决策过程,能够促进政府命令—控制政策的实施;反对者则认为分散化阻碍了中央政策的执行,并造成了控制机构的扩张。联邦规制机构与当地政策网络的关系,如何利用当地政策网络的发展促进实施和遵从是政府水污染规制政策必须考虑的问题(Scholz & Wang,2006)。政府应该从建设者和服务提供者转向市场促进者和服务提供调节者,构建新型的公共管理控制结构。政府环境管制的目标为克服市场失灵和实现公共利益最大化。信息揭示与披露是环境市场发展的基础(Eigernraam et al., 2005)。资源管理者面临着多项政策目标之间如何分配有限资源的问题。以往许多研究往往针对物品,而不是政策本身,对环境政策实施的成本和收益,尤其是环境价值未给予充分考虑,政策选择本身并没有引起研究者的充分关注(Pou et al.,2002)。

0.3 中国农业面源污染治理政策研究现状与困境

0.3.1 农业面源污染治理政策研究

化肥施用在带来粮食产量增加的同时,也带来了严重的农业面源污染。中国单位播种面积施肥量已远高于发达国家所公认的每公顷 225 公斤施肥量的环境安全上限(张维理等,2006)。由于施肥和灌溉技术落后,中国氮肥单季利用率仅为 30% 左右,大多数农药扩散到非防治目标上,造成对粮食、土壤和水体的污染(沈景文,1992)。中国小麦、玉米和水稻的氮肥利用率仅为 28.3%、28.2% 和 26.1%,远低于欧美发达国家 40%~60% 的水平,土壤养分供应与作物需求在数量上不匹配是中国化肥利用率低的主要原因(张福锁等,2008)。化肥的大量施用破坏了耕地的土壤结构、加速了土壤营养元素的流失,而且还导致农产品品质下降,蔬菜中硝酸盐含量超标,危害人的身体健康(Paul et al.,2000;Hesketh et al.,2000)。农业氮肥过量施用引起的地下水和饮用水硝酸盐污染问题已经十分严重(曹秀玲,2003)。农业化肥面源污染还会导致水体富营养化,严重破坏水生态系统平衡,进而威胁人畜饮水安全。

自 20 世纪 80 年代开始,农业技术服务缺乏进一步加剧了作物生产农药不合理施用(Huang, et al.,1999a;Huang, et al.,2001)。尽管农户农药施用的边际生产力为负,但出于对未来食品和粮食安全的担心,密集农业仍然是中国的主要农业形式,中国农业的农药使用将会继续增加(Huang et al.,2001)。农药本身的性质以及施用的技术影响农户农药使用行为(张隆国等,2002)。高劳动力成本导致农药对劳动力的替代;农业生产经营的小规模和农村结构及收入结构的特点,使农民对农药的需求缺乏弹性。追求经济收益最大化的农户风险规避行为导致农药的过量施用(张巨勇,2001)。农产品价格偏低引致的农民收入降低导致农药使用量上升(胡笑形,2003;范存会、黄季焜,2004)。农民家庭人口数、农民能力特征、农民对农药的认识、农民与涉农企业和农技协会,以及农民受教育水平对农民采用无公害及绿色农药行为产生影响(张云华等,2004)。追求经济收益最大化的农户风险规避行为导致农药的过量施用(张巨勇,2001)。

农业面源污染问题已经引起了中国政府的高度重视。《中华人民共和国农业法》(2002年)明确提出加强农业化学品和畜禽养殖废弃物等面源污染管理(李远、王晓霞,2005)。2006年《中华人民共和国国民经济和社会发展第十一个五年规划纲要》,2008年党的十七届三中全会报告和2010年《中共中央关于制定国民经济和社会发展第十二个五年规划的建议》,已经将治理农业面源污染作为实现中国农业可持续发展、建设社会主义新农村的重要任务。但是在实践上,我国农业面源污染治理主要集中在技术开发,包括农田与沟渠间的缓冲林带(陈金林等,2002),农田水陆交错带(尹澄清等,2002),构建多元化的生产格局和人工群落(王永岐等,2001;田永辉等,2002),以及通过生物基因工程技术降低农药的施用(Huang et al.,2002;刘万学等,2003)。2004年,中国农业科学院的一批专家经过多年研究首次提出农业立体污染的新概念,这一概念的提出使农业污染防治研究从微观到宏观不同层面全方位展开(章力建、侯向阳,2005)。中国农业面源污染治理政策研究主要集中在环境标准的制定和环保技术研发(张蔚文等,2006),社会成本收益分析是政策设计研究的重点(邱君,2007),与中国农业面源污染治理有关的诸多领域的研究尚处于起步阶段。

0.3.2　养殖业污染治理政策设计

随着中国经济的迅速发展,我国畜禽养殖集约化趋势不断加强(张磊,田义文,2007),传统养殖方式下的畜牧与种植业循环系统正在被打破(邓力群,2000)。伴随着养殖业规模化和集约化发展,畜禽养殖粪便和污水对农村水体、大气、土壤和生物圈层造成了交叉立体式污染(彭新宇、张陆彪,2006)。有研究认为,从分散向规模化养殖转变导致的畜禽粪便集中排放造成了严重的水环境污染(张维理等,2004;周斌、陆建定、任锦芳,2006;李建华,2004;陶涛,1998;张琪,2006);也有分析认为,即使不考虑规模养殖的经济效率,如果大规模养殖场愿意投资进行废弃物处理,规模化养殖的环境影响远小于农户散养模式,其关键在于如何以法律形式规范大型养殖场废弃物管理(刘旭明、袁正东,2008)。由于农民难以承担畜禽养殖污水处理的高成本,我国现行的畜禽养殖污水排放技术标准难以实施,畜禽养殖成为农业污染的重要来源。养猪场和养牛场是中国养殖污染的主要来源(张维理等,2004;杨朝晖,2002)。90%以上的养猪场没有污水处理系统,生猪养殖是水环境污染的重要原因(朱兆良等,2005)。

生猪养殖的社会接受程度和经济回报率加速了其规模化进程(陈顺友等,2000),2006年和2007年生猪瘟疫泛滥,生猪养殖要素成本提升和市场风险加快了散养户的退出(冯永辉,2006)。2007年生猪价格大幅上涨,国务院出台了直补养殖场(户)和良种补贴扶持生猪生产的政策,以促进生猪养殖标准化和规模化发展,加快了畜牧产业聚集步伐,以发挥产业聚集的横向区域优势和纵向竞争优势(周斌、陆建定、任锦芳,2006)。畜产品质量难以控制、生产风险大和畜产品深加工业不发达等,阻碍了中国生猪养殖的进一步发展(何晓红,马月辉,2007)。为降低生产风险,生猪养殖户愿意加盟优质猪肉供应链,生猪收购的付款保证和投入品供应保证程度是养殖户关心的主要问题(孙世民,2008);生猪养殖规模、非农兼业状况和资本可获得性是影响养殖户是否采纳生产合同的主要因素(周曙东、戴迎春,2005)。大量的小规模养殖户废弃物处理与管理,仍然是生猪养殖污染治理的关键方面。堆肥还田以替代果蔬种植业的化肥施用,通过干燥法或青贮法将废弃物转化为畜禽或养鱼的有机饲料,是处理生猪养殖废弃物的主要资源循环利用方式(王德荣,1997;李健生,2005)。

为发挥产业聚集的横向区域优势,促使养殖场(小区)采用高效治污技术,2008年中央财政安排25亿元资金扶持生猪标准化规模饲养场(小区)基础设施建设,包括:粪污处理、猪舍标准化改造及防疫等设施建设。浙江省通过财政补贴或技术咨询等政策鼓励养殖农户治理污染,推动畜禽生态养殖区排泄物治理设施建设(周斌、陆建定、任锦芳,2006);2001年,国家环保总局颁布的《畜禽养殖污染防治管理办法》明确规定生猪常年存栏量500头以上的养殖场排放污染物时,应缴纳排污费和超标排污费。2010年,农业部《关于加快推进畜禽标准化规模养殖的意见》明确强调,在推进畜牧业生产方式尽快由粗放型向集约型转变的同时,畜禽养殖污染的无害化生态型治理是生猪养殖污染治理的一个重要探索(黄志海,2008),但其推广面临高资金和技术需求、副产品没有获得应有的市场回报等困境(苏杨,2006)。规模化养猪场集中产生的大量废弃物如果不能及时被土地消纳,未经妥善处理的废弃物必然加剧环境污染。造成生猪养殖环境污染的一个重要原因在于种养脱节、饲料利用率不高、猪舍设计与布局不尽合理和沼气工程的高建设成本(张存根,2005)。政府养殖产业政策影响作物结构、养殖结构、肥料存储方式和养殖区位选择(韩洪云,2009)。生猪养殖区位分布与产业发展政策的协调,是生猪养殖可持续发展政策设计的一个重要问题;生猪养殖废弃物处置模式选择经济激励和政策支持是中国未来养殖业可持续发展的制度基础。

0.4　本研究的主要内容

对面源污染的认识及重视始于20世纪70年代的美国。美国对面源污染治理进行了广泛的探索,已初步建立了面源污染的规制政策、技术标准和经济激励手段,从法律角度明确了管理机构在污染治理中的责任与权力。但由于面源污染的经济成本往往是难以精确度量的(Ribaudo et al.,1999),美国的水质改善主要来自于工业和城市污水处理厂的污染排放削减,农业和集约化养殖点源污染几乎没有采取任何治理措施(Horan,2001)。美国只有 5%的集约化动物养殖场受清洁水法许可制度的管理(Braden and Segerson,1993;Shortle and Abler,1997),政策制定者对于小规模养殖农户的废弃物处置选择一无所知(Poe et al.,2001),现有的联邦法规没有解决土地申请、养殖场设施建设,以及废物处理系统操作人员的培训和认证(Bontems et al.,2004)。由于面源污染的分散性和流动性,政府在环境治理融资方面应该发挥主要作用(Segerson and Walker,2002),对于如何通过绿色支付,实现面源污染治理成本分担(Hoag and Hughes-Popp,1997)和实现预期排放水平的途径(Segerson and Walker, 2002),自愿参与农户集体激励机制设计,对于美国的农业面源污染政策设计而言,都是悬而未决的问题。

　　为克服农业面源污染治理的监督困难,Segerson（1988）和 Xepapadeas (1991)将团队生产理论引入面源污染政策分析,在此基础上,学者们提出了基于排放结果的集体惩罚制度（Meran and Schwalbe,1987;Segerson,1988; Xepapdeas 1991;Horan et al.,1998）,基于排放预期的激励政策（Shortle and Horan 2001）。无论政策制定者、还是政策实施者都一致认为环境保护必须充分发挥经济激励的作用（Horan et al.,1999）。面临变化的政治环境,教育、最佳管理和经济激励措施可能成为低成本的效率政策组合（Wilson and Needham,2006）。理论研究者认为应该向环境保护服务生产者提供货币支付能够诱导更大的环境保护行为(Engel and Palmer,2008)。在美国,甚至已经获得足够补偿的基础上,农民仍然不愿意参与自愿的环境保护项目,因为他们害怕有关环境污染的贡献和水质污染治理成本的相关信息可能被最终用于制定农业污染法规(Ribaudo et al.,2006)。农户面源污染治理环境保护收益是具有流动性的公共产品,集体激励机制能够为农户参与提供经济激励,但并不能解决环境公共产品提供的监督和实施困难(Costanza et al.,1997),通过政策设计诱导农户的环境保护技术采纳行为,是解决面临面源污染的随机性和面源污染治理的公共物品属性,实现最优污染排放水平和实现预期排放水平的一个可行途径(Segerson and Walker,2002)。

　　尽管发达国家已初步建立了面源污染的技术、管理和经济手段,而且即使在发达国家,对面源污染控制的研究也相当有限,尤其对于面源污染治理的政策措施上仍然面临诸多困难。国外面源污染治理进行了广泛的探索研究,包括面源污染制度安排,从法律角度明确了行政机构在污染治理中的责任与权力。在寻求面源污染治理的政策措施上仍然面临诸多困难:包括如何从政策角度诱导和激励农户的环境保护行为,农户对于政策设计的认识对政策设计与效果的影响,政府应该以怎样的方式支持技术变革和成本分担还存在争议;公众和管理者对于大型养殖场的环境污染已经给予了必要的关注，如何通过劝说和教育方式诱导小规模养殖场(农户)遵从政府氮管理规定是一个悬而未决的问题。如何通过政府政策设计诱导和激励农户的环境保护自愿参与？政府应该以怎样的方式支持技术变革和分担环境治理成本？如果说政府应该向农业污染者支付以诱导农户的环境保护行为，但值得深入分析的问题是：支付多少和如何支付？

资源短缺和环境退化已经成为中国经济社会和谐发展的主要障碍因素。我国从20世纪80年代开始研究和运用排污收费政策治理环境污染，已经对排污收费制度的理论基础、法律依据、测量标准、执行程序等进行了广泛探索。从收费范围上看，已规定了污水、废气、噪声和固体废弃物四大类100多项排污收费标准，排污收费制度对环境保护起到了重要作用，但我国目前还没有开征具体的环境税(王雪青、孙妩，2008)。农业可以是污染者，也可以通过管理措施改进转向环境服务提供者。只有少数生产者愿意承担最佳管理措施的管理成本，因为是社会而非农户能够获得环境改善效益(Ribaudo & Gottlieb, 2010)。为了促进生态保护与建设，遏制生态破坏行为，需要按照国际通行做法建立和健全生态补偿机制，对损害资源环境的行为进行收费，对保护资源环境的行为进行补偿，中国的环境成本核算目前尚处于探索起步阶段(王金南等，2004)，解决补偿标准问题是生态补偿机制今后努力的方向(张建肖、安树伟，2008)。中国对于生态系统服务研究还处于探索阶段；如何度量生产方式转型的潜在效益；生态建设的经济效益的外部性与生态系统服务的非市场价值估算问题；生态效应的滞后效应(李文华，2006)。由于农业面源污染治理涉及自然条件、生产方式、政策法规、经济投入、公众意识等多个方面，不仅要依靠多学科的理论与方法，而且必须对新的客体和新的观念，建立新的理论体系(章力建等，2006)。

"对我国来说，解决问题的关键既不在于缺乏对相关知识的了解，也不缺少控制污染的技术，问题的关键在于缺少政策框架和配套制度"(朱兆良等，2005：48)。发达国家通过政府专项拨款，依托当地的农业科研和技术推广部门实施对各项农业环境技术标准执行的监督。但中国的农业推广机构自身面临资金短缺困难和激励不足。中国目前缺乏源头控制和奖惩措施，对农民和农村农资供销生产和经营行为缺乏指导和监督(张维理等，2004)。我国农业污染防治研究领域的科技工作者经过长期不懈的努力，取得了一定的研究成果，但该领域还在较大程度上把单项技术作为研发活动的主要对象，缺乏与其他相关技术的有效衔接和明确的市场导向，致使大量科研成果束之高阁，科技研发活动的效率和科技成果转化率低(章力建、朱立志，2006)。中国面临经济发展和环境保护的双重任务。由于中国农业面源污染政策的缺失，环境污染的事前预防显得更为迫切；如何通过激励机制诱导农户的资源环境保护行为，在中国这样一个人口众多,小农为主体的国家显得更为迫切;如何通过政府政策支持实现环境友好型生产方式的转变,面源污染治理的技术采纳经济激励和污染治理政策设计,是农业面源污染治理环境保护政策设计必须考虑的首要问题。农户新技术自愿采纳行为的经济激励与政策支持对于中国农业可持续发展意义重大。政策受体对政府政策会作出怎样的适应性反应,不同行为人对于政府环境政策的态度和参与意愿,是中国资源环境税收政策实施的基础。

随着对点源污染治理能力的提高,不受环境政策法规约束的大量小农户,成为中国环境污染治理的难点与关键。由于环境保护的公共产品特性,农民在承担环境友好型作业方式管理成本的同时,作业管理方式改进导致的环境收益将更多地以环境公共物品的形式转向社会,而非农户,农民并不会自愿地采取环境友好型管理措施。由于农业面源污染的随机性和面源污染治理的高度不确定性,传统的基于污染者付费原则基础上的环境污染控制政策只取得了有限的成功,基于向污染者付费、通过经济激励诱导农户的环境友好型管理措施是世界范围内农业面源污染治理政策设计的核心。尽管不同国家的经济、政治和技术等存在差异,不同国家具体的政策设计存在差异,通过政府政策设计诱导农业生产方式的转变和农户环境保护行为,是世界范围内面源污染政策设计的核心,也应该成为中国农业面源污染治理政策设计的发展方向。

本项目研究在借鉴国内外相关理论和经验研究成果的基础上,探讨了以下三个方面的问题:农业化肥施用面源污染政策设计;农药施用农业面源污染政策设计;生猪养殖规模演进及其污染治理政策设计。

第一篇:农业化肥施用与农业面源污染治理政策设计。基于农户的视角,利用相关统计数据和农户实地调研数据,从实证的角度探讨了中国农业化肥施用现状与环境影响、农户化肥施用技术效率及其影响因素、农户农业面源污染治理政策的接受意愿、农户测土配方施肥技术采纳行为影响因素等四个方面的问题。本篇的章节安排如下:

第1章:农户化肥施用行为分析。在总结国内外学者有关农户化肥施用行为的理论和实证研究成果的基础上,系统分析了农户化肥施用行为的基本特征、农户生产行为外部性与农业面源污染的关系、农户环境友好型技术采纳行为特征和农业面源污染治理政策选择的理论基础。本章为本篇研究的展开提供了理论框架和概念基础。

第2章:中国农业化肥施用现状与环境影响。本章利用历年《中国统计年鉴》和《全国农产品成本收益资料汇编》数据、历年联合国粮食与农业组织(FAO)和国际肥料工业协会(IFA)数据库数据,分析了中国农业化肥施用的历史趋势、区域特征、与种植结构的关系,分析了中国农业化肥利用效率低下的现状和化肥施用的可能环境影响。

第3章：农户化肥施用技术效率决定因素研究。本章利用相关统计数据，采用随机前沿生产函数方法测算了小麦和玉米种植化肥施用技术效率。研究结果表明，化肥价格、农户收入水平、农业劳动力转移和农户的种植规模对中国农业化肥施用技术效率具有正向影响，农业技术推广低效率是导致化肥施用技术效率低下的重要原因。政府抑制农资价格上涨的农业政策不利于提高中国农业化肥技术效率，鼓励农地流转和适度规模经营的农业政策对提高中国农业化肥技术效率具有正向作用。

第4章：农户化肥面源污染治理政策接受意愿研究。本章从农户接受意愿的角度探讨了中国农业化肥面源污染治理的政策选择问题。本章利用选择模型法（Choice Model，CM），对农户农业化肥面源污染治理政策的接受意愿进行了实证研究。研究结果表明，在有关技术支持、价格支持和尾水标准这三项农业化肥面源污染治理政策中，农户对技术支持政策的接受意愿最高。

第5章：农户测土配方施肥技术采纳行为研究。本章根据全国首批测土配方施肥技术推广的项目县——山东省枣庄市薛城区的实地调研数据，首先，分析了农户采纳测土配方施肥技术的技术效果（精确效应、产出效应和环境效应），并利用 Bivariate Probit 计量模型，实证分析了农户测土配方施肥技术逐步采纳行为的影响因素。研究结果表明，测土配方施肥技术将增加农民收入、降低农业化肥面源污染；农户测土配方施肥技术采纳行为受年龄、农业收入比重、耕地面积、所承包耕地的分配形式、施肥观念、技术获得，以及与农技人员联系的方便程度的显著影响。

第二篇：农药施用与农业面源污染治理政策设计。以农户作为基本的分析单元，在经验观察的基础上实证分析以下几个问题：首先，水稻种植户 IPM 技术采纳行为及其影响因素；其次，IPM 技术采纳对农户农药施用成本的影响；第三，IPM 技术采纳对农户施药健康成本的影响；第四，IPM 技术采纳对农户粮食产量的影响；最后，农户对病虫害专业化统防统治服务的购买意愿及其影响因素。本篇的章节安排如下：

第6章：中国农药施用与农业面源污染现状。本章对农户农药施用行为的理论和经验研究进行了系统归纳和总结，包括农业技术扩散理论、农户施药行为及影响因素相关研究、农药施用的负面影响相关研究、农药施用负面影响控制政策措施相关研究、农户 IPM 技术采纳影响因素研究、IPM 技术采纳的效果评价研究、病虫害专业化统防统治效果研究。在以上系统归纳分析的基础上，确定本章的研究内容和研究框架。

第7章：农户 IPM 技术采纳影响因素实证分析。本章在对 IPM 技术采纳进行理论分析的基础上提出了研究假设，并运用统计分析方法和计量经济模型对影响农户 IPM 技术采纳的影响因素进行了实证检验。实证研究发现，农民田间学校显著地促进了农户对各类型 IPM 技术的采纳,说明在农户技术"自选择"情况下,外部制度环境在农户 IPM 技术采纳行为中发挥重要作用;同时农户个体特征、家庭特征和耕地特征也对其采纳行为有重要影响。

第 8 章:IPM 技术采纳的农户农药施用成本影响。本章首先对影响农户农药施用成本的关键因素进行了理论分析,然后构建农户农药施用成本的计量经济模型,并利用实地调查数据实证检验了 IPM 技术采纳对农户施药成本的影响。实证研究结果表明,在其他条件不变的情况下,采纳化学防治型 IPM 技术农户的早稻、晚稻农药施药成本显著低于没有采纳的农户,采纳物理防治型 IPM 技术农户的晚稻农药施药成本显著低于没有采纳的农户。

第 9 章:IPM 技术采纳的农民施药健康成本影响。本章运用疾病成本法定量测度了样本农户的健康成本,并运用计量经济模型分析了 IPM 技术采纳对农民农药施用健康成本的影响。实证研究结果表明,采纳物理防治型 IPM 技术和生物防治型 IPM 技术显著降低了施药者的健康成本:采纳物理防治型 IPM 技术农户的健康成本为 2.79 元/户·年,未采纳农户的健康成本达 80.23 元/户·年,两者相差 77.44 元/户·年;采纳生物防治型 IPM 技术农户的健康成本为 31.24 元/户·年,未采纳农户的健康成本达 97.69 元/户·年,两者相差 66.45 元/户·年。

第 10 章:农户户 IPM 技术采纳的粮食产量影响。本章运用计量模型实证分析 IPM 技术采纳对农户粮食产量的影响。本章实证研究发现,在其他条件不变的情况下,相对于传统病虫害防治方式,采纳化学防治型 IPM 技术可以显著增加早稻粮食产量;采纳化学防治型 IPM 技术和生物防治型 IPM 技术能够显著增加晚稻产量。

第 11 章:农户病虫害统防统治服务需求意愿研究。本章通过构建计量模型实证分析影响农户病虫害专业化统防统治服务需求意愿的因素。本章研究发现,有 22.02% 的农户愿意购买代防代治服务,12.44% 的农户愿意购买承包防治服务。总体上,愿意参与病虫害专业化统防统治的农户比重较低(34.46%)。计量结果表明,被调查对象文化程度越高、农户非农兼业、耕地规模越大、耕地距离越远和受到过政府政策诱导的农户,其"代防代治"服务意愿更强;而非农就业难度越大、家庭农业劳力数量越多,农户"代防代治"服务的需求意愿越低;农户兼业程度越高,农户更愿意购买"承包防治"服务;被调查对象非农就业难度越大、水稻种植收入占家庭总收入比重越高,农户对"承包防治"服务的需求意愿越低。

第三篇:中国生猪养殖规模演进及其污染治理政策设计。本篇在回顾和总结国内外学者关于生猪养殖业废弃物治理相关研究的基础上,以生猪养殖专业户的生产行为为研究对象,以实证分析影响农户废弃物处置方式选择行为的主

要因素,希望能够为政府生猪养殖的相关污染防治政策制定,提供一定的理论依据。本篇的章节安排如下:

第12章:中国生猪养殖规模演进的环境影响。对国内外学者关于生猪养殖业废弃物污染治理的相关文献进行了系统分析,并利用宏观统计数据,归纳总结中国生猪养殖的发展趋势及其环境影响。为了实现生猪养殖的规模效率,中国生猪养殖正在经历历史性的组织结构变革——由家庭散养到规模养殖的转变。根据《畜牧业年鉴》数据资料,1998年到2010年我国生猪出栏50头以上规模的养殖户出栏生猪数由11647.95万头增加到60250.4万头,2010年我国年出栏生猪50头以上的养殖场总出栏量占全国比重为64.51%。从全国规模生猪养殖的出栏情况看,500头及以上生猪规模养殖占总出栏量的比例由1998年的7.66%上升到2010年的48.38%。中国2010年生猪出栏量500头以上的农场比例仅为8.32%,中小规模生猪养殖农场占规模养殖场的比例为91.68%(见表12.4),距离中国2015年标准化规模养殖比重占规模养殖场50%的目标还存在很大距离。中小规模生猪养殖仍然是中国生猪养殖的主体,中国生猪养殖标准规模发展任务艰巨。

第13章:农户生猪养殖规模演进决定因素—以四川省三台县农户生猪养殖为例,通过计量分析研究生猪养殖规模演进的决定因素。农户家庭固定资产、村庄居住代数、在政府工作的近亲数量,对于农户选择养殖规模具有显著的正向影响。养殖场地与最近公路的距离和养殖年限对养殖规模具有显著的负向影响。是否加入合作社和政府政策支持和土地获取越容易会促进农户选择较大规模的养殖,但影响不显著。结合不同饲养规模的技术效率测算结果,推动农户适度规模养殖是降低生猪产业环境污染问题的有效途径。政府可以通过规范仔猪销售市场、合理安排培训内容及适当引导当地组织协会的方式来倡导适度规模发展。

第14章:政府支持政策与农户生猪养殖废弃物处置模式选择。中国生猪养殖场污染治理水平随养殖规模增加而表现出巨大的差异性。无论是干清粪模式,还是水清粪模式,生猪养殖废水处置,都是生猪养殖废弃物处置的一大挑战。沼气池建设是生猪养殖废弃物资源化的一项有力措施,少数建有沼气池的规模养殖场户,池容量处理能力、处理效果都达不到环保要求。为此,必须进一步提升农户环保意识、倡导规模养殖户科学选址、推动生猪养殖标准化发展和完善生猪养殖规制和加强政策实施。

参考文献

1. Adhikari, B. Market-Based Approaches to Environmental Management: A Review of Lessons from Payment for Environmental Services in Asia. Asian Development Bank Institute, Working Paper Series, 2009.

2. Adrian, A. M. , Norwood, S. H. , Mask, P. L. Producers' Perceptions and Attitudes toward Precision Agriculture Technologies. Computers and Electronics in Agriculture 48, 2005: 256-271.

3. Ajzen, I. The Theory of Planned Behaviour. Organizational Behavior and Human Decision Processes 50, 1991:179-211.

4. Babcock, B. A. , Fleming, R. , and Bundy, D. S. The Cost of Regulating Hog Manure Storage Facilities and Land Application Techniques. Center for Agriculture and Rural Development, Iowa State University, Publication 97-BP17, Ames, IA, June,1997.

5. Bekele, W. ,Drake,L. . Soil and Water Conservation Decision Behavior of Subsistence Farmers in the Eastern Highlands of Ethiopia: A Case Study of the Hunde-Lafto Area. Ecological Economics 46, 2003: 437-451.

6. Bontems, P, Dubois, P. , Vukina, T. Pptimal Regulation of Private Production Contracts with Environmental Externalities. Journal of Regulatory Economics, 2004, 263(3): 287-301.

7. Bosch, D. J. , Cook, Z. L. , Fuglie, K. O. Voluntary versus Mandatory Agricultural Policies to Protect Water Quality: Adoption of Nitrogen Testing in Nebraska. Review of Agricultural Economics, 1995,17(1): 13-24.

8. Braden, J. B. , and Segerson, K. Information Problems in the Design of Nonpoint-Source Pollution Policy. in Russell, C. S. , and J. F. Shogren (eds.) Theory, Modeling, and Experience in the Management of Nonpoint-Source Pollution. Boston, MA: Kluwer Academic Publishers, 1993: 1-36.

9. Brown, L. , and Halweil, B. China's Water Shortage Could Shake World Food Security. World Watch, 1998:1-4.

10. Buresh, J. C. State and Federal Land Use Regulation: An Application to Groundwater and Nonpoint Source Pollution Control. The Yale Law Journal, 1986,17(1): 1433-1458.

11. Claassen, R. , Cattaneo, A. , Johansson, R. Cost-Effective Design of Agri-Environmental Payment Programs: U. S. Experience in Theory and Practice. Paper to be presented at ZEF-CIFOR workshop on payments for environmental services in developed and developing countries, Titisee, Germany, June 16-18, 2005.

12. Colman, D. Ethics and Externalities: Agricultural Stewardship and Other Behavior: Presidential Address. Journal of Agricultural Economics, 1994:299-311.

13. Costanza, R. , D'Arge, R. , de-Groot, R. , Farber, S. , Grasso, M. , Hannon, B. , Limburg, K. , Naeem, S. , O'Neil, R. , Paruelo, J. , Raskin, R. , Sutton, P. , van den Belt, J. The Value of the Worlds Ecosystem Services and Natural Capital. Ecological Economics , 1994, 25 (1): 3-15.

14. Davies, B. B. , Hodge, I. D. Farmers' Preferences for New Environmental Policy Instruments: Determining the Acceptability of Cross Determining the Acceptability of Cross Compliance for Biodiversity Benefits. Journal of Agricultural Economics, 1994, 57 (3): 393-414.

15. Davis, F. D. , Bagozzi, R. P. , Warshaw, P. R. User Acceptance of Computer Technology: A Comparison of Two Theoretical Models. Management Science 35, 1989:982-1002.

16. Dietz, S. , Atkinson, G. The Equity-Efficiency Trade-off in Environmental Policy: Evidence from Stated Preferences. Land Economics, 2010, 86(3):423-443.

17. Dinar, A. , Rosegrant, M. , and Meinzen-Dick, R. Water Allocation Mechanisms—Principles and Examples. World Bank, Agriculture and Natural Resources Department. http://www-esd. woprldbank. org/ 2001.

18. Dudgeon, D. Large-scale Hydrological Changes in Tropical Asia: Prospects for Riverine Biodiversity. Bioscience, Hyhdrological alternations, 2000, 50(9): 793-806.

19. Engel, S. , and Palmer,C. Payment for Environmental Services as an Alternative to Logging Under Weak Property Rights: The Case of Indonesia. Ecological Economics, 2008, 65(4): 799-809.

20. Ervin, C. A. ; Ervin, D. E. Factors Affecting the Use of Soil Conservation Practices: Hypotheses, Evidence, and Policy Implications. Land Economics, 1982, 58 (3): 277-292.

21. Ervin, D. E. and Smith, K. R. Agricultural Industrialization and Environmental Quality. Choices, Fourth Quarter, 1994.

22. Falconer, K. , Hodge, I. Using Economics Incentives for Pesticide Usage Reductions: Responsiveness to Input Taxation and Agricultural Systems. Agricultural Systems, 2000,63:175-194.

23. Feder, G. , Just, R. E. , Zilberman, D. Adoption of Agricultural Innovations in Developing Countries: A Survey. Economic Development and Cultural Change, 1985,33(2): 255-298.

24. Fleming, R. , Babcock, B. , and Wang, E. Resource or Waste? The Economics of Swine Manure Storage and Management. Review of Agricultural Economics, 1998,20(1): 96-113.

25. Fuglie, K. O. , Kascak, C. A. Adoption and Diffusion of Natural-Resource-Conserving Agricultural Technology. Review of Agricultural Economics, 2001,23(2): 386-403.

26. Gardner, R. L. , Young, R. A. Assessing Strategies for Control of Irrigation-Induced Salinity in the Upper Colorado River Basin. American Journal of Agricultural Economics, 1988,70(1): 37-49.

27. Griffin, R. C, Bromley, D. W. Agricultural Runoff as a Nonpoint Externality: A Theoretical Development. American Journal of Agricultural Economics, 1982:547-552.

28. Henry, W. R. , and Seagraves, J. A. Economic Aspects of Broiler Production Density. Journal of Farm Economics, 1960,42(1):1-17.

29. Hesketh, N. , Broikes, P. C. Development of an Indicator for Risk for Phosphorus Leaching. Journal of Environmental Quality, 2000,29(1):105-110.

30. Hoag, D. L. , Hughes-Popp, J. S. Theory and Practice of Pollution Credit Trading in Water Quality Management. Review of Agricultural Economics, 1997,19(2):252-262.

31. Horan, R. D. , Shortle, J. S. , and Abler, D. G. Green Payments for Nonpoint Pollution Control. American Journal of Agricultural Economics, Proceedings Issue, 1999,81 (5):1210-1215.

32. Horan, R. D. Differences in Social and Public Risk Perceptions and Conflicting Impacts on Point/Nonpoint Trading Ratios. American Journal of Agricultural Economics, 2001, 83(4):934-941.

33. Huang, W. , and Somwaru, A. The Economic Impacts of EPA's Proposed CAFO Rule on Hog Farms in the Heartland: An Individual Farm Analysis. Selected paper presented at the annual meeting of the American Agricultural Economics Association, Chicago, IL, Aug. , 2001:5-8.

34. Huang, W. , and Magleby, R. The Economic Impacts of Restricting Agricultural Uses of Manure on Hog Farms in the Southern Seaboard. Paper presented at the Soil and Water Conservation Society annual meeting, Myrtle Beach, SC, August 2001:5-8.

35. Huang, J. , Pray, C. , and Rozelle, S. Enhancing the Crops to Feed the Poor. Nature, 2002, (418):678-684.

36. Innes, R. The Economics of Livestock Waste and Its Regulation. American Journal of Agricultural Economics, 2000,82(1):97-117.

37. Jagger, P. , and Pender, J. Impacts of Programs and Organization on the Adoption of Sustainable Land Management Technologies in Uganda. EPTD Discussion Paper 101, 2003:43.

38. Johnson, R. S. , Wheeler, W. J. , and Christensen, L. A. EPA's Approach to Controlling Pollution from Animal Feeding Operations: An Economic Analysis. American Journal of Agricultural Economics, Proceedings Issue, 1999,81(5):1216-1221.

39. Kreeger, K. Down on the Fish Farm: Developing Effluent Standards for Aquaculture. BioScience, 2000,50(11):949-953.

40. Knowler, D. , and Bradshaw, B. Farmers' Adoption of Conservation Agriculture: A Review and Synthesis of Recent Research. Food Policy 32, 2007:25-48.

41. Menzies, N. K. Rights of Access to Upland Forest Resources in Southwest China. Journal of World Forest Resource Management, 1991(6):1-20.

42. Meran,G. , and Schwalbe, U. Pollution Control and Collective Penalties. Journal of Institutional and Theoretical Economics, 1987,143:616-629.

43. Meyer, D. Dairying and the Environment. 2000, 83:1419-1427.

44. Nguyen, T. , Woodward, R. T. , Matlock, M. D. , Denzer, A. , and Selman, M. A Guide to Market-Based Approaches to Water Quality. http://edu. nutrientnet. orgdocsNNGuide. pdf. 2006.

45. Novotny, V. , and Olem, H. Water Quality: Prevention, Identification, and Management of Diffuse Pollution. John Wiley and Sons, 1993.

46. Ostrom, E. Governing the Commons: The Evolution of Institutions for Collective Action. Cambridge University Press, Cambridge,1991.

47. Oxoby, R. J., and Spraggon, J. Increasing Compliance with Ambient Pollution Instruments. Technical Paper No. 05012,. http://www. iapr. com. 2005.

48. Paul, J. A. W., Lan, A. D., and Robe, H. F. Prospects for Controlling Non-point Phosphorus Loss to Water: A UK Perspective. Journal of Environmental Quality, 2000,29: 167-175.

49. Pingali, P. L. Environmental Consequences of Agricultural Commercialization in Asia. Environ. Devel. Eeon. ,2001,6(4):483-502.

50. Pingali, P. L., Rozelle, S. D. ,and Gerpacio,R. V. The Farmer's Voice in Priority Setting: A Cross-Country Experiment in Eliciting Technological Preferences. Economic Development and Cultural Change, 2001,49(3):591-609.

51. Poe, G. L., Bills, N. L., Bellows, B. C., Crosscombe, P., Koelsch, R. K., Kreher, M. J., and Wright, P. Will Voluntary and Educational Programs Meet Environmental Objectives? Evidence from a Survey of New York Dairy Farms. Review of Agricultural Economics, 2001,23(2):473-491.

52. Poe, G. L., Segerson, K., Vossler, C. A., and Schulze, W. D. An Experimental Test of Segerson's Mechanism for Nonpoint Pollution Control. Working Paper ERE 2002-01, Cornell University, 2002.

53. Poe, G. L., Schulze, W. D., Segerson, K., Suter, J. F., and Vossler, C. A. Exploring the Performance of Ambient-based Policy Instruments When Nonpoint Source Polluters Can Cooperate. Amer, J., Agr. Econ. 2004,86(5):1203-1210.

54. Power, M. E., Brozovi, N., and Zilberman, D. Spatially Explicit Tools for Understanding and Sustaining Inland Water Ecosystems. Frontiers in Ecology and the Environment, Visions for an Ecologically Sustainable Future, 2005,3(1):47-55.

55. Rahman, S, and Hasan M. K. Impact of Environmental Production Conditions on Productivity and Efficiency: A Case Study of Wheat Farmers in Bangladesh. Journal of Environmental Management , http://www. elsevier. com/locate/jenvman,2007.

56. Pushkarskaya, H. Nonpoint Pollution Control Sachems-making Sense of Experimental Results. Poster Paper Prepared for Presentation at the International Association of Agricultural Economists Conference, Gold Coast, Australia, August, 2006:12-18.

57. Ribaudo, M., and Agapoff, J. Cost to Swine Operations from Meeting Federal Manure Application Standards: The Importance of Willingness to Accept Manure. SERA-IEG 30: Natural Resource Economics Meetings, Held at the University of Kentucky, 2003: 15-16.

58. Ribaudo, M., and Gottlieb, J. Point-nonpoint Trading-can It Work?. Journal of the American Water Resource Association, 2010:1-10.

59. Ribaudo, M., Johansson, R., Jones, and C. Environmental Credit Trading: Can Farming Benefit?. Amber Waves, Vol. 4, Special Issue, USDA, Economic Research Service, July, 2006.

60. Ribaudo, M. O., Horan, R. D., and Smith, M. E. Economics of Water Quality Pro-

tection from Nonpoint Sources: Theory and Practice. Resource Economics Division, Economic Research Service, U. S. Department of Agriculture. Agricultural Economic Report No. 782, http://www. ers. usda. gov/publications/aer782/aer782. pdf,1999.

61. Roka, F. M. , and Hoag, D. L. Manure Value and Liveweight Swine Decisions. Journal of Agricultural and Applied Economics, 1996,28:193-202.

62. Rolf, J. , and Windle, J. Valuing Options for Reserve Water in the Fitzroy Basin. The Australian Journal of Agricultural and Resource Economics, 2005,49:91-114.

63. Schilizzi, S. , Breustedt, G. , and Uwe, L. L. Should We Combine Incentive Payments and Tendering for Efficiently Purchasing Conservation Services from Landholders?. 54th Annual Conference of the Australian Agricultural and Resource Economics Society Adelaide, 2010:10-12.

64. Schmitz, A. , Boggess, W. G. , and Tefertiller, K. Regulations: Evidence from the Florida Dairy Industry. American Journal of Agricultural Economics, 1995, 77 (5): 1166-1171.

65. Schnitkey, G. D. , and M. J. Miranda. The Impact of Pollution Controls on Livestock-Crop Producers. Journal of Agricultural and Resource Economics,1993,18(1):25-36.

66. Scholz, J. T. , and Wang, Ch. L. Cooptation or Transformation? Local Policy Networks and Federal Regulatory Enforcement. American Journal of Political Science, 2006,50 (1):81-97.

67. Segerson, K. , and Walker, D. Nutrient Pollution: An Economic Perspective Estuaries. Part B: Dedicated Issue: Nutrient Over-Enrichment in Coastal Waters:Global Patterns of Cause and Effect, 2002,25(4): 797-808.

68. Segerson, K. Uncertainty and the Incentives for Nonpoint Pollution Control. Journal of Environmental Economics and Management, 1988,15:87-98.

69. Shortle, J. S, and Dunn, J. W. The Relative Efficiency of Agricultural Source Water Pollution Control Policies. American Journal of Agricultural Economics, 1986,68:668-677.

70. Shortle, J. S. , and Abler, D. G. Nonpoint Pollution. in Folmer, H. , and T. Teitenberg (editors). International Yearbook of Environmental and Natural Resource Economics. Cheltenham, UK: Edward Elgar, 1997.

71. Horan, R. , and Shortle, J. Environmental Instruments for Agriculture. In J. Shortle and D. Abler (Eds.). Environmental Policies for Agricultural Pollution, 2001.

72. Smith, K. R. , and Kuch, P. J. What We Know about Opportunities for Intergovernmental Institutional Innovation: Policy Issues for an Industrializing Animal Agriculture Sector. American Journal of Agricultural Economics, Proceedings Issue, 1995, 77 (5): 1244-1249.

73. Tucker, M, and Napier, T L. Determinants of Perceived Agricultural Chemical Risk in Three Watersheds in the Midwestern United States. Journal of Rural Studies, 2001, 17:219-233.

74. Veeck, G, and Wang S. H. Challenges to Family Farming in China. Geographical

Review，2000，90(1):57-82.

75. Vossler, C. A., Poe, G. L., Schulze, W. D., and Segerson, K. An Experimental Test of Ambient-Based Mechanisms for Nonpoint Source Pollution Control. Working Paper Series in Environmental & Resource Economics, Cornell University, 2003.

76. Vukina, T. The Relationship between Contracting and Livestock Waste Pollution. Review of Agricultural Economics，2003,25(1): 66-88.

77. Wang, C., Ouyang, H., Maclaren, V., Yin, Y., Shao, B., Boland, A., and Tian, Y. Evaluation of the Economic and Environmental Impact of Converting Cropland to Forest: A Case Study in Dunhua County, China. Journal of Environmental Management，2007，85:746-756.

78. Weersink, A., Jeffrey, S., and Pannell, D. Farm-Level Modeling for Bigger Issues. Review of Agricultural Economics, 2002,24(1): 123-140.

79. Wilson, P. N., and Needham, R. Groundwater Conservation Policy in Agriculture. Contributed Paper 26th Conference of the International Association of Agricultural Economists Gold Coast Convention & Exhibition Centre Queensland, Australia, 2006:12-18.

80. Williamas, S. P., and Shumway, C. R. Trade Liberalization and Agricultural Chemical Use:United States and Mexico. Amer. J. Agr. Econ,2002,82(1):183-199.

81. Wimberly, J., and Goodwin, H. L. Alternative Poultry Litter Management in the Eucha/Spavinaw Watershed. Report to the Tulsa Metropolitan Utility Authority, Tulsa, OK. 2000.

82. Wu, J. J., and Skelton-Groth,K. Targeting Conservation Efforts in the Presence of Threshold Effects and Ecosystem Linkages. Ecological Economics 2002, 42: 313-331.

83. Xepapadeas, A. Environmental Policy under Imperfect information: Incentives and Moral hazard. Journal of Environmental Economics and Management,1991, 20:113-126.

84. Xu, Z. M., Cheng, G. D., Bennett, J., Zhang, Z. Q., Long, A. H., and Kunio, H. Choice Modeling and Its Application to Managing the Ejina Region. Journal of Arid Environments, 2007,69(2):331-343.

85. Yeh, E. Forest Claims, Conflicts, and Commodification: The Political Ecology of Tibetan Mushroom-Harvesting Villages in Yunnan Province, China. China Quarterly,2000, 161: 225-278.

86. 曹秀玲. "三湖"农业面源污染现状、问题及防治对策. 中国沼气,2003(2):48-50.

87. 陈金林,潘根兴. 林带对太湖地区农业非点源污染的控制. 南京林业大学学报(自然科学版),2002(6):17-20.

88. 陈顺友,熊远著,邓昌彦. 规模化生猪生产波动的成因及其抗风险能力初探. 农业技术经济,2000(6):6-92.

89. 仇保兴. 建设部副部长仇保兴在全国水污染防治工作电视电话会议上的发言. 2006-7-21,http://www. h2-china. comnews40733. html.

90. 邓力群. 南京市生猪生产及其相关因素的研究. 南京农业大学硕士学位论文,2000:50.

91. 丁长春,王兆群,丁清波.水体富营养化污染防治现状及其防治.甘肃环境研究与检测,2001(2):112－113.

92. 范存会,黄季焜.生物技术经济影响的分析方法与应用.中国农村观察,2001(1):28－34.

93. 冯永辉.我国生猪规模化养殖及区域布局变化五大趋势.农村养殖技术,2006(10).

94. 韩洪云.中国农村土地环境退化的成因与国外政策设计的启示.浙江社会科学,2009(1):52－56.

95. 韩洪云,杨增旭.农户农业面源污染治理政策接受意愿的实证分析——以陕西眉县为例.中国农村经济,2010(1):45－52.

96. 何晓红,马月辉.由美国、澳大利亚、荷兰养殖业发展看我国畜牧业规模化养殖.中国畜牧兽医,2007(4).

97. 胡聃,奚增均.生态恢复工程系统集成原理的一些理论分析.生态学报,2002(6):866－877.

98. 胡笑形.今年我国农药使用量将持平.农药市场信息,2003(17):18－20.

99. 黄晶晶,林超文,陈一兵,张庆玉.中国农业面源污染的现状及对策.安徽农学通报,2006(12):47－48.

100. 黄志海.东阳市规模养殖场排泄物的生态治理模式及效益调查.浙江畜牧兽医,2008(5).

101. 金菊良,王文圣,洪天求,李如忠.流域水安全智能评价方法的理论基础探讨.水利学报,2006(8):918－925.

102. 李建华.畜禽养殖业的清洁生产与污染防治对策研究.浙江大学硕士学位论文,2004:37.

103. 李健生.循环经济在养猪业污染及生态修复中的应用.环境科学研究,2005(6):133－136.

104. 李文华.生态系统服务研究是生态系统评估的核心.资源科学,2006(4):10－14.

105. 李笑春.生态系统健康评价与可持续发展.自然辩证法研究,2002(4):62－65.

106. 李远,王晓霞.我国农业面源污染的环境管理:背景及演变.环境保护,2005(4):23－27.

107. 刘万学,万方浩,郭建英.人工释放赤眼蜂对棉铃虫的防治作用及相关生态效应.昆虫学报,2003(3):311－317.

108. 刘旭明,袁正东.规模化 vs 千家万户:谁的污染更严重?中国禽业导刊,2008(4).

109. 潘洁.山区农业面源污染对人体健康的影响.环境科学动态,2003(2):26－27.

110. 潘岳.全新环境经济政策体系亟待建立.2007,Http://www.cnki.net.

111. 彭新宇,张陆彪.畜禽养殖业的环境影响及经济分析.产业观察,2007(1):271－274.

112. 邱君.中国化肥施用对水污染的影响及其调控措施.农业经济问题,2007:75－80.

113. 任景明,喻元秀,王如松.中国农业政策环境影响初步分析.中国农学通报,2009(15):223－229.

114. 沈景文.化肥农药和污灌对地下水的污染.农业环境保护,1992(3):137－139.

115. 苏杨.我国集约化畜禽养殖场污染治理障碍分析及对策.中国畜牧杂志,2006(14):31－34.

116. 陶涛.国内外畜禽养殖业粪便管理及立法的比较.武汉城市建设学院学报,1998(2):35－38.

117. 田永辉,梁远发,王国华,等.茶园害虫生态调控体系的研究.贵州农业科学,2002(1):39－41.

118. 王德荣.畜禽养殖业集约化发展与环境保护.天津畜牧兽医,1997(2):10－12.

119. 王建美.农村面源污染的危害及防治.黑龙江环境通报,2003(2):19－21.

120. 王金南,逯元堂,曹东.环境经济学在中国的最新进展与展望.中国人口·资源与环境,2004(5):27－31.

121. 王雪青,孙妩.我国征收环境税面临的问题及解决.经济研究导刊,2008(8):27－28.

122. 王永岐,王秋杰,寇长林.种养同区绿色农产品生产模式及主要作物栽培技术.农业环境与发展,2001(4):23－226.

123. 肖军.推进城乡一体化,统筹经济和环境协调发展.环境污染与防治,2004(6):198－199.

124. 尹澄清,毛战坡.用生态工程技术控制农村非点源水污染.应用生态学报,2002(2):229－232.

125. 张存根.畜牧业生产带来的生态环境问题分析.北京农学院学报,2005(1):32－35.

126. 张福锁,王激清,张卫峰.中国主要粮食作物肥料利用效率现状与提高途径.土壤学报,2008(9):915－923.

127. 张建肖,安树伟.国内外生态补偿研究综述.西安石油大学学报(社会科学版),2008(18).

128. 张巨勇.PIM采用的经济学分析.福建农林大学博士后工作报告,2001.

129. 张磊,田义文.治理农村禽畜粪便污染的研究.安徽农业科学,2007(5):1452－1454.

130. 张隆国,张求东,周文科.开拓PIM事业 促进农业可持续发展.植保技术与推广,2002(4):38－39.

131. 张琪.试论规模化养殖的利与弊.中国农业科学,2006(3):38－39.

132. 张维理,冀宏杰,Kolbe H.,徐爱国.中国农业面源污染形势估计及控制对策Ⅱ——欧美国家农业面源污染状况及控制.中国农业科学,2004(7):1026－1033。

133. 张维理,武淑霞,冀宏杰,Kolbe H.中国农业面源污染形势估计及控制对策Ⅰ——21世纪初期中国农业面源污染的形势估计.中国农业科学,2004(7):1026－1033.

134. 张维理,徐爱国,冀宏杰,Kolbe H.中国农业面源污染形势估计及控制对策Ⅲ——中国农业面源污染控制中存在问题分析.中国农业科学,2004(7):1026－1033.

135. 章力建,侯向阳.我国农业立体污染防治研究进展.作物杂志,2005(2):1－4.

136. 章力建,黄修桥,仵峰,吴海卿.农田灌溉系统中的立体污染及防治对策.灌溉排水学报,2005(6):1－5.

137. 章力建,朱立志.实施集成创新战略综合防治农业立体污染.农业环境与发展,2006(3):1—4.

138. 周斌,陆建定,任锦芳.规模化畜禽场排泄物治理现状及经验调查.浙江畜牧兽医,2006(3).

139. 周曙东,戴迎春.供应链框架下生猪养殖户垂直协作形式选择分析.中国农村经济,2005(6):30—36.

140. 朱兆良,孙波,杨林章,张林秀.我国农业面源污染的控制政策和措施.科技导报,2005(4):47—51.

第一篇
农业化肥施用与农业面源污染
治理政策设计与选择

中国农业化肥施用面临单位播种面积施肥量大和化肥施用技术效率低下的问题。中国农业化肥施用量居世界第一位,单位播种面积化肥施用量也远超过了世界单位播种面积化肥施用量225公斤/公顷的安全上限。化肥的大量施用和化肥施用技术效率低下是造成中国农业化肥面源污染的重要原因。

本篇分析表明,化肥价格、农户的收入水平、农户的种植规模对农业化肥施用的技术效率具有显著的正向效应。研究表明,化肥价格每增加1%,小麦和玉米的施肥技术效率就会分别增加0.025%和0.037%;农户收入水平每提高1%,小麦和玉米的施肥技术效率就会分别增加0.008%和0.009%;农户的种植规模每扩大1%,小麦和玉米的施肥技术效率就会同样增加0.003%。值得关注的是,中国农业技术推广体系并未能在提高农户化肥施用的技术效率中发挥应有的作用,提高农户化肥施用技术效率和降低农业面源污染,需要加强和完善中国的农业技术推广体系建设。

保证粮食安全和增加农民收入是中国农业政策的主要目标。当前中国抑制农业生产资料价格上涨的政策,虽然有助于提高粮食产量和增加农民收入,但却不利于提高化肥施用的技术效率,加剧了农业化肥面源污染的环境影响;小规模农户生产风险规避行为,刺激了农户化肥投入行为,政府应该通过政策设计鼓励农地流转和促进适度规模经营的发展。农业与环境政策的协调,应该成为政府农业面源污染政策设计考虑的内容。

对陕西省宝鸡市眉县农户政策接受意愿研究表明,在当前国外普遍采用的、在国内部分地区试点推广的有关政策中,如果同时考虑农业技术支持政策、价格补贴政策和尾水标准,农户对技术支持政策的接受意愿最高,其次是价格补贴政策,尾水标准的农户接受意愿最低。

尽管技术支持政策,是最受农户欢迎的农业面源污染政策措施,技术支持政策的实施却受多种因素的影响。对全国首批测土配方施肥推广项目县——山东省枣庄市薛城区农户测土配方施肥技术采纳行为的分析表明,测土配方施肥技术可以有效提高化肥施用的技术效率和降低农业生产化肥施用量,但农户测土配方施肥技术受到农户年龄、农户农业收入比重、农户耕地面积、农户承包耕地的分配形式、农户技术理解能力、农户施肥观念、农户与农技人员联系是否方便,以及农户获得农业技术信息是否方便等因素的影响,农户对测土配方施肥技术有一个逐步采纳的过程。

政府技术支持是降低农业化肥污染的基础。中国农业技术推广低效率是中国农业化肥面源污染日益严重的重要原因之一。由于农业技术推广体系的低效率,小农户农业生产化肥投入决策缺乏必要的技术支撑。提高中国农技推广体系农技推广效率,是农业化肥面源污染治理的技术基础。为此,有效治理农业面源污染,首先必须充分发挥技术支持政策的作用。测土配方施肥技术作为一项政府主导的环境友好型技术,在增加农业收入的同时,能够改变农户施肥行为,不仅提高农户的农业生产收益、增加农民收入,取得了显著经济效益,而且还有利于环境保护,具有良好的社会和生态效益。政府主导下的测土配方施肥技术的推广,需要对农户提供更多的测土配方施肥技术培训,以培训促推广。

1 农户化肥施用行为分析

1.1 农户化肥施用决策分析

农户作为农村社会经济中最基本的组织单位,是农民生产、生活的基本单元(翁桢林,2008)。农户决策行为可分为生产行为和消费行为。农户的生产、消费和劳动力供给是相互制约、相互关联的关系。有关农户行为的理论主要涉及以下三个主要学派:一是组织与生产学派,该学派以 20 世纪 20 年代的苏联经济学家恰亚诺夫(Chayanov)为代表,认为农户生产的目的是以满足家庭消费为主,追求生产的最低风险;二是理性小农学派,该学派以 20 世纪 60 年的美国经济学家舒尔茨(T. Schultz)为代表,认为农户作为理性的经济人,在满足一定的外部条件下,会合理使用和有效配置其现有的资源,农业生产以追求利润最大化为目标;三是历史学派,该学派以 20 世纪 80 年的黄宗智为代表,针对新中国成立前中国农业发展的研究,提出农户行为目标是追求效用最大化。

研究农户生产行为的农户模型最早是由苏联经济学家恰亚诺夫在 20 世纪 20 年代初建立的,其基本假说为:(1)没有劳动力市场;(2)农民可以自由获得土地;(3)农产品既可到市场出售又可自己消费;(4)农民有最低消费水平保障。恰亚诺夫的农户模型认为,当农业生产活动未能充分利用其全部家庭劳动力的时候,农户尽管会将其剩余劳动力投向手工业和商业,但是更经常的情况是"打破农业生产中诸生产要素的最优组合,强制性的提高劳动强度,使其偏离适度规模水平,这样做不可避免地会减少单位劳动报酬,但是却能够相当显著地增加农业总收入(《农民经济组织》,1996:90)"。虽然恰亚诺夫的农户模型由于受当时历史条件的限制存在许多不足,而不能广泛用来研究当前农户的许多问题,但这一模型在当时的经济条件下仍然是具有开创性的。

Barnum(1972)和 Squire(1971)对恰亚诺夫的农户模型作了进一步的发展。他们将新家政学中的某些概念引入到农户行为模型中,即在农户模型中加入Z—商品(农户自己生产的消费品),并对恰亚诺夫的农户模型中无劳动力市场的假说作了修改,允许有劳动力市场的存在。这一模型的基本假说是:(1)有劳动力市场,以便农户可以雇用劳动力和被雇用;(2)农户家庭的劳动力资源在一定时间内是固定不变的;(3)"家庭"活动(即,Z－商品生产)和"休闲"被合并为一个约束条件以便反映效用最大化的特性;(4)农户的一个重要选择是,农户可以自己消费自己生产的产品,也可以将产品在市场出售并换回自己不生产的产品。Barnum 和 Squire 的农户模型认为,农户生产经营行为决策的均衡条件是:(1)劳动力的边际产出等于其工资水平;(2)其他可变投入的边际产出等于其相应的平均价格;(3)农户自身消费的时间和购买产品的边际替代率等于工资和购进物品的价格之比;(4)农户自产消费品与购买品之间的边际替代率必须等于自产品价格与购买商品价格之比。该模型为分析和预测农户对家庭情况变化(农户家庭规模和结构变化)以及市场变化(农产品价格、生产资料价格、工资和技术等的变化)的行为反应提供了理论依据。

20 世纪 60 年代美国经济学家贝克尔(G. Backer,1965)在恰亚诺夫的农户模型的基础上提出了贝克尔农户模型,该模型的前提假设条件是:农户家庭是基本的经济单位,农户的目标是追求自身利益最大化。贝克尔模型从理论上分析了农户的生产决策、消费决策、劳动力供给决策三者之间的关系,认为农户生产行为是根据成本最小化原则进行决策,以此确定生产要素的投入,而农户消费行为是根据效应最大化原则进行决策,并以此制定其消费计划。

日本经济学家 Nakajima(1969,1986)进一步将贝克尔的农户模型进行了扩展。他将农户分为纯劳动力户、纯消费户和混合农户三种类型,将传统的希克斯需求原理和马歇尔需求原理引入到农户行为分析中,利用农户的生产函数和效用函数从理论上对这三种不同类型农户的均衡条件、稳定条件以及各种参数变化对农户行为影响作了系统分析。

Singh,Squire 和 Strauss(1986)在 Nakajima 研究的基础上,进一步将收益(禀赋)效应(Profit Effects)引入了农户模型,其前提条件是农户所面对的是一个完全竞争的商品市场和劳动力市场。Singh,Squire 和 Strauss 的研究认为,农户在追求效用最大化的过程中,受到生产限制、时间限制和现金收入限制,即农户的产品需求及对生产资料的需求受产品本身价格、其他产品价格、工资和收入的影响;农户可以采用多种方式来实现其效用最大化目标,即可以选择对某种单项目标实现最大化的方式来决定其总体行为。例如,从生产角度来说,农户根据生产利润最大的目标确定生产要素的投入;农户的收入在影响其自身生产活动的同时,又会影响农户的消费行为,这决定了农户的生产与消费之间的循环影响关系。与传统经济学中需求模型不同的是该模型除了反映出一种正常商品的价格上涨对其需求具有反方向的影响之外,还反映出商品价格上涨会通过生产利润的提高而扩大对需求的影响。这是传统需求理论无法解决或被忽视的方面。

农户模型中有关农户生产行为的研究表明,农户的农业生产决策是以其利润最大化为目标,并据此确定其生产中各要素的投入量,并未考虑因农业生产中使用具有负环境效应的投入要素(例如,化肥)产生环境负面影响所带来的社会成本。基于此,本研究将农户化肥施用行为的基本特征总结如下:

假定在自然环境中,n 个农户在农业生产中使用具有负环境效应的投入要素(例如,化肥)所产生的农业面源污染的浓度为 $\alpha = \alpha(r_1, r_2, \cdots, r_n, v, \lambda)$。其中,$r_i$ 表示来自于第 i 农户的农业面源污染排放量;v 是随机的环境变量(例如,降雨情况);λ 表示参数向量。

由于环境的变化具有随机性,因此,农户农业面源污染的排放量不能直接被观测出来。同时,农户的农业生产只影响其自身的农业面源污染排放量及其分布情况。

假定第 i 个农户农业生产的面源污染排放量为 $r_i = r_i(x_i, v_i)$。其中,x_i 表示农户 i 在农业生产中所使用的具有负环境效应的投入要素(例如,化肥);v_i 表示农户 i 在农业生产中所面临的随机环境变量(例如,降雨情况)。假设农户是风险中性者。由于农户农业生产决策是以利润最大化为目标,因此,农户 i 使用具有负环境效应的投入要素 x_i 的期望利润为:

$$\pi_i(x_i) = \max\{p \cdot f(x_i) - wx_i\}; \quad f'_{x_i} > 0, f''_{x_i} < 0 \qquad (1.1.1)$$

其中,$f(x_i)$ 表示农户 i 的生产函数;p 为农业产出的价格;w 表示投入要素 x_i 的价格。

假定农业面源污染导致的环境质量损失的社会成本由 $D(\alpha)(D' > 0)$ 表示,若农户将其在农业生产中所产生的农业面源污染的社会成本纳入其生产决策中,则农户农业生产的净收益为:

$$NB_0 = \sum_{i=1}^{n} \pi_i(x_i) - D(\alpha) = \sum_{i=1}^{n} (p \cdot f(x_i) - wx_i) - D(\alpha) \qquad (1.1.2)$$

假设农业面源污染的社会成本具有连续性和曲线凸状,上式的一阶必要条件为:

$$\frac{\partial \pi_i}{\partial x_i} = (p \cdot f'_{x_i} - w) = D'(\alpha) \frac{\partial \alpha}{\partial r_i} \frac{\partial r_i}{\partial x_i} = 0 \qquad (1.1.3)$$

$$\frac{\Delta NB}{\Delta n} = \pi_n - \Delta D(\alpha) = 0 \qquad (1.1.4)$$

其中,$\Delta D(\alpha) = D(\alpha(r_1, r_2 \cdots, r_n, b, w, \lambda)) - D(r_1, r_2 \cdots, r_{n-1}, b, w, \lambda)$,是第 n 个农户选择农业生产和不选择农业生产的预期成本之差(也就是第 n 个农户对环境所造成的社会成本)。

式(1.1.3)表示,农户 i 使用具有负环境效应的投入要素 x_i 的社会最优投入量需要满足的条件,即投入要素 x_i 的边际产品价值 $p \cdot f'_{x_i}$ 等于其单位价格 w 加上使用该要素的边际社会成本 $D'(\alpha) \dfrac{\partial \alpha}{\partial r_i} \dfrac{\partial r_i}{\partial x_i}$。式(1.1.4)表示增加一个农户对农户预期净收益的影响。式(1.1.3)和式(1.1.4)限定了社会最优的农户数量。因此,将条件(1.1.3)和条件(1.1.4)加总,则可以得到:

$$\frac{\partial \pi_{n*}^*}{\partial x_{n*}} = \pi_{n*}^* + D'(\alpha*)\frac{\partial \alpha*}{\partial r_{n*}}\frac{\partial r_{n*}^*}{\partial x_{n*}} - \Delta D(\alpha*) \qquad (1.1.5)$$

其中, $\pi_{n*}^* = \pi_n \cdot (x_{n*}^*)$, $\alpha* = \alpha(r_1^*, r_2^*, \cdots, r_{n*}^*, v, \lambda)$, $r_{n*}^* = r_{n*}(x_{n*}, v_{n*}, \alpha_{n*})$, x_n^{**} 是 x_n 的社会最优解, n^* 是 n 的社会最优解。

若农户以利润最大化作为农业生产决策的目标,未考虑农业生产所产生的农业面源污染的社会成本,则,农户农业生产的净收益为:

$$NB_0 = \sum_{i=1}^n \pi_i(x_i) = \sum_{i=1}^n (p \cdot f(x_i) - wx_i) \qquad (1.1.6)$$

其一阶必要条件为: $\frac{\partial \pi_i}{\partial x_{ij}} = (p \cdot f'_{x_i} - w) = 0$。该条件表明,为获得利润最大化,农户在农业生产中所使用的具有负环境效应的投入要素 x_i 的私人最优投入量是根据其边际产品价值 $p \cdot f'_{x_i}$ 等于其单位价格 w 来确定的。因此,与条件(1.1.3)相比,在以利润最大化为目标的生产决策中,农户所使用的具有环境负效应的投入要素 x_i (例如,化肥)的私人最优投入量高于其社会最优要素投入量。

1.2　农户化肥施用的外部效果

萨缪尔森和诺德豪斯在其《经济学》(第18版:320)中将外部性定义为"一种向他人施加那人并不情愿的成本或者效益的行为,或者说是一种其影响无法完全体现在市场交易价格之上的行为"。兰德尔在其《资源经济学》(1989:155)中认为,外部性是指当一个行动的某些效益或成本不在决策者的考虑范围内的时候所产生的一些低效率现象,也就是某些效益被给予,或某些成本被强加给没有参加这一决策的人。这两种定义尽管在形式上有所不同,但是在本质上是一致的:都是强调外部性是某个经济主体对其他经济主体产生一种影响,而这种影响不能通过市场价格进行衡量。

一般来说,根据外部性的影响效果,外部性可划分为正外部性(或称外部经济)和负外部性(或称外部不经济)。正外部性是指一个经济主体的经济行为给其他经济主体带来了福利改善,而前者无法向后者收费的现象;负外部性是指一个经济主体的经济行为损害了其他经济主体的福利,而前者没有补偿后者的现象。根据外部性产生的领域,外部性还可划分为生产外部性和消费外部性。生产外部性是指由生产者的生产活动所导致的外部性,例如,农业面源污染;消费外部性是指由消费者的消费行为所带来的外部性。

在外部性理论发展进程中,马歇尔、庇古和科斯是具有里程碑意义的三位经济学家。英国经济学家马歇尔是最早涉及外部性问题研究的。尽管马歇尔没有明确提出外部性概念,但是其在 1890 年的《经济学原理》中,从内部经济和外部经济两个方面研究了企业自身发展问题,首次提出了"外部经济"概念,为后续有关外部性理论的研究打下了基础。而英国经济学家庇古和科斯分别从新古典经济学角度和新制度经济学角度为研究外部性问题开辟了广阔的空间。庇古是用现代经济学的方法从福利经济学的角度系统地研究外部性问题的经济学家,在其 1912 年发表的《福利经济学》一书中,庇古通过分析边际私人净产值与边际社会净产值的背离阐述了外部性问题,并指出通过征税和补贴的经济政策可以将这种外部性内部化。庇古的这一经济学思想在目前世界各国治理点源污染中得到广泛的应用。科斯在对庇古理论的批判过程中,从新制度经济学的角度丰富和完善了外部性理论。科斯在 1932 年的《社会成本问题》一文中提出,当交易费用为零的情况下,解决外部性问题不需要"庇古税",通过市场交易和自愿协商可以达到资源的最优配置;当交易费用不为零的情况下,解决外部性问题可以通过制度安排与选择,以市场交易的形式来替代庇古税的手段。20 世纪 70 年代以来,在环境保护领域排污权交易制度就是科斯这一思想的一个具体运用。

农户的农业生产活动对他人造成影响(污染环境)而又未将这些影响计入市场交易的价格之中时,就会导致农业生产的外部性问题(Sterner,2003)。Brush 等(1992),Bellon 等(1993),Shortle 和 Abler(1997),Dyer(2001)的研究还表明,要素使用的技术效率水平与生产行为外部性具有显著关系。

Caswell 和 Zilberman(1986),Hanemann,Lichtenberg 和 Zilberman(1989),Caswell,Lichtenberg 和 Zilberman(1990),Dinar 和 Letey(1991)从理论上对农户农业生产中要素的投入量、要素的技术效率与农业生产外部性之间的关系进行了深入的研究。

假定农户 i 的生产函数为 $f(x_i, h_i)$,其中,h_i 表示农户 i 在农业生产中使用具有负环境效应的投入要素 x_i(例如,化肥)的技术效率。农业生产的有效投入本身可被视为具有负环境效应的投入要素 x_i 和该投入要素技术效率 h_i 的中间产出 $s(x_i, h_i)$,因此,n 个农户农业生产中产生的面源污染浓度可表示为:

$$\alpha = \alpha(r_1, r_2, \cdots, r_n; h_1, h_2, \cdots, h_n; v, w, \lambda); \qquad \alpha'_{x_i} > 0, \alpha'_{h_i} < 0$$

$$(1.2.1)$$

假定农户农业生产中具有负环境效应的要素 x_i(例如,化肥)的投入与该要素的技术效率 h_i 之间具有替代性,即,较低的要素 x_i 的单位投入必然会伴随着其较高的要素技术效率 h_i,较高的要素 x_i 的单位投入必然会伴随着较低的要素技术效率 h_i。

因此,当农户将农业生产行为外部性的社会成本 $D(\alpha)$ 纳入其生产决策的情况下,社会最优的具有负环境效应的要素 x_i(例如,化肥)投入量及其技术效率 h_i 由下式确定:

$$p \cdot \frac{\partial f(x_i, h_i)}{\partial s} \frac{\partial s(x_i, h_i)}{\partial h_i} - \frac{\partial D(\alpha)}{\partial \alpha} \frac{\partial \alpha(x_i, h)}{\partial h_i}) = 0 \qquad (1.2.2)$$

$$p \cdot \frac{\partial f(x_i, h_i)}{\partial s} \frac{\partial s(x_i, h_i)}{\partial x_i} - v - \frac{\partial D(\alpha)}{\partial \alpha} \frac{\partial \alpha}{\partial x_i} = 0 \qquad (1.2.3)$$

而在农户以利润最大化为目标进行的生产决策中,由于未考虑其农业生产行为外部性的社会成本 $D(\alpha)$,私人最优的要素 x_i(例如,化肥)投入量及其技术效率 h_i 由下式确定:

$$p \cdot \frac{\partial f(x_i, h_i)}{\partial s} \frac{\partial s(x_i, h_i)}{\partial h_i} = 0 \qquad (1.2.4)$$

$$p \cdot \frac{\partial f(x_i, h_i)}{\partial s} \frac{\partial s(x_i, h_i)}{\partial x_i} - v = 0 \qquad (1.2.5)$$

由此可知,农户农业生产行为的外部性导致了农户农业生产中的投入要素 x_i 的私人最优要素技术效率低于社会最优要素技术效率水平,而私人最优的要素投入量高于社会最优的要素投入量。

物质平衡法则认为,社会生产中进入环境的投入要素的总量(能源和原材料)等于最终产品的总量加上渗漏到环境中的残余总量,再减去循环利用物质的总量(Ayres et al.,1969)。在大多数情况下,不能被农作物或者其他农业生态系统的有机物吸收的投入要素(例如,化肥)导致了生态环境的质量损失(Khanna et al.,1997)。由此可知,农业生产中具有负环境效应的要素的技术效率越高,越是可以减少由这些投入要素流失所导致的环境质量损失。因此,当农户以利润最大化为目标进行生产决策时,农户投入要素(例如,化肥)的过高使用量和过低的技术效率会导致农户农业生产中未被作物吸收的具有负环境效应的投入要素(例如,化肥)残余量的增加,当自然环境累积的这些具有负环境效应的残余量超过其自身可以降解的阈值的时候,就会导致农业面源污染。

1.3　化肥施用与农业面源污染

化肥是农业生产的重要投入要素。据联合国粮食组织(FAO)的统计,在1950 年至 1970 年的 20 年间,世界粮食总产量增加了近 1 倍,其中,化肥投入对世界粮食增产的贡献率高达 40%～65%(晏振邦,2003)。1978 年至 2006 年间,化肥投入对中国粮食增产的贡献率也达到 56.81%(王祖力等,2008)。一方面,中国农业化肥施用总量迅速增加:1980 年至 2010 年间,中国化肥施用总量和单位播种面积施肥量的年均增长率分别为 5.12％和 4.83％,2010 年分别达到 5561.70 万吨(折纯)和 346.14 公斤/公顷(折纯),单位播种面积施肥量远高于发达国家所公认的合理水平;另一方面,中国的化肥技术效率远低于国际水平:田间试验数据显示,中国小麦、玉米和水稻的氮肥利用率为 28.3％、28.2％和 26.1％,远低于欧美发达国家 40％～60％的水平(张福锁等,2008),而蔬菜、水果和花卉农田上单季作物的氮肥利用率仅为 10％(张维理等,2004)。

中国农业化肥大量施用和化肥低利用率,导致了严重的农业化肥面源污染问题。20 世纪 80 年代以来,中国各大湖泊和重要水域的水体污染,特别是水体中的氮、磷富营养化问题急剧恶化。2009 年中国环境公报显示,当前中国地表水污染较重,湖泊(水库)富营养化问题已非常突出,75％以上湖泊(水库)的水质在 Ⅳ 类及以下。2010 年中国《第一次全国污染源普查公报》的数据显示,农业面源污染已超过点源污染,成为中国水环境污染的最大污染源。而农业化肥大量施用是农业面源污染的重要诱因之一,其中,种植业中总氮、总磷流失量占农业污染源总氮、总磷排放量的 59.1％和 38.2％。

严重的农业化肥面源污染已经对中国农村的生产和生活产生较大的负面影响。大量施用化肥不仅破坏了耕地的土壤结构,使土壤酸化,加速土壤中营养元素的流失,致使土壤严重板结(丁长春,2001;王建美,2003),而且还使农产品品质下降,蔬菜中硝酸盐含量超标,危害人的身体健康(Paul et al.,2000;Hesketh et al.,2000)。同时,大量的未被作物吸收利用的氮肥经过硝化和反硝化作用所产生的大量 N_2O 不仅是一种温室气体,而且与 O_3 反应后会对大气中的臭氧层产生破坏(梁华成,1998;William et al.,2000)。农业化肥面源污染还会导致水体富营养化,致使水体中藻类和其他水生生物过度繁殖,使得水体无法接受更多的阳光,严重破坏了水生生态系统的平衡,进而威胁人畜饮水安全(张蔚文,2006)。

近年来,农业面源污染治理问题已经引起了中国政府的高度重视。2006 年《中华人民共和国国民经济和社会发展第十一个五年规划纲要》、2008 年党的十七届三中全会公报和 2011 年《中华人民共和国国民经济和社会发展第十二个五年规划纲要》,已经将治理农业面源污染列为实现中国农业可持续发展、建设社会主义新农村的重要任务。但是,当前中国的环境政策侧重于对点源污染的控制,而忽视对农业面源污染的管理(任景明等,2009);在学术研究上,与发达国家相比,中国农业面源污染治理的研究起步较晚,与中国农业面源污染治理有关的诸多领域的研究目前尚处于起步阶段(韩洪云等,2010)。为了促进中国农业的可持续发展,需要对中国农业化肥面源污染治理问题进行深入的研究。系统地分析影响中国农业化肥面源污染形成的因素和如何有效治理农业化肥面源污染问题,对于未来中国治理农业化肥面源污染,以及更有针对性地控制和管理农业面源污染,实现中国经济和社会的可持续发展具有重要的现实意义。

1.4 农户环境友好型技术采纳行为分析

农业化肥面源污染是指土壤中未被作物吸收或土壤固定的氮和磷等营养物质通过人为或自然途径进入水体所引起农业面源污染(陈红,2002)。农业化肥面源污染具有面源污染所固有的位置、途径、数量不确定,随机性大,发生范围广,防治难度大等特点。根据 2010 年中国《第一次全国污染源普查公报》的划分,农业化肥面源污染主要包括种植业中化肥施用所产生的总氮、总磷流失所导致的农业面源污染。农艺学的研究表明,在农业生产过程中存在着大量可行技术,这些技术通过提高投入要素技术效率的方式使投入要素更大限度地被作物吸收利用,我们将这类技术称为"环境友好型技术"。

采用环境友好型技术控制农业面源污染比农业面源污染产生后再去治理更具有成本效益,因为污染的事后治理只会增加成本,而不会提高投入要素的技术效率(Guinn,1994;Michael et al.,1995)。Letey 等(1985),Sterner(1990),Khanna(1995),Khanna 和 Zilberman(2001)基于理论分析模型研究了农户环境友好型技术的采纳行为。

假定农户 i 的生产函数为 $f(x_i,d)$,其中,x_i 为农户 i 在农业生产中使用的具有负环境效应的投入要素(例如,化肥);$d=1,2$ 为农户在农业生产中所面临的两类技术选择($d=1$ 表示农户采纳传统技术,$d=2$ 表示农户采纳环境友好型技术)。假定农户 i 所使用的投入要素 x_i 与生产中被有效利用的投入要素 e_i 之间存在函数关系(Caswell & Zilberman,1986),则

$$e_i = h_i(\theta_i,d)x_i; \qquad h'_{\theta_i}>0, h''_{\theta_i}<0 \qquad (1.4.1)$$

其中,$h_i(\theta_i,d)$ 表示农户 i 所使用的投入要素 x_i 的技术效率,它取决于 θ_i 和 d。$\theta_i \in [0,1]$ 是农户的社会经济特征和生产条件。

假定技术的规模收益不变,农业生产的产量 y_i 是农户 i 有效利用的投入要素 e_i 的函数(Caswell et al.,1986),则

$$y_i = f(e_i); \qquad f'_e>0, f'_{ee}<0 \qquad (1.4.2)$$

更为具体,生产函数可被设定为:

$$y_i = \beta_i h_i(\theta_i,d)x_i; \qquad f'_{x_i}>0, f''_{x_ix_i}<0 \qquad (1.4.3)$$

其中,β_i 表示在农户社会经济特征和生产条件为 θ_i,采用技术选择 d 的情况下,有效利用的投入要素的生产率;$y_i \leqslant \bar{y}$,$\bar{y}$ 表示农户农业生产的前沿产量。

令污染系数 $\gamma_i = (1 - h_i)$。假定农户 i 的农业面源污染排放量 r_i 是所使用投入要素 x_i 的线性函数，则

$$r_i = \gamma_i(\theta_i, d)x_i, \qquad \gamma'_\theta < 0 \tag{1.4.4}$$

1.4.1 环境友好型技术的技术特征

相对于传统技术，环境友好型技术具有以下三方面技术特征：

第一，环境友好型技术具有精确效应（precision-effect）：在相同的 θ 条件下，农户采用环境友好型技术可以提高要素的技术效率，使得农业生产的产出-投入比率达到更高的水平，即：$h_2(\theta) > h_1(\theta)$。其中，$h_2(\theta)$ 表示农户采纳环境友好型技术的要素技术效率；$h_1(\theta)$ 表示农户采纳传统生产技术的要素技术效率。

第二，环境友好型技术具有产出效应（productivity-effect）：在相同的 e 条件下，农户采纳环境友好型技术可以提高投入要素的边际生产率，即：$\beta_2(e) > \beta_1(e)$。其中，β_2 表示农户采纳环境友好型技术的要素生产率；β_1 表示农户采纳传统技术的要素生产率。

第三，环境友好型技术具有环境效应（pollution-effect）：由于环境友好型技术提高了可变投入要素的技术效率，因此，在相同的 θ 条件下，$\gamma_2(\theta) < \gamma_1(\theta)$。其中，$\gamma_2$ 表示农户采纳环境友好型技术的污染系数；γ_1 表示农户采纳传统技术的污染系数。

对于环境友好型技术的环境效应，如果农户采纳环境友好型技术后未增加或者减少了要素的使用量，则采纳环境友好型技术会减少污染；如果农户采纳环境友好型技术后增加了要素的使用量，但是污染系数的降低所减少的污染 $x_2(\gamma_2 - \gamma_1)$ 比在传统技术条件下增加要素投入产生的污染 $\gamma_1(x_2 - x_1)$ 要大的时候（其中，x_2 表示农户采纳环境友好型技术所使用的要素 x 的数量，x_1 表示农户采纳传统技术所使用的要素 x 的数量），采用精确技术也会减少污染（Khanna，1995）。

1.4.2 农户环境友好型技术采纳决策

农户通过采取两阶段决策过程对技术和要素施用量进行选择，以最大化其利润。

在第一阶段，农户在每种技术选择下最优的要素投入量为 x_d^*，使得：

$$\max \pi_d(\theta) = p \cdot f(\beta_d h_d(\theta) x_d^*) - w_d x_d^* - k_d; d = 1, 2 \tag{1.4.5}$$

其中，w_d 为农户在每种技术选择下所使用的投入要素 x_d 的价格；k_d 为农户每种技术选择下所需要的固定投入。

在第二阶段，农户确定每种技术选择下的最大利润 π_d^*，其中，$d = 1$ 表示农户采纳传统技术，$d = 2$ 表示农户采纳环境友好型技术，在以下条件下会选择环

境友好型技术：

$$\pi_2^*(\theta) \geqslant \pi_1^*(\theta)$$

即：

$$\pi_2^* - \pi_1^* = \Delta\pi^* = p \cdot \Delta y - w_2\Delta x - x_1(\Delta w) - \Delta k > 0$$

其中，

$$\Delta x = x_2 - x_1 \qquad (1.4.6)$$

式(1.4.6)显示，农户采纳环境友好型技术取决于以下的因素：(1)产出的增加，$(\Delta y > 0)$；(2)投入的减少，$(\Delta x < 0)$；(3)在环境友好型技术下使用新投入要素的成本增加，$(\Delta w > 0)$；(4)在环境友好型技术下所需固定成本的增加，$(\Delta k > 0)$。而(1)和(2)两个影响因素的大小取决于农户的社会经济特征和生产条件 θ。因此，相对采纳传统技术，当农户采纳环境友好型技术时若不存在投入要素的价格差异和固定成本差异，农户的社会经济特征和生产条件对环境友好型技术采纳行为具有重要的影响。

20世纪60年代到80年代早期的"绿色革命"引发了世界经济学界对农户技术采纳问题的研究。国外农户环境友好型技术采纳行为的研究主要涉及农户对单一现代农业技术采纳行为影响因素(Feder,1985,1993)，以及农户对包含多项技术内容的现代农业技术采纳行为影响因素(Rahm et al.,1984；McNamara et al.,1991；Daberkow,1998)这两方面的研究。

在有关农户对单一现代农业技术采纳行为影响因素的实证研究方面，自从Ryan等(1943)首次提出农户间新技术采纳行为存在显著差异以来，大量研究利用农户的社会经济特征因素来解释农户现代农业技术采纳行为存在差异的原因。其中，农户的年龄特征因素(Warriner et al.,1992；Okoye,1998；Neill et al.,1999)、农户的教育水平和人力资本因素(Shortle et al.,1986；Warriner et al.,1992；Clay et al.,1998)、农户的耕作经验因素(Rahm et al.,1984；Clay et al.,1998)对农户新技术采纳行为具有显著影响。除此之外，Negri等(1990)在分析了影响美国农户农业灌溉技术的因素的研究中发现，土地因素(坡度、土地生产率和土壤的粗密度)是影响农户新技术采纳行为的重要因素，耕地规模、用水成本和劳动力成本也对技术采纳产生影响。

在有关农户对包含多项技术内容的农业现代技术采纳行为，特别是对环境友好型技术采纳行为影响因素的研究方面，大量研究表明，当新技术包括若干项技术内容时，农户通常会只采纳其中的一部分技术，而不是全部技术。在这种情况下，农户新技术采纳行为一般是按照序贯方式(sequential decision)，即以逐步采纳方式进行的(Mann,1978；Leathers et al.,1991)。Byerlee和Polanco(1986)在对影响墨西哥Tlaxcala州和Hidalgo州的农户采用具有环境友好性质的大麦种植技术的影响因素进行分析时发现，在五年时间里，当地农户基于利润和规避风险的考虑，以序贯采纳方式接受新的大麦生产技术：即逐步采纳了与新技术有关的良种、化肥和农药，而不是同时采用全部的相关技术。

Khanna(2001)研究了美国中西部的艾奥瓦州、伊利诺伊州、印第安纳州和威斯康星州四个州的农户对包含测土(soil testing)技术和变量可控技术(variable rate technology,VRT)两种技术的精确施肥技术的逐步采纳行为的影响因素,即农户或者只采纳测土技术,或者同时采纳测土技术和变量可控技术的影响因素。研究表明,农户的人力资本(受过大学教育、有耕作经验和有创新精神)、农场耕地面积的大小、具有的技术性技能、耕地的质量水平和耕地的所有权特征对农户新技术的序贯采纳决策具有显著影响。同时,大量研究还发现农户的环保意识和态度对农户是否采纳环境友好型技术具有显著影响(Gould et al.,1989;Warriner et al.,1992;Napier et al.,1993;Carlson et al.,1994;Saltiel et al.,1994;Traore et al.,1998;Okoye,1998)。

国内学者对农户采纳新技术的影响因素也作了大量的研究。一般认为,这些因素包括:农户特征因素、农户耕地情况因素和农户获取技术支持渠道因素。在农户特征因素中,农户户主的年龄(孔祥智,2004;曹光乔,2008;姜明房,2009)、性别因素(宋军等,1998;曹光乔等,2008;元成斌,2010)、受教育程度(方松海等,2005;顾俊,2007)、是否外出打工(张舰,2002;方松海等,2005)、农户家庭人均收入水平(黄季焜等,1993;孔祥智,2004;顾俊,2007)、家庭成员外出打工比例(朱明芬,2001;赵翠萍,2007)等因素对农户新技术采纳具有显著影响。在农户的耕地特征因素中,农户的耕地面积(孔祥智,2004;蔡亚庆等,2009;徐世艳等,2009)和农户耕种的地块数(张舰,2002;曹光乔,2008)对农户的新技术采纳行为具有显著影响。在农户获取技术支持渠道的研究方面,王济民(2009)的研究表明,农技推广部门目前是我国农技推广的主体,技术培训是农技推广部门的重要推广模式。吕丽玲(2000)和姜明房(2009)的研究发现,农户的亲戚和邻里间存在学习效应,亲戚邻居采用新技术的行为对农户的新技术选择具有显著影响。

在有关农户环境友好型技术采纳行为的国内研究方面,方松海等(2005)针对陕西、四川和宁夏农户采纳保护地技术的影响因素,何浩然等(2006)针对华北地区农户的施肥行为,喻永红等(2010)针对湖北省 IPM 技术的农户采纳行为,以及葛继红等(2010)和张成玉(2010)针对江苏省农户采纳测土配方施肥技术行为的研究发现:农户特征因素、农户耕地情况因素和农户获取技术支持渠道因素是影响农户采纳环境友好型技术的重要因素。但是这些研究主要是将农户对环境友好型技术的采纳行为简单地视为一个二分的过程,即采纳或者不采纳,缺乏针对农户对环境友好型技术逐步采纳行为的研究。

1.5 农户农业面源污染治理政策选择的理论基础

由于农户农业生产活动具有外部性,在没有外部干预的情况下,农户农业生产决策中的私人成本必然会偏离社会成本(即,私人成本小于社会成本),私人的最优经济活动水平也必然会偏离社会的最优水平。当农户农业生产行为的外部性导致的生态环境质量损失超过一定的阈值时,就会产生农业化肥面源污染。

根据庇古税的基本原理,Segerson(1988)首次提出了以征税或者补贴方式治理农业面源污染的政策选择机制问题。其核心思想是:当环境的农业面源污染浓度低于农业面源污染目标浓度时就对农户支付补贴,而当农业面源污染浓度超过目标浓度时就对农户征收环境税。基于此,Cabe 和 Herriges(1992),Xepapadeas(1991,1992,1994),Dosi 和 Morretto(1993,1994)提出了农业面源污染治理的环境税或环境补贴政策选择的理论分析模型;Shortle 和 Dunn(1986),Shortle 和 Abler(1994),Dosi 和 Morettol(1993,1994)从理论上探讨了投入税或者投入补贴在减少农户因施用化肥所导致的农业面源污染中的作用。

1.5.1 农业面源污染治理环境政策设计的理论基础

假设农业面源污染环境税函数为 $T_i(\alpha) + k_i$,其中,$T_i(\alpha)$ 表示当农业面源污染浓度为 α 时对农户 i 征收的环境税,k_i 表示因农户 i 一次付清税收而获得的补贴。在实施农业面源污染环境税的情况下,农户基于预期利润最大化 $\max\{\pi_i(x_i) - E\{T_i(\alpha)\} - k_i\}$ 的最优要素投入量 x_i 满足的一阶必要条件为

$$\frac{\partial \pi_i}{\partial x_{ij}} - E\left\{T'(\alpha)\frac{\partial \alpha}{\partial r_i}\frac{\partial r_i}{\partial x_{ij}}\right\} = 0; \quad \forall i,j \tag{1.5.1}$$

Horan 等(1998)据此提出了两种有效的农业面源污染环境税。

第一种农业面源污染环境税采取的是基于农业面源污染浓度的线性函数形式:

$$t_i = D'(\alpha *), \quad \forall i \tag{1.5.2}$$

这种环境税的税率是给定事先有效选择的边际环境损失值,适用于对所有产生农业面源污染的农户征收统一税率的农业面源污染环境税。在此情况下,农户所面对的期望税负是:

$$E(T(\alpha)) = E(t\alpha) = E\{D'(\alpha *)\alpha\} \tag{1.5.3}$$

第二种农业面源污染环境税采取的是基于农业面源污染浓度的非线性函数形式:

$$T_i(\alpha) = D(\alpha) \tag{1.5.4}$$

这种环境税适用于根据农户所产生农业面源污染征收不同税率的农业面源污染环境税。与线性的环境税相比,这种非线性的环境税要求全部农户个体支付的环境税税负总额等于总的环境损失社会成本。

假设对农户 i 在种植第 j 种农作物所投入的具有负环境效应投入要素 x_{ij}(例如,化肥)征收投入税,其税率为 τ_{ij},同时假设农户会选择使税后利润 $\pi_i(x_i) - \sum_{j=1}^{m} \tau_{ij}x_{ij}$ 最大化的要素投入量,则最优边际投入税率为:

$$\tau_{ij} = \frac{\partial D*}{\partial \alpha*} \frac{\partial \alpha*}{\partial r_i} \frac{\partial r_i^*}{\partial x_{ij}} + \frac{\partial D*}{\partial \alpha} \text{cov} \left\{ \frac{\partial \alpha*}{\partial r_i} \frac{\partial r_i^*}{\partial x_{ij}} \right\} + \text{cov} \left\{ \frac{\partial D*}{\partial a}, \frac{\partial a*}{\partial r_i} \frac{\partial r_i^*}{\partial x_{ij}} \right\}$$

$$(1.5.5)$$

农户 i 在种植第 j 种农作物中的最优边际投入税率为环境污染的边际社会成本 $\frac{\partial D*}{\partial \alpha*}$、农户 i 的农业面源污染排放量的边际农业面源污染浓度量 $\frac{\partial \alpha*}{\partial r_i}$、农户投入要素的边际农业面源污染量 $\frac{\partial r_i^*}{\partial x_{ij}}$ 三者的乘积,再加上两个协方差项。对于最后两项来说,如果农业面源污染浓度 α 是具有凹性(凸性)的函数,那么当具有负环境效应的要素 x_{ij} 投入量的增加导致污染量增加时,τ_{ij} 会相应地增加(减少)。因此,在对农户实施投入税或补贴的情况下,农户 i 在种植第 j 种农作物的要素 x_{ij}(例如,化肥)投入量的社会最优水平满足:

$$\frac{\partial \pi_i}{\partial x_{ij}} = D'(\alpha) \frac{\partial \alpha}{\partial r_i} \frac{\partial r_i}{\partial x_{ij}}$$

但是,Govindasamay(1994)、Shortle 和 Abler(1997)、Xepapadeas(1995)针对农业面源污染治理政策选择的研究表明,环境管制者与农户间存在信息不对称、农业面源污染政策实施的高信息成本和交易成本使得农业面源污染治理政策无法在实践中实现最优政策效果。

1.5.2　基于自愿计划的农户接受意愿理论分析

自愿计划是欧美发达国家在农业面源污染治理中普遍采用的、能够促使农户自愿采取环境友好型技术或者参与改善环境质量自愿项目的一类政策措施(Randall and Taylor,2000;Segerson and Wu,2003)。Wu 和 Babcock(1995)、Cooper 和 Keim(1996)、Batie 和 Ervin(1997)、Spraggon(2002)基于对自愿计划环境政策的研究,从农户接受意愿的角度探讨了农业面源污染治理政策选择问题。

假设 n 个农户的农业生产行为产生了农业面源污染,农户 i 在 m 种农业生产活动中采取措施减少的农业面源污染量为 $r_i = (r_{i1}, r_{i2}, \cdots, r_{im})$,农户 i 的社会经济特征和生产条件 θ_i(包括其耕地特征等)对农户采纳自愿计划的成本具有影响。预期的农业环境质量水平以 x 表示，它是单个农户污染减少量 $r_i \equiv (r_{i1}, r_{i2}, \cdots, r_{im})$ 和单个农户特征 $\theta_i \equiv (\theta_1, \theta_2, \cdots, \theta_m)$ 的函数，因此，$x = x(r_1, r_2, \cdots, r_m; \theta_1, \theta_2, \cdots, \theta_m)$。每个农户减少农业面源污染的成本取决于农户减少农业面源污染的数量，以及农户的社会经济特征和生产条件 θ_i，即 $C_i = C(r_i, \theta_i)$，其中，对所有的 i 和 m，$\dfrac{\partial C}{\partial r_{im}} > 0$，$\dfrac{\partial^2 C}{\partial r_{im}^2} \geqslant 0$，$C(0, \theta_i) = 0$。

假设存在一个外生的环境质量阈值水平或者外生的环境质量标准 r^s，其中，$r^s > r(0, 0_1, \cdots, 0_n; \theta_1, \theta_2, \cdots, \theta_n)$。在此标准下，社会的最优目标是农户以最小的成本实现这一环境标准。

农户以最小成本所愿意减少的污染量 $\{r_i^*(\theta_{i1}, \theta_{i2}, \cdots, \theta_{im}, r^s), i = 1, 2, \cdots, n\}$ 是下式的最优解：

$$\min C(r_{i1}, \theta_{i1}) + C(r_{i2}, \theta_{i2}) + \cdots + C(r_{im}, \theta_{im})$$
$$s.t. \quad x(r_{i1}, r_{i2}, \cdots, r_{im}; \theta_{i1}, \theta_{i2}, \cdots, \theta_{im}) \leqslant r^s$$

其中，$r_{im} \geqslant 0$，$i = 1, 2, \cdots, n$ $\hfill (1.5.6)$

因此，农户 i 所愿意减少的农业面源污染量 $\{r_i^*(\theta_{i1}, \theta_{i2}, \cdots, \theta_{im}, r^s), i = 1, 2, \cdots, n\}$ 的最优成本为 $C_i^* = C(r_i^*(\theta_i, r^s), \theta_i)$。

以上分析表明，当农业面源污染降低给农户带来的收益至少不小于农户减少农业面源污染的成本 $C_i^* = C(r_i^*(\theta_i, r^s), \theta_i)$ 时，农户会愿意参与自愿计划，自愿减少农业面源污染的数量为 $\{r_i^*(\theta_1, \theta_2, \cdots, \theta_m, r^s), i = 1, 2, \cdots, n\}$，以使环境满足质量标准 r^s；而当农业面源污染降低所带来的收益小于或等于农户减少农业面源污染的成本 $C_i^* = C(r_i^*(\theta_i, r^s), \theta_i)$ 时，农户可能不愿意参与自愿计划。因此，为了促使农户参与自愿计划减少农业面源污染，环境管制者（例如，政府）需要了解农户的社会经济特征和生产条件 θ，并设计诸如具有负激励性质的政策措施（例如，投入税和环境税），提高农户不参与自愿计划的成本，或设计具有正激励性质的政策措施（例如，技术支持和财政补贴），降低农户采纳自愿计划减少农业面源污染的成本，以达到环境标准的要求。

由于农业面源污染治理政策效果难以直接观测，以及环境管制者（例如，政府）与农户之间对于农户社会经济特征和生产条件信息存在信息不对称等原因，导致农业面源污染治理政策实施的高信息成本和交易成本（Govindasamay，1994；Shortle and Abler，1994；Xepapadeas，1991，1992，1994），从而使得农业面源污染治理政策措施在现实中无法实现最优政策效果。因此，从农户环境政策接受意愿的角度进行环境政策选择有利于实现农户利润最大化目标与环境政策目标之间的激励相容，使得环境政策制定者获得较优的环境政策选择。在当前国外有关环境政策选择的研究中，分析农户对环境政策的接受意愿一般采用的是选择模型法（Choice Experiments，CE）。

一般意义上而言，政策是指在某一特定的环境下，个人、团体或政府有计划的活动过程，其目的是为了实现某个既定的目标(Anderson,1990)。而进行政策选择，其目的是为了最小化政策的未来不确定性，最大限度地获得政策实施的效益，从而更好地发挥政策的作用(Bobrow et al.,1987)。进行农业面源污染治理的政策选择研究，一个重要的目的就是让农业环境政策更有效地发挥环境治理的作用。

大量文献从有关环境税、投入税或补贴、自愿协议、集体监督、排污权交易制度等方面对农业面源污染政策选择进行了研究(Xepapadeas,1991;Bystrom et al.,1998;Taylor et al.,2003)。

在有关环境税和投入税选择方面。Cabe 和 Harriges(1992)，Horan 和 Shortle(1998)针对农业面源污染环境税和投入税选择的研究发现，农业面源污染本身所具有的特征使得环境税和投入税的治理目标在现实中很难实现：首先，农业面源污染源一般数量众多，且分布很广，很难一一识别，而监督农业面源污染物排放的成本较高；第二，来自农田的含氮化合物和空气中飘浮的农药这样的农业面源污染物的排放很难直接观察到，需要安装较为昂贵的监控设备；第三，农户农业生产条件的异质性，以及由于影响周围环境质量的生物、物理和化学因素的异质性使得很难依靠生态模型对农业面源污染治理政策选择的实际效果进行研究。虽然，一些欧洲国家，例如，奥地利、德国、芬兰、丹麦、瑞典、西班牙和英国都对农户的化肥施用征收有关农业面源污染的投入税(Oskam,Viftigschild and Graveland,1997)，比利时和荷兰也分别对未被农作物吸收而残留于环境中的有机肥和无机肥征收有关农业面源污染的环境税(OECD,1994)，但是这种征税是根据事先预测的农户农业生产中农业面源污染的平均排放量而不是实际的排放量，而且这些国家对农户农业面源污染征收环境税或者投入税事实上具有增加国家财政税收而不是纠正农户农业生产行为外部性问题的特征(Cropper and Oates,1992)。

有关自愿计划的政策选择方面。自愿计划是当前欧美经济发达国家较为普遍采用的农业面源污染治理政策措施(Randall,2000;Segerson et al.,2003)，这种政策措施通过给予农户技术支持和金融支持的方式，鼓励农户自愿采纳环境友好型技术，以此减少农户农业生产中所产生的农业面源污染。例如，美国针对农业面源污染所采取的最佳管理实践(Best Management Practices,BMPs)，通过对自愿采纳最佳管理实践的农户给予财政补偿、技术支持和相关的金融支持，以达到推广 BMPs 的目的(Shortle,1999)。欧盟在其实施的共同农业政策(Common Agricultural Policy,CAP)中，也同样通过给予资金补贴和技术支持的方式激励农户在农业生产中自愿采用符合环境保护标准的农业生产方式。但是，Lichtenberg(2002)针对自愿计划的研究表明，基于社会最优水平的自愿计划并不能获得社会最优的政策效果,因为自愿计划仅在农户农业生产的农产品数量上影响其产决策行为,无法实现其所生产农产品的价格的社会次优水平,而且,对采纳自愿计划的农户给予资金补贴和技术支持对于国家解决农业面源污染的政策目标的实施成本过高。

集体监督的政策选择方面。由于经济个体对农业面源污染治理的贡献度难以辨别,因此,大量文献尝试从集体表现的角度研究农业面源污染设计的环境政策选择问题(Meran et al. ,1987;Segerson,1988,2003;Xepapadeas,1991;Cabe et al. ,1994;Bystrom et al. ,1998;Pushkarskya,2003;Taylor et al. ,2003)。基于集体表现的政策选择的基本思想是:仅观察排水处的污染情况,若超标,就对集体进行惩罚。这样,可以使每个经济个体对整个集体的经济活动对环境的影响负有责任,通过集体监督的这种制度安排解决农业面源污染治理中存在的道德风险问题。但是由于基于集体表现的农业面源污染环境政策选择需要政策制定者拥有太多的信息,而且污染者还需要确定自身控制污染的成本函数,以及污染者需要确定自身生产活动对污染总负荷的贡献程度,因此,基于集体监督的环境政策选择尽管在理论上非常有效率,但是在实践中还未得以应用。

有关排污权交易的政策选择方面。虽然基于科斯定理的排污权交易从理论上来说是治理农业面源污染的一种重要手段(Netusil et al. ,1995;Keohane et al. ,1997;Stavins et al. ,1997),但是,由于农业生产的环境外部性很难确定其产权,交易费用较高(Sunding,1996;Laura,2005),因此,除美国在宾夕法尼亚州开展了点源与面源污染排污权交易试验之外,以排污权交易治理农业面源污染并未在世界其他国家和地区得以推广。

由于较高的信息成本和交易成本使得环境政策选择无法获取最优的政策效果(Shortle et al. ,1994;Xepapadeas,1995),因此,为了获取更好的环境政策效果,降低环境政策的高信息成本和交易成本,需要从农户对农业面源污染治理政策的接受意愿的角度研究环境政策选择问题。在这些研究中,选择模型法是农户对环境政策接受意愿的重要工具。

Yusuke(2007)对日本鹿儿岛市北部居民关于政府对垃圾分类收集管理的接受意愿进行了研究。研究共选择了当地500名居民作为调查样本。研究的政策属性设定为垃圾分类的类别数目、垃圾再循环的比例、支付垃圾管理费的方式、对二噁英的管理标准,支付工具是垃圾管理的费用。在对每个属性特征赋予不同的水平值后,通过正交试验共获得12个选择集。研究结果表明,当地居民对加强垃圾中二噁英的管理和提高垃圾再循环比例的环境政策的接受意愿最高,而增加垃圾分类的类别数和改变垃圾付费方式的接受意愿相对最低。

为了减少韩国首尔日益严重的空气污染,Yoo等(2008)研究了首尔居民对采取环保政策减少空气污染的意愿。研究随机抽取了当地 654 名居民作为调查样本。政策属性特征设定为空气污染导致的居民发病率,对土壤的损害和空气的可见度。每个政策属性特征赋予 3 个水平值,利用正交试验得到 48 个选择集。这些选择集共分为 6 组,每位被调查者只询问其中的一组,共 8 个选择集。研究结果表明,首尔居民对制定提高空气的可见度的环境政策的接受意愿最高。

Birol 等(2009)利用选择模型法研究了印度 Ganga 河流域居民对制定污水管理政策的接受意愿。被调查对象是印度 Ganga 河流域的 100 户居民。政策属性特征设定为污水处理的程度、污水处理量、河岸是否建设娱乐设施。研究结果表明,当地居民认为污水处理程度带来的效用较高,但是对于贫困和富裕两类居民来说却有所不同,贫困居民更偏好对污水量的处理,而富裕居民更偏好提高对污水处理的程度。同时河岸娱乐设施建设并不增加这两种类型居民的效用。

大量文献还从当地居民对森林(Rolfe et al. ,2000;Horne et al. ,2005;Lehtonen et al. ,2003)和湿地保护(Kuriyama,1998;Carlsson et al. ,2003),垃圾管理(Garrod et al. ,1998;Guikema, 2005)、渔场管理(Wattage et al. ,2005)、水资源管理(Haider et al. ,2002;Hanley et al. ,2005)、狩猎管理(Boxall et al. ,1996;Bullock et al. ,1998),以及再生能源管理(A'lvarez-Farizo et al. ,2002)等方面环境政策的接受意愿进行了研究。

与欧美发达国家相比,中国农业面源污染治理政策研究起步较晚,研究的主要是环境标准的制定和环保技术研发(张蔚文等,2006)。近年来,农业面源污染治理政策的选择问题,已经引起国内学者的关注(邱君,2007)。张蔚文等(2006)采用政策情景模拟,利用线性规划模型研究了太湖流域平湖市农户对四种备选政策(氮肥税、禁令、自愿方法和补贴)在减少氮流失方面的政策效果。研究结果表明,四种政策减少化肥面源污染的效果依次为补贴、禁令、自愿方法和氮肥税,分别减少氮流失 9.81%、26.8%、14.4% 和 79.95%。但该研究并没有涉及不同环境政策的生态系统服务价值的评估,以及农户对政府不同的环境政策的意愿评价。总体上来说,农业面源污染治理政策选择的研究尚处于探索阶段。

近年来,国内学者(金建君,2006;翟国梁,2007)开始将选择模型法(CM)应用于环境和自然资源管理政策情景措施的意愿评价。金建君等(2006)以澳门 260 名居民作为研究样本,利用选择模型法分析了澳门居民对不同固体废弃物管理措施的接受意愿。研究结果表明,实行垃圾分选和回收利用,以及减小垃圾收集过程中产生的噪声是澳门未来制定固体废弃物管理政策的重要内容。翟国梁等(2007)以宁夏和贵州的 286 户农户作为研究样本,使用选择模型法对正在实施的退耕还林政策进行了评估,分析了农户对退耕还林政策中各个政策措施的意愿评价。研究结果表明,在退耕还林政策的各项措施中,农户对补助及时足额的评价最高,其次是提高退耕还林土地上的经济林的比例和完善土地租赁市场。

农业化肥面源污染治理的政策选择同样需要了解农户对不同环境政策的接受意愿。从现有的文献检索来看,国内还缺乏基于农户接受意愿的农业化肥面源污染治理政策选择研究。

1.6　本章小结

本章梳理了有关农户化肥施用行为的理论和经验研究成果。由于农户在农业生产化肥投入决策的负环境效应(例如,化肥)对环境的影响,因此,农户的农业生产行为具有负外部性:具有负环境效应的生产要素的投入量会高于社会最优投入量,技术效率会低于社会最优技术效率。农户农业生产行为的负外部性带来了环境质量损失,当超过一定的阈值时,就会导致农业面源污染。农业面源污染治理政策选择和鼓励农户采用环境友好型技术是治理农业面源污染的两个重要方法。由于农业面源污染所具有的特征,农业面源污染治理政策无法实现最优政策效果,因此,从农户接受意愿角度研究农业面源污染治理政策选择问题有利于更好地实现环境政策效果。环境友好型技术具有精确效应、产出效应和环境效应,农户的社会经济特征和生产条件对农户环境友好型技术采纳行为具有重要的影响。

基于文献综述,本文后续研究首先从化肥施用技术效率的角度分析了影响农业化肥面源污染形成的因素,然后,为了有效治理农业化肥面源污染,研究了农户化肥面源污染治理政策的接受意愿,以及农户测土配方施肥技术采纳行为。

2 中国农业化肥施用现状与环境影响

本章利用历年《中国统计年鉴》、《中国农村统计年鉴》、《全国农产品成本收益资料汇编》和联合国粮食与农业组织(FAO)数据库的统计数据和相关研究成果,系统分析了中国农业化肥施用现状:中国农业化肥施用的历史趋势、区域特征、与农业种植结构的关系,以及农业生产中化肥的利用效率。在此基础上进一步探讨了中国农业化肥施用对环境的影响,明晰了治理农业面源污染问题的复杂性和紧迫性。

2.1 中国农业化肥施用现状

2.1.1 农业化肥施用趋势变化

20 世纪 80 年代以来,中国农业化肥施用呈现出逐年递增的趋势。1980年,中国农业化肥施用总量为 1269.4 万吨(折纯),至 2011 年,已增加到 5704.2 万吨(折纯)(见图 2.1)。1980 年至 2011 年间,中国农业化肥施用总量的年平均增长率高达 4.97%。与世界其他国家相比,中国农业化肥施用总量在 1984年首次高于美国以后,目前已远超过化肥施用量处于世界第二位的美国(见图2.2),成为世界化肥施用量最大的国家。联合国粮食与农业组织(FAO)的数据显示,2009 年,中国的化肥消费量已占到世界化肥消费量的 32.67%。

与此相对应,在 1980 年至 2011 年间,中国农业总播种面积的增长相对于化肥施用量的增长却较为缓慢。1980 年,中国农业总播种面积为 14.64 千万公顷,至 2011 年,增加到 16.23 千万公顷(见图 2.3),31 年间中国农业总播种面积年平均增长率仅为 0.33%。因此,伴随着中国农业化肥施用总量的迅速增加,中国农业单位播种面积平均化肥施用量同样也呈现出较快的增长态势。1980 年,中国农业单位播种面积平均化肥施用量为 86.72 公斤/公顷;1995 年,达到 239.77 公斤/公顷,首次超过了欧美经济发达国家公认的 225 公斤/公顷

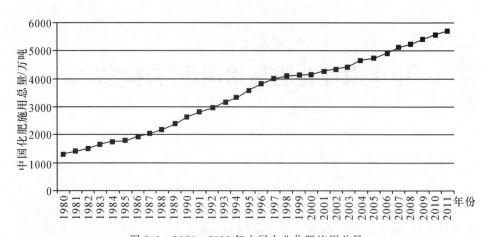

图 2.1 1980—2011 年中国农业化肥施用总量

数据来源:《中国统计年鉴》(2012),中国统计出版社 2012 年版。

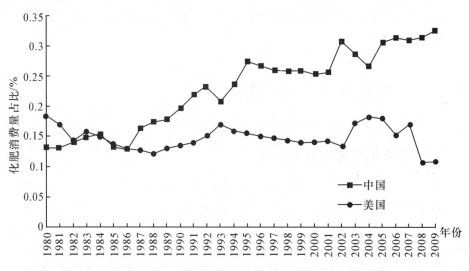

图 2.2 1980—2009 年中、美化肥消费量占世界化肥消费量的比重

数据来源:历年联合国粮食与农业组织(FAO)数据,经过计算。

的单位播种面积平均施肥量的环境安全上限(张林秀等,2006),至 2011 年,已
经高达 351.50 公斤/公顷(见图 2.4)。1980 年至 2011 年间,中国农业单位播
种面积化肥施用量年平均增长率为 4.62%。农业的化肥施用总量等于总播种
面积与单位播种面积平均化肥施用量的乘积,因此,相对于中国农业总播种面
积的增加,1980 年至 2011 年间,农作物单位播种面积施肥量的增加对中国化肥

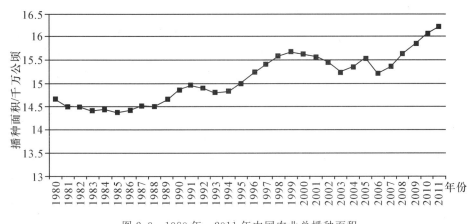

图 2.3　1980 年—2011 年中国农业总播种面积

数据来源:《中国统计年鉴》(2012),中国统计出版社 2012 年版。

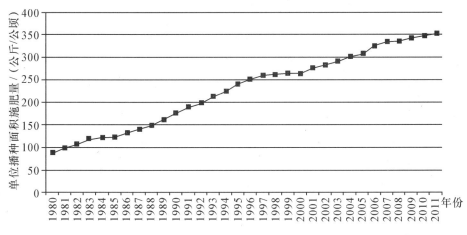

图 2.4　1980 年—2010 年中国农业单位播种面积施肥量

数据来源:《中国统计年鉴》(2012),中国统计出版社 2012 年版。

施用总量增加的贡献率高达 93%[①]。

2.1.2　农业化肥施用区域特征

中国农业化肥施用存在明显的地域差异,不仅不同区域之间的单位播种面积平均化肥施用量差异明显,而且不同区域之间的单位播种面积平均化肥施用

---

① 农作物施肥总量 TF＝农作物单位面积施肥量 AF × 农作物总播种面积 TP (1),若以 R^{TF},R^{AF} 和 R^{TP} 分别表示农作物施肥量的年均增长率、农作物单位播种面积施肥量的年均增长率和农作物总播种面积的年均增长率,那么式(1)就可以改写为$(1+R^{TF})=(1+R^{AF})\times(1+R^{TP})$ (2),可以证明,在 R^{AF} 和 R^{TP} 很小时,式(2)可变为 $R^{TF}=R^{AF}\times R^{TP}$。

量的增长变动趋势也存在差异。

以 2011 年中国各省(自治区、直辖市)农业化肥施用情况为例,中国不同省(自治区、直辖市)之间的农业单位播种面积平均化肥施用量呈现出明显的地域非均衡性(见图 2.5)。2011 年,中国单位播种面积平均化肥施用量为 351.50公斤/公顷,其中,海南省、天津市、福建省、广东省的单位播种面积平均化肥施用量分别超过了 500 公斤/公顷;陕西省、河南省、江苏省、山东省、湖北省、北京市和广西壮族自治区的单位播种面积平均化肥施用量分别超过了 400 公斤/公顷;而西藏自治区、贵州省、黑龙江省和青海省的单位播种面积平均化肥施用量分别还不足 200 公斤/公顷;在中国 30 个省(自治区、直辖市)(不包含台湾地区)中,单位播种面积平均化肥施用量最高的海南省为 569.33 公斤/公顷,而最低的青海省仅为 150.99 公斤/公顷,两者相差 3.77 倍。

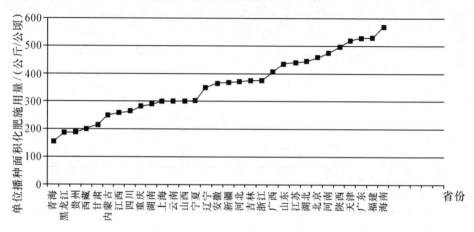

图 2.5 2011 年中国各省(自治区、直辖市)单位播种面积化肥施用量

数据来源:《中国统计年鉴》(2012),中国统计出版社 2012 年版。

根据中国各地区土壤、作物以及其他自然因素和经济因素的不同,1985 年,原中国国家农业委员会和农牧渔业部进行的关于化肥区划的研究将全国划分为 8 个不同的化肥区划区域(中国农业科学院土壤肥料研究所:《中国化肥区划》,1986:36—67)。这 8 个区域分别是:(1)东北的黑土、草甸土、棕壤区域,主要包括黑龙江省、吉林省和辽宁省;(2)黄淮海潮土、褐土区域,主要包括北京市、天津市、山东省、河南省和河北省;(3)长江中下游的水稻土、红壤、黄棕壤区域,主要包括浙江省、上海市、江西省、湖北省、湖南省、福建省、安徽省、江苏省;(4)华南赤红壤、水稻土区域,主要包括广西壮族自治区、广东省、台湾地区、福建省;(5)北部高原栗钙土、黄绵土、黑垆土区域,主要包括陕西省、山西省、甘肃省、内蒙古自治区;(6)西南水稻土、紫色土、黄壤、红壤区域,主要包括四川省、贵州省和云南省;(7)西北灌漠土、潮土区域,主要包括新疆维吾尔自治区;

(8)青藏潮土、栗钙土区域,主要包括西藏自治区和青海省。

表 2.1　历年中国各地区单位播种面积施肥量　　　　单位:公斤/公顷

地区	1980 年	1985 年	1990 年	1995 年	2000 年	2005 年	2010 年	2011 年	2011 年相对于 1980 年的比值
东北	129.73	166.48	241.13	293.05	301.06	287.31	250.69	263.20	2.03
黄淮海	101.76	146.51	201.62	295.55	331.33	387.49	431.85	457.85	4.50
长江中下游	164.53	207.21	200.05	272.80	304.40	343.89	370.32	380.74	2.31
华南	305.66	383.23	519.24	596.96	627.93	726.69	469.18	466.16	1.53
北部高原	111.29	152.81	255.64	382.70	195.83	240.30	300.65	403.38	3.62
西南	139.30	184.15	139.10	179.63	199.54	217.49	249.51	260.01	1.87
西北	40.75	71.31	132.44	222.16	233.57	289.07	352.12	355.68	8.73
青藏	239.92	176.65	229.82	252.35	264.30	306.58	171.51	165.49	0.69

数据来源:1981－2012 年历年《中国统计年鉴》,中国统计出版社,经过计算得出。

1980 年至 2011 年的统计数据显示(见表 2.1):首先,这 8 个地区历年的单位播种面积平均化肥施用量也同样呈现出了明显的区域非均衡性,其中,在 2011 年,华南地区和黄淮海地区的平均单位播种面积化肥施用量超过了 400 公斤/公顷,长江中下游地区、西北地区和北部高原地区的平均单位播种面积化肥施用量超过了 300 公斤/公顷。其次,相对于 1980 年,这 8 个地区在 2011 年单位播种面积平均化肥施用量均显著增加,其中,西北地区、黄淮海地区和北部高原地区分别增加了 8.73 倍、4.50 倍、2.74 倍。再次,从 1980 年至 2011 年的变化特征来看,各个地区单位播种面积平均化肥施用量在不同年份间的波动较大,其中,东北地区、北部高原地区、青藏地区的单位播种面积平均化肥施用量总体上呈现出先增后减的变动趋势,而黄淮海地区、长江中下游地区、华南地区、西南地区的单位播种面积平均化肥施用量总体上则呈现出稳步递增的变动趋势,这 4 个逐步递增地区的单位播种面积平均化肥施用量的年平均增长率分别约为 4.97%、2.74%、1.37% 和 2.03%。

2.1.3　农业种植结构变化与化肥施用

20 世纪 80 年代以来,虽然中国的农业种植结构发生明显变化,但是当前粮食作物不仅仍是中国农业播种面积最大的农作物,而且粮食作物的化肥施用量占全国农业化肥施用总量的比重也依然是最高的。

在中国农业播种面积方面,从播种面积的绝对数值上来看(见表 2.2),1980 年至 2011 年间,粮食作物的播种面积从 1980 年的 11.72 千万公顷减少到 2010

年的 11.06 千万公顷,2011 年的粮食作物播种面积比 1980 年减少了 5.63%;而经济作物、蔬菜的播种面积和果树的种植面积则分别从 1980 年的 1.49 千万公顷、0.32 千万公顷和 0.18 千万公顷,相应增加到 2011 年的 2.24 千万公顷、1.96 千万公顷和 1.18 千万公顷,2011 年经济作物、蔬菜的播种面积和果树的种植面积比 1980 年相应增加了 1.50 倍、6.13 倍和 6.56 倍。

从播种面积的相对数值来看(见表 2.2),1980 年至 2011 年间,中国粮食作物播种面积占中国农业总播种面积的比重从 1980 年的 80.10% 减少到 2010 年的 68.15%,经济作物、蔬菜播种面积和果园的种植面积分别占中国农业总播种面积的比重分别由 1980 年的 10.21%、2.16% 和 1.22%,相应增加到 2011 年的 13.80%、12.08% 和 7.27%。尽管相对于 1980 年,中国农业种植结构发生了较大的变化,但是无论从农作物播种面积的绝对数还是从农作物播种面积的相对数上来看,粮食作物的播种面积仍然是中国农业播种面积最大的农作物。

表 2.2　历年不同农作物播种面积及其占总播种面积的比重　　　　单位:千万公顷,%

年份	农作物总播种面积	粮食作物		经济作物		蔬　菜		果　园	
		播种面积	占比	播种面积	占比	播种面积	占比	播种面积	比例
1980	14.64	11.72	80.10	1.49	10.21	0.32	2.16	0.18	1.22
1985	14.36	10.88	75.78	2.10	14.63	0.48	3.31	0.27	1.90
1990	14.84	11.35	76.48	2.03	13.65	0.63	4.27	0.52	3.49
1995	14.99	11.01	73.43	2.22	14.80	0.95	6.35	0.81	5.40
2000	15.63	10.85	69.39	2.27	14.49	1.52	9.75	0.89	5.71
2005	15.55	10.43	67.07	2.26	14.56	1.77	11.40	1.00	6.45
2006	15.21	10.50	68.98	2.06	13.53	1.66	10.94	1.01	6.65
2007	15.35	10.56	68.85	2.05	13.34	1.73	11.29	1.05	6.82
2008	15.63	10.68	68.34	2.21	14.15	1.79	11.44	1.07	.872
2009	15.86	10.90	68.71	2.20	13.89	1.84	11.59	1.11	7.02
2010	16.07	10.99	68.38	2.21	13.77	1.90	11.83	1.15	7.18
2011	16.23	11.06	68.15	2.24	13.80	1.96	12.08	1.18	7.27

数据来源:《中国统计年鉴》(2012),中国统计出版社 2012 年版。

在化肥施用量方面,统计数据和相关研究表明(见表 2.3),中国的三种主要粮食作物(小麦、玉米和水稻)的化肥施用量占全国化肥施用总量的比重在 1983 年为 56.4%,到 2011 年,仍然达到 53.21%。考虑到中国农业化肥施用总量每年平均递增比重高达 4.97%,这表明,20 世纪 80 年代以来,中国的粮食作物不仅是中国农业化肥施用总量最大的农作物,同时化肥施用总量年平均增长比重也保持了较高的递增速度。

表 2.3　小麦、玉米和水稻化肥施用量占全国化肥施用总量的比重

年份	1983	1994	1996	1998	2000	2002	2004	2006	2008	2009	2010	2011
所占比例	56.4%	61.2%	58.8%	62.1%	58.5%	55.4%	46.7%	51.7%	50.4%	51.3%	53.69%	53.21%

数据来源:1983 年的数据根据《中国划分区划》中的数据计算得出;1994－2009 年的数据根据 2010 年《全国农产品成本收益资料汇编》和《中国统计年鉴》相关数据计算得出。

　　闫湘(2008)利用 19 个省(自治区、直辖市)[①]的数据对不同农作物 1984 年至 2005 年间化肥施用量变化情况的研究结果也反映出了上述结论。1984 年至 2005 年,这 19 个省(自治区、直辖市)的农业化肥施用总量从 1984 年的 1310.3 万吨增加到 2005 年的 3539.2 万吨。从不同农作物的化肥施用量上来看,这 19 个省(自治区、直辖市)粮食作物的化肥施用量从 1984 年的 987.8 万吨增加到 2005 的 1981.5 万吨,2005 年的化肥施用量比 1984 年增加了 2.01 倍;经济作物和蔬菜的化肥施用量均从 1984 年的不足 200 万吨增加到 2005 年的 500 万吨,2005 年的化肥施用量比 1984 年增加了 2.5 倍;果树的化肥用量从 1984 年的 19.9 万吨增加到 2005 年的 407.3 万吨,2005 年化肥施用量比 1984 年增加了 19.5 倍。尽管从化肥施用量增长的相对数来看,经济作物、蔬菜和果树的化肥施用量增长幅度高于粮食作物化肥施用量的增长幅度,但是从化肥施用量增长的绝对数量上来看,粮食作物的化肥施用量同样是中国农业化肥施用量最大的农作物,2005 年这 19 个省(自治区、直辖市)粮食作物、经济作物、蔬菜和果树的化肥施用总量分别占这 19 个省(自治区、直辖市)全部化肥施用量的 55.98%、14.13%、14.13% 和 11.51%。

　　总的来看,自 20 世纪 80 年代以来,中国农业化肥施用总量和单位播种面积平均化肥施用量均保持了较快的增长速度,当前中国农业化肥施用量不仅位居世界首位,而且单位播种面积平均化肥施用量远高于发达国家公认的 225 公斤/公顷的单位播种面积平均施肥量的环境安全上限(张林秀等,2006);尽管中国农业化肥施用以快速的增长速度递增,但是中国不同区域之间单位播种面积平均化肥施用量存在差异,而且不同区域之间各年的单位播种面积平均化肥施用量存在较大的波动(见表 2.2);在中国农业种植结构中,粮食作物是不仅是中国播种面积最大的农作物,也是化肥施用量最大的农作物。

———————

① 　这 19 个省(自治区、直辖市)是指安徽省、甘肃省、广西壮族自治区、河北省、河南省、黑龙江省、湖北省、湖南省、吉林省、江苏省、江西省、辽宁省、宁夏回族自治区、山东省、陕西省、山西省、四川省、天津市和重庆市。

2.2 中国农业化肥施用的环境影响

2.2.1 中国农业化肥利用效率现状

化肥利用效率是指农作物吸收利用所施用化肥的养分占所施用化肥养分总量的百分率。从农学角度来说,有多种指标衡量化肥的利用效率,其中,氮肥偏生产力指标(Partial factor productivity from applied N,PFP_N)和氮肥利用率指标(Apparent recovery efficiency of applied N,RE_N)是两个常用的衡量指标。氮肥偏生产力指标(PFP_N)作为当前国际上通用的衡量农业化肥利用效率的指标,反映的是单位的氮肥投入量所能生产的作物籽粒产量(即,$PFP_N = Y/F$,Y 为施肥后所获得的作物产量;F 代表氮肥的投入量)。一般来说,单位面积化肥施用量越多,氮肥偏生产力指标(PFP_N)就会越低。氮肥利用率指标(RE_N)是国内较为常用的衡量农业化肥利用效率的指标,反映的是农作物对施入土壤中的肥料氮的吸收效率(即,$RE_N = (U - U_0)/F$,U 表示施肥条件下农作物收获时吸收的肥料氮的总量,U_0 表示未施肥条件下农作物收获时吸收的肥料氮的总量,F 表示农作物施用的化肥氮的总量)。一般来说,化肥利用效率越高,氮肥利用率(RE_N)的水平就会越高。Krupnik(2004),Dobermann(2005),Ladha(2005)针对粮食作物化肥利用效率的研究表明,氮肥偏生产力指标(PFP_N)在 40~70kg/kg 的范围内和氮肥利用率指标(RE_N)在 30%~50% 的范围内是化肥利用率的合理范围。

从经济学角度来说,衡量化肥利用效率通常采用化肥施用技术效率指标,化肥施用技术效率是 Reinhard 等(1999;2000)根据 Farrell(1957)提出的生产技术效率的概念所提出的,反映的是在农业生产中给定农作物产量和其他生产要素(除化肥之外的生产要素)投入量的情况下,农作物种植的最小化肥施用量与实际化肥施用量之间的比值。一般认为,当化肥施用技术效率值为 1 时,农业生产中施用的化肥得到了充分的利用,而化肥施用技术效率值越小于 1,农业生产中施用的化肥的利用效率则越低。在本研究中,除非特别标明,一般对化肥利用效率的衡量均采用化肥施用技术效率指标。

从世界范围来看,农业化肥的利用效率呈现出下降的趋势。统计数据表明,农业粮食作物化肥施用的 PFP_N 水平从 1961—1965 年 245kg/kg 下降到 1981—1985 年的 52kg/kg,2007 年更进一步下降到 44kg/kg(张福锁等,2008);而世界不同地区间化肥利用效率存在明显差异,一般来说,发展中国家或地区的化肥利用效率的氮肥偏生产力水平(PFP_N)较低,而发达国家或地区的化肥利用率的氮肥偏生产力水平（PFP_N）相对较高。

以世界各地区 1999—2003 年粮食作物化肥利用率为例（见表 2.4）。发达国家（包括北美洲、西欧和大洋洲）的 PFP_N 水平（介于 45～60kg/kg 之间）高于世界平均水平（44kg/kg）。这与发达国家对农业新技术的研发、新技术和化肥新品种的推广、公共和私人农业服务部门在管理方面的大量投入，从而使得发达国家具有较高的土壤管理与氮肥管理水平有关。而非洲地区农业化肥利用效率的 PFP_N 水平（123kg/kg）远高于世界农业化肥利用效率的 PFP_N 水平（44kg/kg）的重要原因主要是由于非洲地区化肥施用滞后于世界其他地区，以及非洲地区粮食产量较低。

表 2.4 1999—2003 年世界各地区粮食作物化肥利用率情况

	氮肥总施用量[1]（百万吨）	粮食作物氮肥施用量[2]（百万吨）	PFP_N（kg/kg）	PFP_N 水平与世界 PFP_N 水平相比
北美洲	12.5	8.3	45	1.0
东北亚	0.9	0.3	71	1.6
西欧	9.5	4.3	59	1.4
东欧	4.9	2.5	90	2.1
大洋洲	1.3	0.9	46	1.1
非洲	1.4	0.8	123	2.8
西亚	4.2	2.4	34	0.8
南亚	14.6	7.3	44	1.0
东南亚	4.0	2.8	53	1.2
东亚	24.9	14.5	32	0.7
拉丁美洲	5.1	2.7	55	1.3
世界	83.2	46.7	44	1.0

注：[1] 总氮肥消费数据来自 FAO 数据库，2004；[2] 数据来自 IFA 数据库，2002。

表 2.4 显示，东亚地区农业化肥利用效率水平在世界各地区中是最低的，东亚地区的 PFP_N 水平只有 32 kg/kg，远低于世界平均 PFP_N 水平。东亚地区农业化肥利用效率的这一特征与中国农业化肥利用率水平较低有重要的关系。

张福锁、王激清和张卫峰等（2008）利用 2001 年至 2005 年中国粮食主产区 1333 个田间试验点的三种主要粮食作物（小麦、玉米、水稻）的肥效试验数据对中国农业化肥利用效率的现实情况进行了较系统和全面的研究，研究结果见表 2.5。

表 2.5　水稻、小麦和玉米氮肥用量、作物产量、地上部吸氮量和氮肥利用率

作物	样本数（个）	试验地点	施氮量（kg/hm²）	吸氮量（kg/hm²）	产量（t/hm²）	氮肥利用率（RE$_N$）		
						平均值（%）	变幅（%）	变异系数（%）
水稻	8	黑龙江	150±40	143±18	8.24±1.03	29.8	18.5－41.8	26.3
	57	四川、重庆	151±65	144±33	6.90±1.62	27.8	3.3－82.7	59.9
	96	江苏、江西	149±56	140±19	6.70±1.04	27.1	3.0－71.9	55.9
	18	浙江	155±50	147±17	6.72±0.48	35.6	19.6－50.8	30.8
小麦	89	河北、天津	204±88	156±32	6.10±1.09	19.4	2.4－61.8	63.7
	121	山东、山西	130±53	180±30	6.03±1.20	40.5	0.3－88.9	54.6
	6	江苏	298±28	141±17	3.70±0.43	16.1	5.3－26.4	52.8
	30	陕西	208±78	160±37	4.96±1.16	10.8	2.2－28.6	63.2
	27	四川	160±68	164±26	4.41±0.94	34.4	9.5－72.3	51.0
玉米	82	河北、天津	171±59	143±31	5.11±0.88	26.3	1.7－81.6	67.0
	124	山东、山西	156±46	183±32	8.43±1.13	26.9	1.7－77.6	54.7
	9	陕西	153±33	173±19	5.51±0.72	25.6	7.2－36.2	45.0

数据来源：张福锁、王激清和张卫峰等（2008）。

表 2.5 的研究结果表明：(1)中国不同地区有关化肥利用效率的氮肥利用率指标（RE$_N$）的变动幅度很大，2001 年至 2005 年间，中国粮食主产区中的 1333 个田间试验点的三种粮食作物的氮肥利用率最低值为 0.3%、最高值为 88.9%，同时，小麦、玉米和水稻的平均氮肥利用率在不同地区间的变动范围分别为 10.8%～40.5%，25.6%～26.3% 和 27.1%～35.6%。(2)从总体来看，中国三种主要粮食作物的化肥利用效率水平低下，2001 年至 2005 年间，粮食主产区的 1333 个田间试验点的小麦、玉米和水稻的平均氮肥利用率水平分别为 28.3%、28.2% 和 26.1%，不仅低于国际上公认的粮食作物氮肥利用率 30%～50% 的合理范围（Krupnik，2004；Dobermann，2005；Ladha，2005），而且也远低于欧美发达国家 40%～60% 的氮肥利用率水平（张福锁等，2008）。同时，张维理等（2004）的研究表明，菜果花农田的氮肥利用率更低，仅为 10% 左右。

由农业化肥面源污染的定义可知，农业化肥面源污染源于农业生产中所施用的化肥未能被作物所吸收利用。因此，中国农业较高的单位播种面积化肥施用量与低下的化肥利用率水平致使在农业生产中大量施用的化肥未被作物吸收而流失到环境中，造成了日益严重的农业化肥面源污染。

2.2.2 中国农业化肥施用的环境影响

农业生产中所施用的未被农作物吸收和利用的化肥一般是在降水或灌溉等自然方式的作用下,通过径流和淋洗等途径流失到水环境中的,对地上水和地下水、耕地、大气等带来了环境的负面影响(见表2.6)。

表 2.6 中国农田化肥氮在当季作物收获时的去向及对环境的影响

氮的去向	比例	环境影响
径流	5%	地表水富营养化,赤潮
淋洗	2%	地下水硝酸盐富集
表观硝化一反硝化	34%(其中 11%为 N_2O-N)	形成酸雨,破坏臭氧层,温室气体,气候变暖
氨挥发	11%(旱地占 9%,稻田为 18%)	大气污染,酸雨
作物回收	35%	

资料来源:朱兆良、David Norse、孙波等(2006)。

根据朱兆良(2006)的估算,每年农业生产中所施用于农田的化肥总量的19%会以各种形态流失到水环境中。从山东南四湖(微山湖、昭阳湖、独山湖、南阳湖)、云南洱海和上海淀山湖等湖泊有关农业面源污染情况的调查研究来看,农业生产中未被农作物吸收的化肥通过农田径流和淋洗等途径流入湖泊的氮占湖泊氮负荷的 7.0%～25.2%(陆轶峰等,2003)。

大量未被作物吸收而流失入水环境中的化肥使得地表水体和地下水的水体富营养化、水体质量下降。相关研究显示,20 世纪 70 年代以来,中国各大湖泊和重要水域的水体污染,特别是水体中的氮、磷富营养化问题呈现出急剧恶化的趋势(见表2.7)。

表 2.7 中国重要水域的水质等级变化

水域	1960s	1970s	1980s	1990s	2000	主要污染物
滇池(草海)	Ⅱ	Ⅲ	Ⅴ	劣Ⅴ	劣Ⅴ	总氮、磷
滇池(外海)	Ⅱ	Ⅲ	Ⅳ	Ⅴ	劣Ⅴ	总氮、磷
太湖	Ⅰ－Ⅱ		Ⅲ	Ⅳ－Ⅴ	劣Ⅴ	总氮、磷
巢湖	水质尚好	Ⅲ	Ⅳ	Ⅴ	劣Ⅴ	总氮、磷
洪泽湖	水质尚好	中一富营养化		富营养化		总氮、磷
洞庭湖	水质尚好	贫一中营养		富营养化		总氮、磷
鄱阳湖	水质尚好	中营养		富营养化		总氮、磷
三峡库区	水质尚好	—		富营养化		总氮、磷

数据来源:张蔚文(2006),转自张维理等(2004)。

2011 年中国环境公报的数据同样显示,中国地表水污染问题非常严重,湖泊(水库)的富营养化问题仍非常突出(见表 2.8)。2011 年,监测的 26 个国控重点湖泊(水库)中,Ⅰ~Ⅲ类、Ⅳ~Ⅴ类和劣Ⅴ类水质的湖泊(水库)比例分别为 42.3%、50.0% 和 7.7%。主要污染指标为总磷和化学需氧量(总氮不参与水质评价)。张蔚文(2006)、邱君(2007)的研究表明,随着点源污染逐步得到控制,农田中氮、磷流失已经成为中国河流湖泊富营养化的主要原因。

表 2.8　2011 年重点湖泊(水库)水质状况

湖泊(水库)类型	Ⅰ类	Ⅱ类	Ⅲ类	Ⅳ类	Ⅴ类	劣Ⅴ类	主要污染指标
三湖*	0	0	0	1	1	1	
大型淡水湖	0	0	1	4	3	1	总磷、化学需氧量
城市内湖	0	0	2	3	0	0	
大型水库	1	4	3	1	0	0	

注:* 三湖是指太湖、滇池和巢湖。
数据来源:2011 年《中国环境状况公报》,中华人民共和国环境保护部。

当前农业面源污染已成为中国水环境污染的最大污染源,而农业生产中种植业的化肥大量施用是农业面源污染的主要来源。2010 年中国《第一次全国污染源普查报告》的普查数据表明,在导致水环境富营养化的总氮、总磷指标中,工业污染源水污染物排放中总氮和总磷排放量共计为 201.67 万吨;农业污染源水污染物排放中,总氮排放量为 270.46 万吨、总磷排放量为 28.47 万吨。其中,种植业中水污染物总氮流失量为 159.78 万吨、总磷流失量为 10.87 万吨,分别占农业污染源水污染物总氮、总磷排放量的 59.1% 和 38.2%;生活污染源水污染物排放中总氮排放量为 202.43 万吨、总磷排放量为 13.80 万吨。

日益严重的农业化肥面源污染严重威胁了中国水环境的安全。大量研究表明,中国地表水和地下水中危害人体健康的硝态氮的超标率范围日趋扩大:中国 50% 的城市地下水受到不同程度的污染,其中华北地区的污染尤为严重,北京、天津和唐山地区 14 个县、市的 69 个观测点的地下水,50% 以上的硝酸盐含量超过世界卫生组织(WHO)的饮用水安全标准(张维理等,1995);江苏、浙江、上海的 16 个县中,饮用井水硝态氮和亚硝态氮的超标率也分别达到 38.2% 和 57.9%(张福锁,1999);江苏省苏南地区的井水中硝态氮的浓度约有 30% 的监测样品超过世界卫生组织(WHO)规定的饮用水中硝态氮的安全标准(马立珊,1997);针对陕西省关中地区和渭北地区 24 个县的调查显示,硝酸盐含量超过国家标准的水井占全部被调查水井的 29.7%(吕殿清等,1998;姜桂华等,2002);崔玉亭等(2000)对兰州马滩地下水的调查表明,该地区地下水的硝态氮含量从 1965 年绝大多数小于 3mg/L,到 1986—1987 该地区 60% 的地下水硝态氮含量超标。世界银行的研究报告指出,中国地下水有将近一半受到农业面源污染(张蔚文,2007)。

农业化肥面源污染不仅威胁了中国水环境安全,而且还会对农业耕地产生负面影响。长期大量施用化学肥料,会使土壤中的氮在硝化作用下释放出氢离子,导致土壤逐渐酸化,土壤溶液中和土壤微团上有机、无机复合体的铵离子量增加,并代换钙、镁离子等,使土壤胶体分散,破坏了耕地的土壤结构,同时也减少了土壤中微生物以及蚯蚓等土壤生物,致使土地板结,逐步丧失农业耕种价值(张青松等,2010)。

此外,土壤中的硝态氮含量随着化肥施用量的增加而迅速增加。大量田间试验结果表明,过量施用无机肥料使得部分土壤含盐量高达0.567%(崔正忠等2001),土壤中硝酸盐离子的大量累积加速了土壤的盐渍化(李晓欣等,2003),从而造成农作物生理性干旱,甚至在农作物中形成生理毒性的物质(薛继澄,1995)。

制造化肥的矿物原料和化工原料中,含有多种重金属放射性物质和其他有害成分,它们随着施肥进入农田,造成了土壤的重金属污染。重金属在土壤中的累积,会增加在这种土壤上种植的粮食、蔬菜中的重金属含量,直接危害到人体健康。例如,磷肥中含有镉、锶、氟、镭、钍等多种重金属成分。施用磷肥过多,不可避免地导致重金属在土壤中累积,使得施肥土壤重金属的含量比一般土壤高数十倍,甚至上百倍。由于这些重金属在土壤中移动性很小,不易淋失,也不为微生物所分解,长期积累将会造成土壤重金属污染(Williams,1976),当农作物吸收后,很容易通过饮食进入并积累于人体中,是导致骨通病、骨质疏松等疾病的重要病因之一。

另外,农业化肥面源污染还会对大气产生污染。土壤中的氮经过硝化和反硝化的作用,会产生大量的二氧化氮等温室气体,而且二氧化氮单位分子量的增温潜能是二氧化碳的200倍;同时,氮素进入大气层后,还会与臭氧反应,破坏臭氧层。

2.3　本章小结

从全国范围来看,中国农业化肥施用具有以下特征:一是化肥施用总量和单位播种面积化肥使用量逐年递增;二是单位播种面积化肥施用量的区域差异比较明显;三是粮食作物依然是当前中国施肥量最大的农作物。与世界农业化肥施用状况相比,中国化肥利用效率低下,不仅远低于发达国家的化肥利用效率水平,而且低于世界公认的合理水平。当前中国农业生产中化肥的大量施用和化肥利用率的低下导致了日益严重的农业化肥面源污染,给农业生产、农村生态环境和农民身体健康带来了严重的负面影响。因此,进一步深入分析影响农业化肥面源污染形成的原因,对于减少化肥施用对环境带来的负效应、有效治理农业化肥面源污染、保持中国社会的可持续发展具有重要的意义。

3 农户化肥施用技术效率决定因素研究

农户农业生产行为的负外部性使得农户的化肥施用量高于社会最优的化肥施用量,化肥施用技术效率会低于社会最优的技术效率。提高农户化肥施用的技术效率有利于降低农业化肥面源污染。因此,为探究影响中国农业化肥面源污染形成的因素,本章利用相关统计数据,从理论和实证角度深入研究了农户化肥施用技术效率的影响因素。首先,本章基于相关研究成果,对影响农户化肥施用技术效率的因素进行了理论分析,并提出相应的研究假设;然后,以1996 年至 2009 年中国农业生产中播种面积最大的两种单一农作物——小麦和玉米的种植情况为例,利用 1997—2010 年历年的相关统计数据进行了实证检验;最后,根据相关研究结论,分析了当前中国农业政策对农户化肥施用技术效率的影响。

3.1 农户化肥施用技术效率分析的理论基础

化肥施用技术效率研究源于英国经济学家 Farrell(1957)提出的技术效率的定义。Farrell(1957)将技术效率定义为在现有条件下,按既定要素投入比例,生产一定量产品所需要的最小成本与实际成本的比值。在此基础上,Reinhard 等(1999;2000)进一步提出了化肥施用技术效率的概念,以反映农业生产中化肥利用率对生态环境的影响。因此,基于 Reinhard 等(1999;2000)的定义,本研究中,农户化肥施用技术效率是指在产出和其他生产投入水平给定的情况下,作物种植的最小化肥施用量与实际化肥施用量的比值。

在有关技术效率的影响因素方面,大量的研究表明,企业销售收入情况、技术研发、企业规模、要素价格是影响技术效率的重要因素。刘小玄、郑京海(1998)在分析国有企业效率的决定因素中发现,企业边际利润或者留利的增长,会使得企业边际产出也相应增长,或者也可以说企业产出的增加导致企业留利的增加,这种相互循环的因果关系使得国有企业的留利对企业的生产效率具有正效应,也就是说企业净收入的增加会促进企业生产效率的提高。姚洋和章奇(2001)在对中国工业企业技术效率的影响因素进行分析中发现,大型企业相对于中小型企业来说,资金雄厚且获取资金的能力较强,拥有较先进的技术设备,同时,由于大型企业在管理水平具有较高的优势,拥有较高素质的技术人员,技术研发的能力较强,可以通过技术革新提高自身的竞争力,而中小企业往往只能使用大企业使用过的技术,因此,企业规模和技术研发对企业的技术效率具有显著的正效应。李世祥、成金华(2009)在对1990—2006年中国工业企业的能源效率及其影响因素经验研究中发现,长期内技术进步可以提高能源与其他要素的替代性,因而长期内能源价格对工业企业的能源效率具有显著的正效应。

国内外大量文献对农户化肥施用行为的影响因素进行了较深入的研究。在国外的研究中,Croppenstdt 等(1996),Abdoulaye 等(2003)和 Lamb(2003)分别对埃塞俄比亚、西非和东南亚地区农户化肥施用行为的研究表明,土地面积、施用化肥的经验、教育程度因素、化肥和农产品的相对价格、家庭劳动力数量等因素显著影响农户农业生产中化肥的施用数量;在国内研究中,大量研究表明,农户受到的技术培训、农业劳动力的教育水平、化肥价格、农户收入和劳动力数量的变化对农户化肥需求会产生影响。何浩然、张林秀等(2006)利用中国9个省中10个县的400个农户施肥行为实地调研数据进行的实证研究发现,市场环境、农业技术培训,以及农户受到的教育水平对农户的化肥施用水平有显著的影响;马骥、蔡晓羽(2007)对河北和山东两省3个农业县200个农户农业生产中影响农户降低氮肥施用量因素的研究发现,家庭收入、农业劳动力文化程度、农户对待风险的态度、农户是否接受施肥技术指导、是否施用有机肥等农户生产特征,以及农户对施肥的环境影响的认识对农户降低氮肥施用量意愿具有显著影响;张利国(2008)对江西省189个水稻农户化肥施用行为的研究表明,农户对垂直协作方式(包括自产自销、销售合同、生产合同、合作社和垂直一体化)的选择、农户对环境的关注度、有机肥施用情况、参与农业技术培训情况显著影响农户的化肥施用行为;张卫峰等(2007)分析了1982—2004年中国化肥的需求价格弹性变动的影响因素,研究表明,化肥价格对化肥需求具有显著的影响;张卫峰、季玥秀等(2008)对发达国家与发展中国家化肥施用水平进行了对比研究,发现农户可支配收入对化肥的需求量具有影响,农户可支配收入较高的发达国家的化肥施用量一般大于农户可支配收入较低的发展中国家;钱文荣、郑黎义(2010)通过分析江西省农业劳动力外出务工对农户水稻生产中化肥施用行为的影响,认为当前农业劳动力大量外出打工,留在当地从事农业生产的劳动力日益减少,由于务工者的汇款可以帮助农户家庭增加水稻生产的化肥施用量,因此,农业劳动力的变化对农户化肥需求量具有显著影响。

结合以上研究,本研究认为,以下因素会对中国农户化肥施用技术效率产生影响:

（1）化肥价格。化肥在农业生产中具有可替代性，化肥价格提高会增加农户农业生产的成本，农户为了追求农业生产的利润最大化，一方面会减少化肥施用量，另一方面为了保持作物的产量不变，也会寻求化肥的替代品以保证作物的养分供给，比如增加有机肥等，这样就会提高农户化肥施用技术效率；同理，化肥价格降低会降低农户化肥施用技术效率。

（2）农户收入水平。农户收入增加会对农户施肥技术效率产生两类效应：一类是收入效应，在现有化肥品种不变的情况下，农户收入增加会降低其生产资本约束，可以购买和施用更多的化肥，因而在其他生产投入水平给定的情况下，化肥施用技术效率就会降低；二是替代效应，施用高质量复合肥相对于施用单一要素的肥料，更有利于农作物对肥料的吸收利用，而高质量复合肥的价格相对较高。所以，农户收入的增加有可能会导致农户改变化肥施用品种，购买并施用高质量复合肥，这有利于提高施肥技术效率。农户收入水平的变化对施肥技术效率的影响取决于这两种效应的比较。

（3）农户获得的技术支持。获得新的施肥技术是提高农户施肥效率的重要手段。合理施用化肥，需要考虑土壤、农作物和施肥制度等因素，农业技术推广部门向农户提供的技术支持是农户获得这些信息的重要渠道。通过农业技术支持有助于农户在农业生产中根据自身的情况合理施肥，更有效地发挥化肥的增产作用，提高农业化肥施用的技术效率。

（4）农户农业劳动力数量。在农业生产中，化肥与劳动力具有替代效应，农业劳动力越多，越可能精耕细作，提高化肥的利用率。另外，由于农业劳动力在向非农业生产转移中会获得比从事农业生产更高的收入报酬，因而也会有可能加大化肥的投入量。这样，随着劳动力数量的减少，化肥施用数量就会增加，就有可能降低农业化肥施用的技术效率。因此，农户劳动力数量与农业化肥施用技术效率具有正向效应。

（5）农户的种植规模。农户种植规模的扩大具有规模经济效应。相对于种植规模较低的农户，种植规模较高的农户可以有效地降低单位播种面积的固定投入成本和管理成本，能够以更低的单位成本获取农业技术信息和使用现代农业技术。同时，农户种植规模的扩大，意味着农户兼业化行为减少，农业收入在农户总收入中的比重上升，为了获取更大的农业收益，也会对种植规模较高的农户产生采用现代农业技术、提高土地生产率水平的激励。因此，农户种植规模的扩大对农业化肥施用的技术效率具有正向效应，有利于治理农业化肥面源污染。

3.2 农户化肥施用技术效率决定因素研究回顾

在国外有关农业生产要素技术效率的研究中,Reinhard 等(1999,2000)根据 1991 年至 1994 年间荷兰农户会计数据网(Dutch Farm Accountancy Data Network,FADN)中 613 户农户的数据,通过采用超越对数随机前沿生产函数分析了荷兰乳牛粗饲料生产中化肥施用的技术效率,并进一步研究了化肥施用技术效率对环境的影响,结果表明,荷兰乳牛粗饲料生产中平均化肥施用技术效率为 0.441,低于化肥施用技术效率为 1 的合理的化肥利用效率值,较低的化肥施用技术效率导致的氮流失给荷兰带来了严重的环境问题;Kaneko 等(2004)将农业灌溉用水作为农业生产中的一项重要投入要素,基于中国分省数据集,利用柯布-道格拉斯随机前沿生产函数方法分析中国 1999—2002 年农业生产的用水技术效率研究了中国农业生产中灌溉用水的利用效率,结果表明,中国农业的生产技术效率与用水的技术效率存在很大差距,农业灌溉用水的利用效率具有很大的提高潜力。同样的,Speelman 等(2007)和 Dhehibi 等(2007)基于前沿面理论,利用随机前沿生产函数分别对南非西北省和突尼斯 Nabeul 地区农业生产中的灌溉用水的技术效率进行了研究。

在国内有关农业生产要素技术效率的研究中,Zhang(2005)利用超越对数随机前沿生产函数,通过分析农药施用技术效率研究了中国蔬菜生产中农药施用的技术效率;王学渊等(2008)利用 1997—2006 年的分省数据,同样采用C-D随机前沿生产函数方法研究了中国农业灌溉用水的技术效率,并利用 Tobit 模型分析了影响中国农业灌溉用水技术效率的因素。除此之外,王晓娟等(2005),雷贵荣等(2010)也分别基于超越对数随机前沿生产函数,测算了河北省石津灌区和江苏省徐州市农业生产灌溉用水的技术效率,并分析了其影响因素。

国内当前有关农业化肥施用技术效率的研究,主要是根据田间试验数据,基于农艺学的研究方法对氮肥施用率进行测算。朱兆良(1992)根据国内 782 个田间微区试验数据测算了化肥的利用效率,研究结果表明,主要粮食作物的氮肥利用率变化在 28%～41% 之间,平均为 35%;张福锁等(2008)根据 2000—2005 年全国粮食主产区的 1333 个田间试验数据分析了化肥的利用效率,研究发现,中国主要粮食作物水稻、小麦和玉米的氮肥利用率分别为 28.3%、28.2% 和 26.1%;陈同斌等(2002)虽然利用中国 1990 年至 1998 年各县的统计数据对化肥的利用效率进行了研究,表明 1990 年至 1998 年间,中国化肥利用率较低,多集中在 15%～35% 之间,且中国化肥利用率的地区差异明显,但是,其基本研究方法主要也是参照田间试验数据的计算方法,需要根据经验系数对农作物所吸收的化肥量进行估计,具有明显的主观性。

从以上的分析可以看出,国外大量文献采用计算单一生产要素技术效率的方法从经济学角度来分析农业生产要素(包括化肥、农药、农业灌溉用水等)的技术效率及其影响因素。而对现有的国内文献检索表明,国内尽管已经开始将计算单一生产要素技术效率的方法应用于有关农业灌溉用水技术效率的研究中,但是还缺乏从经济学的角度,将计算单一生产要素技术效率的方法应用到农业化肥施用技术效率及其影响因素的研究中。

3.3 中国农户化肥施用技术效率测算

3.3.1 模型设定

生产技术效率的测算主要有两类方法:一类是参数方法;另一类是非参数方法。参数方法的关键是确定前沿生产函数(frontier production function),经历了早期的确定型前沿生产函数(Farrell,1957;Aigner et al.,1968;Afriat,1972;Forsund et al.,1977)和当前的随机型前沿生产函数(Aigner et al.,1972;Meeusen et al.,1977;Stevenson,1980;Lee et al.,1993;Fahr et al.,2002)两个阶段,前者假定了任何与前沿面的偏离都是非效率的,而后者则考虑了随机因素(不可控因素)的影响,随机前沿生产函数方法也称为随机前沿分析方法(Stochastic Frontier Analysis,SFA)。非参数方法是以相对效率概念为基础发展起来的一种效率评价方法,也称为数据包络分析(Data Envelopment Analysis,DEA)。在对技术效率的测算中,SFA 方法与 DEA 方法并没有显著的差异(Forsund et. al.,1980;Pitt et al.,1981;Bauter,1990;Reinhard et al.,2000;Luis et al.,2004)。

根据所测算生产要素数量的不同,生产技术效率的测算可分为对所有投入要素技术效率的测算和对单一投入要素的技术效率的测算两类。单一投入要素技术效率的测算方法是以对所有投入要素技术效率的测算为基础的,最早是由Reinhard 等(1999)在研究农业生产中化肥施用的技术效率中提出的。目前,这种研究方法已成为研究单一投入要素的技术效率及其环境效应的重要手段(Reinhard et al.,2000;Kaneko et al.,2004;Dhehibi et al.,2007)。

利用参数方法估算单一农业生产投入要素(化肥)的技术效率的基本原理如下。

设随机前沿生产函数的一般形式为:

$$Y_{it} = F(X_{it}, Z_{it}; \beta) \cdot \exp(V_{it} - U_i); \quad i = 1, 2, \cdots, I; \ t = 1, 2, \cdots, T$$

$$(3.3.1)$$

其中,i 表示不同的农户;t 表示年份;Y_{it} 表示生产水平;X_{it} 表示除特定投入要素(例如,化肥)之外的其他投入要素;Z_{it} 表示具有负环境效应的特定生产要素(例如,化肥);β 是待估参数,V_{it} 是服从 $N(0, \sigma_v^2)$ 的非负的独立同分布随机误差项,表示农业生产中不可控制的因素;U_i 是服从 $N^+(\mu, \sigma_v^2)$ 的独立同分布随机误差项,表示生产技术效率的损失。

根据 Battese 和 Coelli(1988,1992)的分析,农业生产的技术效率 TE_i 可表示为:

$$TE_i = Y_{it} / [F(X_{it}, Z_{it}; \beta) \cdot \exp(V_{it})] = \exp(-U_i) \quad (3.3.2)$$

估计生产中单一要素的技术效率,需要设定随机前沿生产函数的具体形式。一般来说,随机前沿生产函数的具体形式主要包括超越对数生产函数和柯布—道格拉斯生产函数两种形式。

1. 假定随机前沿生产函数的具体形式为超对数生产函数,则随机前沿生产函数可表示为:

$$\ln Y_{it} = \beta_0 + \sum_j \beta_j \ln X_{itj} + \beta_z \ln Z_{it} + \frac{1}{2} \sum_j \sum_k \beta_{jk} \ln X_{itj} \ln X_{itk}$$
$$+ \sum_j \beta_{jz} \ln X_{itj} \ln Z_{it} + \frac{1}{2} \beta_{zz} (\ln Z_{it})^2 + V_{it} - U_i \quad (3.3.3)$$

其中,$\beta_{jk} = \beta_{kj}$。

在公式(3.3.3)中设定 $U_i = 0$,可得到技术上有效的产出 $\ln \hat{Y}_{it}$。而且,用生产一定产出的最小特定投入要素施用量 Z_{it}^F,以及设定 $U_i = 0$ 可以得到有效使用的特定投入要素的产出 $\ln \hat{Y}_{it}$。则公式(3.3.3)可表示为:

$$\ln \hat{Y}_{it} = \beta_0 + \sum_j \beta_j \ln X_{itj} + \beta_z \ln Z_{it}^F + \frac{1}{2} \sum_j \sum_k \beta_{jk} \ln X_{itj} \ln X_{itk}$$
$$+ \sum_j \beta_{jz} \ln X_{itj} \ln Z_{it}^F + \frac{1}{2} \beta_{zz} (\ln Z_{it}^F)^2 + V_{it} \quad (3.3.4)$$

假定公式(3.3.3)和公式(3.3.4)相等,则可以得到:

$$\frac{1}{2} \beta_{zz} [(\ln Z_{it}^F)^2 - (\ln Z_{it})^2] + \sum_j \beta_{jz} \ln X_{itj} [\ln Z_{it}^F - \ln Z_{it}]$$
$$+ \beta_z [\ln Z_{it}^F - \ln Z_{it}] + U_i = 0 \quad (3.3.5)$$

因此,特定投入要素的技术效率的表达式为:

$$\ln EE_{it} = [-(\beta_z + \sum_j \beta_{jz} \ln X_{itj} + \beta_{zz} \ln Z_{it})$$
$$+ \{(\beta_z + \sum_j \beta_{jz} \ln X_{itj} + \beta_{zz} \ln Z_{it})^2 - 2\beta_{zz} U_i\}^{0.5}] / \beta_{zz} \quad (3.3.6)$$

2. 假定随机前沿生产函数的具体形式为常规的柯布—道格拉斯生产函数,

则随机前沿生产函数可表示为：

$$\ln Y_{it} = \beta_0 + \beta_1 \ln X_{it} + \beta_2 \ln Z_{it} + V_{it} - U_{it} \qquad (3.3.7)$$

在公式(3.3.7)中设定 $U_{it} = 0$，可得到技术上有效的产出 $\ln \hat{Y}_{it}$。用生产一定产出的最小特定投入要素施用量 Z_{it}^{F}，以及设定 $U_i = 0$ 可以得到有效使用的特定投入要素的产出 $\ln \hat{Y}_{it}$。则公式(3.3.7)可表示为：

$$\ln \hat{Y}_{F_{it}} = \beta_0 + \beta_1 \ln X_{1it} + \beta_2 \ln \hat{Z}_{it} + V_{it} \qquad (3.3.8)$$

假设公式(3.3.7)和公式(3.3.8)中的化肥施用技术效率 EE_{it} 相等，则农户 i 的化肥施用技术效率估计公式为：

$$\ln EE_{it} = \ln Z_{it} - \ln \hat{Z}_{it} \qquad (3.3.9)$$

$$EE_{it} = \exp(-U_{it}/\beta_2)$$

随机前沿生产函数的两种具体函数形式各有优缺点(Coelli,et al.,1998)，超越对数生产函数形式的特点是要素产出弹性具有可变性，随着投入的变动而变动，但是其缺点是函数形式较为复杂，在多种要素投入情况下易产生多重共线性问题；而柯布－道格拉斯函数形式的特点是模型结构简单，需估计的参数少，可以避免多种要素投入情况下会出现的多重共线性问题，但是其缺点是假定要素产出弹性固定不变。

由于共线性检验表明本研究统计数据中各变量间存在一定的多重共线性问题，因此，本研究采用柯布－道格拉斯生产函数形式。根据公式(3.3.8)，估计农户化肥施用的技术效率的随机前沿生产函数表示为：

$$\ln Y_{it} = \beta_0 + \beta_1 \ln X_{1it} + \beta_2 \ln X_{2it} + \beta_3 \ln X_{3it} + \beta_4 \ln Z_{it} + V_{it} - U_{it}$$

$$(3.3.10)$$

其中，Y_{it} 为地区 i 在时间 t 的农户农业生产单位面积产量；X_{1it} 表示农户农业生产中单位面积的劳动用工；X_{2it} 表示农户农业生产中单位面积的种子费用；X_{3it} 表示农户农业生产中单位面积的总动力费用；Z_{it} 表示农户农业生产中单位面积的化肥用量。β_i 为待估参数。同样假定 V_{it} 为服从正态分布的随机变量，均值为 0，方差为 σ_v^2，且独立于 U_{it}，即 $V_{it}^{iid} \sim N(0,\sigma_\mu^2)$；$U_{it}$ 是反映农户 i 在时间 t 的技术效率损失的非负随机变量，假定 U_{it} 服从半正态分布，即 $U_{it}^{iid} \sim N^+(0,\sigma_u^2)$。

根据公式(3.3.9)，农户 i 的化肥施用技术效率 EE_{it} 为：

$$EE_{it} = \exp(-U_{it}/\beta_4) \qquad (3.3.11)$$

3.3.2　数据来源与变量选取

为了对理论分析进行实证检验，本节以中国播种面积最大的两种单一农作物——小麦和玉米种植过程中的农户化肥施用情况为例，估算中国小麦和玉米的化肥施用技术效率并对影响农户化肥施用技术效率的因素进行经验检验。本研究选择了中国 15 个主要小麦种植省份和 20 个主要玉米种植省份中农户的化肥施用情况作为研究对象。2009 年这些省份小麦和玉米的播种面积占全国小麦和玉米播种总面积的比例分别为 96.2% 和 97.2%。[①]

考虑到农业生产的地区差异,参照《中国化肥区划》基于土壤、作物以及自然和经济因素的不同将全国化肥区划分为 8 个地区(分别是:东北黑土、草甸土、棕壤地区;黄淮海潮土、褐土地区;长江中下游水稻土、红壤、黄棕壤地区;华南赤红壤、水稻土地区;北部高原栗钙土、黄绵土、黑垆土地区;西南水稻土、紫色土、黄壤、红壤地区;西北灌漠土、潮土地区;青藏潮土、栗钙土地区),本研究将所选择的中国小麦主要的 15 个种植省份分为 7 个地区和中国玉米主要的 20 个种植省份分为 8 个地区,并据此设定了地区虚拟变量作为测算化肥施用技术效率的控制变量。中国小麦和玉米各主要种植省份及其分类见表 3.1。

表 3.1 小麦和玉米主要种植省份的地区划分

地区	小麦主要种植省份	玉米主要种植省份
东北	黑龙江	辽宁、吉林、黑龙江
黄淮海	山东、河南、河北	山东、河南、河北
长江中下游	湖北、安徽、江苏	湖北、安徽、江苏
华南		广西
北部高原	陕西、山西、宁夏、甘肃、内蒙古	陕西、山西、宁夏、甘肃、内蒙古
西南	四川、云南	重庆、四川、贵州、云南
西北	新疆	新疆

在测定小麦和玉米施肥技术效率中,选择的变量包括:小麦和玉米的单产,以及小麦和玉米单位播种面积的化肥施用量、劳动用工量、总动力费用(包括机械费用、畜力费用和燃料动力费用)、种子用量和农药费用。数据均来自 1997—2010 年的《全国农产品成本收益资料汇编》。总动力费用和农药费用以 1996 年为不变价格进行了折算。各变量的基本统计特征见表 3.2。

表 3.2 小麦和玉米施肥技术效率测定中各变量的基本统计特征

变量	单位	小麦				玉米			
		均值	标准差	最小值	最大值	均值	标准差	最小值	最大值
单产	公斤/亩	292.61	70.73	129.10	430.90	397.56	87.59	126.00	679.30
化肥施用量	公斤	20.33	5.93	8.61	35.10	20.27	4.75	6.43	38.10
劳动用工量	日	9.12	4.08	0.07	20.6	12.45	5.26	3.59	28.20

---

① 数据来源:《中国统计年鉴》,中国统计出版社,2010。

续表

变量	单位	小麦				玉米			
		均值	标准差	最小值	最大值	均值	标准差	最小值	最大值
总动力费用	元	73.57	34.38	6.99	158.69	43.85	24.04	1.42	114.95
种子费用	元	16.18	4.82	9.26	29.75	2.88	0.66	1.53	5.50
农药费用	元	6.94	3.44	0.91	22.03	5.81	3.21	0.11	15.37

数据来源:1997—2010年《全国农产品成本资料汇编》。

3.3.3 结果分析

随机前沿生产函数的估计结果见表3.3。似然值和似然比表明两个模型具有总体显著性。回归结果表明,化肥用量、农药费和总动力费用在1%水平上对小麦和玉米的单产均具有显著影响,劳动用工量在1%水平上仅对玉米的单产具有显著影响。相对于东北地区,黄淮海地区、长江中下游地区和西北地区的小麦单产与之存在显著性差异;而除西北地区外,其他地区的玉米单产与之没有显著性差异。

表 3.3　随机前沿生产函数估计结果

变 量	小麦的估计结果		玉米的估计结果	
	系数	标准误	系数	标准误
常数项	4.461***	0.193	5.415***	0.109
化肥用量(公斤)	0.177***	0.048	0.163***	0.035
劳动用工(天)	−0.036	0.021	0.072***	0.032
种子用量(公斤)	0.039	0.039	−0.066	0.044
农药费(元)	0.061***	0.025	0.046***	0.014
总动力费用(元)	0.132***	0.032	0.037***	0.017
地区虚拟变量(东北地区=0)				
黄淮海地区	0.229***	0.074	−0.087	0.024
长江中下游地区	0.167**	0.070	−0.188	0.028
华南地区	0		−0.319	0.041
北部高原	0.032	0.072	0.011	0.028
西南地区	−0.006	0.082	−0.253	0.041
西北地区	0.208***	0.069	0.294***	0.039
观测值个数	210		280	
σ^2	0.027***	0.008	0.021***	0.005
γ	0.926***	0.041	0.879***	0.070
似然值	137.305		187.351	
似然比	32.074		49.364	

说明:*、**、***分别代表10%、5%、1%的显著水平。

基于以上随机前沿生产函数参数的估计结果,利用公式(3.3.9)和公式(3.3.11),本文分别计算了中国各省份1996年至2009年之间历年小麦和玉米的生产技术效率和施肥技术效率,并以《中国化肥区划》所划分出的8个化肥区划区域对中国各省历年的小麦和玉米的生产技术效率和化肥施用技术效率技术效率的计算结果进行汇总(见表3.4)。

表3.4 各地区小麦生产技术效率和化肥施用技术效率估计结果

地区	小 麦						玉 米					
	生产技术效率			化肥施用效率			生产技术效率			化肥施用效率		
	均值	最小值	最大值	均值	最小值	最大值	均值	最小值	最大值	均值	最小值	最大值
东北	0.800	0.508	0.984	0.386	0.022	0.913	0.856	0.579	0.980	0.455	0.035	0.882
黄淮海	0.863	0.523	0.977	0.487	0.026	0.876	0.870	0.668	0.969	0.477	0.084	0.824
长江中下游	0.825	0.508	0.979	0.448	0.022	0.887	0.845	0.365	0.977	0.435	0.002	0.868
华南							0.827	0.645	0.970	0.398	0.068	0.828
北部高原	0.861	0.669	0.980	0.481	0.104	0.893	0.863	0.616	0.976	0.470	0.051	0.861
西南	0.867	0.728	0.979	0.491	0.168	0.889	0.853	0.694	0.976	0.423	0.106	0.861
西北	0.890	0.819	0.957	0.538	0.324	0.782	0.879	0.725	0.960	0.490	0.140	0.776
平均	0.853			0.474			0.856			0.452		

表3.4显示,1996年至2009年中国小麦和玉米的平均生产技术效率分别为0.853和0.856,平均施肥技术效率分别为0.474和0.452。中国小麦和玉米的平均施肥技术效率与张福锁(2008)基于田间试验得出的化肥利用率存在一定的差异。[①] 笔者认为,这与两种指标的计算方法差异有关:一是化肥施用技术效率指标是从经济学角度,利用随机前沿生产函数测算得出的,表示现有技术水平下的化肥的最小施用量与实际施用量的比值,而化肥利用率指标则是从农学的角度,表示根据施肥区作物肥料的吸收量减去无肥区作物肥料的吸收量后与施肥总量的比值;二是化肥施用技术效率指标所表示的化肥施用效率的对比标准为1,而对于化肥利用率指标,特别是国际公认的粮食作物的氮肥利用率合理值一般在30%~50%之间。

中国小麦和玉米的化肥施用技术效率均小于0.5,表明相对于现有技术条件下最小化肥施用量,中国小麦和玉米化肥的利用水平仍较低,小麦和玉米化肥施用量的52.6%和54.8%无法在农业生产中发挥作用,这些农业生产中所施用的化肥的流失必然会导致严重的农业化肥面源污染;另一方面,所有地区小麦和玉米的施肥技术效率均远低于其生产技术效率,这说明提高施肥技术效

---

① 张福锁(2008)利用2001—2005年中国粮食主产区的1333个田间试验田的肥料利用数据得出小麦的氮肥、磷肥、钾肥利用率指标分别为28.2%、10.7%和30.3%;玉米的氮肥、磷肥、钾肥利用率指标分别为26.1%、11.0%和31.9%。

率有利于提高农业生产效率,增加农作物的产量。另外,玉米的化肥施用技术效率高于小麦化肥施用技术效率,一个可能的原因是小麦和玉米分属于 C3 类植物和 C4 类植物,C4 类植物比 C3 类植物具有更强的光合作用能力,更容易吸收氮元素(Kenneth,2002)。

从 1996 年至 2009 年的历年施肥技术效率变化中可以看出,中国小麦和玉米的化肥施用技术效率在不同年份之间的变化具有波动性,但从总体上看,中国小麦的化肥施用技术效率从 1996 年至 2003 年,以及中国玉米的化肥施用技术效率从 1996 年至 2000 年呈现出下降的趋势;而中国小麦的化肥施用技术效率自 2003 开始,以及中国玉米的化肥施用技术效率自 2000 年开始呈现出缓慢上升的趋势,特别是从 2003 年以后,中国小麦和玉米的化肥施用技术效率的这种上升趋势更为明显(见图 3.1)。

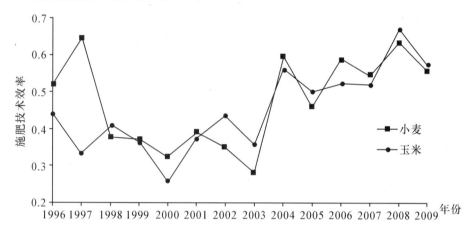

图 3.1　1996—2009 年中国小麦和玉米化肥施用技术效率

数据来源:1997—2010 年历年《中国统计年鉴》和《中国农业年鉴》。

3.4　化肥施用技术效率决定因素的实证分析

基于对中国播种面积最大的两种单一农作物——小麦和玉米种植过程中历年各省农户化肥施用技术效率的测算,本节以中国农业小麦和玉米种植中的化肥施用情况为例,利用 1996 年至 2009 年的相关统计数据,对中国农业化肥施用技术效率影响因素的理论分析进行实证检验。

3.4.1　模型设定与变量选择

由于因变量施肥技术效率 $EE_{it} \in [0,1]$,本文采用 Tobit 模型进行参数估计。Tobit 计量模型以分段函数表示:

$$FE_{it} = \begin{cases} 0, & \text{if} \quad \mu_0 + \sum \mu_{it} F_{it} + \varepsilon_{it} \leqslant 0 \\ EE_{it}^*, & \text{if} \quad 0 < \mu_0 + \sum \mu_{it} F_{it} + \varepsilon_{it} < 1 \\ 1, & \text{if} \quad \mu_0 + \sum \mu_{it} F_{it} + \varepsilon_{it} \geqslant 1 \end{cases} \quad (3.4.1)$$

$$EE_{it}^* = \mu_0 + \sum \mu_{it} Z_{it} + \varepsilon_{it}$$

其中，EE_{it} 为上一节测算所得到的小麦或玉米化肥施用技术效率；F_{it} 为影响小麦或者玉米化肥施用技术效率的变量，包括化肥价格水平、农户收入水平、农户获得的技术支持、农户农业劳动力数量、农户的种植规模。μ_i 是待估参数；ε_{it} 为服从正态分布的随机扰动项。

在对中国农户化肥施用技术效率影响因素的研究中，选择的变量包括：小麦和玉米的化肥施用技术效率，以本研究第 3.3.3 节中估算得出的中国 15 个主要的小麦种植省份和 20 个主要的玉米种植省份的历年化肥施用技术效率表示；化肥价格，以各省的化学肥料价格指数表示；农户收入水平，以农村居民家庭人均纯收入表示；农业劳动力数量，以第一产业就业人数占全部就业人数的比例来表示；农户的种植规模，以各省平均每个农户拥有的农作物播种面积表示；对于农户获得的技术支持，由于考虑到农业技术人员是实施农业技术培训的主体，一般来说，每个乡镇的农技人员数越多，当地农民就更有可能获得更多的农业技术支持，因此，本研究以各省平均每个乡镇的农业技术人员人数来表示农户受到的技术支持。

数据分别来自 1997 年至 2010 年的《中国统计年鉴》和《中国农业年鉴》。同样，考虑到地区差异，本节关于我国施肥技术效率影响因素的研究也参照《中国化肥区划》中对中国农业生产区域的划分将中国 15 个主要的小麦种植省份划分为 7 个地区，将中国 20 个主要的玉米种植省份划分为 8 个地区（见表 3.2)，并据此设定了地区虚拟变量作为分析中国化肥施用技术效率的控制变量。各变量描述性统计特征如表 3.5。

表 3.5　小麦和玉米化肥施用技术效率分析中各变量的描述性统计

变量	小麦				玉米			
	均值	标准差	最小值	最大值	均值	标准差	最小值	最大值
施肥效率（%）	0.47	0.24	0.02	0.91	0.45	0.23	0.01	0.88
化肥价格指数	0.94	0.18	0.67	1.47	0.93	0.18	0.67	1.47
农户人均纯收入（元）	2477.97	959.98	1100.59	6714.25	2475.32	934.99	1100.59	6714.25
农业劳动力比例（%）	0.51	0.10	0.20	0.75	0.51	0.10	0.20	0.75
乡镇农技人数（人/乡镇）	21.69	11.34	6.08	57.16	21.52	10.78	6.08	57.16
户均播种面积（公顷/户）	0.18	0.10	0.05	0.54	0.19	0.18	0.02	0.79

数据来源：1997—2010 年历年《中国统计年鉴》和《中国农业年鉴》。

3.4.2　变量的描述性统计分析

根据 1996 年至 2009 年相关的统计数据资料,影响中国小麦和玉米化肥施用技术效率的各变量具有以下的变化趋势特征。

1. 化肥价格指数的变化趋势

1996 年至 2009 年中国平均化肥价格指数的变化趋势呈现出 U 形的两个阶段变化趋势(见图 3.2)。首先,平均化肥价格指数从 1996 年至 2001 年间呈现出一个缓慢下降的变化趋势,然后,从 2001 年至 2009 年间再呈现出缓慢上升的变化趋势,2001 年中国平均化肥价格指数达到最低值 0.75。

图 3.2 所显示的 1996 年至 2009 年中国有关小麦和玉米的平均化肥价格指数的 U 形变化趋势与图 3.1 所显示出的 1996 年至 2009 年中国小麦和玉米的化肥施用技术效率的 U 形变化趋势具有一定的一致性。

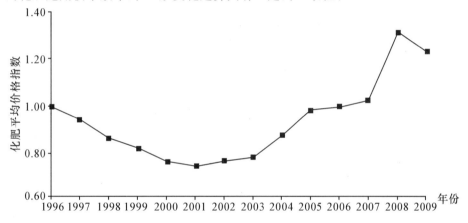

图 3.2　1996—2009 年中国各省化肥平均价格指数变化趋势

数据来源:1997—2010 年历年《中国统计年鉴》和《中国农业年鉴》。

2. 农户人均纯收入变化趋势

1996 年至 2009 年中国农户平均人均纯收入的变化呈现出逐步上升趋势(见图 3.3)。其中,1996 年至 2001 年之间,中国农户平均人均纯收入的增长趋势较为平缓,2001 年中国农户平均人均纯收入水平比 1996 年增长了 0.25 倍;而 2001 年至 2009 年之间,中国农户平均人均纯收入的增长相对较快,2009 年中国农户平均人均纯收入水平比 2001 年增长了 0.81 倍。

与图 3.1 中的中国小麦和玉米的化肥施用技术效率的变化趋势相对比,相应于农户 2001 年之前的较为平缓的平均人均纯收入增长趋势,2003 年之前的中国小麦和玉米化肥施用技术效率也呈现出下降趋势,而相应于 2001 年之后的较快的农户平均人均纯收入的增长趋势,2003 年之后中国小麦和玉米化肥施用技术效率同样也呈现出较为明显的上升趋势。

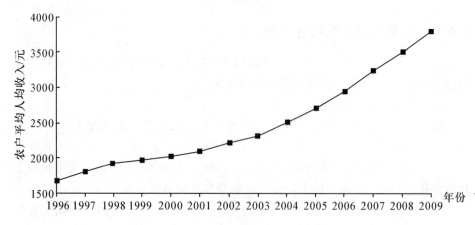

图 3.3　1996—2009 年中国各省农户平均人均收入变化趋势

数据来源:1997—2010 年历年《中国统计年鉴》和《中国农业年鉴》。

3. 农户农业劳动力比例的变化趋势

1996 年至 2009 年中国农户中农业劳动力占农户家庭总劳动力的平均比例呈现出逐步下降的变化趋势(见图 3.4)。从总体上看,1996 年至 2001 年,农户农业劳动力占农户家庭总劳动力比例的变化趋势较为平缓,1996 年为 0.55,2001 年为 0.55;而 2001 年至 2009 年,农户农业劳动力占农户家庭总劳动比例的变化则呈现出较为明显的下降趋势,从 2001 年的 0.55 下降到 2009 年的 0.43,下降了 28%。

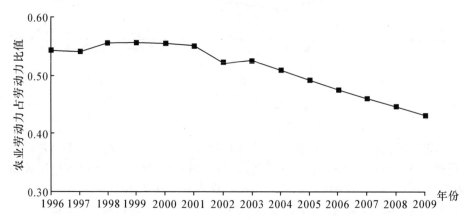

图 3.4　1996—2009 年中国各省平均农户农业劳动力占劳动力比值变化趋势

数据来源:1997—2010 年历年《中国统计年鉴》和《中国农业年鉴》

与图 3.1 中的中国小麦和玉米的化肥施用技术效率的变化趋势相对比,与 2003 年之前中国农户农业劳动力占农户家庭总劳动力较为稳定的变化趋势相对应的是 2003 年之前的中国小麦和玉米化肥施用技术效率呈现出的下降趋势;与2003年以后中国农户农业劳动力占农户家庭总劳动力比例的较快的下降趋势相对应的是2003年以后中国小麦和玉米化肥施用技术效率所呈现出的较为明显的上升趋势。

4. 乡镇农技人员人数的变化趋势

1996年至2009年中国乡镇平均农技人员人数的变化呈现出明显的上升趋势(见图3.5)。从总体上看,1996年至2007年,中国乡镇农业技术人员人数的增长趋势较为明显,从1996年的每个乡镇平均拥有农业技术人员14.4人增长到2007年的每个乡镇平均拥有农业技术人员27.51人,乡镇平均拥有的农业技术人员年均增长率为10.6%;2007年至2009年,中国乡镇农业技术人员人数的变化则呈现出一种下降趋势,乡镇平均拥有的农业技术人员人数从2007年的27.51人下降到2009年的26.6人。

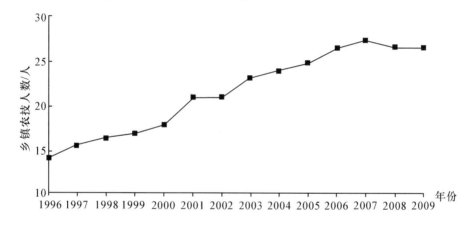

图3.5　1996—2009年中国各省乡镇农业技术人员人数平均变化趋势

数据来源:1997—2010年历年《中国统计年鉴》和《中国农业年鉴》。

5. 农户户均播种面积变化趋势

1996年至2009年中国农户小麦和玉米种植中的平均户均播种面积的变化趋势存在差异(见图3.6)。从总体上来看,1996年至2009年,中国农户在小麦种植中平均户均播种面积呈现出下降的变化趋势,从1996年平均户均播种面积2.34千公顷/万户,下降到2009年的平均户均播种面积1.66千公顷/万户,户均播种面积年均下降了9.74%;而中国农户在玉米种植中平均户均播种面积却呈现出上升的变化趋势,从1996年平均户均播种面积1.85千公顷/万户,上升到2009年的平均户均播种面积2.25千公顷/万户,户均播种面积年均增长了10.16%。

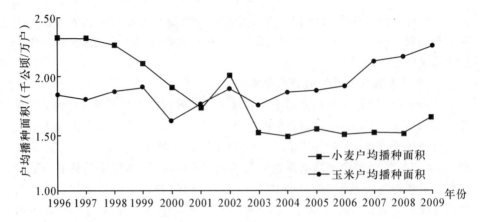

图 3.6 1996—2009 年中国各省农户平均户均播种面积变化趋势

数据来源:1997—2010 年历年《中国统计年鉴》和《中国农业年鉴》。

3.4.3 计量结果与分析

1. 计量结果

Tobit 模型估计结果见表 3.6。两个估计中国小麦和玉米化肥施用技术效率影响因素的 Tobit 模型的似然比值分别为 $\chi^2 = 57.79$ 和 $\chi^2 = 72.30$,似然比检验均小于 0.0000,这表明两个估计小麦和玉米化肥施用技术效率影响因素的

表 3.6 Tobit 模型估计结果

变量	小麦的估计结果			玉米的估计结果		
	系数	标准误	弹性%	系数	标准误	弹性%
常数	−0.530**	0.216		−0.036	0.160	
化肥价格指数	0.403***	0.105	0.025	0.314***	0.092	0.037
农户人均纯收入	0.134***	0.038	0.008	0.075**	0.031	0.009
农业劳动力比例	0.751**	0.303	0.046	−0.126	0.252	−0.014
乡镇农技人数	−0.006***	0.002	−0.000	−0.002	0.002	−0.000
户均播种面积	0.042*	0.023	0.003	0.022*	0.013	0.003
地区虚拟变量(东北地区=0)						
黄淮海地区	−0.088	0.073		0.075	0.071	
长江中下游	−0.061	0.069		0.044	0.076	
华南地区				0.073	0.098	
北部高原	0.017	0.066		0.125	0.059	
西南地区	−0.010	0.084		0.106	0.080	
西北地区	0.000	0.102		0.122	0.089	
观测值个数	210			280		
对数似然比	33.697			47.104		
似然比检验	$\chi^2 = 57.79$	Prob>χ^2=0.0000		$\chi^2 = 72.30$	Prob>χ^2=0.0000	

注:*、**、***分别代表 10%、5%、1%的显著水平。

Tobit 模型具有总体显著性。各省化肥价格指数、农户人均纯收入、户均播种面积都分别显著影响小麦和玉米的化肥施用技术效率；农业劳动力比例和乡镇农技人数对小麦的化肥施用技术效率具有显著影响。地区差异作为控制变量对小麦和玉米化肥施用的技术效率没有显著的影响。

2. 计量结果分析

表 3.6 的计量结果显示，化肥价格、农户收入水平、农户农业劳动力、农户获得的技术支持和农户的种植规模等因素是影响小麦和玉米的化肥施用技术效率的重要因素。

(1)化肥价格

化肥价格是以化肥价格指数表示的。表 3.6 的计量结果显示，化肥价格指数在 1% 水平上对中国农户小麦和玉米的化肥施用技术效率具有显著影响，其弹性系数分别为 0.025% 和 0.037%(即化肥价格每增加 1%，小麦和玉米的化肥施用技术效率就会增加 0.025% 和 0.037%)。这与本研究的理论分析结果具有一致性，说明化肥价格变化对中国农户小麦和玉米的化肥施用技术效率变化具有显著的正向效应。马骥(2007)对河北和山东两省 3 个县农户施肥行为的实地调研也发现，随着化肥价格的升高，农户会减少化肥的施用量，增加有机肥的施用量，即农户会通过大量施用有机肥来部分替代化肥的施用，以保持稳定农产品产量。

(2)农户收入水平

农户的收入水平是以农户人均纯收入指标来表示的。表 3.6 的计量结果显示，农户收入水平在 1% 水平上对中国农户小麦和玉米的化肥施用技术效率具有显著影响，其弹性系数分别为 0.008% 和 0.009%(即农户人均收入水平每增加 1%，小麦和玉米的化肥施用技术效率就会增加 0.008% 和 0.009%)。这同样与本研究的理论分析结果具有一致性，说明农民收入水平提高对农户小麦和玉米化肥施用技术效率的影响具有显著的替代效应，增加农民收入有利于农户合理施用化肥。中国农业化肥施用结构上的变化在一定程度上反映了这一点：虽然复合肥(特别是高质量的复合肥)的价格一般高于单项化肥，但是 1996 年至 2009 年，与农户平均收入水平的上升趋势相对应的是，中国农业复合肥施用量占化肥施用总量的比例从 1996 年的 19.2% 提高到了 2009 年的 31.4%。[①]

(3)农户的种植规模

农户的种植规模是以农户户均播种面积指标来表示的。表 3.6 的计量结果显示，农户的种植规模在 10% 水平上对小麦和玉米的施肥技术效率具有显著影响，其弹性均为 0.003%(即农户的户均播种面积每增加 1%，小麦和玉米的

---

① 数据来源：《中国统计年鉴》，中国统计出版社，2010。

化肥施用技术效率就会增加 0.003%）。这与本研究的理论分析结果具有一致性，说明农业的规模化种植有利于提高施肥技术效率，这与种植规模越大的农户越会提高施肥技术效率的观点是一致的。陈洁等（2009）对安徽省种粮大户的调研也发现，种粮大户非常重视采用先进的农业技术，对周边的小规模农户具有较强的技术示范效应。

（4）农户获得的技术支持

农户获得的技术支持是以中国乡镇平均拥有的农业技术人员人数来表示的。农业技术推广机构是当前中国农户获得的技术支持的重要渠道（王济民等，2009），乡镇农业技术推广机构是中国农业技术推广的基层组织，乡镇平均拥有的农业技术人员人数越多，越应当有利于农户获得农业生产的技术支持，提高化肥施用的技术效率，同时，图 3.5 显示中国乡镇平均拥有的农业技术人员人数呈现出逐步递增的趋势。但是，表 3.6 的计量结果却并不支持本文相应的理论假设，乡镇平均拥有的农业技术人员人数对玉米的化肥施用技术效率的影响并不显著，而对小麦的化肥施用技术效率的却具有负向影响。

究其原因，本文认为这与中国农业技术推广体系在向农户提供技术支持方面的低效率有关。相关研究发现，现阶段中国农技推广体系中存在的诸多问题抑制了农业技术推广部门各项功能的发挥（《中国农业技术推广体制改革研究》课题组，2004；智华勇等，2007），而且大样本的调研也表明农业技术人员的技术推广也并未成为当前农户获取农业技术的主渠道（张蕾等，2009）。本文认为这些研究解释了在本研究中由农业技术人员提供的技术支持与农户施肥技术效率所具正向关系无法通过计量模型显著性检验的原因。农业技术具有很强的外部性，农业技术推广体系向农户提供技术支持的作用不能充分发挥，不仅阻碍了中国农业化肥施用技术效率的较快提高，也是导致当前中国农作物单位播种面积化肥施用量普遍较高的主要原因。

（5）农户农业劳动力数量

农户农业劳动力数量是以农户农业劳动力占农户家庭总劳动力的比例来表示的，即农户农业劳动力比例指标来表示的。表 3.6 的计量结果显示，农业劳动力比例对农户小麦和玉米施肥技术效率的影响存在差异，对小麦的施肥技术效率具有显著的正向效应，而对玉米的化肥施用技术效率尽管不显著，但却具有负向效应。这同样也与本研究的理论分析结果存在不一致。本文认为，一个可能的原因是由于外出打工的农业劳动力会在农忙的时候返乡参加农业生产活动，因而农业劳动力比例的统计数据无法准确衡量实际从事农业生产的劳动力数量。

3.5 中国农业政策与化肥施用技术效率

本节首先介绍当前中国农业政策目标和主要的中国农业政策措施,然后,根据前一节有关中国农户化肥施用技术效率影响因素的分析,研究了当前中国各项农业政策对中国农业化肥施用技术效率的影响,并探讨了中国农业政策对农业化肥面源污染治理的政策影响。

3.5.1 中国农业政策

中国是一个拥有 13 亿人口的国家,确保主要农产品的基本供给、保证粮食安全是关系到国家长治久安的根本问题。同时,尽管从 1980 年至 2010 年间,中国农村居民家庭人均纯收入的定基指数(1978 年农村居民家庭人均纯收入＝100)从 1980 年的 191.30 增加到 2010 年的 954.40,2010 年农村居民家庭人均纯收入相对于 1980 年增加了 6.19 倍,但是从 1980 年到 2010 年间,中国城乡居民收入差距却在逐步拉大,城乡居民收入比值从 1980 年的 2.50 增加到 2010 年的 3.23(见图 3.7)。破除城乡二元结构,统筹城乡发展,形成城乡经济社会发展一体化新格局,迫切需要中国政府增加农民收入。因此,20 世纪 90 年代以来,保证粮食安全、提高农民收入被确定为中国农业政策的主要目标。基于农业政策目标,当前中国的农业政策主要包括以下内容。

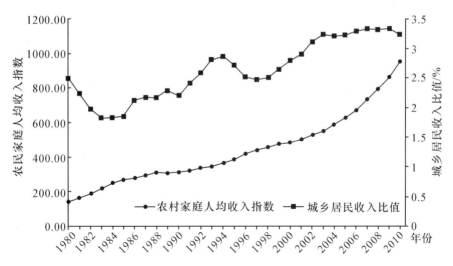

图 3.7 1980 年—2009 年中国农民收入及城乡收入比值

数据来源:《中国统计年鉴》,中国统计出版社,2010。

1. 农地流转政策

根据 2002 年 8 月颁布的《中华人民共和国农村土地承包法》、2005 年 1 月发布的《农村土地承包经营权流转管理办法》，以及 2008 年 10 月党的十七届三中全会的《决定》，中国农地流转政策的主要内容是：在坚持农户家庭承包经营制度和稳定农村土地承包关系的基础上，遵循依法、自愿、有偿的原则允许农民以转包、出租、互换、转让、股份合作等形式流转土地承包经营权，农民在依法进行农地流转的同时，依然保持与农村集体组织的土地承包关系不变，双方享有的权利和承担的义务不变。调查数据显示，近年来农地流转规模呈现出增加趋势：1998 年，中国农户中有 17.8% 的农户进行了农地流转，流转的农地面积占全国农地总面积的 5.2%（张照新，2002）；2005 年，中国进行农地流转的农户的比例为 26.7%，流转的农地面积占全国农地总面积的比例上升到 9.7%（叶剑平等，2006）。

2. 平抑要素价格补贴政策

当前平抑农业生产要素价格的政策主要包括：良种补贴政策、农机补贴政策、化肥淡季商业储备政策、化肥生产企业的各种优惠政策。这些农业政策从降低农业生产中各种投入要素的费用入手，有效降低了农户农业生产的成本，间接增加了农民收入，有利于提高农民种粮的积极性。

良种补贴政策始于 2002 年，主要是国家财政对农民购买并使用的良种进行补贴，以推广良种的使用。目前，良种补贴已经由大豆一个品种扩大到主要粮食品种和棉花、油料等经济作物，补贴范围已经扩大到各主要作物的优势产区。在补贴方式上，除水稻是按种植面积补贴外，其他品种多是直接向农民发放免费的或者低价的良种。

农机具购置补贴始于 2004 年，主要是国家财政对粮食主产区、农业大省的种粮大户和农机大户购置农机具进行补贴。补贴方式是对农民购买的部分农机具按市场价格给予直接的价格折扣。

化肥淡季商业储备政策始于 2005 年，国家选择部分化肥流通、生产企业承担化肥淡季商业储备任务，将在化肥需求淡季所生产的部分化肥进行储备，由国家补贴储备单位淡季储备化肥所需资金的利息，到第二年春耕化肥需求旺季时再将储备的化肥投放市场。

2000 年以来，为保证农民种粮积极性，抑制化肥价格的上涨，国家还对化肥生产企业给予多方面的政策优惠。例如，保证化肥生产企业的煤炭和电力供给、并予以价格优惠，实行铁路运输中的运价优惠，减免化肥生产企业的部分税收，等等。

3. 农民增收政策

这里的农民增收政策主要指的是直接增加农民收入的政策，包括粮食直补政策、农资综合直补政策、最低收购价政策、农村税费政策。这些政策分别从农业生产的产出和投入的方面保障了种粮农民的收入,有助于提高农民种粮的积极性。

粮食直补政策始于 2004 年,补贴范围主要涉及粮食主产区,补贴对象是粮食主产区的种粮农户,补贴方式一般是按照核定补贴面积进行补贴,补贴资金直接发放到农民手中。到 2008 年,中国政府对种粮农民直接补贴资金规模为 151 亿元,补贴范围扩大到中国全部的 31 个省(自治区、直辖市),补贴品种基本涵盖了主要粮食作物。

农资综合直补政策始于 2006 年,其目的在于补偿因农资涨价而增加的粮食生产成本,补贴金额主要是依据农资价格的相对变化而定,补贴方式一般也是按照核定补贴面积进行补贴。

最低收购价政策始于 2005 年,补贴方式是由国家指定的粮食企业(中储粮总公司及其分公司和省级地方储备粮公司)在粮食价格低于最低收购价时入市收购粮食,在收购一定数量的粮食后,当粮食的市场价格回升到最低收购价以上时停止收购。收购企业对以最低收购价收购的粮食进行营销,国家对收购企业因高进低出而产生的亏损按有关规定进行补贴。最低收购价政策的具体内容几经调整,2010 年有关粮食作物最低收购价格执行情况见表 3.7。

表 3.7　2010 年有关粮食作物最低收购价格执行情况

涉及品种		执行范围	最低收购价格	收购期限	资料来源
稻谷	早籼稻	安徽、江西、湖北、湖南、广西	每市斤0.93 元	2010 年 7 月 16 日至9 月 30 日	发改经贸〔2010〕1402 号文件
	中晚籼稻	江苏、安徽、江西、河南、湖北、湖南、广西、四川	每市斤0.97 元	2010 年 9 月 16 日至2010 年 12 月 31 日	发改经贸〔2010〕2083 号文件
		辽宁、吉林、黑龙江		2010 年 11 月 16 日至2011 年 3 月 31 日	
	粳稻	江苏、安徽、江西、河南、湖北、湖南、广西、四川	每市斤1.05 元	2010 年 9 月 16 日至2010 年 12 月 31 日	
		辽宁、吉林、黑龙江		2010 年 11 月 16 日至2011 年 3 月 31 日	
小麦	白小麦	河北、江苏、安徽、山东、河南、湖北	每市斤0.90 元	2010 年 5 月 21 日至9 月 30 日	发改经贸〔2010〕994 号文件
	红小麦和混合麦	河北、江苏、安徽、山东、河南、湖北	每市斤0.86 元	2010 年 5 月 21 日至9 月 30 日	

农村税费政策。为了减轻农民负担、增加农民收入,2006 年,中国政府对农村税费制度进行了根本性变革。全国人大常委会于 2005 年 12 月通过了《关于

废止《中华人民共和国农业税条例》的规定》,规定从 2006 年 1 月 1 日起在全国范围内全面取消农业税。统计数据表明,全面取消农业税后的 2006 年与 1999 年相比,中国农民减负 1250 亿元,人均减负 140 元。

4. 农业劳动力转移政策

改革开放以来,为了提高农业生产率、增加农民收入,中国政府出台了一系列的政策措施,允许并鼓励农村劳动力转移。中国鼓励农业劳动力转移的政策大致可分为 20 世纪 80 年"离土不离乡"的转移政策和 20 世纪 90 年代以后的"鼓励外出流动并规范引导"两个阶段。当前加快农业劳动力转移的政策主要包括:农村劳动力转移培训政策、城市吸纳与管理农民工政策、农民工权益保障政策等。2006 年,国务院公布并实施《关于解决农民工问题的若干意见》之后,农民外出务工环境的改善,农民工工资率的提高,使得农民外出务工的规模不断扩大。在 2009 年农村人口中,主要从事二、三产业劳动的人口占全部农村人口的比例为 58.3%。

5. 农业技术推广政策

中国农业技术推广政策的目的是优化农业生产要素、提高农业劳动力素质,提高农业装备水平和生产效率,逐步构建一个健康安全、可持续的农业生产新型体系。其具体内容主要包括农民科技培训和测土配方施肥技术推广政策等。

3.5.2 中国农业政策对化肥施用技术效率的影响

基于化肥价格、农户收入水平、农户种植规模、农户获得的技术支持和农户农业劳动力数量是影响农户化肥施用技术效率重要因素的研究结果,中国农业政策对中国农户农业化肥施用技术效率具有以下的影响。

政府实施的一些抑制农资价格(特别是化肥价格)上涨的政策不利于中国农户化肥施用技术效率的提高。化肥是重要的农业生产要素,以三种粮食作物为例,2005 年至 2010 年,中国农户平均每亩化肥费用占每亩物质与服务费用始终保持着较高的比例,历年分别为 0.40、0.39、0.38、0.41、0.40 和 0.36。[①] 2000 年以来,国家相继出台了《关于做好化肥生产供应工作稳定化肥价格的紧急通知》(发改电字〔2004〕1 号)、《关于对化肥等农业生产资料价格过快上涨实行干预的紧急通知》(发改电字〔2004〕24 号)、《关于若干农业生产资料免征增值税政策》(财税〔2001〕113 号)、《国家计委、铁道部关于调整铁路部分货运价格的通知》(计价格〔2000〕797 号)等政策措施,在电力、税收和运输等方面对化肥生产企业进行优惠。同时,国家逐步建立和完善的化肥淡季商业储备制度,从多方

---

① 数据来源:《2010 年全国农产品成本收益资料汇编》,中国统计出版社,2011。

面抑制化肥市场价格的上涨。国家的这些政策措施无疑有助于实现增加农民收入和保证粮食安全的农业政策目标。但从另一方面来说,由于化肥价格的变化与农户化肥施用技术效率具有正向关系,化肥价格越高,农户化肥施用的技术效率也越高。因此,这些政策措施也会增加农户农业生产的化肥需求量,不利于提高农户化肥施用的技术效率,因而也不利于降低农业化肥面源污染。所以,国家在对具有负环境效应的农业生产要素制定补贴政策时,应当兼顾考虑将环境保护作为一项重要的政策目标。

政府实施的促进农民增收的政策措施有助于中国农户化肥施用技术效率的提高。国家从 2004 年开始先后出台了对种粮农户的直接补贴、良种补贴、农机具购置补贴和农资综合直补等一系列扶持农业生产的政策措施,至 2008 年,种粮直补、良种补贴、农机补贴和农资综合直补这四项补贴的资金规模从 2004 年的 145.22 亿元已经达到 1030.4 亿元,增加了 6.1 倍,[①]并于 2006 年全面取消了农业税。国家出台的这一系列利农的财政补贴政策,不仅增加农民农业收益,而且由于农户农业收益增加所具有的替代效应,使得农户施用复合肥的数量迅速增长,2010 年相对于 2000 年,中国农业生产中复合肥施用量增加了780.8 万吨,化肥施用总量中复合肥施用量所占的比例增加了 62%。因此,农户农业收入水平越高越有利于提高施肥技术效率,从而有利于降低农业面源污染。图 3.1 所显示的 2003 年以来中国小麦和玉米施肥技术效率的缓慢提升证实了政策的实施效果。

政府实施的鼓励农地流转和适度规模经营的政策措施有利于中国农户化肥施用技术效率的提高。为了推动中国农业的规模经营,促进现代农业的发展,20 世纪末中国开始允许土地承包经营权合理流转,2002 年制定的《土地承包法》和 2005 年初颁布的《农村土地承包经营权流转管理办法》从法律上对土地流转作了明确的界定。2007 年,党的十七大报告更进一步提出了健全土地承包经营权流转市场,发展多种形式的适度规模经营。促进土地流转,扩大农户的种植规模,使得农户采纳现代农业技术更具有规模经济的效应,即,通过降低单位播种面积的农业生产成本,获取更大的农业收益。因此,政府实施的鼓励农地流转和适度规模经营的政策措施,不仅有利于农业适度规模经营,而且还有利于农户采用现代农业技术,提高农业施肥技术效率,降低农业面源污染。马康贫等(2009)对苏南地区规模经营的研究也发现,农户种植规模的扩大提高了资源的利用效率,具有一定的正向环境效应。

提高农户化肥施用技术效率需要加强和完善中国农业技术推广体系的建设。现代农业技术通过农业技术推广体系物化为农业生产力,不仅可以提高农

---

① 数据来源:引自张红宇、赵长宝,《中国农业政策的基本框架》,中国财政经济出版社,2009,P109

业生产率,增加农民收益,而且通过提高投入要素的技术效率还可以有效地对农业面源污染实施源头控制。当前国家农技推广体系主导推广的测土配方施肥技术的成果正说明了这一点。测土配方技术示范区的调查数据显示,这项新技术不仅可以节本增效,而且可以有效减少化肥投入(孙钊,2009)。但是,从总体上来看,根据"中国农业技术推广体制改革研究"课题组(2004)的研究,中国农业技术推广体系中存在着投资不足、管理体制不合理、推广方式落后、人员知识断层与知识老化等问题,这使得农业技术推广体系并未能充分发挥其应有的作用。由于农业技术推广体系是农户获取现代农业技术的重要渠道,因此,这也是中国因化肥过量施用而导致农业化肥面源污染日益加剧的重要原因。

3.6 本章小结

为分析影响农业面源污染形成的因素,本章对有关中国农业化肥施用技术效率及其决定因素的问题进行了研究,并据此探讨了当前中国农业政策对中国农业化肥施用技术效率变动的影响。相关研究结论如下:

实证研究表明,1996 年至 2009 年,中国小麦和玉米主要省份农户化肥施用技术效率低下,分别为 0.474 和 0.452,农户小麦和玉米种植中,化肥施用量的 52.6% 和 54.8% 无法在农业生产中发挥作用,这些化肥的流失必然会导致严重的农业面源污染。从 1996 年至 2009 年的历年施肥技术效率变化中可以看出,尽管中国小麦和玉米的施肥技术效率变化具有波动性,但总体上呈现出缓慢上升的趋势。

在影响中国农业化肥施用技术效率的因素中,化肥价格、农户的收入水平、农户的种植规模对农业化肥施用的技术效率具有显著影响,这些因素的提高可以显著提高农户化肥施用的技术效率;而农业技术推广部门向农户提供的农业技术支持并未在提高农户化肥施用技术效率上发挥应有的作用,这种情况不利于中国农户化肥施用技术效率的提高,不利于降低农业化肥面源污染。提高农户化肥施用技术效率和降低农业化肥面源污染需要加强和完善中国的农业技术推广体系建设。

在当前中国各项农业政策中,有关抑制农资价格上涨的农业政策不利于降低由大量施肥所导致的农业化肥面源污染;有关促进农民增收、鼓励农地流转和适度规模规模经营的农业政策措施有助于提高中国农户化肥施用技术效率,降低农业面源污染。

4　农户农业化肥面源污染治理政策接受意愿研究

　　有效的农业环境政策是农业化肥面源污染的治理的制度基础。以往中国农业政策的主要目标是确保粮食安全和增加农民收入。近年来,有关农业面源污染治理政策的选择问题,已经引起国内学者的关注,但是总体来说,相关的研究目前尚未处于探索阶段(韩洪云等,2010)。本章主要从农户对农业化肥面源污染治理政策接受意愿角度探讨农业化肥面源污染治理的政策选择问题:首先介绍了选择模型法研究的基本原理和基本内容,然后,根据实地调研数据,利用选择模型法,对农户农业化肥面源污染治理政策的接受意愿进行定量分析,以期未来为更好地设计农户化肥面源污染治理政策提供政策建议。

4.1　选择模型法的基本原理

　　评价环境公共物品的方法主要有两种:一是显示性偏好法(Revealed Preference,RP);二是陈述性偏好法(Sated Prefernce,SP)。显示性偏好法需要利用相关市场的价格信息来进行价值估算,主要有旅行成本法(娱乐地区的使用价值)和享乐价值法(用于污染成本的估计等)。陈述性偏好法主要利用人们对一些假想情景所反映的支付意愿来进行环境物品价值估计。

　　陈述性偏好法主要包括条件价值评估法(Contingent Valuation Method,CVM)和选择模型法(Choice Modeling,CM)。条件价值评估法(CVM)是通过问卷的形式,向被调查者询问为实现某种假想的环境目标所愿意支付的金钱数量,从而推导环境物品的价值。选择模型法(CM)同样是通过问卷的形式,首先向被调查者提供一系列假想的选择集,每个选择集包含由若干环境公共物品不同属性状态组合而成的方案;然后,让被调查者从每个选择集中选出自己最偏好的一种方案;最后,研究者根据选择结果及其相应的属性状态水平,运用计量经济学模型,估计出被调查者对环境公共物品不同属性价值或相对价值的支付意愿,以此确定被调查者对不同环境公共物品的价值评价。与条件价值评估方法(CVM)相比,选择模型法(CM)在评价环境公共物品、估计环境物品属性状态的变化范围等方面都具有优势。

选择模型法（CM）最初是由 Louviere 和 Hensher（1982），Louviere 和 Woodworth（1983）提出的。20 世纪 90 年代以来，在经济发达国家逐渐发展成为一种新的公共物品的非市场评估方法（Champ et al.，2003），主要应用于市场营销和交通领域（Louviere and Hensher，1982，1983；Louviere and Woodworth，1983；Louviere，1992），在 20 世纪 90 年代中期之后，在经济发达国家中广泛应用于环境资源的价值评价（Lehtonen et al.，2003；Christie et al.，2006；Liu et al.，2010）和政策接受意愿的评估中（Carlsson et al.，2003；Guikema，2005；Yusuke，2007；Birol et al.，2009）。

选择模型法的理论基础是随机效应理论（random utility model，RUM）。1973 年，美国经济学家 McFadden 根据效用最大化理论首先提出了随机效用模型。该模型的提出克服了传统的消费者行为模型无法观测或者控制所有影响行为因素的局限。该模型将经济个体的效用分为两部分：第一部分是受可观测的经济个体属性特征影响的效用；第二部分是随机变量，用以反映其他无法观测到的影响因素。

McFadden（1973）随机效用模型的基本原理如下：假设经济个体在 a,b 两项选择中获得的效用分别为 U^a 和 U^b，基于效用最大化理论，所观测到的 a,b 两项之间的选择揭示了哪一项的效用最大。因此，若 $U^a > U^b$，则观测指标确定为 1；而若 $U^a \leqslant U^b$，则观测指标确定为 0。若假设随机效用模型为线性模型，则

$$U^a = X'\beta_a + \varepsilon_a \qquad (4.1.1)$$
$$U^b = X'\beta_b + \varepsilon_b$$

其中，X 为经济个体的属性特征向量；ε 为未观测到的影响经济个体效用的随机向量。

若用 $Y = 1$ 表示消费者选择了选项 a，则可以得到

$$
\begin{aligned}
\text{Prob}[Y = 1 | X] &= \text{Prob}[U^a > U^b] \\
&= \text{Prob}[X'\beta_a + \varepsilon_a - X'\beta_b - \varepsilon_b > 0 | X] \\
&= \text{Prob}[X'(\beta_a - \beta_b) + \varepsilon_a - \varepsilon_b > 0 | X] \\
&= \text{Prob}[X'\beta + \varepsilon > 0 | X] \\
&= \text{Prob}[\varepsilon > -X'\beta | X] \qquad (4.1.2)
\end{aligned}
$$

如果 ε 服从逻辑函数的累积分布或者第一种类型极值分布，公式（4.1.2）可以采用多项式 Logit 模型（Multinomial Logit Model）或者条件 Logit 模型（Conditional Logit Model）估计；如果 ε 服从正态累积分布，公式（4.1.2）可采用 Probit 模型估计。利用随机效用模型分析个体选择行为特征时，可以有效地避免当选择行为涉及未观测到的特征时，个体选择模型可检验性的不确定问题

（格林,2007）。并且,利用随机效用模型分析个体选择行为特征,可以由样本个
体选择行为特征的经验检验推断样本总体选择行为的特征。

选择模型法研究的关键是通过构造被调查者选择的随机效用函数模型,将
选择问题转化为效用比较问题,利用效用最大化来达到估计模型整体参数的
目的。

假设被调查者 i 的随机效用函数为 $U(X,Z)$,则

$$U_{ij}(X_{ij},Z_i) = V_{ij}(X_{ij},Z_i) + e_{ij} \qquad (4.1.3)$$

其中, U_{ij} 为被调查者 i 从一个选择集中选择方案 j 的效用函数; V_{ij} 为被调查者
i 选择方案 j 的间接效用函数; X_{ij} 为被调查者 i 所选方案 j 的属性特征; Z_i 为
被调查者 i 的社会经济特征; e_{ij} 为被调查者 i 选择方案 j 的随机干扰项。

根据效用最大化原则,对于被调查者个人 i 来说,若他在任一选择集 C 中偏
好于选择第 g 个选项,就可以表示为该被调查者在选择集 C 中选择第 g 个选项
所带来的效用大于选择其他选项所带来效用的概率:

$$P[(U_{ig} > U_{ih})] = P[(U_{ig} - V_{ih}) > (e_{ih} - e_{ig})]; \qquad \forall h \neq g, h,g \in C$$
$$(4.1.4)$$

为了获得这个概率的具体表达式,需要知道残差项 e_{ij} 的分布。一般假定各
残差项是独立的,且共同服从于极值（Weibull）分布:

$$P(e_{ij} \leqslant t) = F(t) = \exp(-\exp(-t)) \qquad (4.1.5)$$

那么,被调查者 i 从选择集 C 中根据自己的偏好选择选项 g 的概率,可以利
用 Logistic 分布（McFadden,1973）来表示,一般采用多项式 Logit 模型的形式
（Multinomial Logit Model,MNL）,则

$$P[U_{ig} > U_{ih}] = \frac{\exp(\mu V_{ig})}{\sum_{j \in C} \exp(\mu V_{ij})}; \qquad \forall h \neq g, h,g \in C \qquad (4.1.6)$$

其中, μ 是规模参数,与残差的标准误成反比例关系。由于参数 μ 在研究中通
常很难单独识别和确定,一般都设定为1。同时,从选择集中所作出的选择必须
遵守相关选项独立性假定（Independence from Irrelevant Alternatives,IIA）
（Luce,1959）,即从一个选择集中任意选择出来的两个选择项的相对概率不会
因为在选择集中增加一个选项或者从选择集中减少一个选项而发生改变。
同一个选择集中不同选择项的威布尔（Weibull）分布残差项具有独立性的要求
也满足相关选项独立性假定。

多项式 Logit 模型的估计可采用最大似然法,其相应的似然函数为:

$$\log L = \sum_{i=1}^{N} \sum_{j=1}^{J} y_{ij} \log \left[\frac{\exp(V_{ij})}{\sum_{j=1}^{J} \exp(V_{ij})} \right] \qquad (4.1.7)$$

其中, y_{ij} 是一个取值为 0 和 1 的虚拟变量（Binary Variable）,对于第 j 个选项,

当被调查者 i 从选择集的 J 个选择项中选择了第 j 个选项的时候，$y_{ij} = 1$；而当被调查者未选择该项的时候，则 $y_{ij} = 0$；N 表示被调查者的总人数。

若多项式 Logit 模型产生的间接效用函数假定为线性形式，则

$$V_{ij} = ASC_j + \sum_m \beta_m X_{jm} + \sum_n \alpha_n Z_{in} \qquad (4.1.8)$$

其中，ASC 为替代指定常数(alternative specific constant, ASC)，用来解释未观测到的属性对选择结果的影响；β_m 表示被调查者 i 选择第 j 个方案的第 m 个属性 X_{jm} 的系数；α_h 表示被调查者 i 的第 h 个特征 Z_{ih} 的系数。在此基础上，被调查者 i 对每个属性的支付意愿(willingness to pay, WTP)可以下面的表达式求出：

$$WTP = b_y^{-1} \ln \left[\frac{\sum_i \exp(V_i^1)}{\sum_i \exp(V_i^0)} \right] \qquad (4.1.9)$$

其中，V^0 表示效用的初始状态，即被调查者 i 在环境或政策变化前(现状下)的效用水平；V^1 表示被调查者 i 在环境或政策变化后的效用水平。系数 b_y 是属性特征中的成本属性的系数，表示收入的边际效用。

在公式(4.1.8)的条件下，公式(4.1.9)可以简化为：

$$WTP = \frac{-\beta_m}{\beta_p} \qquad (4.1.10)$$

其中，β_m 是各属性项的估计系数；β_p 为平均支持的边际效用，通常用支付项的估计系数表示。

4.2 选择模型研究设计

利用选择模型法研究农户对不同环境政策的接受意愿，首先需要确定农户在利用选择模型法研究中需要面对的假定的环境政策选择集；其次，基于环境政策选择集设计调研问卷；再次，对农户进行面对面访谈形式的实地调研；最后，根据调研问卷所获得的农户对不同环境政策选择的实地调研数据，利用计量模型计算出农户对不同环境政策的接受意愿。本节结合农户农业化肥面源污染接受意愿的研究，对选择模型法研究的基本内容进行说明。

4.2.1 选择模型政策选择集设计

本研究中有关选择模型政策选择集的确定主要是借鉴国外的有关农业面源污染治理政策，并结合当前中国国内农村的实际情况来确定的。

1. 国外农业面源污染治理的政策现状

经济合作与发展组织(OECD)2009 年的报告显示，技术支持、财政补贴和

环境标准这三个方面的政策措施在国外,特别是经济合作与发展组织国家的治理农业面源污染中发挥了重要作用。

(1)在技术支持政策措施方面,技术推广(technical extension)是以农户的自愿参与为主,通过向农户提供必要的技术信息,推动农户采纳环境友好型技术进行农业生产。当前,技术培训和技术推广已经成为经济合作与发展组织各国治理农业面源污染中普遍采用的政策措施。

(2)在财政补贴政策措施方面,经济合作与发展组织中的美国、欧盟成员国、挪威和瑞士等国通过农业－环境支付(agri-environmental payments)政策措施,以对选择环境友好农业生产方式的农户给予技术支持和财政支持、对农户休耕的耕地进行经济补偿的方式减少农户农业生产中产生的农业面源污染。另外,欧盟成员国还采用环境交叉达标(cross-compliance)的政策措施减少农业面源污染。这种政策措施将环境生态标准与对农户的技术支持和财政支持相联系,若农户达到有关的环境生态标准会获得规定的技术支持和财政支持;若农户未达到有关的环境标准,则会视情况按比例削减对农户的补贴额。目前,欧盟原有的15个成员国已全部采用了环境交叉达标政策,[①]2003年后新加入的10个成员国则需要在2009年至2013年间实施环境交叉达标政策。除此之外,美国、瑞士,最近还包括韩国也开始采用环境交叉达标政策减少农业面源污染。

(3)在环境标准政策措施方面,经济合作与发展组织各国针对自然保护区、水源地等环境敏感地区,一般都制定了严格的环境保护法规和管制要求,对具有负环境效应的农业投入要素的施用标准、用途等进行了明确的规定,并强制性地要求农户或相关经济个体遵守。另外,在欧盟各成员国中实施的环境交叉达标政策措施,同样也制定了有关的环境质量标准,并将农户是否遵守这些标准与向农户提供的财政支持相联系。

(4)投入税(input taxes)、社区方法(community-based approaches)和可交易权利与定额(tradable rights and quotes)。这些政策措施在经济合作与发展组织各国实施的农业面源污染治理政策中缺乏普遍性,仅在少数经济合作与发展组织国家得以实施。在投入税方面,只有丹麦、法国、意大利和瑞典通过对农药,意大利、瑞典和美国的少部分州通过对化肥征收投入税的方式控制农业面源污染;在社区方法方面,仅有澳大利亚、加拿大和新西兰的部分地区通过社区方法,即观测社区范围内地下水或者排水处的污染情况,若超过环境保护标准就对整个社区进行惩罚,以此促进减少农业面源污染(Xepapadeas,1991;

___
① 目前,欧盟包括25个国家,其中,法国、德国、意大利、荷兰、比利时、卢森堡、丹麦、爱尔兰、英国、希腊、西班牙、葡萄牙、奥地利、芬兰和瑞典等15国是1995年之前加入的;2003年马耳他、塞浦路斯、波兰、匈牙利、捷克、斯洛伐克、斯洛文尼亚、爱沙尼亚、拉脱维亚和立陶宛等10国正式加入欧盟。

Bystrom et al.,1998);在可交易权利与定额方面,仅有美国和澳大利亚为增强对水资源的保护而普遍实施了水权交易,美国宾夕法尼亚州 2009 年开始基于环境生态保护的污染排放量定额试点实施了点源－面源污染交易计划。

2. 中国农业化肥面源污染治理政策措施现状

由于一直以来对农村环境保护的忽视,以及农业面源污染所具有的随机性、广泛性、滞后性、模糊性和潜伏性等特点,中国目前还没有建立农业面源污染的环境政策体系。但是,当前中国已经在全国部分地区开始试点推行一些减少农业面源污染的政策措施,取得了积极的成效。这些政策措施包括:自 2005 年开始在全国主要农业县逐步开展的测土配方施肥技术推广政策;部分地区推行的"有机肥补贴"政策;针对水污染防治的《地表水环境质量标准》和针对农村农户化肥施用的《化肥使用环境安全技术导则》。

(1)测土配方施肥技术推广政策。测土配方施肥技术推广政策是政府农业技术推广部门通过对相似耕地土壤营养成分丰裕程度的测量,制定科学合理的施肥配方,然后再由政府农业技术推广部门通过技术培训、技术指导和向农户发放配方施肥建议卡等形式免费向农户推广测土配方施肥技术的相关政策措施。该政策自 2005 年开始在全国 200 个农业县试点推广,以后逐年扩大推广范围。根据农业部历年《测土配方施肥普及与行动方案》,2010 年测土配方施肥补贴政策的行动目标是:2005—2007 年启动的项目县 60％以上建成示范方,2008 年启动的项目县 30％以上村建成示范方,2009 年项目县 10％以上村建成示范方。有关研究表明,通过推广合理施肥,提高了化肥施用的技术效率,农户节本增效平均达到 450 元/ hm^2,取得了很好的经济效益和社会效益(孙钊,2009)。

(2)"有机肥补贴"政策。为了更好地推广以有机肥替代化肥,中国很多地区已经开始试点"有机肥补贴"政策。上海市从 2003 年开始试行推广有机肥进农田的计划,根据 2009 年上海市农委和上海市财政局《关于进一步完善施用商品有机肥和专用配方肥补贴政策的通知》的规定,农户每购买 1 吨商用有机肥的补贴金额为 200 元。《上海市 2010 年度商品有机肥、专用配方肥推广实施方案》规定,上海市 2010 年计划推广商品有机肥 21 万吨,其中,粮田稻麦及经济作物推广 11 万吨,蔬菜推广 5 万吨,果树推广 5 万吨,每亩推荐施用量为 150～500 公斤。这项政策的实施不仅资源化地利用了上海市畜禽养殖产生的粪便,同时也减少了化肥施用量,有效降低了农业面源污染,保护了生态环境。除此之外,江苏省、山东省、吉林省、辽宁省、河南省等省市的部分地区也开展了"有机肥补贴"政策,平均每吨商用有机肥补贴约为 200～400 元。

(3)防治农业化肥面源污染的法律和标准。为有效防治农业面源污染对中国水环境的污染,1984 年由全国人大通过,并在 1996 年进行修订的中国《水污染防治法》明确提出,"应当采取措施,指导农业生产者科学、合理地施用化肥和农药,控制化肥和农药的过量使用"。为进一步贯彻《水污染防治法》的有关规定,中国政府于 1983 年制定并公布了《地表水环境质量标准(GB3838)》,并于 1988 年、1999 年和 2002 年分别进行了 3 次修订。2002 年修订的标准共 109 项,其中地表水环境质量标准基本项目 24 项,集中式生活饮用水地表水源地补充项目 5 项,集中式生活饮用水地表水源地特定项目 80 项。

为保护环境,加强农业化肥面源污染的治理,2010 年中国环境保护部还发布了《化肥使用环境安全技术导则》,提出了对农户化肥施用进行源头控制的国家标准。这些法律和标准的制定,为中国控制农业化肥面源污染提供了有效的依据标准。

在这些正在试点推行的减少农业面源污染的政策措施中,测土配方施肥推广政策具有技术支持政策的特征,通过免费向农户提供提高化肥施用技术效率的技术减少农业化肥面源污染;有机肥补贴政策具有价格补贴政策的特征,通过提供价格补贴鼓励农户施用有机肥以替代化肥的施用;而防治农业面源污染的法律和标准政策措施具有环境标准的特征,通过限制化肥施用量的方式来减少化肥的施用。

3. 选择模型政策选择集的确定

基于 2.4 节中有关农业面源污染治理政策的理论分析,以及当前国内外治理农业面源污染的实践表明,技术支持、价格补贴和环境标准是行之有效的农业环境政策。因此,本研究将选择模型法中的政策选择集确定为:技术支持政策、价格支持政策和尾水标准。其中,技术支持政策是指政府通过财政补贴的方式,向农户提供减少化肥施用的农业环境友好型技术(例如,测土配方施肥技术),通过提高化肥施用技术效率来减少农业化肥面源污染;价格支持政策是指政府对农户施用可替代化肥的、有利于环境保护的农业生产投入要素(例如,有机肥)进行价格补贴,以减少农业生产中的化肥施用量,降低农业化肥面源污染;尾水标准是指政府为了对农业面源污染实施源头控制,减少农业生产中化肥施用量而进行氮、磷总量控制的限定性农业生产技术标准(例如,主要针对水源地的《地表水环境质量标准》)。

4.2.2　调查问卷设计

选择模型法的政策选择集确定以后,还需要进一步确定政策选择集的环境政策的状态水平。环境政策的状态水平是指环境政策内容变化的范围。本研究中三个环境政策的状态水平是通过对样本地区农户的预调研和对专家的访谈后根据样本地区的具体情况确定的。这三个环境政策均分为三个状态水平。

在技术支持政策中,本研究将其三个状态水平分别确定为:"状态水平 1",

指在农业生产中,农户缺乏必要技术支持,完全依靠自己积累的经验或参考别人的经验来进行施肥;"状态水平 2",指在农业生产中,农户曾经获得过包含科学施肥内容的农业生产技术培训;"状态水平 3",指在农业生产中,农业技术人员根据农田养分最佳管理等技术,对农户的施肥和田间管理等作业免费进行全面指导。

在价格支持政策中,根据我国东部部分地区在实行有机肥补贴政策中补贴金额的差异,将其三个状态水平分别确定为:"状态水平 1",是指不对农户购买有机肥进行补贴;"状态水平 2"为有机肥补贴的一般水平,即农户购买有机肥每吨补贴 200 元(例如上海市、江苏省高邮市、北京市顺义区等地区采取这一标准);"状态水平 3"为农户购买有机肥每吨补贴为 400 元,这是根据补贴较高的地区(例如浙江省宁波市采取这一标准)的补贴额确定的。

在尾水标准中,其状态水平的确定参照了农业部《淡水池塘养殖水排放标准(2007)》中的相关规定。尾水标准的三个状态水平分别为:"状态水平 1"为不实施尾水标准;"状态水平 2"为农户所在村的耕地施肥后附近地表水要达到规定的二级标准(其中,总氮含量不超过 5mg/L,总磷含量不超过 1 mg/L);"状态水平 3"为农户所在村的耕地施肥后附近地表水要达到一级标准(其中,总氮含量不超过 3mg/L,总磷含量不超过 0.5 mg/L)。

在确定选择模型法的政策选择集和相应的政策状态水平以后,需要确定选择模型法的备选方案。

确定备选方案的数量一般有两种方法:一种是全要素设计(full factorial design)方法;另一种是部分要素设计(fractional factorial design)方法。前者要求备选方案中包括所有可能的政策及其状态水平,例如,备选方案包括 4 个政策且每个政策有 3 个状态水平,则全部备选方案总共有 $3 \times 3 \times 3 \times 3 = 81$ 个。这种方法无疑会增加被调查者在选择时进行分析和判断的难度,影响最终结果的准确性。因此,通常的做法是采用部分要素设计方法,即根据统计试验中正交设计(orthogonal design)的原理从全部备选方案中选择出一部分备选方案。例如,本研究中共有 3 种政策,每种政策具有 3 种状态水平,根据部分要素设计方法是基于正交设计可以得到 9 种独立无关的、由不同政策状态水平组合而成的方案,在剔除重复发生的和现实不可能存在的组合后,选出 6 种独立无关的、由不同政策状态水平组合而成的备选方案。这 6 种备选方案和现状方案进行组合,一共产生 8 个选择集,每个选择集包括 3 个方案,即 2 个备选方案和 1 个现状方案,每个选择集的具体方案内容见表 4.1。

表 4.1　　选择模型法问卷中全部选择集

选择集	每个选择集的方案	属　　性			
		技术支持	价格补贴	尾水标准	化肥施用量变化
选择集 1	方案 1	技术培训	补贴 200 元	没有标准	减少 15%
	方案 2	完全凭经验	补贴 400 元	一级标准	减少 15%
	方案 3(现状)	完全凭经验	补贴 0 元	没有标准	增加 0%
选择集 2	方案 1	全程指导	补贴 0 元	二级标准	减少 15%
	方案 2	完全凭经验	补贴 400 元	一级标准	减少 15%
	方案 3(现状)	完全凭经验	补贴 0 元	没有标准	增加 0%
选择集 3	方案 1	全程指导	补贴 0 元	二级标准	减少 15%
	方案 2	完全凭经验	补贴 0 元	没有标准	增加 5%
	方案 3(现状)	完全凭经验	补贴 0 元	没有标准	增加 0%
选择集 4	方案 1	技术培训	补贴 200 元	没有标准	减少 15%
	方案 2	技术培训	补贴 0 元	一级标准	增加 0%
	方案 3(现状)	完全凭经验	补贴 0 元	没有标准	增加 0%
选择集 5	方案 1	完全凭经验	补贴 400 元	一级标准	减少 15%
	方案 2	完全凭经验	补贴 200 元	二级标准	增加 0%
	方案 3(现状)	完全凭经验	补贴 0 元	没有标准	增加 0%
选择集 6	方案 1	技术培训	补贴 200 元	没有标准	减少 15%
	方案 2	完全凭经验	补贴 0 元	没有标准	增加 5%
	方案 3(现状)	完全凭经验	补贴 0 元	没有标准	增加 0%
选择集 7	方案 1	技术培训	补贴 200 元	没有标准	减少 15%
	方案 2	全程指导	补贴 0 元	二级标准	减少 15%
	方案 3(现状)	完全凭经验	补贴 0 元	没有标准	增加 0%
选择集 8	方案 1	完全凭经验	补贴 400 元	一级标准	减少 15%
	方案 2	完全凭经验	补贴 0 元	没有标准	增加 5%
	方案 3(现状)	完全凭经验	补贴 0 元	没有标准	增加 0%

以上各项工作构成了选择模型法调研问卷设计的主要内容。在此基础上，选择模型法的调查问卷包括以下内容：

(1)问卷简介。主要是向被调查者介绍调查目的、调查人员的基本情况、被调查者所提供信息的重要意义、调研需要的时间、回答或者填写问卷的说明，以及对被调查者信息保密的保证等。

(2)问卷选择集。即向农户提供表 4.1 中的 8 个选择集合，让农户根据自己的经验或者偏好对每一个选择集中的 3 个方案进行选择。

(3)问卷的社会经济信息收集部分。这些数据包括被调查者的年龄、性别、受教育程度、职业、收入等，主要是要在模型分析阶段使用，用于确认设计的数据和检查样本是否真正代表了相关人群。本研究所包含的农户特征变量信息为：被调查对象的年龄、受教育年限、农户人均耕地面积和被调查对象的环保保护认知等。

在问卷的最后，向调查对象表示感谢，并要求他们对该调查给予评论。

4.2.3 实地调研

运用选择模型法调查农户农业面源污染治理政策的接受意愿，其核心是首先需要向被调查者提供一系列的备选选择集，然后让被调查者从每个选择集中选出自己最偏好的一种方案。

在向被调查者提供备选选择集时，调查人员需要让被调查者了解研究问题的准确定义和涉及的范围。本研究中备选选择集包含的政策方案不仅是针对被调查者个人施用化肥给环境带来的农业面源污染情况，而且还涉及整个地区农户因大量施肥给环境带来的农业面源污染情况。另外，调查人员对于现在状况和替代情况的描述应当要准确、清楚，尽量避免使被调查者对其造成任何误解。同时在向被调查者介绍备选选择集之前，需要提醒被调查者在对选择集进行选择时应考虑其自身的收入约束。

除此之外，为了使被调查者真实地回答问题（削弱调研中的策略偏差影响），需要强调对调查结果具有影响的支付工具将是强制性的（如果个人认为在推荐的备选方案中，他们实际上不需要任何付出，则会发生策略偏差）。因此调查人员必须事先清楚地向被调查者说明其决策对于其支付具有潜在的影响，并强调被调查者的决策信息将有助于未来政府环境政策的决策，因为如果被调查对象将整个调查过程都完全当作是假想的，那么可能会导致调查的数据不具有实际意义。

4.3 农户化肥面源污染治理政策接受意愿实证分析

4.3.1 调研地概况

本研究选择陕西省宝鸡市眉县作为以选择模型法研究农户化肥面源污染治理政策接受意愿的调研地区。陕西省宝鸡市地处陕西省西部的渭河流域，东连陕西省咸阳市，南接陕西省汉中市，西北与甘肃省天水市和平凉市毗邻，全市总面积 1.8 万平方公里，行政区域横跨渭河两岸，地形地貌由南而北依次为山区、丘陵区、黄土台塬区[1]和渭北平原区，总体呈现出"七河九原一面坡，六山一水三分田"的特征。宝鸡市行政辖区分为 3 区 9 县：金台区、渭滨区、陈仓区 3

---

① 黄土台塬又称黄土平台、黄土桌状高地，是一种顶面平坦宽阔，周边为沟谷所切割的黄土堆积高地，是中国西北地区群众对这一地形的一种俗称，现已正式引入地貌学文献。

个区和凤翔、岐山、扶风、眉县、陇县、千阳、麟游、太白、凤县 9 个县。其中,眉县位于宝鸡市东部,地处关中平原西部,地形地貌主要以平原区和黄土台塬区为主,共有 10 个乡镇,123 个行政村,881 个村民小组,人口 30.58 万人。选择陕西省宝鸡市眉县作为调研地区主要是出于以下原因:

首先,该地区的条件满足选择模型法研究的要求。选择模型法作为一种陈述性偏好方法,该方法要求被调查者所选择的是假想的环境政策措施及其状态水平。因此,利用选择模型法研究农户对农业化肥面源污染治理政策的接受意愿,一方面要求被调查地区的农户并未在实践中在实施政策选择集中的各项政策,另一方面还要求被调查地区的农户对政策选择集中各项政策的政策效果能够有比较明确的了解。而陕西省宝鸡市眉县的条件符合选择模型法的这些要求。宝鸡市早在 1992 年就成为联合国开发计划署与农业部实施"平衡施肥项目合作协议"的 7 个试点地区之一,长期以来当地对合理施用化肥的宣传,有利于农户对政策选择集中各项政策措施的正确理解。陕西省宝鸡市眉县在 2009 年才被确定为全国"测土配方施肥技术"推广的项目县[①],因而在调研期间,陕西省宝鸡市眉县还并未在全县范围内推广实施有关技术支持方面的农业化肥面源污染治理政策。

第二,陕西省宝鸡市眉县是一个以粮食作物为主的农业县,农户农业生产中的化肥施用量呈现出逐年递增的趋势(见表 4.2)。2003 年至 2007 年间,陕西省眉县的粮食作物(主要是小麦和玉米)播种面积占农作物总播种面积比例始终保持在 90% 左右,而该地区的单位播种面积化肥施用量(实物量)从 2003 年的 155.89 公斤/亩,增加到 2007 年的 213.33 公斤/亩,年均增长率高达8.16%。除此之外,相关研究还表明,农业化肥面源污染是渭河流域陕西段的重要污染源之一(李泓辉,2007)。

表 4.2　2003—2007 年陕西眉县农业播种面积与化肥施用量

年份	农作物总播种面积(1)	粮食作物播种面积(2)	(2)项与(1)项的比值	化肥施用总量(实物量)	单位播种面积化肥施用量
	万亩	万亩	%	千吨	公斤/亩
2003	58.27	52.86	90.72	90.84	155.89
2004	56.17	50.93	90.67	96.27	171.39
2005	56.73	50.70	89.37	94.12	165.91
2006	55.83	50.77	90.94	103.00	184.49
2007	54.31	49.80	91.70	115.86	213.33

数据来源:2004—2008 年《眉县国民经济和社会发展统计公报简明资料》。

---

① 数据来源:宝鸡农业信息网:http://baoji.sxny.gov.cn/Html/2010_04_01/2078_70131_2010_04_01_203474.html.

本研究数据来自笔者在 2008 年末到 2009 年初对陕西省宝鸡市眉县 10 个乡镇农户所做的实地调查。调查采取面对面的现场访谈形式,共发出 197 份问卷,有效问卷为 189 份,有效率为 95.9%。

4.3.2 变量选取

本研究选择技术支持、价格支持和尾水标准三项环境政策作为政策变量,分析农户对于不同政策的状态水平组合在降低化肥施用量上的意愿反应。各政策变量及其状态水平设计见表 4.3。

表 4.3 最后一部分是前三个属性方案减少施用化肥的目标结果。如果估计各种方案的目标结果采用货币价值方式不是很可行,选择模型法可以采用其他的方式(张巨勇、韩洪云,2004:213)。由于本研究的目的是减少化肥的大量施用,所以本文以农户化肥施用量变化的比例,作为各方案目标结果的评估方式。其中水平 1 设定为农户施肥量增加 5%,是根据近 5 年全国施肥量每年增加的比例近似获得;水平 2 设定为农户化肥施用量没有变化;水平 3 设定为农户施肥量减少 15%,是基于农户合理施肥后农户化肥减少比例(朱兆良,2006)近似获得的。

表 4.3 选择模型中各属性及其状态水平

属　性	状态水平	状态含义	变量赋值
技术支持	1	完全凭借自己的经验	是＝1;否＝0
	2	仅得到一般培训	是＝1;否＝0
	3	得到全面技术指导	是＝1;否＝0
价格支持	1	不对购买有机肥补贴	0
	2	购买有机肥,每吨补贴 200 元	200
	3	购买有机肥,每吨补贴 400 元	400
尾水标准	1	不实施尾水标准	是＝1;否＝0
	2	施肥后耕地尾水标准达到二级标准	是＝1;否＝0
	3	施肥后耕地尾水标准达到一级标准	是＝1;否＝0
农户化肥施用量的变化	1	农户化肥施用量增加 5%	0.05
	2	农户化肥施用量没有变化	0
	3	农户化肥施用量减少 15%	−0.15

由于农户的环境保护意识对农户减少过量施肥具有正向影响,即农户环保意识越强,越愿意合理施肥以达到环保的目的(马骥、蔡晓羽,2007),因此,本文以"农户对过量化肥施用的负面环境效应(主要是所导致的土壤板结和酸化)的认知程度"来衡量农户保护土壤环保意识的强弱,认知程度分为五个等级,其中,1 表示农户"不知道";2 表示农户认为"没有影响";3 表示农户认为"影响轻微";4 表示农户认为"有影响但不严重";5 表示农户认为"非常严重"。农户特征变量的描述性统计见表 4.4。

表 4.4　样本特征变量的描述性统计

变量名称	变量定义	极小值	极大值	均值	标准差
年龄	被调查对象年龄（岁）	26	77	50.62	10.45
受教育年限	被调查对象受教育年限（年）	0	12	6.58	2.71
人均耕地面积	农户人均耕地面积（亩）	0.33	6	1.21	0.73
土壤保护意识	被调查对象的土壤保护意识（不知道=1；没有影响=2；影响轻微=3；有影响但不严重=4；非常严重=5）	1	5	3.40	1.08
样本数	189				

4.3.3　农户特征变量的描述性统计分析

1. 农户年龄分布特征分析

从被调查对象的年龄分布特征上看（见图 4.1），本次调查的被调查对象年龄主要在 40～60 岁之间，约占被调查农户的 63.59%。当前农村劳动力外出打工现象较为普遍，在农村从事农业生产劳动的主要是中老年农民，因此，从农户年龄特征上来看，本次调查的样本具有一定的代表性。

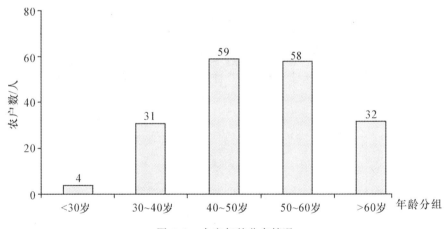

图 4.1　农户年龄分布情况

2. 农户受教育水平分布特征分析

从农户的受教育水平分布特征来看（见图 4.2），本次调查被调查对象的受教育水平分布以初中文化水平的农户所占的比例最高，为 45.1%，农户文盲所占的比例最低，为 14.29%，被调查农户户主受教育水平的分布呈现出类似正态分布的特征。从总体上来看，在被调查对象中，初中及初中以上文化水平的农户占全部农户的 69.57%。由于被调查对象受教育水平越高,越容易认识到化肥大量施用对生态环境所带来的负外部性,也越容易理解不同的环境政策对农业生产的影响(马骥等,2007),因此,在本次调研中,被调查对象受教育水平相对较高,有利于被调查对象理解调研中所提供的政策选择集的实际含义,有利于选择模型法研究的开展。

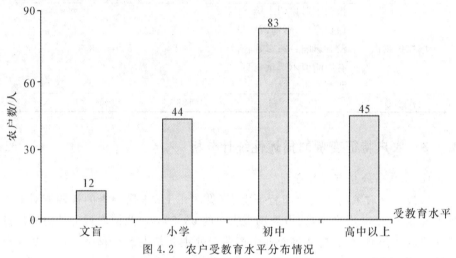

图 4.2　农户受教育水平分布情况

3. 农户人均耕地面积分布特征分析

从农户的人均耕地面积分布来看(见图 4.3),被调查对象的人均耕地面积一般较低,绝大部分农户的人均耕地面积在 2 亩以下。人均耕地面积在 1 亩以下的占全部被调查农户的 45%,人均耕地在 2 亩以下的占全部被调查农户的 93%。这表明,调研地区人多地少,是一种劳动密集型的农业生产类型。

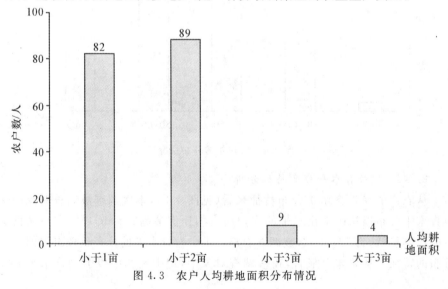

图 4.3　农户人均耕地面积分布情况

4. 被调查对象化肥施用的环境影响认知分析

在本次针对农民化肥施用的环境影响认知调研中发现(见图4.4),被调研农户中,有7.4%的被调查对象不知道过量施肥会给农村生产和生活环境(例如,土壤板结和酸化)等带来负面影响,12.2%认为过量施肥对生态环境没有影响,25.4%认为过量施肥会给土壤环境带来轻微影响,43.3%认为过量施肥会给环境带来明显负效应但并不严重,而11.6%认为过量施肥会给农村环境带来严重的负效应。由此可以看出,超过80%的被调查对象认为过量施用化肥对土壤等生态环境具有影响,这表明,样本农户具有较强的环境保护意识。

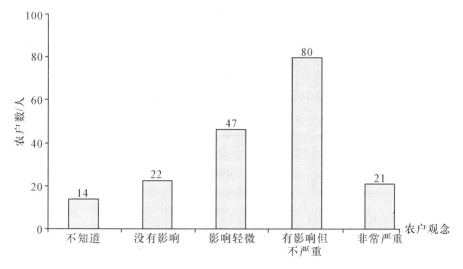

图4.4　农户化肥施用的环境影响认知

4.3.4　计量结果与分析

1. 计量结果

本研究使用统计软件SPSS 16.0,采用两个不同的多项式Logit模型(Multinomial Logit Model)对调查结果进行了计量分析(见表4.5)。多项式Logit模型Ⅰ的因变量是被调查农户在每个选择集中所作的选择,自变量仅考虑每个选择集中各选择方案的属性(技术支持、价格补贴、尾水标准和化肥施用量的变化)及其状态水平;多项式Logit模型Ⅱ的因变量仍为被调查农户在每个选择集中所作的选择,自变量不仅包括每个选择集中各选择方案的属性及其状态水平,还包括被调查农户特征变量。

模型估计结果见表4.5。两个多项式Logit模型的χ^2分别为2155和2275,都通过了整体显著性检验,所有属性(技术支持、价格支持、尾水标准和化肥施用量的变化)都在1%水平上显著,根据金建君和王志石(2006)的研究表明,问卷的设计和模型的选择具有较强的科学性。

本研究对调查结果的分析是基于多项式 Logit 模型 Ⅱ 进行的,这样选择的原因是:第一,多项式 Logit 模型 Ⅰ 的 Pseudo R^2 值为 0.373,多项式 Logit 模型 Ⅱ 的 Pseudo R^2 值为 0.394,而根据 Pseudo R^2 值,多项式 Logit 模型 Ⅱ 的估计结果要更准确一些;第二,多项式 Logit 模型要求各选择方案的属性(技术支持、价格补贴、尾水标准和化肥施用量的变化)及其状态水平满足非相关选择独立性假设(IIA),本研究进行的非相关选择独立性假设(IIA)的设定检验表明,多项式 Logit 模型 Ⅰ 未能完全满足非相关选择独立性假设(IIA)。根据 Xu 等(2007)的研究,在多项式 Logit 模型 Ⅰ 中增加被调查农户特征变量,即采用多项式 Logit 模型 Ⅱ 可以减轻多项式 Logit 模型对非相关选择独立性假设(IIA)的偏离。多项式 Logit 模型 Ⅱ 的拟合结果表明,农户特征变量(被调查对象的年龄、受教育水平、农户人均耕地面积和保护土壤的环保意识)均在 5% 及以下的水平上对农户的选择结果具有显著影响。

表 4.5　多项式 Logit 模型的估计结果

	多项式 Logit 模型 Ⅰ				多项式 Logit 模型 Ⅱ			
	系数	标准差	wald 统计量	显著性	系数	标准差	wald 统计量	显著性
常数	5.236	0.354	218.202	0.000	5.236	0.354	218.202	0.000
1. 属性特征变量								
技术支持:完全凭经验(基准)								
技术支持:一般培训	−6.724	0.610	121.534	0.000	−6.119	0.613	99.641	0.000
技术支持:全面指导	−20.664	2.004	106.270	0.000	−19.331	2.009	92.622	0.000
价格支持	−0.046	0.004	112.616	0.000	−0.043	0.004	98.656	0.000
尾水标准:无标准(基准)								
尾水标准:二级标准	5.109	0.567	81.221	0.000	4.536	0.569	63.441	0.000
尾水标准:一级标准	2.771	0.299	86.108	0.000	2.167	0.305	50.485	0.000
施肥量的变化	−65.851	7.530	76.470	0.000	−65.851	7.530	76.470	0.000
2. 农户特征变量								
年龄					−0.013	0.004	11.197	0.001
教育水平					−0.043	0.019	4.929	0.026
人均耕地面积					0.154	0.073	4.430	0.005
保护土壤的环保意识					−0.135	0.049	7.755	0.015
对数似然比		41.275				1210		
χ^2		2155				2275		
显著性水平		0.000				0.000		
Pseudo R^2		0.373				0.394		
样本总数		189				189		

根据多项式 Logit 模型 Ⅱ 的计量结果,利用 4.1 节中的公式(4.1.10)可得出农户在各政策属性下所愿意减少化肥施用量的比例,结果见表 4.6。

表 4.6 农户在各政策属性下化肥的相对减少比例

属性	农户愿意减少化肥施用量的比例(%)	属性	农户愿意减少化肥施用量的比例(%)
技术支持:完全凭经验(基准)	—	尾水标准:无标准(基准)	—
技术支持:一般培训	9.29	尾水标准:二级标准	−6.90
技术支持:全面指导	29.36	尾水标准:一级标准	−3.29
价格支持	0.065		

由表 4.6 可知,在实施技术支持政策条件下,农户减少化肥施用量的意愿最为强烈。农户如果得到一般的技术培训,愿意减少化肥施用量的比例为9.29%;农户如果得到全面指导,愿意减少化肥施用量的比例为 29.36%。价格支持政策导致农户愿意减少化肥施用量 0.065%。对农户实施尾水标准,从没有标准到转变为较低的二级标准,农户会增加化肥施用量 6.90%,从没有标准到转变为较为严格的一级标准,农户会增加化肥施用量 3.29%。对农户实施尾水标准,与基准相比没有起到减少农户化肥施用量的作用,这说明,农户接受尾水标准来降低农业面源污染的意愿很低。由此可以看出,在减少农业化肥面源污染的各政策中,陕西省宝鸡市眉县的农户更愿意接受技术支持这一政策,而对于具有限定性特点的尾水标准这一政策的接受意愿最低。

2. 计量结果分析

(1)样本农户之所以更愿意接受技术支持,可能的原因是技术支持政策的实施通过提高农户化肥施用技术效率,可以有效增加农户的收益(巨晓棠等,2003)。而这种有效增加的收益为农户执行该政策提供了激励,使得农户在最大化个人利益的驱动下,愿意采取有利于环境政策目标实现的经济行为(贾璇等,2009),从而在农业生产中有可能减少化肥过量施用。在当前中国农户化肥施用技术效率远低于发达国家的情况下(邱君,2007),政府无偿向农户提供科学施肥的技术支持,不仅可以提高化肥的有效利用率,还可以降低农产品生产的单位投入成本。因此,在当前农户耕地面积相对固定的情况下,技术支持政策通过提高化肥利用率,可以较好地实现农户减少化肥施用量、降低农业化肥面源污染的政策目标。

(2)农户对价格支持政策的接受意愿明显低于对技术支持政策的接受意愿,是因为化肥和有机肥的特殊区别。有机肥虽然可以补充土壤中的磷和钾,但一般来说土壤中的氮含量还是需要施用化肥来补充,而土壤中含氮量不足会明显影响农作物的产量,所以,农户从自身收益最大化考虑,还是会依靠施用化肥来增加农作物的产量。另外,有机肥单位面积的施用量比较大,每亩一般需要500～1000公斤,甚至更多。因此,施用有机肥需要大量的劳动力,而当前大量的农村青壮年劳动力离开农村到城市打工经商,这种情况也不利于农户施用有机肥。

（3）农户对实施尾水标准降低化肥施用量的接受意愿最低，一个可能的原因是该政策实施中容易出现的"搭便车"问题。尾水标准是通过测定附近地表水中总氮和总磷的含量以此推定某一区域耕地中的化肥施用量，但难以最终确定每个农户化肥施用中氮和磷的准确施用量，因而只能通过集体惩罚来保证政策的实施。由于中国农户耕地规模小且细碎化，同一区域的耕地会分属较多的农户，这样就很容易在农户中出现"搭便车"问题，从而会降低尾水标准的实施效果。

4.4　本章小结

本章基于对陕西省宝鸡市眉县农户的实地调研数据，利用选择模型法研究了农户农业面源污染治理政策的接受意愿。研究结果表明，农户对这三类政策的接受意愿存在差异：农户对技术支持政策的接受意愿最大，而且技术支持政策提供的技术越全面，农户的接受意愿越高；与之相对应，农户对于具有限定性技术标准特征的尾水标准的接受意愿最低。

5　农户测土配方施肥技术采纳行为研究

农业化肥面源污染治理需要制定有效的环境政策。第 4 章基于农户接受意愿的农业化肥面源污染治理政策选择研究表明,技术支持政策是农户接受意愿相对较高的农业化肥面源污染治理政策。测土配方施肥技术是一项重要的环境友好型技术,当前中国正在实施的测土配方施肥推广政策是一项治理农业化肥面源污染的技术支持政策。因此,本章对农户测土配方施肥技术的采纳行为进行深入的分析,探讨现实中影响技术支持政策治理农业化肥面源污染效果的因素,以期未来更好地通过推广环境友好型技术治理农业面源污染。

首先,本章介绍了国外实施的有关化肥施用的技术支持政策,以及测土配方施肥技术在中国推广的现状;其次,根据第 2 章有关农户环境友好型技术采纳行为的理论分析,利用对全国首批测土配方施肥技术推广项目县——山东省枣庄市薛城区农户的实地调研数据,研究了农户测土配方施肥技术采纳行为;最后是研究结论。

5.1　施肥技术支持政策国外发展现状

经济发达国家和地区(特别是美国和欧盟)是通过系统的环境政策体系来实现对农户在农业生产中降低农业化肥面源污染的技术支持,并且这些技术支持政策经历了长期的实施过程。本节以美国和欧盟为例,介绍国外有关施肥技术支持政策的现状。

农业面源污染是当前美国水质量恶化的主要来源。美国政府、环境机构和公众对水环境问题的关注,推动了美国农业面源污染治理政策措施的不断完善。美国农户获取化肥施用技术支持的重要途径之一是参与最佳管理实践(Best Management Practices,BMPs)。最佳管理实践是自愿计划的重要组成部分,为降低日益严重的农业面源污染,美国政府在 20 世纪 80 年代开始积极推广最佳管理实践,其目的是通过鼓励农户自愿采用一系列的农业技术和农业生产管理措施,在不损害农户经济利益的情况下,将农户农业生产对环境的负面效应降低到最低限度。最佳管理实践包括养分管理、耕作管理和景观管理等三个层次,这三个层次以养分管理为核心,在不同的空间尺度上相互配合,最大效率地保证了物质的循环利用,以减少养分损失,获得良好的环境效益。农作物精确管理(Site-Specific Crop Management,SSCM)是养分管理的重要内容之一,其核心是针对区域内土壤的氮素、磷素和钾素实施养分平衡管理,提高化肥被农作物的吸收利用率,最大限度地切断导致水体富营养化的氮源和磷源,以及氮源和磷源与其流失入水体路径的联系,从而使最少比例的化肥残留量污染环境(Barry et al.,1996;Khanna et al.,2001)。农作物精确管理技术主要包含两项内容:诊断技术和应用技术。诊断技术(例如,测土技术)是在一个较小的地域水平上获得该地域土壤含有氮素、磷素、钾素的数据,并分析其空间差异性;应用技术(例如,可变控制技术)是基于诊断的数据,在农业生产中利用计算机技术的辅助,精确施用化肥,以适应土壤营养成分的变化。

美国农业部主要是借助于教育、技术和经费资助,以鼓励农户自愿参与的方式来推广最佳管理实践(BMPs)。1996 年,美国农业部建立了"环境质量激励计划"(the Environmental Quality Incentives Program,EQIP),以向自愿参与最佳管理实践的农户提供最高达其实施成本 30%的经费资助,并鼓励农户向具有信用资质的技术服务供应商(Technical Service Provider,TSP)寻求技术支持,以此在全美范围内推广实施最佳管理实践。参与全部"环境质量激励计划"的农民在 6 年间获得的资助金额总数一般不超过 30 万美元,而参与"环境质量激励计划"并带来特殊环境效应的农户,美国农业部 6 年间的资助金额总数最大可达到 45 万美元。[①] 2010 年,美国共有 1300 万英亩的耕地实施了最优管理实践,美国农业部共资助了 8.4 亿美元。

共同农业政策(the Common Agricultural Policy,CAP)源于欧盟的前身欧共体 1962 年签订的"建立农产品统一市场折中协议",并几经修改后延续至今。共同农业政策的目标包括农业收入目标、农产品市场目标、农业结构目标和农村发展目标,其中,保护生态环境是农村发展目标的重要内容之一。

1992 年 6 月,欧盟对共同农业政策进行了麦克萨里改革(Ray Macsharry Reform),环境保护问题成为这次改革的中心内容之一。麦克萨里改革中涉及环境保护的部分主要包括以下内容:一是鼓励农户的农业生产由集约经营型向粗放经营型转变,以便更好地保护自然环境和农村环境;二是鼓励农民实行以 5～12 年为周期的土地休耕制,降低农业生产对环境的损害。与这次欧盟共同农业政策改革相配合,欧盟在 1992 年 7 月发布了有关与自然环境保护和农村环境保护要求相一致的农业生产方法第 2078/92 号条例。该条例决定建立以

---

① 美国农业部 NRCS:http://www.nrcs.usda.gov/programs/eqip/index.html#how.

"农业环境行动"为名称的综合性欧盟国家补贴项目,取代以前的补贴制度。该条例规定当农户采取了以下具有环境友好特征的生产活动时可以获得国家补贴:(1)大范围降低污染物质(化肥和有机肥料、农药、除草剂);(2)降低因数量过多而产生环境破坏的牲畜的数量;(3)采用保护或者恢复乡村环境多样性和质量的农业经验;(4)为保护环境、防治自然灾难或者火灾,养护废弃的耕地和林地;(5)为保护环境(自然公园、生态区)对耕种土地进行长期休耕(休耕时间为20年)。

欧盟在2003年对共同农业政策(CAP)进行了进一步的改革。在共同农业政策的这次改革中,规定所有收到直接支付的农户都需要遵守欧盟1782/2003号和796/2004号有关交叉达标(cross-compliance)的规定。相关的交叉达标规定主要包括两方面的内容:一是法定管理要求(Statutory Management Requirements),这些要求是指有关环境保护、食品安全、动植物健康和动物福利方面的18个法定标准;二是为保持良好的农业生态环境,农户具有保护土壤有机质和有机结构、避免生物栖息地生态环境恶化和治理水环境的水土保持义务。交叉达标中的标准是农业环境保护措施的"基准"和"参考水平",当农户的农业生产获得无法满足交叉达标的全部条件时,农户需要支付未满足交叉达标中相关标准的成本。欧盟实施的交叉达标,成功地将环境保护需求融合到共同农业政策中,确保了欧盟农业的可持续发展。

5.2 中国测土配方施肥技术推广概况

与国外实施有利于环境保护的技术支持政策相比较,中国目前在全国范围内推广的技术支持政策较少,主要是测土配方施肥技术(soil testing and formulated fertilization)。测土配方施肥技术是一项重要的环境友好型技术,这种技术是以肥料田间试验、土壤测试为基础,根据作物需肥规律、土壤供肥性能和肥料效应,在合理施用有机肥料的基础上,制定氮肥、磷肥、钾肥以及中、微量元素等肥料的施用品种、数量、施肥时期和施用方法的技术措施(测土配方施肥技术标准,2008)。中国政府于2005年开始推广测土配方施肥技术,其目标是有效地减少农户在农业生产中过量施用的化肥,降低农业生产成本,增强农户科学施肥的意识,保护农业生态环境,促进农业可持续发展。

国家对试点推广测土配方施肥技术的项目县进行财政补贴,补贴主要集中在农业技术部门对耕地养分含量的测定、对施肥配方的科学制定,以及向农户的推广等方面。根据农业部《2009年全国测土配方施肥补贴项目实施指导意见》,补贴资金额度具体为:2009年新建项目单位补贴资金额度为60万~80万

元;2008 年启动的项目县补贴资金 50 万元;2007 年启动的项目县补贴资金 40
万元;2005、2006 年启动的项目县补贴资金 30 万~40 万元。

中国测土配方施肥技术的推广主要采取政府主导型的推广模式。每年农
业部以政府文件的形式下发《测土配方施肥行动方案》,各级农业部门按照文件
的要求制定当年各地的推广目标和具体推广方案,基层的农业技术推广部门负
责测土配方施肥的具体推广实施。各地基层农业技术部门推广测土配方施肥
技术的主要方式是建立测土配方施肥示范区,通过层层抓好示范工作,引导农
民主动、自愿地采纳测土配方施肥技术。各地基层农业技术推广组织在对测土
配方施肥技术推广的具体实施中,首先对当地土壤养分含量进行科学测定,然
后科学制定出与当地所种植的农作物相适宜的施肥配方,将这些施肥信息以各
种不同方式(配方施肥建议卡或者村宣传墙公示)告知相关农户,并通过入户技
术指导的方式向农户免费推广。

中国政府主导型的测土配方施肥技术推广模式可以归纳为五种具体形式
(陶帅平等,2008):一是"厂站结合"模式,即当地土肥站将当地施肥配方直接交
由规定的定点配方肥生产企业生产,然后直接向当地农户销售;二是"测、配、
产、供、施"一体化模式,即由当地农业技术推广部门组建测配站,根据配方生产
配方肥,然后通过当地基层农化服务网络,向农民提供配方肥;三是"一张卡"模
式,即农业技术推广部门免费为农户采土、化验、配方、发卡(配方施肥建议卡),
卡中包含了不同土壤类型种植某种作物的最佳目标产量、施肥配方、时期、次数
及相应用量等信息,农户根据配方施肥建议卡,自行选购所需肥料,进行配合施
用;四是社会化专业服务模式,即由科学施肥专业组织来完成全程施肥服务;五
是基肥配方化模式,由于在农作物生长全过程的施肥总量中,基肥一般占到
60%左右,对少数测土配方施肥技术推广应用难的区域,该模式通过大中型肥
料企业,生产具有广泛针对性的专用配方肥,确保基肥基本配方化。

目前,企业主导型的测土配方施肥技术的推广模式仅在中国少数地区刚刚
兴起,但是由于这种推广模式相对于政府主导型的推广模式,可以实现测土配
方施肥各个环节的一体化运作,降低推广测土配方施肥的管理与协调成本,满
足农民对测土配方施肥的多种需求,因而是未来推广测土配方施肥的一个重要
发展方向(李兴佐等,2008)。

从 2005 年中国农业部开始推广测土配方施肥技术迄今已历时 6 年。在 6
年中,测土配方施肥技术推广政策的影响范围已经从最初的全国 200 个主要农
业县中的 40 万亩耕地(《2005 年农业部测土配方施肥行动方案》,2005)扩展到
2010 年的 1.6 亿农户的 11 亿亩耕地(《2010 年农业部测土配方施肥普及行动
实施方案》,2010);适用的农作物也从主要粮食作物拓展到粮、棉、油、果、菜、茶
等农作物。根据河南省测土配方施肥技术推广政策实施情况的实地调查(高祥

照,2008),2008年,河南省45个项目县推广测土配方施肥面积2175万亩,项目区农户化肥施用量较常规施肥相比,亩均减少不合理用肥2.03公斤、节本8.10元、增产8%～15%;根据新疆维吾尔自治区冬小麦田间试验和大田测产的实地调查(高祥照,2008),与农户采纳习惯施肥方式相比,采纳测土配方施肥技术的农户每亩平均节约化肥2.3公斤、节本10元左右、增产30公斤。2008年的统计显示,与传统施肥习惯相比,全国测土配方施肥示范区小麦、水稻和玉米实现节本增效平均达到450元/ hm²,全国共节省化肥240万吨(实物量),取得了较好的经济效益和社会效益(孙钊,2009)。

但是大量研究表明,当前测土配方施肥推广中还存在着一些需要完善和解决的问题。吴晓芳等(2007)对江西奉新县的研究认为,农业技术推广体系在提供技术支持中存在众多问题:县、乡、村、组四级农业技术推广体系经费保障不足,乡镇农技站人员的主要精力用于经营种子和农药,较大比例的基层农业技术人员学历偏低、年龄老化、知识更新慢等,农业技术推广部门存在的这些问题阻碍了测土配方施肥的推广。王占奎等(2008)认为,当前农民之间存在个性化的差异:农户耕地所在地理位置存在差异(地理位置的不同,导致农户种植的作物不同,同时耕地地力也会不同)、农户农业生产管理水平存在差异、农户间经济水平存在差异、农民的文化素质和对农业技术的认识存在差异等等,农户之间这些个性化的差异增加了测土配方施肥技术推广的难度。陈敏等(2008)在对黄泛区测土配方施肥技术推广情况的研究中发现,一些认识上的误区阻碍了测土配方施肥技术的有效推广,比如,认为配方肥就是复合肥、简单地以测土配方施肥建议卡替代测土配方施肥技术的推广、测土配肥就是建立配肥站、测土配方就是测试手段(土肥实验室、仪器)现代化,等等。另外,杨益花(2009)的研究表明,农民缺乏对测土配方施肥技术的意识阻碍了测土配方施肥技术的推广;孙钊(2009)、马静(2009)的研究还表明,由于农村中具有较高文化水平的青壮年农民都外出打工,从事农业生产的大部分以老弱妇幼为主,文化水平较低,很难掌握测土配方施肥技术,同样也不利于测土配方施肥技术的推广。

5.3 农户采纳测土配方施肥技术效果分析

农户环境友好型技术采纳行为的效应可以归纳为:产出效应、精确效应和环境效应。测土配方施肥技术作为一种环境友好型技术同样具有以上三种效应,本节主要从测土配方施肥技术的技术特征(精确效应、产出效应和环境效应)的角度分析农户测土配方施肥技术采纳行为的技术效果和增收效应。

5.3.1 样本地区选择与介绍

一般来说,环境政策的政策效果需要较长的时间才能在环境变化中体现出来。因此,从技术上来说,无法在短期内对同一地区既利用选择模型法调查农户对农业环境政策的接受意愿,又调查现实中影响该农业环境政策实施效果的因素。正是由于这个原因,本文在进一步分析具有技术支持特征的测土配方施肥技术的农户采纳行为特征时,实地调研地区不能选择陕西省宝鸡市眉县,只能以实施测土配方施肥推广政策时间较长的全国首批测土配方施肥推广项目地——山东省枣庄市薛城区作为技术采纳行为的调查点。

从对山东省枣庄市薛城区土肥站有关农业技术专家的访谈中了解到,薛城区农户对技术支持政策的接受意愿最高。也正是基于这个原因,薛城区成为全国首批测土配方施肥技术推广的项目县,并积极开展测土配方施肥技术的推广,并且粮食作物还均为枣庄市薛城区与陕西省眉县两地区播种面积最大的农作物。[①] 因此,在考虑到样本数据的可获得性的情况下,本文选择了全国首批测土配方施肥推广项目县——山东省枣庄市薛城区作为分析农户测土配方施肥技术采纳行为影响因素的研究样本。

山东省枣庄市薛城区地处山东省南部,西邻南四湖,共有6个镇和3个街道办事处,231个村委会。2009年末该区总人口为49.4万人,农业人口占全区总人口的62.64%(见表5.1);农户人均纯收入5997元;农作物总播种面积为72万亩,其中粮食作物播种面积占总播种面积的71.6%。[②]

表 5.1 枣庄市薛城区基本情况

乡镇名称	行政村居委会(个)	总户数(户)	人口数(人)	乡村人口(人)	地区生产总值(万元)	粮食播种面积(公顷)	粮食产量(吨)
薛城区	250	143302	494028	309451	994003	82569	231082
临城街道	14	25257	84985	5307	114535	524	3494
兴仁街道	19	13452	46551	26796	155345	13345	5151
兴城街道	15	8404	27654	27104	113124	34315	12202
沙沟镇	35	15689	53416	49861	42639	7390	44433
周营镇	38	13564	52658	50331	43123	8782	50486
邹坞镇	33	12233	46285	33947	118327	4457	27553
陶庄镇	32	25349	81624	43190	197699	4704	32858
张范镇	16	10189	34056	28665	80617	4374	26227
常庄镇	48	19165	66799	44250	128594	4678	28678

数据来源:《枣庄市统计年鉴》,中国统计出版社,2010。

---

① 在2008年进行实地调研时,陕西眉县粮食作物播种面积占总播种面积的比例为92%;在2010年进行实地调研时,山东省枣庄市薛城区粮食作物播种面积占总播种面积的比例为71.6%,均为当地播种面积最大的农作物。

② 数据来源:《枣庄市统计年鉴》,中国统计出版社,2011。

选择山东省枣庄市薛城区作为研究样本还有以下原因:一是薛城区为国家首批测土配方施肥项目县,该项目的实施已经超过5年;二是薛城区西邻的南四湖,既是鲁南、苏北地区的重要水源地,也是南水北调东线的蓄水库(孙兆福,2009),合理施肥是水环境保护的内在要求;三是薛城区位于鲁南薛滕平原,耕地土质以潮土为主,农作物以种植小麦和玉米为主,全区农业生产条件的同质性较强,选择一个县级规模的区作为研究对象,有利于降低地域差异对测土配方施肥技术选择的影响,更好地探索影响农户测土配方施肥技术选择内在因素;四是山东省是农业大省,也是施肥大省,平均单位播种面积施肥量高于全国平均水平,同样,枣庄市平均单位播种面积的施肥量也是超过了山东省的平均水平(见表5.2),合理施肥对于保护南四湖的水环境具有重要的意义。

表 5.2 平均单位播种面积施肥量对比

	农业总播种面积	农业化肥施用量	平均单位播种面积化肥施用量
薛城区	48364 公顷	12979 吨	0.268 吨/公顷
枣庄市	278911 公顷	216246 吨	0.775 吨/公顷
山东省	6955621 公顷	4728574 吨	0.680 吨/公顷
中国	158639 千公顷	5404.4 万吨	0.341 吨/公顷

数据来源:《枣庄市统计年鉴》,中国统计出版社,2010。

5.3.2 样本地区测土配方施肥技术推广概况

薛城区测土配方施肥项目自2005年启动以来,形成了以薛城区农业局为主导的“联合服务型”的推广模式。在具体的实施中,薛城区政府以政府文件形式下发了《薛城区2005年测土配方施肥补贴资金项目实施方案》,把项目的任务目标细化分解到镇(街),明确专人负责。薛城区农业局与专业技术小组人员及镇(街)农技站负责测土配方施肥技术推广的具体实施。

在测量土壤试验数据方面,薛城区农业局和土肥站按照土壤类型及产量水平制定了小麦、玉米“3414”试验方案、“参数试验”、“肥效对比示范”方案。在试验安排上,根据区内不同土壤类型,在粮食作物的高、中、低产量水平上分别选择试验示范点,并注重确保试验示范的质量。同时,薛城区农业技术部门还建立了完整的试验档案,并对已完成的试验形成了试验报告。截至2008年,薛城区已累计完成田间小区试验63处,肥效对比试验39处。其中,2005年完成小麦肥效小区试验32处(“3414”完全试验15处、不完全试验17处),肥效对比试验13处;2006年完成夏玉米小区试验10处,肥效对比试验7处,完成小麦肥效小区试验8个(“3414”完全试验4个、不完全试验4个),肥效对比试验4个;

2007年完成玉米小区试验5处,肥效对比试验5处,完成小麦小区试验5处,肥效对比试验5处;2008年完成夏玉米小区试验3处,肥效对比试验5处,实施小麦小区试验3处,肥效对比试验5处。截至2008年,薛城区还累计建立300亩以上的测土配方施肥示范方42处(小麦21个、玉米21个),面积达13200多亩。

薛城区在制定测土配方施肥配方中,以目标产量计算法为主,参照田间试验、科技示范户和土壤测试化验结果数据,计算出测土配方施肥小麦、玉米的施肥量。薛城区农作物施肥指标体系为:中磷、中氮、高钾型,并根据农作物的需要适当添加部分中微量元素。具体农作物的施肥指标为:小麦每亩施用氮肥、磷肥、钾肥(折纯)的最大量分别不超过17.5kg、10kg、10kg,最低量分别不低于7.5kg、3kg、3kg。推荐配方为 $N:P_2O_5:K_2O=20:15:10$;$N:P_2O_5:K_2O=23:19:15$;$N:P_2O_5:K_2O=16:10:16$;玉米每亩施用氮肥、磷肥、钾肥(折纯)的最大量分别不超过22.5kg、10kg、10kg,最低量分别不低于10kg、3kg、5kg。推荐配方为:$N:P_2O_5:K_2O=32:9:11$;$N:P_2O_5:K_2O=26:6:8$;$N:P_2O_5:K_2O=32:6:10$。据此拟定了测土配方施肥建议卡,并由此初步形成薛城地区主要农作物施肥指标体系。

在配方肥的生产上,山东省土肥总站负责选择肥料生产企业以定点生产配方肥,为确保配方肥的质量,确定了由山东省泰安市、枣庄市、兖州市、临沂市具有合格资质的5家化肥生产企业作为定点配方肥生产企业。同时,在全区范围内加强对配方肥销售市场的监管。这些措施有效地保证了农户购买的配方肥的质量。薛城区各村委会负责销售配方肥,并由薛城区土肥站和薛城区各镇土肥推广机构发放测土配方施肥建议卡,并根据农户的具体施肥环境对农户进行直接培训和指导服务。根据实地调研情况和当地农业技术推广部门的介绍,推广的配方肥的价格与当地相同含量的氮、磷、钾肥构成的化肥的价格相比,每公斤的价格没有明显差别。

至2008年底,薛城区累计举办各层次培训班123期次,培训区镇级技术人员770人次,培训农户1.75万人次,发放各种测土配方施肥技术宣传培训材料13.8万份,发放测土配方施肥建议卡21.4万份,农户定点长期施肥调查130户。据测试的土壤养分和田间试验数据,推荐肥料配方共计8个;安排各类田间试验102处,建立测土配方施肥示范方42处;推广配方肥3.22万吨,基本建立了小麦、玉米测土配方施肥指标体系。实地调查表明,农户按照小麦、玉米测土配方施肥建议卡施肥较按照传统习惯方法施肥量减少了5.1%,总计减少了化肥投入2934.64吨(折纯),节本总量1462.57万元,肥料利用率提高了3个百分点,每亩增效42.7元,增加效益4834.58万元,总节本增效6297.15万元,取得了显著的经济效益。

在实地调研中,我们于2010年8月选择了薛城区的3个镇,每个镇各2村,每个村各 35 名农户在 2009—2010 年度种植冬小麦中实施测土配方施肥技术的情况进行面对面访谈形式的问卷调查。共发出 210 份问卷,其中有效问卷 205 份,有效率为 97.6%。

5.3.3　技术效果分析

本节利用样本地区实地调研数据,首先从农户地块的角度,分析了采纳测土配方施肥技术(包括部分采纳和完全采纳测土配方施肥技术)和未采纳测土配方施肥技术的地块在施肥中总氮含量的差异,以此探讨测土配方施肥技术在减少化肥施用量中的作用;然后,基于农户的角度,从测土配方施肥技术的精确效应、产出效应和环境效应这三个方面分析了农户"未采纳"、"部分采纳"和"完全采纳"测土配方施肥技术的技术效果,并探讨了采纳测土配方施肥技术对农户农业生产的增收效应。

由于化肥中的氮流失是造成农业化肥面源污染的主要原因之一,因此,本文对采纳测土配方施肥技术与未采纳该技术的地块中化肥施用量的总氮含量(折纯)的变化进行了比较。在被调研的 205 户农户中,根据农户耕地条件的相似性以及是否采纳测土配方施肥技术,本研究将农户耕种的地块合并为 375 块地块,其中未采纳测土配方施肥技术的地块为 148 块。采纳测土配方施肥技术的地块和未采纳测土配方施肥技术的地块在化肥施用中氮含量的统计特征见表 5.3。

表 5.3　采纳与未采纳测土配方施肥技术地块的施肥中总氮含量统计

	地块数(块)	施肥中总氮含量(斤/亩)			
		均值	标准差	极小值	极大值
未采纳	148	33.41	10.58	10.8	92.4
采纳	227	27.47	7.03	15	75.4

本文使用独立样本 T 检验对采纳测土配方施肥技术与未采纳该技术农户的地块中化肥施用量的总含氮量(折纯)的差异进行了分析,结果见表 5.4。

表 5.4　使用与未使用测土配方施肥技术地块的施肥中总氮含量的差异

		方差 levene 检验		均值方差 T 检验						
		F 值	sig	T 值	自由度	显著性(双侧)	均值差值	标准误	差分95%置信区间	
									下限	上限
施肥的总含氮量	假设方差相等	20.973	0.000	6.505	373	0.000	5.943	0.914	4.147	7.740
	假设方差不相等			6.248	292.929	0.000	5.943	0.914	4.071	7.816

表 5.4 的结果表明,采纳测土配方施肥技术与未采纳该技术农户的地块中化肥施用量的总含氮量(折纯)存在显著差异,采纳了测土配方施肥技术的地块在施肥中总含氮量显著小于未采纳该技术的地块,即采纳了测土配方施肥技术的地块呈现显著的精确效应。

为分析测土配方施肥技术的技术效果,本文进一步从农户的角度,分析了农户三种采纳测土配方施肥技术行为对农户农业生产的影响。薛城区农户采用测土配方施肥技术行为主要有三种情况:一是"完全采纳"测土配方施肥技术,即全部地块严格按照测土配方施肥技术规定的施肥数量、施肥时间和施肥方式进行施肥(以 U_2 表示);二是"未采纳"测土配方施肥技术,即全部地块未采用测土配方施肥技术,仍然按照传统的施肥方式进行施肥,即主要施用氮肥和磷肥(以 U_0 表示);三是"部分采纳"测土配方施肥技术,即按照测土配方施肥技术规定的施肥时间和施肥方法进行施肥,但是在规定的施肥数量上根据自己的经验进行了调整(以 U_1 表示)。在被调研的 205 户农户中,共有 110 户农户在 2009—2010 年度种植冬小麦中"完全采纳"了测土配方施肥技术,37 户农户"未采纳"测土配方施肥技术,58 户农户"部分采纳"了测土配方施肥技术。[①]

表 5.5 农户测土配方施肥技术效果

		采纳技术情况			T 检验水平		
		U_0	U_1	U_2	U_0 与 U_1 比较	U_1 与 U_2 比较	U_0 与 U_2 比较
平均单产(公斤/公顷)		6338.70	6607.35	6626.10	0.027	0.847	0.019
平均预期收入(元/公顷)		10775.79	11232.50	11264.37	0.027	0.847	0.019
平均施肥成本(元/公顷)		1829.70	1863.30	1689.60	0.423	0.000	0.000
化肥平均投入量(折纯)(公斤/公顷)	N	182.40	180.30	150.30	0.817	0.000	0.000
	P_2O_5	139.50	125.40	112.80	0.055	0.000	0.000
	K_2O	41.70	61.80	74.85	0.000	0.000	0.000
	化肥总量	364.60	367.50	337.95	0.607	0.000	0.000
农户数		37	58	110			

由于选取样本的地区是在同一个县级规模的区中,农业生产条件具有较强的相似性,考虑到数据的可获得性,本文通过对比薛城区农户在三种采纳测土配方施肥技术行为条件下冬小麦种植的单产变化,单位面积中氮、磷、钾肥以及总施肥量(均为折纯量)的变化,来反映测土配方施肥技术在三种农户采纳行为

[①] 其中,调研中共有 9 户农户在其耕地上既存在部分采纳测土配方施肥技术的地块,也存在完全采纳该技术的地块,由于部分采纳测土配方施肥技术的耕地面积占总耕地面积的比例超过了 50%,本文将这 9 户农户归入部分采纳测土配方施肥技术的农户中。

之间的产出效应、精确效应和环境效应,并根据调研时小麦单位面积的平均施肥成本和以平均销售价格(1.70元/公斤)所估算的平均预期净收入分析农户采纳测土配方施肥技术下单位面积的增收效应。

表5.5的分析结果表明:(1)在调研的样本农户中,"部分采纳"测土配方施肥技术农户(U_1)与"未采纳"测土配方施肥技术的农户(U_0)相比,小麦单产显著提高,平均提高了268.65 kg;农户的施肥总量没有显著差异,而农户的施肥结构发生了显著变化,施肥中磷肥量显著减少,平均减少了14.10 kg,施肥中钾肥量显著增加,平均增加了20.10 kg,但是与科学施肥结构(U_2)相比仍存在显著差异。这说明"部分采纳"该技术的农户与"未采纳"该技术的农户相比,提高了产出效应,相应的单位面积增收为423.11元。(2)"完全采纳"该技术的农户(U_2)与"部分采纳"该技术的农户(U_1)相比,小麦单产没有显著差异;农户的施肥总量,以及施肥中氮肥和磷肥量显著减少,分别平均减少29.55kg、30kg和12.60kg,而施肥中钾肥量显著增加,平均增加13.05kg。这说明"完全采纳"该技术的农户相对于"部分采纳"该技术的农户主要是获得了该技术的精确效应,实现了平衡施肥(彭畅等,2010),并获得了"完全采纳"该技术所带来的环境效应,同时相应的单位面积增收为205.57元。(3)"完全采纳"该技术的农户(U_2)与"未采纳"该技术的农户(U_0)相比,小麦单产显著提高,平均增加了287.40 kg;施肥总量显著减少,平均减少了25.65 kg,其中,施肥中氮肥和磷肥的数量分别显著减少了32.10kg和26.70 kg,施肥中钾肥的数量显著增加了33.15 kg。这说明"完全采纳"该技术的农户与"未采纳"该技术的农户相比,显著提高了产出效应和精确效应,从而也获得了该技术所带来的环境效应,同时相应的单位面积增收为628.68元。由此可以看出,样本地区农户三种不同的该技术采纳行为在技术效果上存在显著差异;同时,"部分采纳"相对于"未采纳","完全采纳"相对于"部分采纳"和"未采纳",该技术均给农户单产带来了增收效应。

以上的研究表明,测土配方施肥技术提高了农户化肥施用的技术效率,增加了农户收入。从理论上而言,农民应该受益于政府测土配方施肥技术的推广。而现实的情况却是,在被调查的205户农户中,110户农户完全采纳了测土配方施肥技术,37户农户未采纳测土配方施肥技术,58户农户只是部分采纳了测土配方施肥技术。因此,哪些因素影响了农户逐步采纳测土配方施肥技术行为值得深入探讨。

5.4　农户测土配方施肥技术采纳行为实证分析

第2章第2.3节有关农户环境友好型技术采纳行为理论分析的综述表明,农户根据净收益最大化以两阶段决策过程决定是否采纳环境友好型技术,农户的社会经济特征和生产条件对其环境友好型技术采纳行为具有重要的影响。基于此,本节利用对山东省枣庄市薛城区农户的实地调研数据,从实证的角度研究了农户测土配方施肥技术采纳行为。

5.4.1　计量模型设定

由于多项式 logit 模型(Multinomial Logit Model)需要严格地遵循"选项是独立和不相关的"假定,有关农户技术选择逐步决策问题的经验研究中主要采用 Bivariate Probit 模型(Hausman et al.,1978;Dorfman et al.,1996)。因此,本文选择采用 Bivariate Probit 模型来分析农户三种测土配方施肥技术采纳行为的影响因素,进而揭示农户测土配方施肥技术采纳行为特征。Bivariate Probit 模型分析农户逐步采纳测土配方施肥技术行为影响因素的基本原理如下。

若以 U_0、U_1 和 U_2 分别表示农户"不采纳"测土配方施肥技术、"部分采纳"测土配方施肥技术和"完全采纳"测土配方施肥技术的预期收益,则假定当 $U_1^* = U_1 - U_0 > 0$,农户就会"部分采纳"测土配方施肥技术;当 $U_2^* = U_2 - U_1 > 0$,农户就会"完全采纳"测土配方施肥技术。其中,U_i^*($i=1,2$)是表示农户净收益的潜变量,若以 X_i($i=1,2$)表示可观测的外生向量,那么

$$U_1^* = \beta_1 X_1 + \varepsilon_1 \tag{5.4.1}$$
$$U_2^* = \beta_2 X_2 + \varepsilon_2$$

其中,ε_1 和 ε_2 是服从均值为0、方差为1与协相关系数为 ρ 的联合正态分布的随机误差项;β_1 和 β_2 是系数向量。

若以 y_i($i=1,2$)表示两个阶段的决策,那么,农户采纳新技术的行为可定义为:

$$y_1 = 1,当 U_1^* > 0; \qquad y_1 = 0,当 U_1^* \leqslant 0 \tag{5.4.2}$$
$$y_2 = 1,当 U_2^* > 0 且 U_1^* > 0; y_2 = 0,当 U_2^* \leqslant 0 且 U_1^* > 0 \tag{5.4.3}$$

即农户首先决策是"不采纳"还是"部分采纳"测土配方施肥技术($y_1 = 0$ 或 $y_1 = 1$);当农户"部分采纳"测土配方施肥技术后($U_1^* > 0$),农户再决策是"部分采纳"还是"完全采纳"该技术($y_2 = 0$ 或 $y_2 = 1$)。

若 $\text{cov}(\varepsilon_1,\varepsilon_2) = \rho = 0$,则这两个选择结果可以分别采用 Probit 模型估计。若 $\text{cov}(\varepsilon_1,\varepsilon_2) = \rho \neq 0$,即未观测到的因素会同时影响农户的这两个技术选择,则公式(5.4.2)和公式(5.4.3)组成的方程应采用 Bivariate Probit 模型进行估计。

农户技术选择的三种非条件概率表达式分别为:

$$y_1 = 1,y_2 = 1:\text{Prob}(y_1 = 1,y_2 = 1) = \Phi_2(\beta_1 X_1, \beta_2 X_2, \rho)$$
$$y_1 = 1,y_2 = 0:\text{Prob}(y_1 = 1,y_2 = 0) = \Phi_2(\beta_1 X_1, -\beta_2 X_2, -\rho)$$

$$y_1 = 0: \qquad \text{Prob}(y_1 = 0) = \Phi(-\beta_1 X_1) \qquad (5.4.4)$$

其中，$\Phi_2(\cdot)$ 是二维标准正态累积分布函数；$\Phi(\cdot)$ 是标准正态累积分布函数；$(y_1 = 0)$ 表示农户"不采纳"测土配方施肥技术；$(y_1 = 1, y_2 = 0)$ 表示农户"部分采纳"测土配方施肥技术；$(y_1 = 1, y_2 = 1)$ 表示农户"完全采纳"测土配方施肥技术。

在此基础上利用 Bivariate Probit 模型，分析农户相对于"未采纳"测土配方施肥技术，决策是否"部分采纳"该技术的影响因素，和相对于"部分采纳"测土配方施肥技术，决策是否"完全采纳"该技术的影响因素。具体的回归可采用 stata10 软件进行计算。

5.4.2 变量选取

农户是否采纳一项新技术是一个新旧技术成本收益对比的过程（孔祥智等，2004）。研究表明，农户采纳环境友好型技术与采用传统技术相比，增加的技术转换成本主要包括：(1)农户为学习新技术而必须投入一定的时间、精力和金钱所形成的学习成本（Bekele et al.，2003）；(2)农户在生产过程中为采用新技术而需要增加人工投入所形成的采用成本（Deininger et al.，1995）；(3)为获取新技术信息而付出的交易成本（Bekele et al.，2003）。同时，农户的人力资本（Fuglie et al.，1995）、农业收入（Croppenstedt et al.，2003）、非农就业（Jansen et al.，2006）和耕地规模（Khanna et al.，2001）也是影响农户采纳环境友好型技术成本和收益的重要因素。据此，本研究将影响农户采纳测土配方施肥技术的因素分为以下四类：农户特征、农户经营特征、农户学习成本因素和农户新技术信息的可获得性。各类因素包含的自变量的具体定义、基本统计特征见表5.6。

两个因变量分别为：(1)农户是否完全采纳测土配方施肥技术，其中，1＝完全采纳；0＝部分采纳；(2)农户是否部分采纳了测土配方施肥技术，其中，1＝部分采纳；0＝未采纳。

表 5.6 各变量的基本统计特征

变量名称	变量定义（单位）	未采纳	部分采纳	完全采纳
	农户特征			
年龄	被调查对象年龄（岁）	51.06(10.15)	55.03(10.57)	56.49(11.58)
受教育程度	农户户主的受教育程度：1＝文盲；2＝小学；3＝初中；4＝高中；5＝高中以上	2.37(0.83)	2.71(1.04)	2.67(0.81)
劳动力非农比例	近3年农户家庭劳动力常年在外打工者占家庭成员总数的比值	0.45(1.30)	0.21(0.28)	0.23(0.31)

变量名称	变量定义(单位)	未采纳	部分采纳	完全采纳
	农户经营特征			
农业收入比重	2009年农户农业收入占农户家庭收入的比重是否大于50%:1=是;0=否	0.27(0.45)	0.46(0.50)	0.73(0.45)
耕地面积	2009年末农户家庭的总耕地面积(公顷)	0.18(0.09)	0.26(0.15)	0.31(0.14)
地块特征	农户所在村耕地分配方式:1=连片分地;0=平均分地	0.14(0.47)	0.48(0.50)	0.41(0.49)
	学习成本变量			
技术理解能力	农户对配方卡上的信息理解是否全面:1=是;0=否	0.13(0.35)	0.62(0.49)	0.94(0.25)
施肥观念	1="按需施肥"的现代施肥观念;0="多施多收"传统施肥观念	0.43(0.50)	0.53(0.50)	0.71(0.46)
	技术信息可获得性变量			
技术指导	农户与农技人员联系是否方便:1=是;0=否	0.11(0.31)	0.74(0.44)	0.87(0.33)
技术获得	农户手中是否有配方卡:1=是;0=否	0.16(0.37)	0.48(0.50)	0.75(0.44)
总样本数	205户	37(户)	58(户)	110(户)

注:括号外数值为变量的均值,括号内数值为变量的标准误。

5.4.3 变量的描述性统计分析

1. 农户特征分析

农户特征包括农户年龄、受教育程度和劳动力非农比例三个指标(见表5.7)。在农户年龄分布特征方面,完全采纳测土配方施肥技术的农户主要集中于年龄相对较年轻的农户中,年龄小于50岁采纳该技术的农户占全部完全采纳该技术农户的49.00%,而且,农户年龄越大,完全采纳该技术农户所占的比例越低,年龄大于61岁采纳该技术的农户仅占全部完全采纳该技术农户的12.70%;未采纳测土配方施肥技术的农户主要集中于年龄相对较大的农户中,年龄大于61岁采纳该技术的农户占全部未采纳该技术农户的54%,而且,农户年龄越年轻,未采纳该技术的农户所占的比例越低,年龄小于50岁未采纳该技术的农户占全部未采纳该技术农户的20.60%;相对来说,部分采纳测土配方施肥技术的农户年龄分布相对较为均衡。

表 5.7 农户特征的分布特征

农户特征	特征分类	占全部未采纳比例	占全部部分采纳比例	占全部完全采纳比例
年龄	小于 40 岁	0.108	0.069	0.154
	小于 50 岁大于 41 岁	0.108	0.259	0.336
	小于 60 岁大于 51 岁	0.243	0.293	0.382
	小于 70 岁大于 61 岁	0.378	0.189	0.109
	大于 71 岁	0.162	0.190	0.018
受教育程度	文盲	0.135	0.172	0.054
	小学	0.432	0.207	0.364
	初中	0.351	0.362	0.454
	高中	0.081	0.258	0.109
	高中以上	0	0	0.018
劳动力非农比例	无在外打工	0.459	0.551	0.527
	小于 0.3	0.054	0.103	0.118
	小于 0.6 大于 0.31	0.378	0.259	0.236
	大于 0.61	0.108	0.086	0.118
总样本数		205 户	37 户	58 户	110 户

在农户受教育程度的分布特征方面,完全采纳测土配方施肥技术农户的受教育程度一般较高,初中及初中以上的学历的农户占全部采纳该技术的农户的58.10%;未采纳测土配方施肥技术农户的受教育程度相对最低,小学及文盲文化程度的农户占全部未采纳该技术农户的比例高达 56.70%;同样的,相对来说部分采纳测土配方施肥技术的农户在不同的学历阶段的分布相对较均衡。

在劳动力非农比例的特征方面,三种测土配方施肥技术采纳行为对劳动力非农就业比例的影响并没有明显的区别。近 3 年家庭劳动力常年在外打工者占家庭成员总数的比值小于 30% 的农户分别占三种测土配方施肥技术的农户比例均高于 50%,其中,部分采纳该技术农户占全部部分采纳该技术农户的比例最高,为 65.40%,未采纳该技术农户占全部未采纳该技术农户的比例最低,为 51.3%。

2. 农户经营特征分析

农户经营特征包括农户农业收入比重、户均耕地面积和地块特征三个指标(见表 5.8)。在农户农业收入比重的特征方面,完全采纳测土配方技术农户的农业收入比重超过了 50% 的比例高达 72.70%;未采纳该技术农户的农业收入比重超过 50% 的比例仅为 27%;而部分采纳测土配方施肥技术农户的农业收入比重未超过 50% 和超过 50% 的比例基本持平,分别为 53.4% 和 46.6%。

表 5.8　农户经营特征的分布特征

农户经营 特征	特征分类	占全部 未采纳比例	占全部 部分采纳比例	占全部 完全采纳比例
农业收入 比例	小于 50%	0.730	0.534	0.273
	大于 51%	0.270	0.466	0.727
耕地面积	小于 2 亩	0.243	0.051	0.045
	小于 4 亩大于 2.1 亩	0.541	0.5	0.324
	小于 6 亩大于 4.1 亩	0.189	0.310	0.306
	大于 6.1 亩	0.028	0.138	0.325
地块特征	平均分地	0.865	0.517	0.591
	连片分地	0.135	0.483	0.409

在户均耕地面积的特征方面,完全采纳测土配方施肥技术和部分采纳测土配方施肥技术的农户的户均耕地面积相对较大,在完全采纳该技术的农户中63.1%的农户的户均耕地面积超过了 4.1 亩,在部分采纳该技术的农户中74.8%的农户的户均耕地面积超过了 4.1 亩;未采纳测土配方施肥技术农户的户均耕地面积相对较小,在未采纳测土配方施肥技术的农户中78.6%的农户的户均耕地面积小于 4 亩。

在地块特征方面,对于承包耕地以平均分地方式分配的农户,未采纳该技术的农户中 86.50%的农户是以该分配方式获得的承包耕地;对于承包耕地是以连片分地形式分配的农户,部分采纳测土配方施肥技术的农户中 51.70%的农户,完全采纳测土配方施肥技术的农户中 59.10%的农户是以该分配方式获得的承包耕地。

3. 学习成本因素分析

学习成本因素包括农户的技术理解能力和农户的施肥观念两个指标(见表5.9)。在农户的技术理解能力方面,完全采纳测土配方施肥技术农户中的93.60%的农户能够完全理解测土配方施肥配方卡上的技术信息;部分采纳测土配方施肥技术农户中的 62.10%的农户能够完全理解测土配方施肥配方卡上的技术信息;而未采纳测土配方施肥技术农户中,只有 13.50%的农户能够完全理解测土配方施肥配方卡上的技术信息。

在农户的施肥观念方面,完全采纳测土配方施肥技术农户中的 70.90%的农户持有"按需施肥"的科学施肥观念;部分采纳测土配方施肥技术农户中的63.40%的农户持有"按需施肥"的科学施肥观念;而未采纳测土配方施肥技术农户中,持有"按需施肥"科学观念的农户的比例为 43.20%。

表5.9 农户学习成本因素的分布特征

学习成本因素	因素分类	占全部未采纳比例	占全部部分采纳比例	占全部完全采纳比例
技术理解能力	1. 未能全部理解配方卡信息	0.865	0.379	0.064
	2. 可以全部理解配方卡信息	0.135	0.621	0.936
施肥观念	1. "多施多收"	0.568	0.466	0.291
	2. "按需施肥"	0.432	0.534	0.709

4. 农户技术信息可获得性因素分析

农户技术信息可获得性因素包括农户获得的技术指导和农户的技术可获得性两类指标(见表5.10)。在农户获得的技术指导方面,完全采纳测土配方施肥技术农户中的87.30%的农户能够方便的与农业技术人员取得联系;部分采纳测土配方施肥技术农户中的74.10%的农户能够方便的与农业技术人员取得联系;而对于未采纳测土配方施肥技术的农户中,只有10.80%的农户能够方便的与农业技术人员取得联系。

在农户的技术可获得性方面,完全采纳测土配方施肥技术农户中的74.50%的农户手中持有测土配方施肥配方卡;部分采纳测土配方施肥技术农户中的48.30%的农户手中持有测土配方施肥配方卡;而未采纳测土配方施肥技术农户中,只有16.20%的农户手中持有测土配方施肥配方卡。

表5.10 农户信息可获得性因素的分布特征

信息可获得因素	因素分类	占全部未采纳比例	占全部部分采纳比例	占全部完全采纳比例
技术指导	与农技人员联系不方便	0.892	0.259	0.127
	与农技人员联系方便	0.108	0.741	0.873
技术获得	农户手中未有配方卡	0.838	0.517	0.255
	农户手中持有配方卡	0.162	0.483	0.745

5.4.4 计量结果与分析

1. 计量结果

本研究使用的统计软件是Stata10。Bivariate Probit模型的计量结果见表5.11。似然比检验表明模型具有总体显著性。参数估计中,$Rho=0$在1%水平上被拒绝,表明农户两种技术选择的残差具有相关性,这也说明了采用Bivariate Probit模型估计的有效性。

表 5.11　Bivariate Probit 模型的计量结果

变量	部分采纳			完全采纳		
	系数	标准误	P 值	系数	标准误	P 值
常数	−0.754	0.673	0.263	−2.270	0.522	0.000
农户特征						
年龄	0.007	0.009	0.453	−0.021**	0.010	0.041
受教育程度	0.115	0.111	0.299	−0.074	0.111	0.502
劳动力非农比例	−0.157	0.239	0.510	−0.015	0.244	0.951
农户经营特征						
农业收入比重	−0.276	0.202	0.173	0.497**	0.234	0.033
耕地面积	−0.066	0.051	0.192	0.182**	0.080	0.024
地块特征	0.389**	0.197	0.048	−0.169	0.224	0.449
学习成本因素						
技术理解能力	−0.313	0.255	0.219	1.124***	0.324	0.001
施肥观念	−0.266	0.191	0.163	0.427**	0.215	0.047
技术信息可获得性因素						
技术指导	0.508**	0.252	0.044	0.459*	0.270	0.090
技术获得	−0.295	0.210	0.160	0.422**	0.209	0.043

RHO −1

Likelihood-ratio test of rho=0　chi2 (1)=121.99　prob > chi2=0.0000

Log likelihood −133.08

Wald chi2(20) 65.25

Prob > Chi2 0.0000

注：*** 在 1% 水平上显著，** 在 5% 水平上显著，* 在 10% 水平上显著。

2. 结果分析

表 5.11 回归结果表明不同因素对农户技术采纳行为的影响：

(1)农户特征对农户采纳测土配方施肥技术具有影响。农户的年龄特征对农户是否完全采纳测土配方施肥技术在 5% 的水平上具有显著负向关系，对农户是否部分采纳该技术没有显著影响。葛继红等(2010)的研究表明，相对于年龄稍小的农户，农户的年龄越大越在配方肥施用比例上持有保守的态度。

(2)农户经营特征显著影响农户采纳测土配方施肥技术。农户农业收入占其总收入的比重对农户是否完全采纳测土配方施肥技术在 5% 的水平上具有显著正向效应，对农户是否部分采纳该技术没有显著影响。一个可能的原因是农户作为理性个体，农业收入占其总收入比重高的农户对农业收入的增加会相对较敏感，为了获取采纳该技术的产出效应和精确效应，更愿意完全采纳测土配方施肥技术。

农户所在村对耕地的分配方式对农户是否部分采纳测土配方施肥技术在 5% 水平上具有显著影响。究其原因，这是因为采用连片分地形式的农户可以避免平均分地所导致的耕地细碎化问题(万广华等,1996),及由平均分地所产生的采纳新技术的实施成本,所以更愿意完全(或部分)采纳测土配方施肥技术。

农户户均耕地面积在5%的水平上对农户是否完全采纳测土配方施肥技术具有显著的正向影响。这是由于相对于部分采纳测土配方施肥技术,农户完全采纳该技术具有显著的精确效应(见表5.5),因此,农户耕地面积越大,新技术的这种精确效应会越显著,农户更愿意完全采纳测土配方施肥技术。

(3)农户学习成本因素显著影响农户采纳测土配方施肥技术。农户对技术的理解能力和施肥观念在1%和5%水平上对农户是否完全采纳测土配方施肥技术具有显著的正向影响,对农户是否部分采纳该技术没有显著影响。这是因为,农户全面理解技术能力越强和越倾向于现代施肥观念,农户对新技术的学习时间和学习成本会越低,所以更愿意完全采纳该技术;而当学习成本较高时,由于技术学习具有路径依赖性,学习者习惯于在知识积累比较多的领域继续学习(刘宏伟等,2007),因此,部分采纳该技术的农户更倾向于"多施多产"的传统施肥观念,其表现是相对于完全采纳该技术的农户,部分采纳该技术的农户施肥总量较高,但是施肥结构仍不合理(见表5.5)。另外,调研中发现由于样本地区农户将测土配方施肥技术片面理解为施用配方肥等原因,使得农户无法全面理解配方卡的信息,这无疑会导致农户对完全采纳该技术能增加收益具有较强的不确定性,也使得农户不愿意直接完全采纳测土配方施肥技术。

(4)技术的可获得性显著影响农户采纳测土配方施肥技术。农户获得技术指导情况对农户是否部分采纳和完全采纳测土配方施肥技术分别在5%和10%水平上具有显著影响;农户手上是否有测土配方施肥配方卡对农户是否完全采纳测土配方施肥技术在5%水平上具有显著影响。当前,农业技术人员提供的技术信息仍是农户获取新技术的主要渠道(王济民等,2009),但由于样本地区农户无法确知与哪些具体的农业技术人员联系,以及其家庭成员经常外出务工等原因,导致农户与农业技术人员的联系不方便,显著影响了农户掌握测土配方施肥技术。配方卡是农户获取与自己耕地有关的测土配方施肥技术信息的重要依据,样本地区的调研中发现,由于丢失或者未收到等原因,相当数量的农户手里没有的配方卡,这也显著影响了农户完全采纳该技术。

5.5 本章小结

测土配方施肥技术是当前中国试点推广的环境友好型技术。本章首先回顾了国内外施肥技术支持政策的现状,然后根据第2章第2.3节中有关农户环境友好型技术采纳行为的理论分析,利用全国首批测土配方施肥推广项目县——山东省枣庄市薛城区农户的实地调研数据,对该地区 2009 年至 2010 年度种植冬小麦中,农户三种不同的测土配方施肥技术采纳行为的技术效果进行了分析,并利用 Bivariate Probit 模型分析了影响农户三种不同的采纳测土配方施肥技术行为的因素。

研究表明,相对于未采纳测土配方施肥技术的地块,采纳该技术的地块有效提高了化肥利用率;农户的三种技术采纳行为在技术效果上存在显著差异:部分采纳该技术的农户相对于未采纳该技术的农户提高了产出效应,而完全采纳该技术的农户相对于部分采纳该技术的农户获得了测土配方施肥技术的精确效应、相对于未采纳该技术的农户同时获得了测土配方施肥技术的产出效应、精确效应和环境效应,而测土配方施肥技术的产出效应和精确效应具有增收效应;农户的特征、经营特征、学习成本因素和技术信息的可获得性因素是影响农户这三种不同的技术采纳行为的重要原因:耕地采用平均分地形式和与农业技术人员联系不方便是导致农户未采纳测土配方施肥技术的重要原因,而农户的农业收入比重较低、耕地面积相对较少、具有传统的施肥观念、未能全面理解测土配方施肥技术和配方卡缺失是农户部分采纳该技术的重要原因。

本篇参考文献

1. Abdoulaye, T., & Sanders, J. H. Stages and Determinants of Fertilizer Use in Semiarid African Agricultural: The Niger Experience. Agricultural Economics, 2005, 32 (1): 167-179.

2. Afriat, S. N. Efficiency Estimation of Production Functions. International Economic Review, 1972, 13(3): 568-598.

3. Aigner, D. J., & Chu, S. F. On Estimating the Industry Production Function. American Economic Review, 1968, 58(4): 826-839.

4. A′lvarez-Farizo, B., & Hanley, N. Using Conjoint Analysis to Quantify Public Preferences over the Environmental Impacts of Wind Farms: An Example from Spain. Energy Policy, 2002,30:107-116.

5. Anderson, J.R., & Thampapillai, J. Soil Conservation in Developing Countries: Project and Policy Intervention. World Bank Publications, 1990.

6. Ayres, R. V., & Kneese, A. V. Production, Consumption and Externalities. American Economic Review, 1969, 59 (7):282-297.

7. Barnum, D. Domestic Resource Cost and Effective Protection: Clarification and Synthesis. Journal of Political Economy, 1971, 35(5): 27-33.

8. Barry, D. A. J., Goorahoo, D., & Goss, M. J. Estimationof Nitrate Concentration in Groundwater Using a Whole Farm Nitrogen Budget. Journal Environment Quality, 1993 (22):767-775.

9. Batie, S. , & Ervin, D. Flexible Incentives for Environmental Management in Agriculture: A Typology. Paper Presented at Conference on Flexible Incentives for the Adoption of Environmental Technologies in Agriculture, Gainesville, FL. , 1997.

10. Battese, E. , & Coelli, T. Prediction of Firm Level Technical Efficiencies with a Generalized Frontier Production Function and Panel Data. Journal of Econometrics, 1988,38: 387-399.

11. Battese, E. , &. , Coelli, T. Frontier Production Functions, Technical Efficiency and Panel Data: With Application to Paddy Farmers in India. Journal of Productivity Analysis, 1992,3:153-169.

12. Bauer, W. Recent Developments in the Econometric Estimation of Frontiers. Journal of Econometrics, 1990,46:39-56.

13. Becker, G. S. A Theory of the Allocation of Time. Economic Journal, 1965,75 (299):493-517.

14. Bekele, W. , & Drake, L. Soil and Water Conservation Decision Behaviour of Subsistence Farmers in the Eastern Highlands of Ethiopia: A Case Study of the Hunde-Lafto area. Ecological economics, 2003,46(3):437-451.

15. Bellon, V. , Vigneau, J. L. , & Leclercq, M. Feasibility and Performances of a New, Multiplexed, Fast and Low-cost Fiber-optic NIR Spectrometer for On-line Measurement of Sugar in Fruits. Applied Spectroscopy, 1993, 47:1079-1083.

16. Birol, E. , Sukanya, D. , & Rabindra, N. B. Estimating the Value of Improved Wastewater Treatment: The Case of River Ganga, India. Working Paper, 2009, http:// www. landecon. cam. ac. uk/RePEc/pdf/432009. pdf

17. Brush, S. B. , Taylor, J. E. , & Bellon, M. R. Technology Adoption and Biological Diversity in A ndean Potato Agriculture. Journal of Development Economics, 1992, 39:2.

18. Bobrow, D. B. , & John, S. D. Policy Analysis by Design. Pittsburgh, PA: University of Pittsburgh Press, 1987.

19. Boxall, P. C. , Adamowicz, W. L. , Swait, J. , Williams, M. , & Louviere, J. A Comparison of Stated Preference Methods for Environmental Valuation. Ecological Economics, 1996,18:243-253.

20. Bullock, C. H. , Elston, D. A. , & Chalmers, N. A. An Application of Economic Choice Experiments to a Traditional Land Use-Deer Hunting and Landscape Change in the Scottish Highlands. Journal of Environmental Management, 1998,52:335-351.

21. Byerlee, D. , & Polanco, E. H. Farmers' Stepwise Adoption of Technological Packages: Evidence from the Mexican Altiplano. American Journal of Agricultural Economics, 1986,68 (8):519-527.

22. Bystrom, O. , & Bromley, D. W. Contracting for Nonpoint-source Pollution Abatement . Journal of Agricultural and Resource Economics, 1998,23(1):39-54.

23. Cabe, R. , & Harriges, J. The Regulation of Nonpoint-source Pollution under

Imperfect and Asymmetric Information. Journal of Environmental Economics and Management，1992,22：34-146.

24. Carlson，J. E. ，Schnabel，B. ，Beus，C. E. ，& Dilman，D. E. Changes in Soil Conservation Attitudes and Behaviors of Farmers in the Palouse and Camas Prairies：1976—1990. Journal of Soil and Water Conservation，1994,49（5）：493-500.

25. Carlsson，F. ，Frykblom，P. ，& Liljenstolpe，C. Valuing Wetland Attributes：An Application of Choice Experiments. Ecological Economics，2003,47：95-103.

26. Caswell，M. E，& Zilberman，D. The Effects of Well Depth and Land Quality on the Choice of Irrigation Technology. American Journal of Agricultural Economics，1986,68（4）：798-81l.

27. Caswell，M. ，Lichtenberg，E. ，& Zilberman，D. The Effects of Pricing Policies on Water Conservation and Drainage. American Journal of Agricultural Economics ，1990,72（4）：883-890.

28. Champ，P. A. ，Boyle，K. J. ，& Brown，C. T. A Primer on Nonmarket Valuation. Kluwer Academic Publisher，2003.

29. Christie，M. ，Hanley，N. ，Warren，J. ，Murphy，K. ，Wright，R. ，& Hyde，T. Valuing the Diversity of Biodiversity. Ecological Economics，2006,58：304-317.

30. Clay，T. D. ，and Kangasniemi，J. Sustainable Intensification in the Highland Tropics：Rwandan Farmers' Investments in Land Conservation and Soil Fertility. Economic Development and Cultural Change，1998,45（2）：351-378.

31. Coelli，T. ，Rao，P. ，& Battase，E. An Introduction to Efficiency and Productivity Analysis. Boston：KluwerAcademic Publishers，1998.

32. Cooper，J. C. ，& Keim，R. W. Incentive Payments to Encourage Farmer Adoption of Water Quality Protection Practices. American Journal of Agricultural Economics，1996,78（1）：54-64.

33. Cropper，M. L. ，& Oates，W. E. Environmental Economics：A Survey. Journal of Economic Literature，1992,30（2）：675-740.

34. Croppenstedt，A. ，& Demeke，M. Determinants of Adoption and Levels of Demand for Fertilizer for Cereal Growing Farmers in Ethiopia. Working Paper，http://www. bepress. com/cgi/viewcontent. cgi? article=1039&context=csae. ，1996.

35. Croppenstedt，A. ，Demeke，M. ，& Meschi，M. M. Technology Adoption in the Presence of Constraints：The Case of Fertilizer Demand in Ethiopia. Review of Development Economics，2003,7（1）：58-70.

36. Daberkow，S. G. ，& McBride，W. D. Adoption of Precision Agriculture Technologies by U. S. Corn Producers. Journal Agribus，1998,16：151-168.

37. Deininger，K. Collective Agricultural Production：A Solution for Transition Economies. World Development，1995,23（8）：1317-1334.

38. Dhehibi，B. Lachaal，L. ，& Elloumi，M. et al. Measuring Irrigation Water Use Efficiency Using Stochastic Production Frontier：An Application on Citrus Producing Farms

in Tunisia. African Journal of Agricultural and Resource Economics，2007，1(2)：1-15.

39. Dinar，A.，& Letey，J. Agricultural Water Marketing，Allocative Efficiency，and Drainage Reduction. Journal of Environmental Economics and Management，1991，20(3)：210-223.

40. Dobermann，A. Nitrogen Use Efficiency-state of the Art. Paper Presented at the IFA International Workshop on Enhanced-Efficiency Fertilizers，Frankfurt，Germany，28-30 June，2005.

41. Dorfman，J. H. Modeling Multiple Adoption Decisions in a Joint Framework. American Journal of Agricultural Economics，1996，78(3)：547-57.

42. Dosi，C.，& Moretto，M. NPS Pollution，Information Asymmetry and the Choice of Time Profile for Environmental Fees. In Theory，Modeling and Experience in the Management of Nonpoint-Source Pollution，edited by Russell，C. S. & Shogren，J. F. Dordrecht：Kluwer Academic Publishers，1993.

43. Dosi，C.，& Moretto M. Nonpoint Source Externalities and Polluter's Site Quality Standards under Incomplete Information. In Nonpoint Source Pollution Regulation：Issues and Policy Analysis，edited by Tomasi，T. & Dortrecht，C. D. Kluwer Academic Publishers，1994.

44. Dyer，G. In Situ Conservation of Maize Landraces in the Jierra Norte de Puebla，Mexico. Ph. D. Thesis，Department of Agricultural and Resource Economics，University of California，Davis.

45. Fakir，R.，& Sunde，U. Estimations of Occupational and Regional Matching Efficiencies Using Stochastic Production Frontier Models. http://www. ideas. repec. org/e/pfa55. html，2002.

46. Farrell，M. J. The Measurement of Productive Efficiency. Journal of the Royal Statistical Society，1957，Series A，120，part 3：253-281.

47. Feder，G.，Just，R. E.，& Zilberman，D. Adoption of Agricultural Innovation in Developing Countries：A Survey. Economic Development and Cultural Change，1985，33 (2)：255-298.

48. Feder，G.，& Umali，D. L. The Adoption of Agricultural Innovations：A Review. Technological Forecasting and Social Change，1993，43：215-239.

49. Forsund，F. R.，& Jansen，E. S. On Estimating Average and Best Practice Homothetic Production Functions Via Cost Functions. International Economic Review，1977，18(2)：463-476.

50. Forsund，F.，Lovell，C.，& Schmidt，P. A. Survey of Frontier Production Functions and of Their Relationship to Efficiency Measurement. Journal of Econometrics，1980，13：5-25.

51. Fuglie，K. O.，& Bosch，D. J. Economic and Environmental Implications of Soil nitrogen Testing：A Switching-regression Analysis. American Journal of Agricultural Economics，1995，77(4)：891-900.

52. Garrod, G., & Willis, K. Estimating Lost Amenity due to Landfill Waste Disposal. Resources. Conservation and Recycling, 1998,22:83-95.

53. Gould, B. W., Saupe, W. E., & Klemme, R. M. Conservation Tillage: the Role of Farm and Operator Characteristics and the Perception of Soil Erosion. Land Economics, 1989,65 (2):167-182.

54. Govindasamay, R., Herriges, J. A., & Shogren, J. Nonpoint Tournaments. Nonpoint Source Pollution Regulation: Issues and Analysis. Dordrecht, Netherlands: Kluwer Academic Publishers, 1994.

55. Guinn, L. Pollution Prevention and Waste Minimization. Natural Resource Environmental, 1994,9 (2):10-12.

56. Guikema, S. D. An Estimation of the Social Costs of Landfill Sitting Using a Choice Experiment. Waste Management, 2005,25:331-333.

57. Haider, W., & Rasid, H. Eliciting Public Preferences for Municipal Water Supply Options. Environmental Impact Assessment Review, 2002,22:337-360.

58. Hanemann, M., Licbtenberg, E., & Zilberman, D. Conservation Versus Cleanup in Agricultural Drainage Control, Working Paper, No. 88-37 (Department of Agricultural and Resource Economics, University of Maryland, College Park), 1989.

59. Hanley, N., Adamowicz, W. L., & Wright, R. E. Price Vector Effects in Choice Experiments: An Empirical Test. Resource and Energy Economics, 2005,27:227-234.

60. Hausman, J. A., & Wise, D. A. A Conditional Probit Model for Qualitative Choice: Discrete Decisions Recognizing Interdependence and Heterogeneous Preferences. Econometrica, 1978,46(2):403-426.

61. Hesketh, N., & Brookes, P. C., Development of an Indicator for Risk of Phosphorus Leaching. Journal of Environmental Quality, 2000,29(1):105-110.

62. Horan, R. D., Shortle, J. S., & Abler, D. G. Ambient Taxes When Polluters Have Multiple Decisions. Journal of Environmental Economics and Management, 1998b,36 (2):186-199.

63. Horne, P., Boxall, P. C., & Adamowicz, W. L. Multiple-use Management of Forest Recreation Sites: A Spatially Explicit Choice Experiment. Forest Ecology and Management, 2005,207(1-2):189-199.

64. Jansen, H. G. P., Pender, J., Damon, A., & Schipper, R. Land Management Decisions and Agricultural Productivity in the Hillsides of Honduras. International Association of Agricultural Economists Conference, Gold Coast, Australia, 2006.

65. Kaneko, S., Tanaka, K., & Toyota, T. Water Efficiency of Agricultural Production in China: Regional Comparison from 1999 to 2002. International Journal of Agricultural Resource Governance and Ecology, 2004,3:231-251.

66. Kenneth, G. C., Dobermann, A., & Daniel, T. Walters. Agroecosystems, Nitrogen-use Efficiency, and Nitrogen Management. Journal of the Human Environment, 2002,31(2):132-140.

67. Keohane, N. O. , Revesz, R. , & Stavins, R. N. The Positive Political Economy of Instrument Choice in Environmental Policy. Resources For the Future Discussion Paper , 1997:97-25.

68. Khanna, M. Technology Adoption and Abatement of Greenhouse Gases: The Thermal Power Sector in India. Ph. D. dissertation, University of California, Berkeley, 1995.

69. Khanna, M. , & Zilberman, D. Incentives, Precision Technology and Environmental Protection. Ecological Economics, 1997,23:25-43.

70. Khanna, M. Sequential Adoption of Site-Specific Technologies and Its Implications for Nitrogen Productivity: A Double Selectivity Model. American Journal of Agricultural Economics, 2001,83(1):35-51.

71. Kormawa, P. , Munyemana, A. , & Soule, B. Fertilizer Market Reforms and Factors Influencing Fertilizer Use by Small-Scale Farmers in Benin. Agriculture, Ecosystems & Environment, 2003,100(2-3):129-136.

72. Krupnik, T. J. , Six, J. K. , Ladha, Paine, M. J. , & Kessel, C. An Assessment of Fertilizer Nitrogen Recovery Efficiency by Grain Crops. In A. R. Mosier et al. (ed.) Agriculture and nitrogen cycle: assessing the impact of fertilizer use on food production and the environment. SCOPE, Paris. 2004:193—207.

73. Kuriyama, K. Measuring the Value of the Ecosystem in the Kushiro Wetland: An Empirical Study of Choice Experiments. Forest Economics and Policy, Working Paper 9802, 1998.

74. Ladha, J. K. , Pathak, H. Krupnik, T. J. Six, J. , & Kessel, C. Efficiency of Fertilizer Nitrogen in Cereal Production: Retrospect and Prospects. Advances in Agronomy, 2005,87:85-156.

75. Lamb, R. L. Fertilizer Use, Risk, and Off-Farm Labor Markets in the Semi-Arid Tropics of India. American Journal of Agricultural Economics, 2003,85(2):359-371.

76. Laura, McCanna L. , Colbyb, B. K. , Easterc, W. Kasterined, A. & Kuperane, K. V. Transaction Cost Measurement for Evaluating Environmental Policies. Ecological Economics, 2005,52(4):527-542.

77. Leathers, H. D. , & Smale, M. Bayesian Approach to Explaining Sequential Adoption of Components of a Technological Package. American Journal of Agricultural Economics, 1991,73(3):734-42.

78. Lee, C. , & Schluter, G. Growth and Structural Change in U. S. Food and Fiber Industries: An Input-output Perspective. American Journal of Agricultural Economics, 1993, 75(3):666-673

79. Lehtonen, E. , Kuuluvainen, J. , Pouta, E. , Rekola, M. , & Li, C. Non-market Benefits of Forest Conservation in Southern Finland. Environmental Science and Policy, 2003,6:195-204.

80. Letey, J. , Dinar, A. , & Knapp, K. C. Crop-water Production Function Model for

Saline Irrigation Water. Soil Science Society of America Journal, 1985,49:1005-1009.

81. Lichtenberg, E. Agriculture and the Environment. In Handbook of Agricultural Economics, Volume 2, edited by B. Gardner and G. Rausser, Elsevier Science, 2002.

82. Liu, X., & Kai, W. Managing Coastal Area Resources by Stated Choice Experiments. Estuarine, Coastal and Shelf Science, 2010,86:512-517.

83. Louviere, J. J., & Hensher, D. A. On the Design and Analysis of Simulated Travel Choice or Allocation Experiments in Travel Choice Modeling. Transportation Research Record, 1982,890:11-17.

84. Louviere, J. J., & Hensher, D. A. Using Discrete Choice Models with Experimental Design Data to Forecast Consumer Demand for a Unique Cultural Event. Consumer Res. ,1983,10:348-361.

85. Louviere, J., & Woodworth, G. Design and Analysis of Simulated Consumer Choice or Allocation Experiments: An Approach Based on Aggregate Data. Journal of Marketing Research. 1983,20(4):350-367.

86. Louviere, J. `Conjoint Analysis´, in Bagozzi R. (ed.), Advanced methods of marketing research. Cambridge, Mass. : Blackwell, 1994:223-259.

87. Luce, R. D. Individual Choice Behavior: A Theoretical Analysis. New York: Wiley, 1959.

88. Luis, R. , Murillo-Zamorano. Economic Efficiency and Frontier Techniques. Journal of Economic Surveys, 2004,18(1):33-77.

89. Mann, C. K. Packages of Practices: A Step at a Time with Clusters. Studies in development, 1978,21:73-82.

90. McFadden, D. Conditional Logit Analysis of Qualitative Choice Behavior. In Zarembka, P. ed, "Frontiers in Econometrics", Academic Press, New York, 1973: 105-1421.

91. McNamara, K. T. , Wetzstein, M. E. , & Douce, G. K. Factors Affecting Peanut Producer Adoption of Integrated Pest Management. Review of Agricultural Economics, 1991,13(1):131-139.

92. Meeusen, W. , & Broeck, J. Efficiency Estimation from Cobb-Douglas Production Functions with Composed Error. International Economic Review, 1977,25(4):444-472.

93. Meran, G. , & Schwalbe, U. Pollution Control and Collective Penalties. Journal of Institutional and Theoretical Economics, 1987,143(4):616-629.

94. Nakajima, C. Subsistence and Commercial Family Farms: Some Theoretical Models of Subjective Equilibrium, in: Clifton, R. Wharton, Jr. ed, Subsistence Agriculture and Economic Development, Aldine, Chicago, 1969:165-185.

95. Nakajima, C. Subjective Equilibrium Theory of the Farm Household. Elsevier, Amsterdam, 1986.

96. Napier, T. L. , & Camboni, S. M. Use of Conventional and Conservation Practices among Farmers in the Scioto River Basin of Ohio. Journal of Soil and Water Conservation,

1993,48(3):231-237.

97. Negri, D. H. , & Brooks, D. H. Determinants of Irrigation Technology Choice. Western Journal of Agricultural. Economica, 1990,15:213-223.

98. Neill, S. P. , & Lee, D. R. , Explaining the Adoption and Disadoption of Sustainable Agriculture: The Case of Cover Crops in Northern Honduras. Working Paper 31, Department of Agriculture, Resource, and Managerial Economics, Cornell University, 1999.

99. Netusil, N. R. , & Braden, J. B. Market and Bargaining Approaches to Nonpoint Source Pollution Abatement Problems. Water Science Technology, 1995,28(6):35-45.

100. Novotny, V. , & Olem, H. Water Quality: Prevention, Identification, and Management of Diffuse Pollution. John Wiley and Sons, 1993.

101. OECD. Agricultural Policies in OECD Countries: Monitoring and Evaluation. www. oecd. org/publishing, 2009:77-97.

102. OECD. Environment Monographs No. 89. Organization for Economic Cooperation and Development, Paris, 1994.

103. Okoye, C. U. Comparative Analysis of Factors in the Adoption of Traditional and Recommended Soil Erosion Control Practices in Nigeria. Soil and Tillage Research, 1998,45: 251-263.

104. Oskam, A. J. , Vijftigschild, R. A. N. , & Graveland, C. Additional EU Policy Instruments for Plant Protection Products, Wageningen Agricultural University, 1997.

105. Paul, J. A. W. , Lan, A. D. , & Robe, H. F. Prospects for Controlling Nonpoint Phosphorus Loss to Water: A UK Perspective. Journal of Environmental Quality, 2000,29:167-175.

106. Pitt, M. , & Lee, L. The Measurement and Sources of Technical Inefficiency in Indonesian Weaving Industry. Journal of Development Economics, 1981,9(1):43-64.

107. Michael, E. , & van der Linde, C. Towards a New Conception of the Environment-Competitiveness Relationship. The Journal of Economic Perspectives, 1995b,9 (4):97-118.

108. Pushkarskya, H. Agricultural, Environmental, and Development Economics. The Ohio State University, Columbus, OH, 2003.

109. Rahm, M. R. , & Huffman, W. E. The Adoption of Reduced Tillage: The Role of Human Capital and Other Variables. American Journal of Agricultural Economics, 1984,66 (4):405-413.

110. Randall, A. , & Taylor, M. A. Incentive-Based Solutions to Agricultural Environmental Problems: Recent Developments in Theory and Practice. Journal of Agricultural and Applied Economics, 2000,32(2):221-234.

111. Reinhard, S. , Lovell, C. A. K. , & Thijssen, G. Econometric Estimation of Technical and Environmental Efficiency: an Application to Dutch Dairy Farms. American Journal of Agricultural Economics, 1999,81:44-66.

112. Reinhard, S. , Lovell, C. A. , & Thijssen, G. J. Environmental Efficiency with

Multiple Environmentally Detrimental Variables: Estimated with SFA and DEA. European Journal of Operational Research, 2000,121(2):287-303.

113. Rolfe, J., Bennett, J., & Louviere, J. Choice Modeling and Its Potential Application to Tropical Rainforest Preservation. Ecological Economics, 2000,35:289-302.

114. Ryan, B., & Gross, N. C. The Diffusion of Hybrid Seed Corn in Two Lowa Communities. Rural Sociology, 1943,81:15-24.

115. Saltiel, J., Bauder, J. W., & Palakovich, S. Adoption of Sustainable Agricultural Practices: Diffusion, Farm Structure and Profitability. Rural Sociology, 1994,592:333-349.

116. Segerson, K. Uncertainty and Incentives for Nonpoint Pollution Control. Journal of Environmental Economics and Management, 1988,15:88-98.

117. Segerson, K., & Wu, J. Voluntary Approaches to Nonpoint Pollution Control: Inducing First-best Outcomes through the Use of Threats athlete. Department of Economics Working Paper Series 2003, University of Connecticut, 2003.

118. Shortle, J. S., & Dunn, J. W. The Relative Efficiency of Agricultural Source Water Pollution Control Policies. American Journal of Agricultural Economics, 1986,68(3): 668-677.

119. Shortle, J. S., & Miranowski, J. A. Effects of Risk Perceptions and Other Characteristics of Farmers and Farm Operations on the Adoption of Conservation Tillage Practices. Applied Agricultural Research, 1986,12:85-90.

120. Shortle, J. S., & Abler, D. G. Nonpoint Pollution. In Folmer, H. & Tietenberg, T. (eds.), The International Yearbook of Environmental and Resource Economics 1997/1998, Edward Elgar, London, 1997:114-155.

121. Shortle, J. S. Efficient Nutrient Management Policy Design. In Economics of Policy Options for Nutrient Management and Phiesteria. edited by Gardner, B. & Koch, C. Center for Agricultural and Natural Resource Policy, University of Maryland, College Park, MD., 1999.

122. Singh, I., Quire, L. & Strauss, J. Agricultural Household Models: Extensions, Applications and Policy. Baltimore and London: The Johns Hopkins University Press, 1986.

123. Speelmana, S., Marijke, D'Haesea, Buyssea, & Luc D'Haesea, J. A Measure for the Efficiency of Water Use and Its Determinants, a Case Study of Small-scale Irrigation Schemes in North-West Province, South Africa. Agricultural Systems, 2008,98(1):31-39.

124. Spraggon, J. Exogenous Targeting Instruments as a Solution to Group Moral Hazards. Journal of Public Economics, 2002,84(3):427-456.

125. Squire, A. On the Theory of the Competitive Firm Under Price Uncertainty. American Economic Review, 1971,65(March):65-73.

126. Stavins, R. N., & Whitehead, B. W. The Next Generation of Market-Based Environmental Policies. Resources for the Future Discussion Paper, 1997:10.

127. Sterner, T. Energy Efficiency and Capital Embodied Technical Change: The Case of Mexican Cement Manufacturing. The Energy Journal, 1990,11(2):155-167.

128. Sterner, T. Policy Instruments for Environmental and Natural Resource Management, Washington, DC: Resources for the Future Press, 2003:2.

129. Stevenson, R. Measuring Technological Bias. The American Economic Review, 1980,70(1):162-173.

130. Sunding, D. L. Measuring the Marginal Cost of Nonuniform Environmental Regulations. American Journal of Agricultural Economics, 1996,78(4):1098-1107.

131. Taylor, M. A., Alan, R., & Brent, S. A Collective Performance-based Contract for Point-Nonpoint Source Pollution Trading. Selected Paper in American Agricultural Economics Association Annual Meeting, Montreal, Quebec, 2003,7:27-30.

132. Traoré, N., Landry, R., & Amara, N. On-farm Adoption of Conservation Practices: The Role of Farm and Farmer Characteristics, Perceptions, and Health Hazards. Land Economics, 1998,74 (1):114-127.

133. Williams, C. H., & David, D. J. The Accumulation in Soil of Cadmium Residuces from Phosphate Fertilizers and Their Effect on the Cadmium Content of Plants. Journal of Soil Science,1976,121:86-93.

134. Warriner, G. K., & Moul, T. M. Kinship and Personal Communication Network Influences on the Adoption of Agriculture Conservation Technology. Journal of Rural Studies, 1992,8(3):279-291.

135. Wattage, P., Mcardle, S., & Pascoe, S. Evaluation of the Importance of Fisheries Management Objectives Using Choice-experiments. Ecological Economics, 2005,55 (1):85-95.

136. William, J. G., Andrew, N. S., & Louise, H. et al. Phosphorus Management at the Watershed Scale: A Modification of the Phosphorus Index. Journal of Environmental Quality, 2000,29(1):130-144.

137. Wu, J., & Babcock, B. A. Optimal Design of a Voluntary Green Payment Program under Asymmetric Information. Journal of Agricultural and Resource Economics, 1995, 20(2):316-327.

138. Xepapadeas, A. Environmental Policy under Imperfect Information: Incentives and Moral Hazard. Journal of Environmental Economics Management, 1991, 20(2):113-126.

139. Xepapadeas, A. Environmental Policy Design and Dynamic Nonpoint Source Pollution. Journal of Environmental Economics Management, 1992, 23(1):22-39.

140. Xepapadeas, A. Controlling Environmental Externalities: Observability and Optimal Policy Rules. In Nonpoint Source Pollution Regulation: Issues and Policy Analysis. edited by Tomasi, T. & Dorsi, C. Dordrecht: Kluwer Academic Publishers, 1994.

141. Xu, Z. M., Cheng, G. D., Bennett, J., Zhang, Z. Q., Long, A. H., & Kunio, H. Choice Modeling and Its Application to Managing the Ejina Region. Journal of Arid Environments, 2007, 69(2):331-343.

142. Yoo, S. H., Kwak, S. J., & Lee, J. S. Using a Choice Experiment to Measure the Environmental Costs of Air Pollution Impacts in Seoul. Journal of Environmental

Management，2008，86(1)：308-318.

143. Yusuke，S. A Choice Experiment of the Residential Preference of Waste Management Services-The Example of Kagoshima City，Japan. Waste Management，2007，27：639-644.

144. Zhang，T.，& Xue，B. D. Environmental Efficiency Analysis of China's Vegetable Production. Biomedical and Environmental Sciences，2005，18：21-30.

145. 曹光乔，张宗毅.农户采纳保护性耕作技术影响因素研究.农业经济问题,2008(8):69—74.

146. 陈红,王声跃,刘俊.抚仙湖流域农业面源污染控制研究.云南环境科学,2002(3):27—29.

147. 陈敏,朱华,朱延红.黄泛区测土配方施肥存在的问题及对策.安徽农学通报,2008,14(18):49—50.

148. 陈同斌,曾希柏,胡清秀.中国化肥利用率的区域分异.地理学报,2002,57(5):531—638.

149. 崔玉亭.化肥与生态环境保护.北京:化学工业出版社,2000.

150. 崔正忠,陈友,单德新.蔬菜保护地土壤养分变化趋势.北方园艺,2001(2):10—12.

151. 蔡亚庆,胡瑞法.农民新技术供求现状及其对生产发展意愿的影响.华南农业大学学报(社会科学版),2009,8(3):18—24.

152. 陈吉宁,李广贺,王洪涛.滇池流域面源污染控制技术研究.中国水利,2004(9):47—51.

153. 陈洁,刘锐,张建伦.安徽省种粮大户调查报告——基于怀宁县、枞阳县的调查.中国农村观察,2009(4):2—12,96.

154. 丁长春,王兆群,丁清波.水体富营养化污染现状及防治.甘肃环境研究与监测,2001(2):112—113.

155. 方松海,孔祥智.农户禀赋对保护地生产技术采纳的影响分析——以陕西、四川和宁夏为例.农业技术经济,2005(3):35—42.

156. 高祥照.我国测土配方施肥进展情况与发展方向.中国农业资源与区划,2008,29(1):7—10.

157. 格林,W. H. 计量经济分析(第五版).北京:中国人民大学出版社,2007.

158. 葛继红,周曙东,朱红根,殷广德.农户采用环境友好型技术行为研究——以配方施肥技术为例.农业技术经济,2010(9):57—63.

159. 顾俊,陈波,徐春春,陆建飞.农户家庭因素对水稻生产新技术采用的影响—基于对江苏省3个水稻生产大县市290个农户的调研.扬州大学学报(农业与生命科学版),2007,28(2):57—60.

160. 韩洪云,杨增旭.农户农业面源污染治理政策接受意愿的实证分析——以陕西眉县为例.中国农村经济,2010(1):45—52.

161. 何浩然,张林秀,李强.农民施肥行为及农业面源污染研究.农业技术经济,2006(6):2—10.

162. 姜桂华,王文科.关中盆地潜水硝酸盐污染分析及防治对策.水资源保护,2002(2):

6—8.

163. 姜明房,吴炜炜,董明辉.农户采用水稻新技术的影响因素研究——以江苏兴化、高邮两市的调查为案例.中国稻米,2009(2):39—44.

164. 贾璇,杨海真,王峰.基于机制设计理论的环境政策初探.四川环境,2009,28(2):78—81.

165. 金建君,王志石.选择试验模型法在澳门固体废弃物管理中的应用.环境科学,2006(4):820—824.

166. 巨晓棠,张福锁.关于氮肥利用率的思考.生态环境,2003(12):192—197.

167. 科斯·R.,阿尔钦·A.,诺斯·D.财产权利与制度变迁——产权学派与新制度经济学派译文集.上海:上海三联书店,上海人民出版社,1994.

168. 孔祥智,方松海,庞晓鹏,马九杰.西部地区农户禀赋对农业技术采纳的影响分析.经济研究,2004(12):85—95,122.

169. 兰德尔·A.资源经济学——从经济角度对自然资源和环境政策的探讨.北京:商务印书馆,1989.

170. 雷贵荣,胡震云,韩刚.基于SFA的农业用水技术效率和节水潜力研究.水利经济,2010,28(1):55—58,77—78.

171. 梁成华.日光温室菜园土的磷素形态及吸附和解吸特征.植物营养与肥料学报,1998,4(4):345—351.

172. 李泓辉.渭河流域陕西段农业非点源污染研究.安徽农业科学,2007,31(35):10014—10015,10042.

173. 李立青,尹澄清.雨、污合流制城区降雨径流污染的迁移转化过程与来源研究.环境科学,2009,30(2):368—375.

174. 李晓欣,胡春胜,程一松.不同施肥处理对作物产量及土壤中硝态氮累积的影响.干旱地区农业研究,2003(3):38—42.

175. 李世祥,成金华.中国工业行业的能源效率特征及其影响因素——基于非参数前沿的实证分析.财经研究,2009,35(7):134—143.

176. 李兴佐,朱启臻,鲁可荣,林丽丽.企业主导型测土配方施肥服务体系的创新与启示.农业经济问题,2008(4):27—30.

177. 刘洪伟,李纪珍,王彦.技术学习成本及其影响因素分析.科研管理,2007,28(5):1—8.

178. 刘小玄,郑京海.国有企业效率的决定因素:1985—1994.经济研究,1998(1):37—46.

179. 陆轶峰,李宗逊,雷宝坤.滇池流域农田氮、磷肥施用现状与评价.云南环境科学,2003(1):34—37.

180. 吕殿青,同延安.氮肥施用对环境污染影响的研究.植物营养与肥料学报,1998(1):8—15.

181. 吕丽玲.农户采用新技术的行为分析.经济问题,2000(11):27—29.

182. 马立珊,汪祖强,张水铭,马杏法,张桂英.苏南太湖水系农业面源污染及其控制对策研究.环境科学学报,1997(1):39—47.

183. 马骥,蔡晓羽.农户降低氮肥施用量的意愿及其影响因素分析——以华北平原为例.中国农村经济,2007(9):9—16.

184. 马静.酒泉市测土配方施肥技术推广应用现状及建议.农业科技与信息,2009(7):20—12.

185. 马康贫,刘媛.适度规模经营:现代农业的必然选择.江苏农业经济,2009(1):14—16.

186. 马歇尔·M. 经济学原理.西安:陕西人民出版社,2006.

187. 彭畅,朱平,牛红红,李强,张玉龙.农田氮磷流失与农业非点源污染及其防治.土壤通报,2010,41(2):508—512.

188. 恰亚诺夫·A. 农民经济组织.北京:中央编译出版社,1996.

189. 钱文荣,郑黎义.劳动力外出务工对农户水稻生产的影响.中国人口科学,2010(5):58—65.

190. 邱君.中国化肥施用对水污染的影响及其调控措施.农业经济问题,2007增刊,75—80.

191. 任景明,喻元秀,王如松.中国农业政策环境影响初步分析.中国农学通报,2009,25(15):223—229.

192. 宋军,胡瑞法,黄季焜.农民的农业技术选择行为分析.农业技术经济,1998(6):36—44.

193. 萨缪尔森·B.,诺德豪斯·W. 经济学(第18版).北京:人民邮电出版社,2008.

194. 孙钊.测土配方施肥项目的发展与现状.现代农业科技,2009(15):290—291.

195. 孙兆福.南四湖水资源可持续利用研究.水利发展研究,2009(9):24—29.

196. 万广华,程恩江.规模经济、土地细碎化与我国的粮食生产.中国农村观察,1996(3):31—36.

197. 王建美.农村面源污染的危害及防治.黑龙江环境通报,2003,27(2):19—21.

198. 王济民,刘春芳,申秋红,梁辛.我国农业科技推广体系主要模式评价.农业经济问题,2009(2):48—53.

199. 王晓娟,李周.灌溉用水效率及影响因素分析.中国农村经济,2005(7):11—18.

200. 王学渊,赵连阁.中国农业用水效率及影响因素.农业经济问题,2008(3):10—18,55—57.

201. 王占奎,高坤,刘丽茹.测土配方施肥应满足农民个性化的需求.现代农业科技,2008(1):142.

202. 王祖力,肖海峰.化肥施用对粮食产量增长的作用分析.农业经济问题,2008(8):65—68.

203. 翁贞林.农户理论与应用研究进展与述评.农业经济问题,2008(8):93—100.

204. 吴晓芳,阴小刚,余增钢,廖述胜,王芳.奉新县测土配方施肥技术推广应用现状与对策初探.江西农业学报,2007,19(1):135—137.

205. 奚振邦.简析化肥对现代农业的作用.农资科技,2008(4):15—18.

206. 徐世艳,李仕宝.现阶段我国农民的农业技术需求影响因素分析.农业技术经济,2009(4):42—47.

207. 薛继澄,李家金,毕德义,马爱军,程平娥.保护地栽培土壤硝酸盐积累对辣椒生长和锰含量的影响.南京农业大学学报,1995(1):53—57.

208. 元成斌,吴秀敏.农户采用有风险技术的意愿及影响因素研究.科技进步与对策,2010,27(1):14－19.

209. 亚瑟・赛斯尔・庇古.福利经济学.北京:华夏出版社,2007.

210. 闫湘.我国化肥利用现状与养分资源高效利用研究.博士论文,中国农业科学院,2008.

211. 姚洋,章奇.中国工业企业技术效率分析.经济研究,2001(10):10－13.

212. 杨益花.我国测土配方施肥存在问题及建议.安徽农学通报,2009,15(1):52－53.

213. 叶剑平,蒋妍,丰雷.中国农村土地流转市场的调查研究——基于2005年17省调查的分析和建议.中国农村观察,2006(4):48－55.

214. 喻永红,张巨勇.农户采用水稻IPM技术的意愿及其影响因素——基于湖北省的调查数据.中国农村经济,2009(11):77－86.

215. 翟国梁,张世秋,Andreas K.,Pauline G.选择实验的理论和应用——以中国退耕还林为例.北京大学学报(自然科学版),2007(2):235－239.

216. 中国农业科学院土壤肥料研究所.中国化肥区划.北京:中国农业科技出版社1986:36－67.

217. 张成玉.测土配方施肥技术推广中农户行为实证研究.技术经济,2010,29(8):76－81.

218. 张福锁,王激清,张卫峰.中国主要粮食作物肥料利用效率现状与提高途径.土壤学报,2008,45(9):915－923.

219. 张舰,韩纪江.有关农业新技术采用的理论及实证研究.中国农村经济,2002(11):54－60.

220. 张巨勇,韩洪云.非市场产品的价值评估.北京:中国农业科学技术出版社,2004:213.

221. 张利国.垂直协作方式对水稻种植农户化肥施用行为影响分析——基于江西省189户农户的调查数据.农业经济问题,2008(3):50－54.

222. 张林秀,黄季焜,乔方彬.农民化肥使用水平的经济评价和分析.朱兆良,David Norse,孙波.中国农业面源污染控制对策.北京:中国环境科学出版社,2006:81－100.

223. 张青松,刘飞,辉建春,朱雪梅.农业化肥面源污染现状及对策.亚热带水土保持,2010,22(2):44－45,52.

224. 张卫峰,季玥秀,马骥,王雁峰,马文奇,张福锁.中国化肥消费需求影响因素及走势分析Ⅰ——化肥供应.资源科学,2007,29(6):162－169.

225. 张卫峰,季玥秀,马骥.中国化肥消费需求影响因素及走势分析Ⅲ——人口、经济、技术、政策.资源科学,2008,30(2):213－220.

226. 张维理,徐爱国,冀宏杰.中国农业面源污染形式估计及控制对策Ⅲ:中国农业面源污染控制中存在的问题分析.中国农业科学,2004,37(7):1026－1033.

227. 张蔚文.农业非点源污染控制与管理政策研究:以平湖市为例的政策模拟与设计.浙江大学博士学位论文,2006.

228. 张蔚文,石敏俊,黄祖辉.控制非点源污染的政策情景模拟:以太湖流域的平湖市为例.中国农村经济,2006(3):40－47.

229. 张蕾,陈超,展进涛.农户农业技术信息的获取渠道与需求状况分析——基于 13 个粮食主产省份 411 个县的抽样调查.农业经济问题,2009(11):78—84.

230. 张照新.中国农村土地流转市场发展及其方式.中国农村经济,2002(2):19—23.

231. 赵翠萍.农户需求诱导的技术进步路径:一个述评.兰州学刊,2007(11):74—76.

232. 郑涛,穆环珍,黄衍初,张春萍.非点源污染控制研究进展.环境保护,2005(2):31—34.

233. 智华勇,黄季焜,张德亮.不同管理体制下政府投入对基层农技推广人员从事公益性技术推广工作的影响.管理世界,2007(7):66—74.

234. 朱明芬,李南田.农户采用农业新技术的行为差异及对策研究.农业技术经济,2001(2):26—29.

235. 朱希刚,赵绪福.贫困山区农业技术采用的决定因素分析.农业技术经济,1995(5):18—26.

236. 朱兆良,Norse D.,孙波.中国农业面源污染控制对策.北京:中国环境科学出版社,2006.

237. 朱兆良,文启孝.中国土壤氮素.南京:江苏科技出版社,1992:220—282.

238. 中国农业技术推广体制改革研究课题组.中国农技推广:现状、问题及解决对策.管理世界,2004(5):50—57,75.

第二篇
农药施用与农业面源污染治理政策设计与选择

病虫害综合防治(Integrated Pest Management,IPM)技术强调以生态系统为管理单位,通过化学、物理和生物防治型技术手段的协调,以控制作物病虫害和降低传统化学农药施用的环境危害。本篇研究基于安徽省芜湖市水稻种植户的调查数据,以农户作为基本的分析单元,在经验观察的基础上定量研究以下问题:(1)水稻种植户 IPM 技术采纳行为及其影响因素;(2)IPM 技术采纳对农户农药施用成本的影响;(3)IPM 技术采纳对农户施药健康成本的影响;(4)IPM 技术采纳对农户粮食产量的影响;(5)农户对病虫害专业化统防统治服务的购买意愿及其影响因素。

本篇研究发现:IPM 技术显著降低了农户施药成本,提高了农户粮食产量和农户施药健康成本。水稻种植户 IPM 技术采纳行为及其影响因素的实证研究结果表明,在 386 个样本农户中,分别有 64.77%、12.95% 和 35.75% 的农户采纳化学防治型技术、物理防治型技术和生物防治型技术。被调查对象性别、受教育水平和农民田间学校显著影响农户 IPM 技术的采纳行为。农户对病虫害专业化统防统治服务有一定的需求意愿。实证分析发现,有 22.02% 的农户愿意实行"代防代治",12.44% 的农户愿意参加"承包防治"。计量结果表明,显著影响农户"代防代治"服务需求意愿的因素包括被调查对象年龄、非农就业难度、家庭农业劳力数、耕种面积、耕地距离和是否种植双季稻;显著影响农户"承包防治"服务需求意愿的因素包括:非农就业难度、农业劳力数、耕种面积、是否种植双季稻和收入结构。

为发挥 IPM 技术的经济、环境和社会发展效应,政府必须采取以下措施,诱导农户的 IPM 技术采纳行为:(1)通过农业政策变革促进农民非农就业和土地流转,降低耕地细碎化水平,通过制度设计支持农户采纳 IPM 技术的集体行动;加大农民 IPM 技术的培训力度,促进 IPM 技术扩散;同时根据 IPM 技术特点,分类推广 IPM 技术。(2)健全公益性病虫害监测预警、信息传播体系;发展基于病虫害控制和残留的粮食市场;应加大植保机械研发和补贴力度,为农户 IPM 技术采纳提供经济激励。(3)微观上亟须加强农民安全施用农药培训,提高农民健康意识;宏观上进一步加强 IPM 技术推广,提供方便便宜的防护设备,完善病虫害信息服务体系,加大国家对相关项目服务的补贴力度。(4)通过机制创新挖掘和释放潜在和隐藏的病虫害专业化统防统治需求,采取差异化策略和服务形式,改进政策效率。

6 中国农药施用与农业面源污染现状

6.1 农户农药施用行为及其影响因素

6.1.1 农户农药施用行为的理论基础

因化学农药在病虫害防治中的高效、速效效果,化学农药在问世后迅速成为病虫草害防治的首选。中国以不到世界平均水平 1/3、人均耕地面积不到 0.1 公顷的耕地资源,实现了粮食自给率基本稳定在 95％,解决了 13 亿人口的粮食问题,这一伟大成绩的取得很大程度上依赖于农业生产技术的不断进步与现代投入要素的加速使用。近年来,中国农药使用量呈不断增加之势(见图 6.1)。农药使用在有效防治病虫草害产量风险的同时,在提高粮食质量和增加农民收入等方面也发挥了积极作用,是维持和增加粮食产量的核心要素之一(梁文平等,1999),合理施用农药可以有效保护作物免受病虫害的侵扰,及时有效控制重大病虫草危害、调节植物生长、保障农业丰收,从而把病虫害对作物的影响减少到最低水平(祁力钧、傅泽田,1998)。由图 6.1 可以看到,中国农药施用量逐年增加(《中国农村统计年鉴》,2012),农药施用在降低农业生产病虫害风险的同时,农药残留也带来了严重的食品安全担忧,加剧了水环境污染。

有关农户行为分析的理论主要包括:舒尔茨(2007)的理性小农理论;斯科特(2001)的生存小农理论;恰亚诺夫(1920)的劳役回避型农户理论;贝克尔的新家庭经济学理论;黄宗智(1986)的"过密化"理论;张五常(2002)的佃农理论。

西奥多·舒尔茨(2007)在《改造传统农业》中提出了一个著名的假说:发展中国家农户是贫穷但理性的农户,在传统农业生产中生产要素配置很少出现无效率的现象。舒尔茨认为小农的经济行为并非没有理性,小农作为"经济人"与资本主义社会中的资本家具有同样的理性,他们同样根据市场的刺激和机会来追求最大利润。小农是在传统农业范畴内有进取精神并且能够对各种资源组合作出合理经济决策、从而做到合理运用的生产者。生产要素配置效率低下的情况是比较少见的,小农的生产要素配置行为也符合帕累托最优原则。传统农

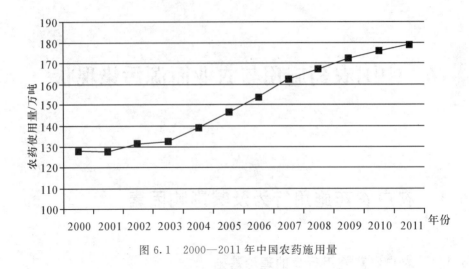

图 6.1　2000—2011 年中国农药施用量

业中的农民能够对市场价格的变动作出有效反应,并不愚昧落后;传统农业中的生产要素配置已经达到了最优。一言以蔽之,传统农业贫穷但有效率。

美国经济学家斯科特(2001)在细致的案例研究基础上提出著名的"道义经济"命题。斯科特认为,小农经济坚守的是"安全第一"的原则,具有强烈生存取向的农民最优选择是避免经济灾难,而不会追求收益最大化。该学派特点是强调小农户的生存逻辑。利普顿(1968)在《小农合理理论》一书中将"风险厌恶理论"中"风险"与"不确定"条件下的"决策理论"综合运用到农户经济行为研究中。指出:风险厌恶是贫穷的小农的生存需要,小农的经济行为为遵循"生存法则"。生存小农理论的政策意义在于:相关政策制定者在政策制定和实施时需要基于农户是风险规避者的假定,通过一系列政策工具和手段帮助农户降低可能出现的风险,减少农户的风险期望,让农户有更多的信心采纳新技术。

理性小农理论和生存小农理论都没有涉及农户的消费决策问题。对农户来说,农业劳动是辛苦乏味的,如果农户不劳动而去休闲,会产生正的效用;同时,为了满足家庭日常生活,他们需要收入。因此,农户有两个目标:一是收入目标,收入需要通过劳动获得;二是减少因劳动所带来的劳动负效用目标。农户需要在这两个目标间权衡。恰亚·诺夫(1996)在《农民经济组织》中指出,小农的生产目标主要是满足家庭消费,农户的生产目标不是利益最大化而是生产风险最小,一旦农户家庭消费需要得到满足后,就没有继续追加生产投入的动力。小农的最优化选择不是成本收益间的比较,而是取决于家庭的消费满足与劳动辛苦程度之间的均衡。认为农户经济是保守的、落后的、非理性的、低效率经济组织。该理论对农户家庭经济动机进行了人口学解释,对现实农户活动有一定的解释力。

为了弥补恰亚诺夫的劳役回避型农户理论中没有考虑劳动力市场的缺陷。

新家庭经济学理论引入了开放的劳动力市场这一假定,它起源于贝克尔(1965)关于家庭内劳动分配的论述。新家庭经济学理论以整个家庭作为一个整体的效用代替了单个消费者的效用,在引入劳动力市场后,农户可以根据自己种田效率与市场雇佣劳动效率进行比较,从而作出选择。

华裔美籍社会经济史学家黄宗智用"没有发展的增长"和"过密型商品化"解释近百年来中国农村经济的变迁,并认为中国20世纪80年代的农村改革就是一个反过密化的过程。在《华北的小农经济与社会变迁》一书中,黄宗智教授首次提出用"内卷化"(即过密化)概念来刻画中国小农农业的经济逻辑。这一概念有两层含义:第一层含义是指家庭农场因为耕地面积过于狭小,为了维持生活而不得不在劳动力边际回报已经降到极低的情况下继续投入劳力,以期增加小农农场总的产出;第二层含义指的是发展不足的经营式农场与小农经济结合在一起,形成的一种特别顽固、难以发生质变的小农经济体系。产生"过密型"的原因是因为农户家庭不能解雇多余的劳动力,导致小农经济不会产生大量的"无产-雇佣"阶层。

张五常(2002)的佃农理论主要研究的是农户之间的关系。他认为农户的决策行为不仅仅是农户的单个行为,还与其他农户的决策息息相关。他建立了一个基本的框架来分析地主与佃农之间的土地租佃活动,从现代新制度经济学的观点对分成租佃制度作出了新解释,推翻了以往的传统理论。其理论的核心思想是通过某些因素的变动,不管是分租、定租或地主自耕等,都不会改变土地利用的效率。如果产权弱化,或是政府过度干预资源配置,将导致资源配置的无效率。界定土地为私人产权、明晰产权制度、允许土地自由转让是使生产要素与土地发挥最大效率的唯一途径。

Low(1986)在分析农户行为时也引入了劳动力市场,并假定在不同的劳动中不同家庭成员的效率是不同的。这样不同劳动力的机会成本不同,在家庭劳动生产率一定的情况下,不同的劳动力根据市场情况选择雇工劳动和在家务农的情况存在差异。Low农户行为理论的核心观点是,由于一个农户家庭劳动成员在从事生存性农业劳动的时候其效率相同,而在非农劳动力市场上获得的工资不同,那么农户只有在其家庭农业生产效率高于市场工资时才会从事家庭劳动生产。该理论认为,粮食价格和非农货币工资是农户在农业和非农活动中进行选择的主要原因。

6.1.2 农户农药施用行为及影响因素

我国农村是典型的小农经济,农民的风险规避倾向比一般的经济主体更强。为了规避风险和收入减少的变异性,农民的生产决策往往会偏离经济最优(黄季焜等,2008)。一些禁止使用的农药仍然被农民不加选择地使用(Rahman,2003),用量少、效果好、成本低的高毒、剧毒农药(如甲胺磷)更受大多数农户欢迎(郝利等,2008)。赵建欣(2008)对河北省120家菜农调研发现,农户的短视性特征决定了其对农药品质优劣的判断主要程度依赖于农药治虫效果是否立竿见影,因此对于剧毒农药的偏好更胜于无公害农药,出于性价比的考虑,普通农户的购买意愿更趋向于剧毒农药。

王华书(2004)的研究发现,以市场销售为目的的农户更关注农药施用的效果与粮食产量。为了规避病虫害产量风险,农户片面追求防治效果,不合理使用,甚至违规使用农药,随意加大农药剂量,许多农户在施用杀虫剂时,用量都会超过说明书或推荐量的标准,超过的幅度在50%以上,有的甚至高达100%以上;为了快速防治病虫害,农户擅自加大剂量、复配复用同种农药、不考虑用药间隔期施药的现象非常多见(洪崇高等,2003);部分农户通常会在药瓶标签说明用量的基础上再加配1倍的用量以保证效果(李明川等,2003),且施用无公害和绿色农药的农户较少(张云华,2004)。我国目前病虫害防治的"一家一户"模式使用的器械以手动喷雾器为主,存在着防治时间不统一、时效性差、器械工效低、农药利用率低、劳动强度大等问题(江应松、李慧明,2007);同时农户在施药过程中存在很多不安全行为,包括在施药过程中对防护措施不重视、不规范,甚至放弃防护(李红梅,2007),带来一定程度的施药健康成本(Huang et al.,2000)。

现代农业体系采用在大片土地上种植同一品种甚至是同一遗传类型的作物的方式,与早期农业体系相比,极大地增加了虫害和病害流行的可能性,给人类病虫草害防治带来新的挑战。农民知识、态度和病虫害防治手段受限可能加剧农药的不当施用,导致对农业化学品的依赖性增强;农民个体对农药施用效用的感知和农业生产中的经历对解释农药不合理施用具有重要意义(Grossman,1992)。Hashemi和Damalas(2010)的研究发现,农民对农药施用的有效性感知是影响农户IPM技术采纳行为的主要因素;大多数农户的用药决策主要受自己的观察和经验的影响,由于认知不足,水稻生产中滥用农药的现象十分普遍(Huang et al.,2002)。技术信息知识和风险偏好对农民的农药施用产生显著的影响(黄季焜等,2008)。在社会最优的农药使用量的情况下,产量风险可能很小(David & Pannell,1991),出于对一些不确定性因素如虫害的密度和危害程度的担忧,农户会为了避免风险而过量施用农药(范存会、黄季焜,2004)。农民缺乏对农药相关知识的认知,导致其在购药、用药时只关注农药的效果而极少关注农药对人体的毒副作用。一些学者认为,农户缺乏农药毒性和农药污染所带来负面影响方面的认知是施用高毒农药的根本原因(Zhou,2009)。Rahman(2003)的研究发现,农户认为农药施用收益大于损害是过量施用农药的重要原因。农药施用大量超标和不对症使用在很大程度上与农民的病虫害管理知识不足和技术推广部门服务不到位有关(朱兆良等,2005)。Just等(2003)认为,农民是基于自己的认知,以及与其他农民、农药经销商、农技服务提供者等外部信息提供者的互动,来判断病虫害危害的程度、决定农药施用行为。

社会经济变量也会影响农户的施药行为。Rahman(2003)的研究指出,过量施用农药不能被仅仅看成是对病虫害的自然反应,还有很多其他因素会影响到农民的农药施用行为。例如,市场对产品的美学需求,国家政策激励农药施用,信贷政策、农药销售促销活动、订单农业。在影响农药施用的社会经济变量中,农业信贷与农药施用正相关;在经济不发达地区,农户的农药施用量会增多。Grossman(1992)基于1988—1989年对东加勒比海两个地区连续12个月的田间观测发现,农产品出口、消费者压力和外国援助刺激了农业生产中的化学品投入量。政治生态学家则认为,小规模农户和市场一体化导致了更多破坏环境的生产方式,包括过度施用农药(Thrupp,1990)。

自然环境对农户农药施药量也有重要影响。自然条件的差异带来了温度和湿度的不同,从而带来病虫害和病原体数量的差异,最终间接地影响到农户农药施用行为。Oerke和Dehne(2003)认为,合理的耕作措施可以降低对农药的使用,不合理的耕作措施可能导致害虫发生量增加。Cooper等(2007)研究证实了气候变化能在一定程度上影响农户农药的使用的观点。例如,从中纬度到高纬度地区,气候变暖使害虫的数量增多,因而农田杀虫剂、除草剂的平均使用量相对较高(Abhilash & Singh,2009)。

农民防护措施过少的原因包括农民健康意识不强、操作环境恶劣、收入较低、农药防护设备缺乏或价格昂贵,以及防护措施带来的操作效率的下降或者不舒服(Wilson,2005;Damalas et al.,2006)。采用不配套的盖子是喷雾器滴漏的主要原因,因而增加了农药施用量(Shetty,2004)。农民农药安全使用培训效果在不同研究者的结论中存在差异,有研究发现提高农户的安全知识可以诱导农户合理施用农药(Perry et al.,2000),虽然农药安全使用培训和风险教育显著提高了农户防护设备的使用,但还是远低于推荐水平(Perry et al.,2003);而Shetty(1990)的研究则发现,在芬兰接受教育培训的农户中,有50%的农户在施药过程中不采取任何防护措施,接受过教育培训的农户的防护设备使用情况和没有接受教育培训农户不存在显著差异。

农户农药施用行为也引起国内学者的广泛关注。Huang 等(2000)认为,随着我国工业化、城市化进程的发展和农村劳动力的大规模转移带来的农业劳动力成本上升,带来化学品对劳动力的替代,农户不合理施用农药的情况有可能进一步加剧;而且,中国农药施用的边际生产力为负,稻农农药过量施用的问题突出。鲁柏祥等(2000)通过对浙江稻农的调研后发现,农户用药缺乏效率,并认为导致这种低效率的根本原因在于缺乏有效的激励结构。王华书等(2004)认为,影响农户农药使用的因素主要包括:农户生产的商品化程度、生产规模(播种面积)、家庭人口、户主受教育程度以及家庭收入等。地域的差异性以及农药施用者的性别、年龄、受教育年限、外部培训、对粮食安全性的认识均不同程度地影响农户对农药残留的认知(吴林海等,2011)。商贩是实现无公害认证蔬菜优质优价的最大障碍,企业是促使菜农实行优质生产的推动力量(陈雨生等,2009)。家庭核心成员的文化水平和农户农药技术采用的决策行为关联很大(周洁红等,2004),水稻农药新技术的采用率与农户年龄负相关,与受教育年限正相关(顾俊等,2007);农民的家庭经济状况影响和改变了农户对农药新技术的采纳(蒙秀锋,2004),同时非农收入占家庭总收入的比重显著影响农户农药施用决策(胡豹等,2005)。种植结构和种植规模显著影响农户农药施用行为(赵建欣,2008),经营规模较大的农户节约用药成本的激励较大,农药施用强度相对较少(周峰、徐翔,2008)。相关外部组织(农户专业合作经济组织、相关企业和行业协会等)在一定程度上规范了农民的施药行为(张云华,2004;黄祖辉、钱峰燕,2005);无公害农产品认证制度亦对农户降低农药施用强度发挥积极作用(李光泗等,2007)。

6.2 农药施用的环境与健康影响

国内学者研究结果显示,农药施用大约挽回了30％的粮食以及其他农产品的产量损失(吕晓男等,2005);国外有学者研究发现,每1美元化学农药投入可以减少4美元的作物产量损失(Pimentel,1992)。然而,农药施用在带来经济收益的同时,也存在明显的环境外部性。中国施用的农药中,杀虫剂占总用量的68％,其中有机磷杀虫剂占杀虫剂总用量的70％以上,杀菌剂和除草剂分别占总用量的18.7％和12.5％(郑龙章,2009)。化学农药的施用带来诸多负面影响,包括对环境的负面效应,如污染土壤、地表水、地下水,影响水生动植物(Pimental,2005),并进一步带来诸如农药残留等食品安全问题,导致病虫害对农药产生抗体和破坏其天敌进而迫使农户恶性循环施用农药(Burrows,1983);此外,农民施用的过程本身也会对施用者本人及其家人的健康带来负面影响;而且,农药施用费用在农业生产总支出中也占据着重要地位,不合理的农药施用行为可能会遏制农民收入增长。这些负面效应积累带来的损害可能大于使用农药带来的收益(Atreya,2010)。

尽管农药使用带来了种种负面影响,中国农民依然在不断地增加对农药的施用(Wilson & Tisdell,2001)。农户病虫害防治中的"路径依赖"性,即:农民过去的病虫害防治方式选择,决定了他们现在可能的选择;中国农户经营超小规模,使得农户承担风险能力差,更愿意选择风险最小的、熟悉的传统化学农药防治技术。很多农民仅凭积累的经验施药,长期依赖化学农药,防治有害生物的经历和常规农药所具有的高效、速效、使用方便等特点,使得农户对现有化学防治方法感到满足。同时,随着中国农村乡镇企业和城市经济的发展,非农就业的存在和劳动力市场的日益成熟使以往农业生产中隐性的劳动力成本进一步显化,改变了农户家庭要素配置生产决策的内在逻辑,很多农民成为兼业农民。相关研究表明,农业劳动机会成本的提高在改变工农业部门间要素相对价格的同时也改变了农业内部生产要素的相对价格(王金良,2008),理性的农户必然会在要素价格的诱导下重新配置家庭资源;要素市场特别是劳动力市场的变化会极大地影响到农户的要素投入行为:在非农就业机会较多的地区,农户会增加在非农活动上的劳动力投入从而采用节约劳动力的种植方式(Mcnamara & Weiss,2005),导致农用化学品对劳动力的替代,从而加剧了农药的不合理施用。

自20世纪80年代始,中国农业技术服务体系由于缺乏足够的政府支持,面临着"网散线断"的局面,进一步加剧了在作物生产中化学品的不合理使用(Huang et al.,2000)。考虑到未来中国粮食安全地位和政府粮食安全策略,密集农业仍然是中国的主要农业生产方式,大多数中国农业观察者认为农户的农药使用量可能会继续增加。在实践中,众多学者通过实地调查发现,一些禁止使用的农药仍然被农民所偏好和使用,农民意识到的高毒农药的负面影响不是很强烈,他们认为收益大于损害;另一个不能忽略的问题是禁止某些农药施用的政策可能会损害农户的收益,如果没有新的替代技术来防治病虫害和保持产量(Sexton et al.,2007)。随着人们生活水平的提高和"三农"问题的改善,绿色、环保、可持续发展的意义更加凸显,保护环境和实现可持续发展已成共识,农药施用的环境外部效果迫使人们开始思考农业系统的长期可持续发展问题。中共十七届三中全会通过的《关于推进农村改革发展若干重大问题的决定》提出:到2020年,农村改革发展的目标包括"资源节约型、环境友好型农业生产体系基本形成,农村人居和生态环境明显改善,可持续发展能力不断增强"。现实可操作性的、经济上可持续的、防治效果良好的病虫害防治技术对于传统的化学防治措施的替代,是中国农药施用技术发展的必须克服的难题。

农药在减轻病虫草害对产量威胁的同时,其对食品安全、生态环境、人体健康和经济发展造成了不良影响(张云华等,2004)。Widawsky 等(1998)使用双对数生产函数或柯布-道格拉斯生产函数计算出的中国杀虫剂的生产弹性仅仅在 0.002~0.007 之间,杀菌剂的生产弹性在-0.031~0.048 之间;Huang 等(2000)对浙江农户的调研也得出相似的结论。Pimentel(2005)的研究发现,美国农药施用的公众健康损失为 11 亿美元/年,农药抗性带来的损失为 15 亿美元/年,农药不当施用带来的植物损失为 11 亿美元/年,农药施用对鸟类的危害损失估计为 22 亿美元/年,农药施用对地下水的影响大约为 20 亿美元/年。

农药施用对食品安全的影响包括对农产品的直接污染和间接污染。农药对农产品的污染有两种:一种是直接污染,指农药直接施在食用部位,导致农产品中残留超标;另一种是间接污染,指农药农作物从空气、土壤中吸收或渗入在作物体内,从而导致农药在农产品内富集而超标(付静尘,2010)。由于中国农民在农药施用过程中的过量施用行为比较普遍,高度高残留农药在农民农药施用中仍占很大比例(吕振宇等,2009),导致大量化学物质长期存在于土壤,并进入生物组织,在食物链中不断传递和迁移(张巨勇,2004),不仅导致了生产成本的不必要增加,还引起农药残留量超标、农产品质量下降,影响了我国农产品的国际竞争力,使得农田净收益减少(朱兆良等,2005)。目前,基于自定标准,我国蔬菜、水果和粮食农药超标率平均为 22.15%、18.70% 和 6.2%,如果同国际标准相比,该比率还会有所提高(刘颖,2005)。农产品的农药残留问题可能会成为我国农产品进入国际市场的重要障碍之一。

在防治病虫草害的过程中,喷洒的农药只有大约 25%~30% 能够喷到要防治的靶标上,而只有不足 1% 的农药可喷到靶标害虫上,对害虫起作用的部分还不到全部用药量的 0.03%,可见农药利用效率之低下(孙明海等,2004)。而且一些性质稳定、不易被环境分解、又有一定慢性毒性的农药,长期滞留于环境,带来农作物和食品中农药残留量增加,对人类造成危害(傅泽田、祁力钧,1998)。戈峰(1997)的研究发现,大部分施用的农药或附在作物与土壤上,或飘散在大气中,或通过降雨等经地表径流进入地表水和地下水,污染水体、土壤和农业生态系统,或通过气体挥发在环境中扩散迁移。农田中的农药还会随雨水或灌溉水向水体转移。目前,中国地表水域中基本上找不到一块未受农药污染的水体,长江、黄河、珠江和松花江等主要河流均能检测到农药(戈峰等,1997);中国受农药污染的土壤面积达 667 万 hm²,占全部可耕地面积的 6.39%(阎文圣、肖焰恒,2002)。农田土壤一旦被污染后,会负面影响作物的正常发育,导致作物减产,同时,也会减少土壤中动物、微生物数量,进而损害生物多样性(陈晶中等,2003);作物从污染土壤吸收累积农药不但影响正常生长发育,而且还会在植物体内形成积累,最终通过食物链进入人体(孙建光等,2008;何丽莲,

2003)。化学农药的大量施用不仅污染农田环境,而且还会污染大气环境,农药喷洒以后通过大气传输的方式向高层或其他地区迁移,不断扩大污染范围(朱兆良等,2005)。

农药施用影响生物多样性。农药的大量使用对生物多样性的负面影响尤为突出,农药的不合理使用,严重影响了生物群落的结构和功能,降低了生物多样性,破坏了昆虫群落结构,减少了土壤中无脊椎动物种群数量,消灭或抑制土壤微生物的活动,改变了杂草群落结构(吴春华、陈欣,2004)。农民在估计施药的收益时,一般不会考虑施药导致的害虫天敌减少,这会高估施药的效果,因为作物受到害虫侵害的概率增加。例如,在华北棉田,使用化学农药防治以后,棉田瓢虫类、捕食性蜻类和捕食性蜘蛛类对害虫的捕食利用效率分别降低了45.1%、31.9%和83.7%,捕食性天敌群落和寄生性天敌群落对害虫群落的捕食效率分别降低了59.96%和21.40%;由于有益生物被杀伤,病虫害发生频率在不断增加(戈峰,1997)。

农药施用导致病虫害的抗药性日趋严重。伴随着农药施用,部分病虫害出现了农药抗体(Rola & Pingali, 1993; Antle & Pingali, 1994);生长在一个原始种群中的昆虫在生理状况上差异较大,杀虫剂杀死弱者,保留强者,幸存的昆虫繁殖的下一代由于遗传性而具备抗药性(张巨勇,2004)。据世界资源研究所报道,1969 年对一种或几种农药有抗性的害虫数目为 224 种,而到 1980 年,对农药有抗性的害虫数目迅速达到 428 种,这些害虫大量繁衍,并繁衍出具有新的抗性的害虫群体,使农药的杀虫效率大大下降(黄士忠,1990)。害虫抗药性的产生和不断强化使得农药使用陷入恶性循环,这一问题在中国表现得尤为突出,农民对农药抗性可能采取的措施主要包括施用新的活性更强的农药和增加农药施用次数和剂量(Pimentel, 2005; Carvalho, 2006)。一个佐证是,近 40 年来全球农药使用量增加 40 倍,而害虫造成的农作物损失反而增加了 3.7 倍(刘颖,2005)。宋仲容(2008)的研究发现,防治二化螟用 18% 杀虫双水剂在 20 世纪 80 年代用 3 kg/hm² 防效可达到 80% 以上,而现在用 6kg/hm² 防效却仅有 60% 左右;防治麦田阔叶杂草用 98% 巨星在 20 世纪 90 年代仅用药 1g 防效可达 90% 以上,现在用 2~3g 防效却仅有 80%~85%。

化学农药污染严重损害了农业生产效益。研究表明,江苏省 11 个商品粮(创汇农业)基地的粮食因农药污染超标占总产量的 17.7%,以此可以推算出江苏省因农药污染超标的粮食为 574 万吨,以降价 10% 计算,因农药污染造成的损失为 34124 万元(戈峰等,1997)。Pimentel(2005)计算了美国使用农药的成本,认为农药施用至少给环境和社会带来了 100 亿美元的损失。例如,农药使用在影响蜜蜂生存的同时,也间接影响了蜜蜂的传粉效率,最终影响农作物生产。此外,农民在农田施用的农药,通过空气的迁移扩散,也会对附近居民的健康产生影响,尤其是对未成年人,从而影响农民的农业作业效率,影响农民收入。

农药施用与很多职业健康损害和慢性病相联系(Morgan et al.,2002),对农户健康产生非常显著的负面影响(Pingali & Pierre,1995;Antle et al.,1998;Rola & Pingali,2003),并引起全球学者的关注,越来越多的研究关注与农药使用有关的职业健康问题(Millock et al.,2002)。来自发展中国家的文献表明,农户在施药过程中的农药接触带来了很多急性病症,包括头痛、皮肤瘙痒、眼睛难受、肌肉抽搐、呼吸困难等症状,农药施用导致的职业性农药接触损害了农民的健康(Dung & Dung,1999;Mancini,2005;Shrestha,2010)。Beshwari 等(1999)采用案例对照研究方法,发现在阿拉伯联合酋长国,农民在农药施用过程中经历了各种急性病症状,如腹泻、恶心/呕吐、皮疹、视力模糊、容易焦虑、头晕、头痛、疲劳、呼吸困难等症状,同时还会出现呼吸道症状,如咳嗽、痰多、鼻窦炎、咽喉不适、慢性支气管炎、哮喘、过敏性鼻炎、皮肤瘙痒症(体癣、接触性皮炎)等症状。Mancini 等(2005)对印度棉农的研究发现,在 323 位受访者中,只有 16.4% 的被研究对象认为施药之后不会出现急性病症状,有39% 的被研究对象认为施药之后会有轻微急性病症状,有 38% 的被研究对象认为施药之后会有中等急性病症状,有 6% 的被研究对象认为施药之后会有急性病症状。急性病中毒症状主要包括头痛、容易恼怒、眼睛酸痛、肌肉疼痛、喉咙痛、呼吸问题、出虚汗和恶心。Maumbe 和 Swinton(2003)在对津巴布韦 280 户棉农的调查中发现,超过一半的受访者出现过皮肤刺激症状,超过 1/4 报告眼睛难受,7%～12% 农户报告胃疼;Yassin 等(2002)的研究发现,在加沙地区,96% 的农户在农药施用过程中经历了眼睛/脸部的不舒服,83% 的农户经历了头疼和头晕。

Antle 和 Pingali(1994)研究了菲律宾稻农农药施用对农民健康的影响,以及农民健康对农业生产力的影响,发现农药使用对农户健康影响为负,农户健康对农业生产力有正的影响,农药施用带来的健康损害显著降低了农民的劳动生产率。Pingali 等(1994)研究了长期的农药施用对农民健康的影响,他们量化了慢性的、长期的健康成本和短期的、直接的健康成本,认为当健康成本被计算进成本—收益,农药施用的净收益为负。Antle 和 Capalbo(1994)构建了一个分析框架探讨了发展中国家健康与农药施用之间的关系。越来越多的学者认同这种观点:农民健康问题削减了农业增长带来的收益。而且,农药施用带来的健康影响可能会是长期的,当疾病发作的时候很难追溯到最初的污染源(Blessing & Maumbe,2003)。此外,Crissman 等(1994)的研究认为,减少农药施用虽然可以减少农民健康成本,但会给产量带来损失,决策者需在两者之间作出选择和权衡。

一些学者开始定量研究农民施用农药的健康影响,度量农民农药施用健康成本,并分析农民农药施用健康成本产生的缘由。Pimentel(2005)研究认为,美国农药导致的健康成本大约为 1140 百万美元/年;Devi(2007)研究了印度农药喷洒者的健康成本约为 36 美元/年;Atreya(2007)评估了尼泊尔的蔬菜种植者的农药接触的健康成本,研究发现平均每个农户支出接近 1.58 美元用于购买安全防护设备,每个农户对安全农药的支付意愿从 20 美元/年到 665 美元/年不等。Blessing 和 Maumbe(2003)利用津巴布韦两个地区的调查数据研究发现,棉农施用农药的健康成本分别为 4.7 美元/年和 8.3 美元/年。Wilson(1998)对斯里兰卡的研究发现,农民因为农药暴露导致的健康成本相当于 10周的工资收入。Garming 和 Waibel(2009)使用 CVM 方法评估了尼加拉瓜菜农的农药接触的健康后果,发现农户愿意支付额外的 28% 的农药施用费用来避免健康风险;影响农户支付意愿的要素包括先前的农药中毒经历、收入变量和目前的农药接触情况。在不同文献中应用疾病成本法估计出来的农民农药施用的健康成本的差异部分是由于计算方法不同所导致的,例如 Wilson(1998)计算的是农户一个种植季度的健康成本,Atreya(2005)计算的是农户一年的健康成本。

农户农药的不合理施用是导致农民农药施用健康成本的主要原因。Wilson(2005)使用斯里兰卡的田间观测数据来评估农户的防御性行为及其影响要素,发现农户低的预防性支出与高的的健康疾病发生率存在相关性。Athukorala(2010)研究发现,农药施用量、农药施用频次、农药剂量是影响健康成本的主要要素。Dung 和 Dung(1999)研究发现,农户农药喷洒的数量远远高于利润最大化的数量,杀虫剂对农户的身体健康产生显著负面影响,与施用总量相比,接触次数对健康成本的影响更大。Kishi 等(1995)检验了农药接触和农药中毒症状之间的关系。Wagner 和 Marcelo(2009)的研究发现,农药施用引发急性病更多的是与农户的经营规模有关。

Lichtenberg 和 Zimmerman(1999)基于对马里兰、纽约和宾夕法尼亚州2700 名玉米和大豆种植者的调查研究发现,经历了农药接触负面健康影响的农户更可能小心地施用农药,因而在后来接触农药时更小心。Nuwayhid(2004)则认为,降低农药暴露不能被看成孤立的医学问题或者仅仅是一个技术问题,它需要理解农户的知识、价值和信念,理解农业部门对整个经济的贡献,以及国际和国内农业企业的作用。Fleischer(1999)认为,大部分非洲国家对农药补贴的扭曲政策加剧了施用者的健康危害,同时由于缺乏健康服务和医疗专业人员,导致农民对农药引起的健康问题的漠视。Chitemerere 等(1996)认为,关于农药的正式健康统计严重低估了农药导致的健康问题,因为很多农户并不去看医生。因为松懈的环境法律和农户获得复杂的农药信息的渠道有限,农药导致的农户健康危害在欠发达国家进一步加剧(Tjornhom et al.,1997)。

在中国,有关农药施用和农户身体健康的研究还很零碎。Huang 等(2000)的研究发现,浙江省稻农施用农药的健康成本平均为 21.68 元/年·户。王琦等(2006)研究了 1993 年和 2001 年安徽枞阳县农村居民急性生产性农药中毒情况,发现,在 1993 年,男、女性的农药中毒发生率分别为 2.04% 和 1.83%,而到2001 年,男、女性的农药中毒发生率分别增加到 4.00% 和 6.02%,同时不同性别间的差异具有显著性;进一步的研究发现,农户的施药卫生情况,如喷洒农药时不戴口罩、喷洒农药时的衣物不清洗继续穿或不清洗待下次喷洒农药时再穿,以及喷洒农药结束后不洗手等,是农药中毒发生的主要影响因素。

6.3　农药施用规制政策

改革开放 30 年来,我国农药管理政策在规范农药生产、保证农药质量、减少农药毒性,从而对改善农业生产、减少环境健康影响、保障食品安全等方面发挥了重要作用。

6.3.1　农药施用与粮食安全

维护国家粮食安全,是我国政府农业政策的主要目标之一。随着化学肥料、农业机械化的普及,粮食生产机耕、机收已相当普遍,目前技术上影响粮食生产的主要因素就是病虫害防治和良种,农药生产及质量管理则是其核心内容之一。我国现有农药政策集中体现了国家干预特征,它强调对农药企业管理和支持、农药市场监管的重要性,重视利用国家行政力量、采用新政手段实现农药市场稳定发展,保证农药质量。为支持农业生产,国家对农药的生产、销售、施用等环节实施了严格的监管,保证化肥、农药质量和施用严格按照国家规定的标准执行,打击假冒伪劣农药坑农事件,近年来相继开展了 2008 农药登记管理年活动、2009 农药市场监管年活动,加大对农药市场监管力度;同时,国家相关部门出台了一系列农药行业新政,提高行业进入壁垒,淘汰技术含量低、生产工艺落后的企业,引导行业进行有效整合,走向规范健康的发展道路。2009 年,财政部制定了农资综合补贴动态调整机制;2010 年,针对自然灾害严重的情况,为进一步支持农民晚稻及秋粮生产,国家对南方主产区 7300 万亩双季晚稻和东北地区 6000 万亩粳稻实行增施肥促早熟防病虫补助。2010 年 9 月,工业和信息化部、环境保护部、农业部、国家质检总局联合发布第 1158 号公告,意在农药工业产业结构调整步伐,行业资源和市场份额越来越向优势企业集中,尽快结束近 3000 家农药企业恶性竞争的局面。就维护国家粮食安全这一目标而言,国家干预的农药政策取得了较好效果,有效地维护了农产品总量稳定。

6.3.2 农药施用与农产品质量安全

农产品质量安全是全球性关注的突出问题,特别是近年来农药残留超标引发的食物中毒事件和贸易争端等,使得农产品质量安全日益受到公众的关注。农产品质量安全涉及生产、加工、销售领域的多个环节,其中生产环节是形成农产品质量安全的源头。农药使用则是关系农产品质量安全的关键环节。中国政府大力推进高毒农药替代工作和农药减量行动,取得了一系列的成绩,特别是高毒农药替代工作,对大量高毒高残留农药禁止使用。1990 年 2 月 1 日我国实施《农药安全使用标准》,对水稻、小麦、玉米以及部分蔬菜作物种植时,施用农药剂型、常用药量、最高用药量、使用方法、最多使用次数、最后一次施药离收获天数作出规定。1994 年,国家环境保护总局建立了有机食品发展中心(QFDC),并开始有机食品法规、标准的研究制定工作,进而开展了有机食品认证。2002 年,国家认监委发布了《食品生产企业危害分析与关键控制点(HACCP)管理体系认证管理规定》,对开展 HACCP 官方验证和第三方认证提出规范性要求,由此拉开了我国食品企业 HACCP 认证的序幕。2005 年我国颁布了《食品中农药最大残留限量》,对 136 种农药的使用作物和限量作出规定;2005 年 12 月 31 日 ChinaGAP 良好农业规范发布,并于 2006 年 5 月 1 日起正式实施。2006 年制定颁布了《农产品质量安全法》。但是由于我国农产品监管基础条件的限制,诸多管理体系仅在一些大型企业、出口行业以及部分中小企业和农户中实现,农产品质量安全监管仍然任重而道远。

6.3.3 农药施用规制政策设计

自从 1983 年我国明令禁止生产使用残留期长的有机氯农药(六六六、DDT)以来,90 年代,又禁止生产和使用杀虫脒、除草醚等农药,截至目前,我国已禁止 23 种农药的生产、销售和使用。为了从源头上预防和控制工业化学物质对人类健康和生态环境造成的危害和环境风险,我国政府相继实施了危险化学品登记和认证制度。工业和信息化部印发《农药行业清洁生产技术推行方案》,推动农药建设项目环保水平的提升。2010 年 8 月 26 日,工业和信息化部、环境保护部、农业部、国家质量监督检验检疫总局联合印发了农药产业政策公告,提出要鼓励发展生物农药,减少环境负面影响;加快高安全、低风险产品和应用技术的研发,逐步限制、淘汰高毒、高污染、高环境风险的农药产品和工艺技术;建立和完善农药废弃物处置体系,减轻农药废弃物对环境的影响。因为农药施用外部性的多样性,有效的农药政策很难制定和实施,包括病虫害多方面的、暂时的和空间的差异性,农药污染的扩散性和面源污染特性,以及信息不对称和高监测成本等(张蔚文,2006)。

解决农药外部性的最优政策一般是不存在或不可行的,与其他的农业污染一样,农药使用带来的环境和健康损害因农户、地区和时间而不同,同时也受到化学农药的成分和使用方法的影响。Lichtenberg 等(1993)发现喷洒农药对农民的健康影响因地区、天气、季节不同而不同,同时也与喷洒方式、喷洒时间相联系。天气是影响农药使用的一个重要因素,天气会改变作物的结构以及随之的农药使用结构,同时,由于地理位置和施用技术不同带来的外部成本,使得单一的政策很难有效(Zilberman,1997)。假设这些约束条件不变,最有效的解决农药施用问题的途径是:发展施用水平低的新技术和采用毒性小的农药(Weersink et al.,1998)。

农药施药外部性问题的管理受到种种条件的制约,政策制定者可能需要次优和第三优的解决途径来避免农药的负面影响。即使考虑到制定农药政策时面临的种种困难,目前的农药管理制度仍然缺乏效率,有待进一步修正。通过在政策制定过程中加入经济考量、采取经济激励和柔性的政策,将使得农药施用的成本收入比提高,从而提高资源分配效率(Zilberman,1997)。相关政策的着眼点应立足于改变农户用药行为的激励结构,使得农户用药的个体理性与社会的整体理性相协调(鲁柏祥等,2000)。由于农药施用行为不易观测,所以对农户农药排放征税并不总是可行的。而且,农药污染的外部成本因农药施用的空间和时间不同而不同的特点,任何单一的税收会因为忽略异质性而不能达到最优的产出。假定个体农户的污染是不能观测的,经济激励可以用来影响可能导致污染的投入从而获得次优的产出(Sexton et al.,2007)。Segerson(1988)建议管理者可以通过施加集体惩罚来实现社会最优的农药管理。Xapapadeas(1991)提出通过随机处罚的方式来实现最佳管理,认为发展排污权交易系统可能提高农药施药的效率,但必须认识到农药使用成本的空间和时间差异。

一些学者研究了部分或者全部禁止施用农药的成本,发现这会增加食物支出的成本和其他的福利损失(Fernandez-Cornejo et al.,1998;Zilberman,1991),生产者可以通过提高产品价格的方式转嫁成本,从而损害了消费者,特别是穷人的利益(Zilberman,1991)。Cropper 等(1992)发现,因为农户和农业贸易集团的干涉降低了致癌农药被禁止的可能性。Lichtenberg 等(1988)研究了取消 1605 种农药的影响,他们发现取消某些农药的使用对重新分配生产者的收入有显著影响,特别是当供给弹性很高需求弹性很低时。Zilberman 等(1991)评估了"128 法案"对五种果菜类种植者潜在的影响,发现消费者承担了大部分成本。Knutson 等(1990)评估了农药禁止施用的对美国 8 种商品的影响,发现因为价格效应农业部门总的净收入增加 18%,但是由于高的原料成本,养殖业部门的收入会减少 27%,消费者的总损失约为 180 亿美元,但对低收入者的影响更大。

　　要从根本上解决农药超量使用的问题,必须从分析与其相关的各个因素入手,研究各个制约因素之间的平衡关系(Sexton et al.,2007),需要充分了解农民农药施用行为和潜在的政策干涉(Galt,2008)。组织的存在和干预会改变单个生产者的安全行为(卫龙宝等,2003)。加强和改善政府对农药负面影响的管理和调控,就需要以政府为主体,创新农药管理体制;同时重视发挥、培育市场和组织的力量(蔡书凯和李靖,2011)。各类农业、农村组织通过组织农户进行农产品的规模化生产,有利于实现农产品的标准化,以及形成对农药等要素使用的有效监督和管理,缓解众多分散农户进入农产品市场时造成的农产品质量安全信息的分散与不对称现象(王华书和徐翔,2007)。建立根据农药残留水平定价的市场,或者把农药施用的责任转移给某些认证的职业机构是另一个达到最优的途径,可以通过某些职业机构负责提供病虫害防治方法,并对农民某些农药滥用行为承担责任(Sexton et al.,2007)。另一个优先的政策选择是利用现存的农业技术推广网络,包括非政府组织,来提高农民的病虫害管理水平(Rahman,2003),解决病虫害和农药外部性问题的关键在于如何鼓励农户合理利用农药而不是滥用农药,有必要提高农户内在化其农药施用外部成本的条件,发现更好的病虫害控制方法(张云华等,2004)。李圣军(2008)则认为,由于技术采纳过程中的外部性,农户在自利基础上的微观选择并不必然导致社会最优的行为,这主要表现在两个方面:一是无法打破初始的"无效均衡";二是无法达到社会最优,即平均收益最高的采纳水平。

　　为了控制农药施用带来的负面影响,政府面临三种截然不同但相互补充的选择:(1)增加对农民教育的投入。但是过去几个世纪的经验显示教育单独不能解决与农药使用有关的负面问题。(2)对高毒性农药进行规制。这在有限的时期内是一个有效的解决办法。然而,如果没有替代的病虫害控制方法,管制对作物生长、粮食生产和农户收入的影响比较大。而且,低效率的行政管理体制可能降低此类农药政策实施效率,导致假冒农药的出现。(3)发展更好的替代措施(Sexton et al.,2007)。最好的长期解决问题的方法是发展简单的、安全的、易于传播的病虫害控制新方法,鼓励如 IPM 技术等这些与小规模农户兼容的替代技术(Lopes & Firpo,2009)。通过市场机制来达到农药合理施药的目标,特别是通过对生产者提供经济激励,鼓励其采纳 IPM 实践,包括减少农药施用(Falconer,1998)。

6.4 病虫害综合防治(IPM)技术发展

病虫害综合防治(Integrated Pest Management,IPM)技术强调以生态系统为管理单位,协调各种防治手段,控制有害生物种群(Turaihi,2010)。从动态角度提高农民农业生产、病虫害管理水平,是目前化学防治策略的有效替代和补充(Burrows,1983;Fernandez-Cornejo et al.,1998),有助于在降低农药使用的同时,增加农户收益和降低社会成本(Burrows,1983)。IPM 的目标是发现合适的技术来降低农户对化学农药的依赖并保持或者增加产量、作物品质和收益。IPM 技术与我国 1975 年就确立的"预防为主,综合防治"的植保方针内涵相似,具有环境、经济和社会的协调效应。改革开放以来,相关部门和境外非政府组织在我国一些农村地区开始大力推广 IPM 技术,并且也取得了一定的成果,但从整体上看,我国 IPM 技术推广效果却并不尽如人意(方炎,1998),仍停留在"点"上,农民采纳程度普遍不高,离全面推广应用仍有很大差距,农民滥用农药的现象仍然较为普遍(陈杰林、韩群鑫,2005),尤其是水稻种植户农药施用存在用量过度和结构不合理现象(鲁柏祥等,2000),农民未充分利用综合手段而只是单纯依靠施用化学农药进行病虫害防治(洪崇高等,2008)。

IPM 技术的核心是农民田间学校,农民田间学校强调以学习者为中心,通过农民自己的观察发现问题、解决问题,因而可提高农民的人力资本。国内的相关研究结论则比较一致,刘道贵等的研究发现,采纳 IPM 技术农户的施药次数为 72.7%,投入降低了 12.1%,产值增加了 10.7%(刘道贵,2005)。孙作文等的研究发现,受过 IPM 技术培训农户的农药施用次数由平均 8.60 次降到5.32 次,平均减少 3.28 次(孙作文等,2006)。世行和很多发展部门合作来共同推动农民田间学校,因为其是以有效的方法来扩散科学的知识和实践(Feder et al.,2004)。农民田间学校提供一个参与式的方法来帮助农户发展分析能力、提高批判思考和创造能力,以使农户可以作出更好的决策。农民田间学校的短期目标是提高人力资本,使得农民在成为 IPM 专家,培养农民的观察病虫害病情、分析农业生态系统的能力,以及基于田间观测结果作出实施 IPM 策略的决策能力。在现实中,IPM 技术不仅仅是包括病虫害控制措施,也包括很多农业措施,如平衡更有效率的施肥、提高水资源的利用效率、作物轮作和土壤保护。农民田间学校的核心原则包括为作物健身、保护和利用天敌、有规律的田间观察、发展农民变成当地的 IPM 技术专家(Kasumbogo,1996)。Rustam(2010)的研究比较了参加和没有参加农民田间学校、参加农民田间学校前后农户的施药行为,发现农民田间学校显著提高了农户的生产率、获取知识的能力和扩散信息的能力。国内学者肖长坤等的研究发现，农民田间学校活动使田间学校学员户的设施番茄生产产量和净收入比非田间学校村农户分别高出15.9%和24.2%，但其农药、化肥和灌溉等投入与非田间学校村农户并没有显著差异，表明农民田间学校活动显著增加了学员户的设施番茄生产产量和净收入，但未有效减少农药、化肥等用量（肖长坤等，2011）。

病虫害专业化统防统治可以实现植保工作在防治决策上由单家独户盲目决策向社区科学决策转变，在组织管理上，由行政指导型向实际操作型转变，在技术措施上由对单虫单病的化学防治向病虫综合防治、统防统治的应用转变（陈松林、徐再清，2003）。病虫害专业化统防统治实现统一指挥、统一防治，对控制重大病虫害的暴发和流行起到了关键作用（曾兰生等，2009）。杨大光和曹志平（1998）发现，统防统治可节省农户病虫害防治费用，杜绝假冒劣质农药，防止人畜农药接触中毒，保护生态环境，确保农作物的高产稳产。谭政华等（2008）的研究发现，病虫害专业化统防统治，不仅防治效果好，而且显著减少了用药次数1～2次，降低了农药施用量和防治成本，大大减轻了农产品和环境污染。朱焕潮等（2009）的研究发现，病虫害统一防治每亩可为农户节约工本51元（其中农药成本节约21元，节约用工30元）；同时，由于统一防治后，病虫危害得到了有效控制，平均每亩减少粮食损失20公斤，按每公斤粮食2.0元计可挽回损失40元，各项累计每亩可为农民增加收入91元。加快了新型植保器械推广速度，并有助于从源头上解决了农产品的质量安全问题；使外出人员无后顾之忧，能安心务工、经商。梅隆（2009）认为农作物病虫专业化统防统治有利于维护农业生态安全和农产品质量安全，实现了农业的可持续发展。通过减少或者不使用高毒高残留农药保障农产品品质，通过科学的配方保证农药的防治效果，通过先进器械节约农药的使用，减少对环境的污染，这些势必都有利于农业标准化生产，有利于农业生态安全和农产品质量安全，有利于资源节约型、环境友好型农业的发展。

IPM技术能够降低农户的生产成本和农药接触机会，提高农业长期的可持续发展能力（Mauceri & Alwang，2007）。IPM技术在降低农药施用，从而提高农业生产力、人类健康和环境已经被很多西方的文献所证明，在亚洲和南美洲也有同样的研究结果（Maumbe & Swinton，2004）。Colette等（2001）的研究表明，美国德克萨斯州的农户采纳IPM技术后的生态环境改善价值约为0.99亿美元。Yee和Ferguson（1996）的研究认为，IPM技术导致了农药施用量的增加；Feder等（2004）研究发现，IPM技术采纳对农药施用量没有显著影响；Fernandez-Cornejo和Jans（1996）研究发现，IPM技术采纳对作物产量的影响不显著。Supriatna（2003）的研究发现，没有参加农民田间学校培训的农户杀虫剂施用水平显著高于参加培训的农户。Mukherjee和Arora（2011）的研究收集了采纳 IPM 技术和没有采纳 IPM 技术农户的水稻、土壤和水源,并进行了农药残留检测,发现采纳 IPM 技术组的农药残留低于没有采纳 IPM 技术组,但都低于最大农药残留标准。IPM 技术可以减轻传统化学农药施用措施对生态环境和公众健康的负面影响(Fernandez-Cornejo et al., 1998; Maumbe & Swinton,2004)。

6.5 本章小结

总体而言,我国现有农药政策显示了政府管理农药负面影响的责任和决心,并在维护国家粮食安全、农民节本增收、农药环境污染控制和农产品质量安全等方面取得了一系列的进展,特别是 1997 年发布并实施了《农药管理条例》,我国对农药的监管进入一个新的阶段。但与此同时,从根本上来说,农药负面影响管理以国家干预、政府主导为特征,管理的重点仍然放在生产及质量管理上,主管部门青睐于采用"命令-服从"的许可管理和登记管理的方式,强调自上而下的决策和执行方式,管理的重点放在农药生产和农药质量管理上,而对于农药施用则缺乏监管,很少考虑采用其他方式鼓励和推动企业、公众和团体自愿参与农药安全管理,这恰恰是造成农药负面影响问题关键之所在,导致农药使用量太多,农药使用结构不合理,农药使用效率太低。较少考虑政策诱导农民合理使用农药(包括使用量和使用结构)。以政府为主导的监管政策,没有完全发挥市场和组织在解决市场不完备、规避信息不对称、减少监管成本中的作用。

已有的文献研究表明,IPM 技术能够实现环境、经济和社会效应的协调。农户 IPM 技术采纳行为是多方面综合因素作用的结果。从已有的文献来看,至少存在以下几个方面的遗漏:

有关中国农户 IPM 技术采纳的相关研究比较缺乏。已有研究主要集中在发达国家和部分发展中国家,IPM 技术在中国的推广情况和推广效果相关研究还很缺乏。同时,已有的部分研究视角多集中于 IPM 技术供给方通过何种组织体系和运作模式将技术扩散出去,而忽略了 IPM 技术受体——农户的技术采纳行为研究。由于中国农户特征的差异和农业技术推广体系的差异,中国农户 IPM 技术采纳理论和实证方面的研究有待进一步深入。

有关 IPM 技术采纳的农民施药健康成本影响方面的研究较缺乏。现有的研究集中在 IPM 技术采纳对农药施用、作物产量的影响,有关 IPM 技术采纳对施药农民健康成本的影响实证研究较少,而这对于全面评价 IPM 技术采纳的效果,制定与调整中国未来农药政策和农民健康政策却有着非常重要的意义。

　　病虫害专业化统防统治方面的实证研究还很缺乏。已有文献研究表明,现有的 IPM 技术推广方式,无论是在推广效果还是在推广效率方面都亟待提高;病虫害专业化统防统治是基于中国农户特征的 IPM 技术有效推广方式,但几乎都是基于经验的描述性分析,运用模型构建的实证分析尚属空白,难以为相关政策制定提供实证依据和理论基础。

　　综观现有文献,无论是在西方发达国家还是在发展中国家,系统研究 IPM 技术采纳及其效果的文献较少,特别是有关中国农户 IPM 技术采纳及其效果方面的实证研究。事实上,在绿色、环保、可持续发展成为共识的背景下,就这一问题展开深入研究显得尤为必要。第一,农户是技术采纳的主体,有必要基于农户视角实证研究水稻种植户 IPM 技术采纳行为的影响因素,从经济学角度阐释农户 IPM 技术采纳的内在行为逻辑及其约束条件,为引导和优化农户 IPM 技术采纳行为,提高 IPM 推广工作的效率提供实证依据。第二,客观评价 IPM 技术采纳对农户农药施用影响和粮食产量影响是客观评价 IPM 技术推广和采纳效果的基础,从而为相关决策提供基础数据和实证依据。第三,农户施药健康成本是施用化学农药负面影响的一个重要方面,现有文献关于 IPM 技术采纳的施药健康成本效果评价方面的研究较少。施药健康影响的不断累积会成为施用农药的农民个人、家庭和全社会的负担,进而对中国农业可持续发展带来巨大的隐患。客观度量 IPM 技术采纳的施药健康成本影响是全面评价 IPM 技术采纳效果的重要方面。第四,由于中国农户规模小、分散的现状和 IPM 技术的复杂性,现有的 IPM 技术推广方式效率亟待提高,推广效果有待提升,同时,期望单个分散农民全面掌握 IPM 技术既不经济也不可行,因此有必要寻求新的农技推广方式。病虫害专业化统防统治服务是推广 IPM 技术的有效途径,农民作为病虫害专业化统防统治的参与主体,其行为的意向性及理性选择应当成为制度设计或改革的重要依据和微观基础。

7 农户 IPM 技术采纳影响因素实证分析

本章在已有研究的基础上,基于农户视角实证研究水稻种植户 IPM 技术采纳行为的影响因素,以期从经济学角度阐释农户 IPM 技术采纳的内在行为逻辑及其约束条件,为引导和优化农户 IPM 技术采纳行为,提高 IPM 推广工作的效率提供实证依据和基础数据。本章的结构如下:第一部分是农户技术采纳影响因素研究;第二部分是对 IPM 技术采纳行为的影响因素分析;第三部分是模型构建和变量选取;第四部分是农户 IPM 技术采纳情况的描述性统计分析;第五部分是对模型估计结果的分析;最后是对本章的小结。

7.1 农户 IPM 技术采纳影响因素研究

国内外对农户技术采纳行为的影响因素作了大量研究。技术采纳模型一般基于这样的假设:农户决策的基础是最大化收入或效用,当农户认为新技术有助于降低生产成本或者增加产量时将采用新技术(Gershon, 1985)。在很多国家,农业技术机构积极发展新技术来满足农户的需求,但在很多情况下,适当的技术存在但不是所有的农民都采纳。例如,抗病的马铃薯品种可以减轻枯叶病,但是超过一半的农民没有使用这样的品种(Mauceri & Alwang, 2007)。很多因素影响农民的利润期望和 IPM 技术采纳行为,国内外相关学者对此也作了大量研究。影响农户 IPM 技术采纳的因素很多,不同的学者按照不同的标准将其分为不同的种类。参照相关研究(Feder et al., 1985; Gershon, 1985),可以把影响农户农业技术采纳的因素分为四类:(1)农业技术本身的特征;(2)农民个人禀赋;(3)家庭经营特征;(4)自然和制度环境。

7.1.1 农业技术特征与农户技术采纳

农业技术扩散理论主要包括 Cochrane(1958)的技术踏车理论和罗杰斯(2002)的创新扩散理论。Cochrane(1985)提出的农业踏车(agricultural treadmill)理论,又称为技术踏车(technological treadmill)理论。该理论研究了商业性农业生产者在农业技术进步背景下的竞争和收益分配问题。技术踏车理论认为,由于农户农业技术进步所面临的是一个弹性很小的需求价格弹性,技术进步所带来的价格效应和分配效应让农产品消费者获得了较多的农业技术进步带来的收益,而农民获得的技术进步带来的收益可能很少,最终,农业技术的进步反而会使农民纯收入水平停滞甚至倒退。在市场竞争环境中,对新技术采纳后具有较高期望收益的农户,基于对利润的追逐,往往会率先采纳新技术,他们在获得超额利润的同时也扩散了新技术,扩大了未采纳技术农户的信息接受程度,降低了技术采纳的风险,从而促使更多的农户采纳该技术。另外,又由于使用新技术的农户增多,新产品供给曲线向右移动而需求曲线不变,使得价格下降从而抵消了超额利润,农户有必要放弃原有技术进而寻求可能带来更高利润的技术,不断反复循环形成周期性,形成农业技术"踏车效应"。农业技术踏车理论的核心思想是农户为了实现利润最大化,只好不断地采纳新技术。而那些不采纳新技术农户,则要承受损失甚至于被淘汰的风险。农户自愿采纳新技术的源泉就是农户的预期增产效果和市场的预期回报。

罗杰斯(2002)的创新扩散理论认为,农户个体对新技术的采纳过程包括五个阶段:(1)认识阶段。在认识阶段,农户通过各种途径和渠道初步了解到某项农业技术,形成对其功能的认知。这时,农户所关心的主要是技术是什么?它的原理和操作方法如何?技术对自身的生产发展和生活需要会有什么样的益处?这个阶段大部分农户还没有获得关于该技术的详细认识。所以往往对新技术的价值持怀疑态度。(2)兴趣阶段。这一阶段,农户可能看出该技术与其自身生产或生活中遇到的问题有关,该技术对解决这类问题有用而且可行,从而对该技术产生兴趣;进而积极地搜寻有关技术的信息(咨询相关农技人员,向邻里打听,阅读相关资料等),以减少采用结果的不确定性,并形成赞成或反对的态度。(3)评价阶段。在获得新技术的详细信息后,农户会联系自己的实际情况对该技术作出评价,农户根据自身的实际情况、所掌握信息和对创新的判断,作出采用或者拒绝农业新技术的决策。(4)试用阶段。在这一阶段,农户经过评价阶段确认该技术的有效性后,在正式采用新技术前,为了减少投资风险,要在自己的田间进行小规模的实验和使用,这时候,他需要投入必要的资本、劳动、土地等生产资料,并观察实验的进展与结果,只有农户认为该技术较为可靠、能够较为熟练地运用该技术后,才会考虑进行大规模的投入,完全将新技术引进到农业生产中。(5)采用(或放弃)阶段。当小规模实验结束后,农户会根据实验结果与自己的预期的吻合程度来决定采用还是放弃采用新技术,农户往往会经过多次试验才决定是否大规模采用。农户可能通过权衡利弊以理性的方式作出抉择,也可能以非逻辑的方式作出反应,而且决策以后的突发事件经常发生(高启杰,2003)。

农业新技术的接受如 IPM 技术是非常缓慢的过程,即使其经济和环境收益非常显著(Fernandez-Cornejo & Ferraioli,1999);不同技术本身的属性差异显著影响农户对新技术的采纳,不同技术具有不同的收益水平、风险差异和资源需求程度,这是导致农户技术采纳决策差异的主要原因(Gershon,1985;满明俊等,2010)。技术特点而不是农户特征是决定技术采纳的主要因素(Fliegel & Kivlin,1966;Adesina & Zinnah,1993;Batz et al.,1999)。Batz 等(1999)利用科尼亚的调查数据,检验了技术的复杂性、风险度、对投资的要求等对牛奶厂新技术的采纳率和采纳速度的影响,发现技术的复杂性、风险度对采纳的速度有显著的负面影响。Fliegel 和 Kivlin(1966)在对宾夕法尼亚州农户的研究中也发现技术特征影响采纳的速度,那些风险感知小、有正向收益的技术被最迅速地采纳。但 Mauceri 和 Alwang(2007)的研究发现,当考虑所有的因素,技术的复杂性和初始的高投入对新技术的采纳率没有负影响,这种看起来相互矛盾的结论可能是由于农户的人口统计学特征差异导致的,包括受教育水平的差异、收入的差异、与外部世界互动交流的差异(exposure to urban society);因此,他们推断有必要开展进一步的研究,来理解采纳的结构和扩散速度。

Fliegel 和 Kivlin(1966)合写的著作中讨论了技术特点如何影响采纳率,包括:(1)从技术特征分离出来的特征,以及农户的特征两者都对技术的采纳过程有潜在的影响;(2)如何测量或者分类这些技术的特点(3)在研究中考虑了足够多的变量;(4)每一个技术可能有很多不同的特点,这些属性必须被分离来理解对采纳结构的影响。Gould 等(1989),Adesina 和 Zinnah(1993)在模型中加入了感知变量,测量了生产者对田间问题感知的严重性和对技术的感知,得出的研究结果认为农户对技术的感知会显著地影响采纳决策。

7.1.2 农民个人禀赋与技术采纳

农民个人禀赋影响其技术采纳行为:包括年龄、性别、人力资本(正式和非正式的教育)等变量。在 Adesina 和 Zinnah(1993)的研究中,年龄和 IPM 技术采纳行为负相关,而先前的经历和农药健康影响的知识对 IPM 技术采纳的影响不显著。此外,有研究发现高收入、高受教育水平的群体更愿意采纳高风险和复杂性技术(Fliegel & Kivlin,1966;Batz et al.,1999)。性别对新技术采纳决策的影响被很多研究所考虑,但这种作用取决于特殊的农业情景。例如,在安哥拉,女性更喜欢借钱来满足技术所需要的资本投入,而男性则更愿意接纳新技术带来的风险(Bonabana-Wabbi & Jackline,1998)。Samiee 等(2009)研究了伊朗小麦种植户对 IPM 技术的采纳情况发现,农户收入变量、信息来源和交流渠道,对农技推广人员的认同度和知识水平显著正向影响小麦种植者对 IPM 技术的采纳水平。Blake 等(2006)研究了美国马萨诸塞州越橘种植户对

IPM 技术的采纳情况,发现非兼业、有丰富经验的户主以及规模大的农户,IPM技术的采纳水平更高。

户主的文化程度、个人见识等因素与农业技术采纳之间表现出较明显的正相关关系,技术采纳者的行为首先取决于其个人禀赋,其中最重要的是受教育程度(Saha et al.,1994)。人力资本可以通过正式和非正式的教育、经历获得。研究发现,农户拥有更多的正式教育更倾向于采纳农业新技术(Strauss et al.,1991;Chaves & Riley,2001),因为正式教育可能增加农户去理解和响应。Chowdhury 和 Ray(2010)的研究发现,农户关于 IPM 技术的知识水平是影响IPM 技术采纳的主要原因。

农民接纳新技术信息的能力也是影响技术采纳的重要因素(Feder & Slade,1984)。人力资本有助于提高农民的分析能力,作出实际的采纳决策,正确地使用新技术(Rahm & Huffman,1984)。参加 FFS、参加农户组织(Caviglia,2003)、获得农技服务信息的农户的 IPM 技术采纳水平更高(Strauss et al.,1991;Adesina et al.,2000;Bonabana-Wabbi,2002)。正式教育在欠发达国家或地区对 IPM 技术的采纳有正面的影响,提高了农户的病虫害监测水平,有助于促进农户施用推荐的化学品、保护有益昆虫等行为(Waller et al.,1998;Chaves & Riley,2001)。然而,Grieshop 等(1988)却发现,在美国的马铃薯种植者教育与 IPM 采纳之间没有关系,Chaves & Riley(2001)则发现在不同的咖啡种植者之间教育的作用有显著差异,关键取决于他们感知到的实践的复杂程度。

有关农户健康意识对 IPM 技术采纳影响的结论也存在差异。Maumbe 和 Swinton(2000)的研究发现,农户的健康意识对 IPM 技术的采纳没有任何影响;而 Fernandez-Cornejo 等(1994)在调查美国菜农的风险厌恶水平对 IPM 采纳的影响时发现其影响并不确定。速水佑次郎和拉坦(2000)研究发现,农户技术选择的主要影响因素为要素禀赋条件,要素相对价格的变动影响农户的技术选择行为。部分研究发现农户对农药有效性的感知会影响农户对 IPM 技术的采纳程度(Hashemi & Damalas,2010;Hashemi & Damalas,2011);而Garming(2007)的研究发现,先前的农药中毒经验可能影响农户的行为,促使他们更愿意去尝试和接受其他病虫害控制策略。

7.1.3 家庭经营特征

农户规模是另一个必须考虑到的决定因素。Just 等(1980)指出,在考虑到技术不确定性和采纳的交易成本和信息成本,其必然受到农户规模的影响。当这些成本增加,规模的重要性也在增加;如果新技术需要大的固定成本或者信息成本,小规模农户更不容易采纳。然而,Feder 等(1985)指出,技术这种影响可能会被服务部门的出现所抵消(如消费者服务或者咨询),但这样的假设可能是有疑问的。农户规模某种程度上反映了其他因素:如财富、风险偏好、信贷的可获得性、投入和信息的约束等;同时,信贷的获得与农户规模、土地产权有很大的关联,因为这两者决定了可以获得的信贷抵押。假设其他变量不变,规模大的农户比小规模农户更可能采纳新技术(Bonabana-Wabbi & Jackline,1998;De Souza Filho,1999);规模大的农户有更多家庭成员可以参加农业生产劳动,使得农户更有能力采纳劳动密集型技术(Gershon et al.,1985),同时如果技术是资本密集型的,家庭成员可以通过参加非农劳动获得的收入来购买农业投入。在很多研究中,财富是潜在的决定因素,对财富的衡量因调查样本的不同而不同,主要通过收入(现金流)、土地规模、拥有的牲畜的数量等来衡量。财富水平影响技术采纳决策,其原因在于财富水平更高的农户更容易获得资源,对风险的承担能力更强(Doss,2003)。一般地,财富使得农民有能力承担更多的风险,从而鼓励了对新技术的采纳;规模大的农户在信息采集和知识积累方面更具优势从而有助于采纳新技术(Feder & Slade,1984)。2001年美国农户发展报告指出,大规模的农户——越依赖于农业收入——更愿意采纳需要更多管理密集的技术。例如,大约18%的大规模农户采纳精细农业耕作技术;相反,3%的小规模农户采纳了精细农业耕作技术。Shennan等(2001)发现,病虫害管理实践的选择和农户规模在加利福尼亚的蔬菜和果农中存在相关关系。Fernandez-Cornejo(1998)发现,葡萄种植者对IPM技术的选择上有同样的结果。然而,Chaves和Riley(2001)在分析Colombian咖啡种植者的病虫害管理实践时发现,农户规模与某些技术采纳相联系,但是对另外一些实践则不然。如Grieshop等(1988),Ridgley和Brush(1992),Waller等(1998)发现,在美国西红柿、梨和马铃薯种植农户中,种植规模与IPM技术采纳之间没有联系。

Hashemi(2011)认为,非农收入是IPM技术采纳的阻碍,而土地自有的农民和租种土地的农民比较起来更可能采纳IPM技术;McNamara等(1991)使用花生种植者的观测数据,得出因为IPM技术需要更多管理时间,非农收入可能是IPM技术采纳的约束。Fernandez-Cornejo等(1994),Fernandez-Cornejo(1996,1998),Fernandez-Cornejo和Jans(1996)利用蔬菜和水果生产者的检查数据得到了同样的结论。Wozniack(1993)考察了家禽养殖的新技术的采纳,发现非农收入有助于技术及早采纳和信息的获得;而Hashemi和Damalas(2011)的研究却发现,非农收入是IPM采纳的阻碍,并发现先前的农药中毒经验对农户IPM技术采纳程度有显著的正向影响,但是对是否采纳没有影响。在考察农户规模在技术采纳中的作用时,风险态度、单位产出与不同技术条件之间的随机关系起到关键的作用;类似地,新技术投入的边际风险效果是不同规模农户决定采纳强度时的重要影响因素(Just & Zilberman,1983)。同时,必须注意到农户对技术的采纳是一个渐进的过程(Byerlee & De,1986)。

7.1.4　自然和制度环境

Sunding 和 Zilberman(2001)认为,新技术采纳是创新过程的一部分:开始于发现,继续于发展和扩散;当一项新技术对农户来说是可以得到的,研究采纳和不采纳的决定因素应该包括个体和地区两个层面上的因素。新技术采纳和扩散不同,在研究时必须考虑时间和空间因素(Millock et al.,2002)。Jeger(2000)讨论了亚洲的水稻和蔬菜生产的差异,评论了田间学校在蔬菜生产中推动 IPM 技术采纳行为。他认为潜力在目前很小,特别是行业被非土生的作物垄断。Geoff 和 Denise(2008)研究了澳大利亚苹果种植者的 IPM 技术采纳行为,发现气候、地形、苹果园地理空间分隔以及作物混种决定了病虫害和农药施用的类型与强度;在病虫害的种类和强度给定条件下,种植者的 IPM 技术采纳行为依赖于可以得到的控制选择;进一步的研究发现,影响种植者病虫害管理实践的主要因素是苹果园特殊的背景变量,而不是先前的研究中发现的人口统计学变量和农户特征变量。

非正规的新技术传播渠道在众多发展中国家都存在并发挥着重要的作用(Elizabeth,1990;Mccann & Sullivan,1997)。农民田间学校的成功主要是与当地的文化背景相联系的,其鼓励实验性的和集体的学习,逐步引导农民对 IPM 技术的接受程度(Florencia & Palis,2006)。获得技术的充分的信息使得农民可以优化决策过程(Feder et al,2003)。Beckmann 和 Wesseler(2003,2006)从理论上分析了 IPM 技术的采纳与农户劳动组织之间的相互作用,并建立了一个成本—收益模型,发现 IPM 技术的采纳也受劳动组织的影响。Davis(2010)的研究发现,在肯尼亚,交通状况对农户是否参加农民田间学校有显著影响,靠近道路的农户更可能参加农民田间学校,那些住的比较偏远、交通不方便的农户参加农民田间学校的机会则更少。

一些研究描述了病虫害管理的复杂性,认为经济激励可以促进 IPM 技术的使用,特别是在从传统的管理转移到病虫害综合管理(Grieshop et al.,1988;Brewer & Prestat,2002)。在一些研究中,研究者假设没有接受 IPM 技术是因为技能的不足,认为必须对农民培训,帮助农民识别病虫害(Nyankanga et al.,2004;Poubom et al.,2005)。其他的一些研究调查了中介机构和农技服务部门对种植者决策的影响;还有一些研究把 IPM 技术的迅速推广,特别在亚洲和非洲国家,归功于其有效的教育和培训方法。Escalada 和 Heong(1993)认为,IPM 技术在菲律宾稻农的推广速度缓慢是由于农民缺乏知识,但同时也指出田间学校可以加速 IPM 技术推广,通过提供种植者体验 IPM 技术的机会。Jeger

(2000)则认为,田间学校的在推动病虫害管理实践方面的成功,应该归功于政府对广谱农药的广泛禁用。例如,在印度尼西亚,57%的广谱有机磷、拟除虫菊酯和氯化烃杀虫剂通过总统颁发的命令被禁用,对稻农来说唯一的选择是参加IPM 技术培训,这意味着农民必须通过田间学校来获得和理解病虫害防控知识。

　　国内的研究多集中于农民对新技术采纳的相关研究,有关 IPM 技术采纳的文献较少。林毅夫、沈明高(1990)认为,对农民来说,一种新技术的采纳取决于农民学习新技术的成本和采纳这种新技术的预期收益,最基本的是预期产量优势。朱希刚、赵绪福(1995)的研究发现,农业技术推广组织是贫困山区农业技术传输的主要渠道,与农业技术推广员和村农技员接触较多的农民容易采纳新技术。汪三贵、刘晓展(1996)的研究认为,由于经济能力和信息的约束,农户在风险与利润之间进行谨慎权衡的选择结果往往是倾向于回避风险,追求收入稳定。因此,风险最小化是农户选择技术的首要考虑因素。宋军等(1998)的研究认为,农民受教育水平与不同类型技术的采纳程度之间呈现不同的相关关系,农民文化水平越高,选择高产技术的比例越低,而选择节约劳动技术的比例越高。高启杰(2000)发现,农民本身及其环境两大因素共同对农民的技术采纳行为产生影响。为了提高农户技术采纳水平,可以从两个方面着手:一是在推广某项技术创新的过程中,推广人员应当尽可能多地运用各种推广方法,帮助不同类型的农民改变观念与态度,帮助农民获得应用该项技术创新的知识与技能;二是改变农业环境,主要是创造农民采纳技术创新时所需的各种社会组织环境、政策法律环境、技术服务环境、基础设施及其他服务条件等。吕玲丽(2000)发现,农户的心理素质会影响农户的技术采纳行为,而这往往导致农户在对新技术的采纳时形成"跟风"或互相模仿。朱明芬等(2001)的研究发现,随着农户兼业程度的提高,不同兼业程度的农户对农业新技术的态度也会相应发生改变,随着兼业程度的不同,农户对农业新技术的采纳态度、行为方式、技术偏好、投资力度等方面都存在显著差异;对新技术态度最有积极性的是农业专业大户,他们不仅积极、主动、审慎地采纳农业新技术,而且在农业新技术需求项目、技术类型、投资意愿等方面都与一般农户存在显著差异,而非农兼业户对农业新技术采纳的积极性下降。廖西元等(2004)对中国水稻主产区农户的技术需求意愿进行排序研究后,指出农户最需要的技术是新品种技术和病虫害防治技术。孔祥智等(2004)在研究中引入机会成本变量后,发现新技术的进入门槛和技术采纳的机会成本共同影响农户对农业新技术的采纳。曹建民等(2005)的研究发现,农民掌握的信息、农民的个人特征和家庭特征等因素决定了农民参加技术培训行为;技术培训是影响农民技术采纳意愿的比较重要的因素,农技培训可以激发农民采纳新技术的愿望。常向阳、姚华峰(2005)的研究发现,我国各省份农户在农业技术采纳行为上存在差异,要素禀赋对农户的农业技术选择具有重要影响。李伊梅、刘永功(2007)对农村社会网络与农户技术采纳之间关系的研究表明,农户社会网络的完善和强化可以形成农户之间的互动,有助于提高农户采纳新技术的积极性。张耀钢、应瑞瑶(2007)的研究发现,影响农户选择技术服务的因素除了农户自身特征和土地禀赋等变量外,农技培训是激活农民技术服务需求的重要因素。展进涛等(2009)的研究发现,劳动力转移程度越高的农户对农业技术的需求越小,随着家庭劳动力转移数量的增加,农户选择农业技术推广部门作为技术渠道的可能性会降低,但这一结论并不适用于农机使用技术;家庭经营规模越大,农户对技术的需求则越大,并越偏好于农业技术推广部门的技术指导,但这一结论并不适用于病虫害防治技术。张蕾等(2009)通过对 13 个粮食主产省份 411 个县的农户调查发现,自我摸索、亲戚朋友以及农资销售部门是农户获取农业技术信息的主要渠道;农户需求的农业技术信息主要包括病虫害技术、施肥技术和良种及栽培技术等常规技术,但对高新技术的采纳普遍缺乏。唐博文等(2010)的研究发现,具有不同家庭特征、外部环境特征的农户基于技术自身特征差异会表现出不同的技术采纳行为。满明俊等(2010)的研究发现技术属性的差异显著影响农户对新技术的采纳,不同技术具有不同的收益水平、技术风险和对资源依赖程度,这是导致农户技术采纳决策差异的主要原因,农户采纳不同属性技术的行为与影响因素具有线性关系或者"正 U 形"、"倒 U 形"关系。胡志丹等(2010)的研究认为,区域文化也会影响到农户对新技术的采纳。满明俊等(2011)的研究发现,政府农技部门仍是农业技术推广中最重要的主体。周波、于冷(2011)的研究发现,若农业技术应用的时间跨度大可能会对农户家庭总收入产生负面影响,但若应用的时间跨度小则会促进农户家庭总收入有效增长。

国内关于 IPM 技术采纳方面的研究整体上较少。陈杰林、韩群鑫(2005)认为,IPM 技术作为一种新的病虫害控制理念和策略,农户缺乏对它的认识与信心,也缺少 IPM 技术本身的复杂性所要求的知识和技能。方炎(1998)通过对 IPM 项目及其技术推广过程的描述,探讨了因环境压力引致技术变革的可行性,以及制度因素影响技术变革的有关问题,并提出相应的政策建议。刘道贵(2005)研究了实施棉花 IPM 项目对池州市贵池区棉花生产及棉农行为的影响,认为在农村开展和举办 IPM 培训活动,对农作物的优质高效、环境的综合治理、生态的平衡发展,以及农民的行为方式改变等方面都起着不可估量的作用,并认为 IPM 技术是农业走可持续植保的一条必由之路。喻永红、张巨勇(2009)基于 CVM 方法的研究分析了农户在水稻生产中采纳 IPM 技术的意愿及其影响因素,认为出于对环境安全和健康安全的关注,大多数农户愿意采纳水稻 IPM 技术。

已有的研究认为,IPM 技术可以减轻传统化学农药施用措施对生态环境和公众健康的负面影响,但是有关 IPM 采纳及其推广效果方面的经验研究却仍相当缺乏。究竟哪些因素会影响农户的 IPM 技术采纳行为决策,农户采纳 IPM 技术后的成本节约和粮食增产效果究竟如何,如何提高 IPM 技术推广效果和效率,等等。目前,国内相关文献并没有给出令人满意的答案。长期以来,IPM 技术在推广过程中主要是采取"自上而下"的方式,因而国内学者的研究视角多集中在 IPM 技术的供给主体(如农技推广部门),而忽略了从农户视角研究农户 IPM 技术采纳行为及其影响因素。事实上,农业技术推广(扩散)与采纳过程的参与主体多元分散,但都必须以满足农户需求为目的,农户是农业技术采纳的主体。并且,尽管政府相关部门和境外非政府组织在我国部分农村地区推广 IPM 技术,但由于缺乏对 IPM 技术采纳后的经验总结和效果评价,使得政策制定者缺乏决策的基础数据,进而阻碍着相关决策,限制了 IPM 技术的进一步扩散。

7.2 农户 IPM 技术采纳影响因素实证分析

7.2.1 研究背景与数据获得

水稻种植为中国提供了 40% 的食物能量,吸纳了 50% 的农业劳动力,全国 65% 以上的人口以稻米为主食,年稻米消费总量近 2 亿吨(谭淑豪等,2006)。水稻生产在保障我国粮食安全上承担着重要的角色,稳定、提高水稻产量具有重要的意义。安徽省是我国重要的水稻产地。安徽省所处的华中单双季稻稻作区,是中国最大的稻作区域,从东海之滨起始,直至四川成都平原的西缘,南部接南岭,北部临淮河。

2000 年,安徽省水稻种植面积和稻谷总产量分别为 2237 千公顷和 1222 万吨,分别占全国的 7.47% 和 6.50%,到 2009 年,安徽省水稻种植面积和稻谷总产量分别增加为 2247 公顷和 1406 万吨,分别占全国的 7.59% 和 7.21%,这说明安徽省的水稻种植面积和稻谷总产量相对较为稳定。在 2000—2009 年期间,安徽省水稻种植面积也曾出现剧烈波动,例如在 2001 年和 2003 年,安徽省水稻种植面积和稻谷总产量分别下降至 1950 千公顷和 1174 万吨、1972 千公顷和 964 万吨,但在其他年份,种植面积基本上都维持在 2000 千公顷和 1200 万吨之上(见表 7.1)。

表 7.1　水稻种植情况

年份	种植面积（万公顷）			总产量（万吨）		
	全国	安徽	比例（%）	全国	安徽	比例（%）
2000	29962	2237	7.47	18791	1222	6.50
2001	28812	1950	6.77	17758	1174	6.61
2002	28202	2044	7.25	17454	1328	7.61
2003	26508	1972	7.44	16066	964	6.00
2004	28379	2130	7.45	17909	1292	7.21
2005	28847	2149	7.45	18059	1251	6.93
2006	28938	2166	7.49	18172	1333	7.33
2007	28919	2205	7.62	18603	1356	7.29
2008	29241	2219	7.59	19190	1384	7.21
2009	29627	2247	7.59	19510	1406	7.21
2010	29873	2245	7.51	19576	1383	7.06
2011	30057	2330	7.75	20100	1387	6.90

数据来源：历年《中国农村统计年鉴》。

水稻在生长季节中遇到的主要病虫害包括：二化螟、稻飞虱、稻纵卷叶螟、纹枯病。近年来，水稻纹枯病、稻瘟病、稻曲病发生面积扩大。2009 年，水稻病虫害发生 107424.68 千公顷次，比上年减少 6444.10 千公顷次，造成稻谷损失 512.82 万吨。全年水稻重大病虫害防治面积共计 164450.52 千公顷次，挽回粮食损失 3886.31 万吨。其中，稻飞虱、水稻螟虫、稻纵卷叶螟、稻瘟病、纹枯病等"三虫两病"发生面积 90854.65 千公顷：稻飞虱发生面积 29164.33 千公顷次，稻纵卷叶螟发生面积 20905.27 千公顷次，二化螟发生面积 14556.00 千公顷次，三化螟发生面积 2295.55 千公顷次，大螟发生面积 1491.25 千公顷次，稻瘟病发生面积 4622.07 千公顷次，纹枯病发生面积 17820.18 千公顷次；造成稻谷产量损失 434.52 万吨。

从表 7.2 可以看出，全国的农药总使用量在 2000 年为 127.95 万吨，到了 2011 年，这一数据已经增加至 178.7 万吨，年均增长率为 2.8%；其中，安徽省农药使用总在 2000 年为 7.56 万吨，到了 2011 年，这一数据增加到了 11.75 万吨，年均增长率为 3.7%。可以看出，一方面，安徽省的农药使用量变化方向与全国保持一致；另一方面，安徽省的农药使用量年均增长速度为 3.74%，比全国农药施用 2.82% 的增长速度要快。

表 7.2　农药施用情况　　　　　　　　　单位:万吨

年份	2000	2001	2002	2003	2004	2005	2006	2007	2008	2009	2010	2011
全国	127.95	127.48	131.23	132.52	138.60	145.99	153.71	162.28	167.23	170.90	175.8	178.7
安徽	7.56	7.30	7.43	7.88	8.46	9.48	9.54	9.91	11.15	11.04	11.66	11.75

数据来源:历年《中国农村统计年鉴》。

本研究的数据主要来源于课题组对安徽省芜湖市南陵县的调研数据。南陵县是国家级粮食主产区、优质水稻主产区,中国古代"四大米市"之一,属低山丘陵向沿江平原过渡地形,2010 年被列为全国首批农业现代化示范区。水稻是当地的主要作物,辖区内的南陵县共拥有耕地面积 49.1 万亩,稻田面积约为46.1 万亩。目前,南陵县拥有绿色食品水稻标准化生产基地 20 万亩、无公害水稻标准化生产基地 30 万亩,年产稻谷 35 万吨,素有"江南粮仓"之美誉,"南陵大米"已经注册集体商标,获得"国家农产品地理标志"。

2006 年起,为了打造优质大米品牌、提升稻米品质和改善生态环境,南陵县政府在世界银行的支持下开始向水稻种植户推广 IPM 技术。在 IPM 技术推广的管理和运行上,与技术依托单位安徽省农科院和培训实施单位南陵县农技推广中心分别签订了技术协作和培训实施协议。县农技推广中心对 28 个村 IPM示范园农户培训 50 场次 7000 人次。项目办公室与 28 个村签订了水稻 IPM 技术示范推广协议,村委会(社区)与 2 万户农户签订了水稻 IPM 技术示范推广协议。

课题组于 2010 年 11 月 8—16 日在调查点随机抽取 30 个农户进行田间观测和入户访谈,在此基础上对调查问卷进行修改和完善;正式调查于 2011 年 1月 5—16 日正式进行。样本农户的选择基于分层抽样法。本研究基于人均收入水平对农户进行分层,将农户按收入分为高、中、低三组,每组随机抽取 140个样本,共入户调查 420 个农户,得到有效问卷为 386 份,有效率为 91.90%。总共调查了 6 个乡镇共 420 户农户。

调查采用回顾式的调查方法,到被访问者的家里面对面地进行访谈,这种方法在文献中被证明是一种有效的方法,可以减轻被访问者的心理压力,使其更为轻松,而且没有时间的约束(Sarantakos,1994)。正式调查的时间临近春节,主要的使用农药的季节结束,这有助于农民回忆一年的农药施用和农业生产情况。每半天只访问一个农户,调查员尽量选取来自本地农村的研究生,他们对农村比较了解,有助于对问卷的理解,以及与农户的交流,并解决了方言的问题。在正式调查之前,对这些调查员实施了为期一周的调研培训。正式的调查在当地政府的帮助下完成,增加了农户对调查员的信任感。值得说明的是,本次调查中的 90.93% 受访者为家庭中农业主要的决策者和劳动力,保证了调查数据的准确性和有效性。本次调查对象都是家庭农业主要的决策者和劳动力,这有助于提高问卷的精确度。

调研的农户问卷共由以下几个部分组成:(1)农户家庭基本情况(包括人口、土地、作物、非农就业等);(2)水稻种植情况(包括成本、收益等);(3)农药施用过程中的急性病发生情况;(4)病虫害防治情况(包括 IPM 技术采纳情况);(5)病虫害专业化统防统治参与意愿。剔除部分数据缺损的问卷,有效问卷 386份,有效率为 91.90%。有效样本中,有 37 个农户雇人施药,所以在计算 IPM技术采纳对农户农药施用健康成本的影响时,有效样本为 349 户。

调查发现样本农户水稻种植品种主要有:"单季早稻"、"单季晚稻"、"双季早稻＋双季晚稻"、"部分单季早稻,部分双季早稻＋双季晚稻"、"部分中稻,部分双季早稻＋双季晚稻",所占比重分别为 25.65%(99 户)、11.66%(45 户)、42.23%(163 户)、13.99%(54 户)、6.48%(25 户)。由于仅有 25 个农户种植中稻,因此本研究在后面省略了对中稻的分析。

样本地区农户在早稻生产中遇到的病虫害主要包括纹枯病和穗颈瘟等,5－6 月份是发病的高峰期。在晚稻生产中遇到的病虫害主要包括"四病"(稻曲病、稻瘟病、纹枯病、细条病)、"两迁"(稻飞虱、稻纵卷叶螟)和三代二化螟等。9－10 月是晚稻病虫害防治的关键时期。农民在晚稻的生长季节中要施用的农药 9.7 次,调查的样本农户经常施用的农药包括:杀虫双、氯虫苯甲酰胺、噻嗪酮、吡虫啉、噻虫嗪、苯甲酰胺、丙溴磷、阿维菌素、Bt 乳剂、敌百虫、稻瘟灵等。

根据调查统计结果,被调查农户中,被调查对象平均年龄约为 51.26 岁,分布在 33～71 岁之间;被调查对象绝大多数为男性,约占 90.16%;农民受教育程度普遍不高,文化程度集中在初中和小学水平;45.85% 的被调查对象从事非农就业,这是由于本次调查的样本农户位于粮食主产区,兼业农户的比重相对较低;样本农户的健康意识较低,认为施药对健康没有影响和影响较小分别占26.42% 和 42.49%;样本农户的环境意识较低,认为施药对健康没有影响和影响较小分别占 39.12% 和 28.50%。家庭农业劳动力个数为 1 的占 44.56%,家庭农业劳动力个数为 2 的占 37.31%,意味着不少农户可能面临家庭农业劳动力的供给不足。被调查农户中,家庭水稻种植收入占家庭年总收入的比重介于25%～50% 之间,占 48.96%,介于 50%～75% 之间,占 17.88%;被调查农户中,水稻种植规模平均为 24.87 亩,最大为 387 亩,有 9.32% 的农户耕地规模大于 50 亩,但 76.94% 的农户种植规模小于 10 亩,说明农户水稻种植仍以中小规模为主;样本农户平均耕地块数为 3.24 块,最大为 16 块;耕地平均离家距离为1.26 公里,其中介于 0～1 公里占 64.77%,1～2 公里占 18.91%,2 公里以上占16.32%。有 13.21% 的农户参加了农民田间学校学习。被调查对象的基本信息统计情况如表 7.3 所示。

表 7.3 样本农户被调查对象基本特征

	定 义 及 赋 值	均值	标准差	最大值	最小值
被调查对象年龄	周岁	51.26	7.53	33	71
被调查对象性别	性别:女＝0;男＝1	0.90	0.30	0	1
被调查对象文化水平	文盲＝1;小学＝2;中学＝3;高中及以上＝4	2.38	0.84	1	4
被调查对象是否兼业	是否非农兼业:否＝0;是＝1	0.46	0.50	0	1
被调查对象健康意识	施用化学农药对健康的影响:没有＝1;较小＝1;一般＝3;很大＝4	1.90	1.33	1	4
被调查对象环境意识	施用化学农药对环境的影响:没有＝1;较小＝2;一般＝3;很大＝4	2.11	0.86	1	4
农业劳力数	家庭适龄(大于18岁)农业劳动力人数:1人＝1;2人＝2;3人及以上＝3	1.74	0.75	1	3
收入结构	水稻种植收入占家庭总收入的比重:小于25%＝1;25%～50%＝2;50%～75%＝3;75%及以上＝4	2.46	1.00	1	4
耕地规模	水稻耕地面积(亩)	24.87	55.84	2.2	387
耕地块数	家庭耕地块数	3.24	0.97	1	12
耕地距离	家庭耕地平均离家距离(公里)	1.26	0.57	0	2.5
农民田间学校	参加农民田间学校:否＝0;是＝1	0.13	0.34	0	1

　　农业病虫害防治是确保农业稳产高产的重要环节。然而在防治过程中大量使用化学农药,造成环境污染和生态破坏,直接危害人类健康和食品安全,并且增加了农户的农药费用支出。IPM 技术能够带来经济、社会和环境收益效果,但令人遗憾的是,中国大部分农户集约化、规模化经营程度较低,风险承受能力较弱,农户在病虫害控制时主要依赖经销商提供的信息、平时积累的经验以及与其他农户的交流,长期依赖化学农药防治有害生物的经历和常规农药所具有的广谱、高效、速效、使用方便等特点,使农户易于对现有防治方法感到满足;IPM 技术作为一种新的理念和策略,农户缺乏对它的认识和信心,也缺少IPM 本身的复杂性所要求的知识和技能(陈杰林、韩群鑫,2005)。因而,IPM 技术在中国的推广效果并不理想(方炎,1998),大多数水稻种植户农药施用存在用量过度和结构不合理现象(鲁柏祥等,2000),农民未充分利用综合手段而只是单纯依靠施用化学农药进行病虫害防治(洪崇高,2008)。究竟哪些因素影响农户 IPM 技术采纳行为,国内相关文献并没有给出令人信服的答案。长期以来,IPM 技术推广主要采取"自上而下"的技术推广方式,国内学者的研究视角多集中于农业技术供给方,而忽略从农户视角研究 IPM 技术采纳行为及其影

响因素。农民技术选择行为是技术扩散过程中的一个主要环节,虽然中国政府和国际组织在部分地区推广 IPM 技术,但由于缺乏对 IPM 技术农户采纳行为的事后研究、经验总结,使得政策制定者缺乏决策的基础数据,阻碍了相关决策、限制了 IPM 技术的进一步扩散。

7.2.2 农户 IPM 技术采纳影响因素

遵循经典的假设,我们把 Z 视作被调查对象个体特征、家庭经营特征等因素的线性函数,则有:

$$Z = \alpha + \sum_{i=1}^{n} \beta_i x_i + u$$

其中,u 为服从极值分布的随机变量;x_i 表示被调查对象个体特征、家庭经营特征、耕地特征等变量;α 和 β 分别表示待估参数。从实证的角度,我们可以通过分析 x_i,找出各项特征与 Z 的关系,从而分析影响农户最终技术采纳的 $e(\cdot)$。

已有文献关于农户新技术采纳的逻辑起点在于:新技术能够带来利润最大化或效用最大化。基于以上模型分析和有关文献,本文认为农户 IPM 技术采纳行为受到下列因素的影响:被调查对象特征、家庭经营特征、耕地特征、IPM 技术信息渠道等。

1. 被调查对象特征

被调查对象特征包括农户被调查对象的年龄、性别、文化水平、是否非农兼业、健康意识和环境保护意识。

Adesina 和 Zinnah(1993)的研究发现,被调查对象年龄对技术采纳行为有负面影响,一般地,户主年龄更大,会增加对风险的防范,减少在农田的长期投资的兴趣。通常来说,年龄大的被调查对象倾向于规避风险,谨慎对待新技术,更偏好自己原本熟悉的技术;而年轻的被调查对象可能更愿意采纳新技术,对农业长期投资感兴趣,风险意识较低,还在学习更好的农业生产、田间管理方法。

女性一般较保守,采纳新技术的意愿也较低,男性在获取影响 IPM 技术采纳行为的劳动力、信息等资源时更具优势,所以被调查对象性别会影响农户的 IPM 技术采纳行为。

文化水平代表被调查对象的沟通能力、阅读能力、综合信息并作出最优决策的能力,受过良好教育的农户更容易更有能力理解较复杂的技术信息,掌握 IPM 技术应用方法,并取得相对较好的效果,因此被调查对象文化水平会影响农户的 IPM 技术采纳行为。

在总时间一定的前提下,非农就业意味着农户用于农业生产的时间可能较其他农户少,这可能会影响技术的采纳和技术采纳的效果,增加了采纳技术的风险。刘纯彬等(2011)的研究发现,与劳动力不能流动的情况相比,当农业工资率与非农工资率差距比较大时,劳动力流动下的兼业生产行为提高了新技术采纳的收益标准,抑制了新技术采纳量;但被调查对象非农兼业同时也意味着被调查对象更有可能接触外部信息、拓宽收入渠道,有利于作出采纳新技术的选择。

IPM 技术鼓励通过自然控制的方法控制病虫害,减少合成农药的施用从而减少对农药施用者的健康影响,健康意识越高的被调查对象可能出于健康考虑,更有可能采纳 IPM 技术。农户需要可信的、经济上可行的病虫害防治技术来保持产量(和收益),同时,农户对新技术效用的考量中也包含了对健康、食品安全、环境和风险的关注。IPM 技术相比较传统的病虫害防治方式,减少了对环境的负面影响,从而环境保护意识水平较高的被调查对象,更可能采纳 IPM 技术。

2. 家庭经营特征

家庭经营特征包括家庭农业劳力数和收入结构。IPM 技术中很多实践对劳动力投入要求较高,农业劳力越多的农户在采纳 IPM 技术时应该有更多的便利,从而有利于农户对 IPM 技术的采纳;同时,家庭农业劳力越多,可能对口粮的需求越多,从而病虫害防治意识更强,更愿意采纳 IPM 技术,以更好地防治病虫害。

收入结构代表了农户对水稻种植收入的依赖程度,同时也部分反映了农户的农业风险偏好,不同收入结构农户 IPM 技术采纳的风险—收益预期和成本—收益预期存在差异。水稻种植收入占家庭总收入的比重越高,那么农户对粮食产量波动的关注度更高,预防病虫害的风险意识可能会更强。

3. 耕地特征

耕地特征包括耕地规模、耕地产权、耕地块数、耕地距离。

Adesina 和 Zinnah(1993)的研究发现,农户规模对 IPM 技术采纳行为有正向的影响,虽然与农户对技术的感知比较起来其影响要小;de Souza 等(1999)的研究发现,农户规模与技术采纳是负向的关系;而 Bonabana(2002)的研究发现,农户规模对 IPM 技术采纳行为没有影响。耕地规模影响农户 IPM 技术采纳的成本收益、资源获取能力和对技术的偏好。比如对规模较小的农户,某项 IPM 技术固定成本投入较大可能约束农户对其的采纳;对规模较大的农户,可能厌恶对劳动力需求较大的 IPM 技术。因此,耕地规模是农户 IPM 技术采纳行为的重要影响因素。

耕地产权影响农户的农业生产行为从而影响农户的 IPM 技术采纳水平。租种耕地的农户因为需要支付土地租金,水稻生产成本意识更强,可能更愿意采纳节约农药施药的 IPM 技术从而减少农药费用。

耕地距离直接影响农户施药的方便程度、交通成本和时间成本,从而可能对 IPM 技术采纳行为产生影响。

耕地块数是衡量土地细碎化的重要指标,王秀清和苏旭霞(2002)的研究表明,土地细碎化提高了使用机械的物质费用,降低了粮食生产的劳动生产率、土地生产率和成本产值率,耕地块数越多,农户施药越烦琐、时间成本越高,不同耕地块数的农户施药行为可能存在差异,进而影响 IPM 技术采纳行为。

4. 信息获取渠道

信息渠道包括是否参加农民田间学校。

信息获取渠道影响信息的质量进而影响农民对 IPM 技术价值了解程度、技术掌握程度,从而影响 IPM 技术采纳行为。虽然即使农户没有接受 IPM 技术培训,IPM 技术的一些组成部分如预防性的措施也已被农户所采用(Supriatna, 2003);但受到农业技术服务的农民和参加农民组织的农民有更高的参加率(Strauss et al., 1991;Adesina 2000)。Bonaban-Wabbi 等(2002)的研究发现,信息因素对 IPM 技术的采纳有显著正向影响。然而,Feder 等(2003)对印度尼西亚的研究中发现,农民田间学校对 IPM 技术采纳行为没有显著影响。"农民田间学校"强调在农民培训中采取参与式学习、重视能力培养、采用季节性培训(张明明等,2008),从而能影响农户 IPM 技术采纳行为。

7.3 模型构建与变量选取

为了精确分析影响农户 IPM 技术采纳的影响因素,本研究采用 Probit 模型进行实证分析,具体形式如下:

$$P = P(y = 1 \mid X) = \phi(\beta X)$$

其中,P 表示概率;$y = 1$ 表示农户采纳了某些 IPM 技术;ϕ 是标准正态分布函数;$\beta(\beta_0, \beta_1, \cdots, \beta_n)$ 为待估参数;$X(X_0, X_1, \cdots, X_n)$ 是解释变量。βX 为 Probit 指数。β_1 表示 x_1 变化一个单位引起 Probit 指数变化 β_1 个标准差,而 x_1 变化一个单位引起的概率变化(Marginal Effect, dF/dx, 边际效应)等于对应的正态密度函数与参数指数 β_1 的乘积。Probit 模型是通过极大似然法来估计模型参数的。

根据已有研究成果、预调研实际情况和数据可获得性,本研究选取的解释变量及说明见表 7.4。

表 7.4 变量说明

变 量 名	变量类型	变 量 解 释
化学防治型 IPM		没有采纳＝0；采纳＝1
物理防治型 IPM	因变量	没有采纳＝0；采纳＝1
生物防治型 IPM		没有采纳＝0；采纳＝1
被调查对象年龄		周岁
被调查对象性别		性别：女＝0；男＝1
被调查对象文化水平	被调查对象	受教育水平：文盲＝1；小学＝2；中学＝3；高中及以上＝4
被调查对象是否兼业	个体特征	被调查对象是否兼业：否＝0；是＝1
被调查对象健康意识		施用化学农药对健康的影响：没有＝1；较小＝2；一般＝3；很大＝4
被调查对象环境意识		施用化学农药对环境的影响：没有＝1；较小＝2；一般＝3；很大＝4
农业劳力数		家庭适龄（大于18岁）农业劳动力人数：
	家庭经营	1人＝1；2人＝2；3人及以上＝3
收入结构	特征	水稻种植收入占家庭总收入的比重：
		小于25％＝1；25％－50％＝2；50％－75％＝3；75％及以上＝4
耕地规模		水稻耕地面积（亩）
耕地产权		有无租种的耕地：没有＝0；有＝1
耕地块数	耕地特征	家庭耕地块数
耕地距离		家庭耕地平均离家距离（公里）
参加农民田间学校	信息获取 渠道特征	参加农民田间学校：否＝0；是＝1

7.4 描述性统计分析

在调查的 386 户样本农户中，有 64.77％的农户采纳了化学防治型技术，12.95％的农户采纳了物理防治型技术，35.75％的农户采纳了生物防治型技术（见表 7.5）。

表 7.5 IPM 技术采纳情况

IPM 技术	户数（户）	比例（％）
化学防治型技术	250	64.77
物理防治型技术	50	12.95
生物防治型技术	138	35.75

表 7.6 为变量基本统计特征。

表 7.6 变量基本统计特征

	化学防治型 IPM			物理防治型 IPM			生物防治型 IPM		
	采纳	未采纳	T 检验	采纳	未采纳	T 检验	采纳	未采纳	T 检验
被调查对象年龄	50.34	52.95	1.34*	50.32	51.40	1.04	50.26	51.81	1.02
被调查对象性别	0.94	0.83	12.13***	0.98	0.89	4.00**	0.96	0.87	9.55***
被调查对象文化水平	2.51	2.13	8.53***	2.76	2.32	4.55***	2.57	2.27	4.88***
被调查对象是否兼业	0.60	0.21	62.45***	0.66	0.43	9.57***	0.63	0.36	27.23***
被调查对象健康意识	2.14	2.04	2.03	2.30	2.08	2.33*	2.21	2.05	1.74
被调查对象环境意识	2.07	1.95	1.32	2.08	2.02	0.29	2.04	2.02	0.64
农业劳力数	2.02	1.21	77.35***	1.88	1.71	3.05**	1.93	1.63	11.51***
收入结构	2.53	2.33	23.85***	3.34	2.33	20.34***	2.56	2.40	5.65***
耕地规模	32.49	10.86	0.88	93.48	14.66	5.70***	17.74	28.84	1.01
耕地产权	0.13	0.18	1.38	0.16	0.15	0.07	0.09	0.18	4.92**
耕地块数	2.11	2.49	3.59***	6.12	2.26	2.34*	2.01	2.37	3.19***
耕地距离	1.06	1.35	4.75***	1.07	1.25	0.96	1.00	1.29	2.63**
参加农民田间学校	0.20	0.01	30.62***	0.44	0.09	53.86***	0.20	0.10	9.57***

注:*、**、***分别表示在 1%、5%、10%的显著性水平。

分析表 7.6 得到如下结果:

未采纳化学防治型 IPM 被调查对象平均年龄为 52.95 岁,采纳组被调查对象平均年龄为 50.34 岁,T 统计检验的结果也表明年龄在化学防治型 IPM 采纳组和未采纳组之间的差异很显著;未采纳物理防治型 IPM 被调查对象平均年龄为 51.40 岁,采纳组被调查对象平均年龄为 50.32 岁;未采纳物理防治型 IPM 农户被调查对象平均年龄为 51.81 岁,采纳组被调查对象平均年龄为 50.26 岁。采纳未采纳 IPM 技术组农户的平均年龄均大于采纳组,可以初步推断年龄越大的农户越不可能采纳 IPM 技术。

未采纳化学防治型 IPM 农户被调查对象性别均值为 0.83,采纳组农户被调查对象性别均值 0.94;未采纳物理防治型 IPM 农户被调查对象性别均值为 0.89,采纳组农户被调查对象性别均值为 0.98;未采纳生物防治型 IPM 农户被调查对象性别均值为 0.87,采纳组农户被调查对象性别均值为 0.96。t 统计检验的结果也表明被调查对象性别在三种 IPM 技术采纳组和未采纳组之间的差异很显著。因此,可以初步推断被调查对象为男性越可能采纳 IPM 技术。

对未采纳化学防治型 IPM 农户被调查对象文化水平均值为 2.13,采纳组农户象文化水平均值为 2.51;未采纳物理防治型 IPM 被调查对象文化水平均值为 2.32,采纳组文化水平均值为 2.76;未采纳生物防治型 IPM 被调查对象文化水平均值为 2.27,采纳组文化水平均值为 2.57。t 统计检验的结果也表明被调查对象文化水平在三种 IPM 技术采纳组与未采纳组之间的差异均显著。因此,可以初步推断被调查对象文化水平越高越可能采纳 IPM 技术。

未采纳化学防治型 IPM 农户被调查对象兼业均值为 0.21,采纳组兼业均值为 0.60;未采纳物理防治型 IPM 被调查对象兼业均值为 0.43,采纳组兼业均值为 0.66;未采纳生物防治型 IPM 被调查对象兼业均值为 0.36,采纳组兼业均值为 0.63。t 统计检验的结果也表明被调查对象兼业在三种 IPM 技术采纳组与未采纳组之间的差异均显著。因此,可以初步推断被调查对象兼业对 IPM 技术采纳有正向影响。

采纳化学防治型 IPM 农户被调查对象健康意识均值为 2.14,未采纳组农户被调查对象经历急性中毒事件次数均值为 2.04;采纳物理防治型 IPM 被调查对象经历急性中毒事件次数均值为 2.30,未采纳组农户被调查对象经历急性中毒次数均值为 2.08;采纳生物防治型 IPM 被调查对象经历急性中毒次数均值为 2.21,未采纳组农户被调查对象经历急性中毒次数均值为 2.05。因此,可以初步推断被调查对象经历急性中毒次数越高越可能采纳 IPM 技术。

未采纳化学防治型 IPM 农户被调查对象环保意识均值为 1.95,采纳组农户被调查对象环保意识均值为 2.07;未采纳物理防治型 IPM 被调查对象环保意识均值为 2.02,采纳组环保意识均值为 2.08;未采纳生物防治型 IPM 被调查对象环保意识均值为 2.02,采纳组环保意识均值为 2.04。因此,可以初步推断被调查对象环保意识越高越可能采纳 IPM 技术。

未采纳化学防治型 IPM 农户家庭农业劳力数均值为 1.21,采纳组农户家庭农业劳力数均值为 2.02;未采纳物理防治型 IPM 家庭农业劳力数均值为 1.71,采纳组家庭农业劳力数均值为 1.88;未采纳生物防治型 IPM 家庭农业劳力数均值为 1.63,采纳组农户家庭农业劳力数均值为 1.93。t 统计检验的结果也表明家庭农业劳力数在三种 IPM 技术采纳组和未采纳组之间的均值有显著差异。因此,可以初步推断家庭农业劳力数越多越可能采纳 IPM 技术。

未采纳化学防治型 IPM 家庭收入结构均值为 2.33,采纳组家庭收入结构均值为 2.53;未采纳物理防治型 IPM 家庭收入结构均值为 2.33,采纳组家庭收入结构均值为 3.34;未采纳生物防治型 IPM 家庭收入结构均值为 2.40,采纳组家庭收入结构均值为 2.56。t 统计检验的结果也表明家庭收入结构在三种 IPM 技术采纳组与未采纳组之间的均值有显著差异,因此,可以初步推断家庭收入结构(水稻收入占家庭总收入的比重)越高的农户越可能采纳 IPM 技术。

未采纳化学防治型 IPM 家庭耕地规模均值为 10.86,采纳组家庭耕地规模均值为 32.49;未采纳物理防治型 IPM 家庭耕地规模均值为 14.66,采纳组家庭耕地规模均值为 93.48,t 统计检验的结果也表明家庭耕地规模在物理防治型 IPM 技术采纳组与未采纳组之间的均值有显著差异;未采纳生物防治型 IPM 家庭耕地规模均值为 28.84,采纳组家庭耕地规模均值为 17.74。因此,可以初步推断家庭耕地规模越大的农户越可能采纳 IPM 技术。

未采纳化学防治型 IPM 家庭耕地产权均值为 0.18，采纳组家庭耕地产权均值为 0.13；未采纳物理防治型 IPM 家庭耕地产权均值为 0.15，采纳组家庭耕地产权均值为 0.16；未采纳生物防治型 IPM 家庭耕地产权均值为 0.18，采纳组家庭耕地产权均值为 0.09。因此，可以初步推断耕种自有土地的农户越可能采纳化学防治型 IPM 技术和生物防治型 IPM 技术；而租种别人土地的农户更可能采纳生物防治型 IPM 技术。

未采纳化学防治型 IPM 家庭耕地块数均值为 2.49，采纳组家庭耕地块数均值为 2.11；未采纳物理防治型 IPM 家庭耕地块数均值为 2.26，采纳组家庭耕地块数均值为 6.12；未采纳生物防治型 IPM 家庭耕地块数均值为 2.37，采纳组家庭耕地块数均值为 2.01。并且，t 统计检验的结果也表明家庭耕地块数在化学防治型 IPM 技术、物理防治型 IPM 技术、生物防治型 IPM 技术采纳组与未采纳组之间的均值有显著差异。因此，可以初步推断家庭耕地块数越少的农户越可能采纳化学防治型 IPM 技术、生物防治型 IPM 技术采纳组，家庭耕地块数越多的农户越可能采纳物理防治型 IPM 技术。

未采纳化学防治型 IPM 家庭耕地距离均值为 1.35，采纳组家庭耕地距离均值为 1.06；未采纳物理防治型 IPM 家庭耕地距离均值为 1.25，采纳组家庭耕地距离均值为 1.07；未采纳生物防治型 IPM 家庭耕地距离均值为 1.29，采纳组家庭耕地距离均值为 1。因此，可以初步推断耕地距离越远的农户越可能采纳化学防治型 IPM 技术和物理防治型 IPM 技术，而耕地距离越近的农户越可能采纳生物防治型 IPM 技术。

未采纳化学防治型 IPM 技术组农户参加农民田间学校均值为 0.01，采纳组参加农民田间学校均值为 0.20；未采纳物理防治型 IPM 参加农民田间学校均值为 0.09，采纳组参加农民田间学校均值为 0.44；未采纳生物防治型 IPM 参加农民田间学校均值为 0.10，采纳组参加农民田间学校均值为 0.20。因此，可以初步推断参加农民田间学校的农户越可能采纳各类型 IPM 技术。

7.5　模型估计结果分析

采用极大似然估计法（MLE）对该模型中的参数进行估计，其估计结果见表 7.7。模型 LR chi2 数值分别为 −144.6677、−95.8018 和 −207.8126，其所对应的 P 值均为 0.0000，说明模型估计结果显著。从估计的结果来看，农户被调查对象性别、文化程度、是否兼业、家庭农业劳力数、收入结构和是否参加农民田间学校显著正向影响农户化学防治型 IPM 技术采纳行为，耕地块数则对农户化学防治型 IPM 技术采纳行为有显著负向影响;显著影响农户物理防治型 IPM 技术采纳行为的变量包括农户被调查对象性别、文化程度、收入结构、耕地规模和是否参加农民田间学校,且影响方向均为正;正向影响农户生物防治型 IPM 技术采纳行为的因素包括农户被调查对象性别、文化程度、是否兼业、家庭农业劳力数、收入结构和是否参加农民田间学校,而耕地规模、耕地块数则对生物防治型 IPM 技术采纳行为有显著负向影响。尽管 Logit 模型的系数估计过程并不困难,但很难直接解释估计系数的统计意义。因此,本文通过计算 $\partial pr(Y_i = j)/\partial X_i$ 来解释变量对农户 IPM 采纳程度的边际效应,结果见表 7.7。

表 7.7　模型估计结果

解释变量	模型一		模型二		模型三	
	系数	Z 值	系数	Z 值	系数	Z 值
被调查对象年龄	−0.01	−0.24	0.02	0.79	−0.01	−0.44
被调查对象性别	1.63***	3.18	3.78**	2.50	0.87*	1.68
被调查对象文化水平	0.55***	3.00	0.43*	1.76	0.41***	2.75
被调查对象是否兼业	0.93**	2.57	0.53	1.05	0.83***	2.84
被调查对象健康意识	0.25	1.35	0.13	0.60	0.15	1.04
被调查对象环境意识	0.21	1.45	−0.06	−0.34	0.00	0.04
农业劳力数	2.47***	7.45	−0.00	−0.01	0.42**	2.49
收入结构	0.24	1.57	0.98***	4.03	0.42***	3.02
耕地规模	0.00	0.28	0.01***	3.21	−0.01***	−4.37
耕地产权	0.42	0.82	−0.17	−0.22	−0.40	−0.8
耕地块数	−0.38**	−2.29	−0.27	−1.09	−0.31**	−2.09
耕地距离	0.07	0.26	−0.41	−1.16	−0.09	−0.40
参加农民田间学校	3.38***	−14.33	1.62***	3.14	1.36***	3.23
	LR chi2(13)=211.60		LR chi2(13)=106.00		LR chi2(13)=87.70	
	Prob > chi2=0.0000		Prob > chi2=0.0000		Prob > chi2=0.0000	
	$R^2=0.4224$		$R^2=0.3562$		$R^2=0.1742$	
	Log likelihood= −144.6677		Log likelihood= −95.8018		Log likelihood= −207.8126	

注:(1)模型一以是否采纳化学防治型 IPM 技术为因变量;模型二以是否采纳物理防治型 IPM 技术为因变量;模型三以是否采纳生物防治型 IPM 技术为因变量。

(2)***、**、*分别表示 1%、5%、10%的显著性水平。

对估计结果具体分析如下:

被调查对象年龄对 IPM 技术采纳行为影响不显著,但从模型结果看,被调查对象年龄在模型一和模型三中的系数均为负,在模型二中的系数为正。说明在其他条件保持不变的情况下,被调查对象年龄越大,农户采纳化学防治型

IPM 技术和生物防治型 IPM 技术的可能性越低,而采纳物理防治型 IPM 技术的可能性越高。出现这一差异的原因可能是:化学防治型 IPM 技术和生物防治型 IPM 技术均要求农户降低农药施用数量或采纳低毒农药,对农户而言,这可能会使水稻产量损失的风险增加,而被调查对象年龄越大的农户,可能具有更高的风险厌恶倾向,从而导致变量的系数为负;物理防治型 IPM 技术不仅有助于降低农户施用农药的数量,而且在一定程度上能够节约农户劳动成本,因而较易被年龄大的被调查对象所接受。

被调查对象性别对 IPM 技术采纳行为有显著正向影响。这说明男性被调查对象更倾向于采纳 IPM 技术,这是由于男性在某些资源的获取上具有更多的优势,同时女性对风险的厌恶、趋于保守、对新技术的收益感知也慢于男性。从边际效用看,被调查对象为男性的农户采纳化学防治型 IPM、物理防治型 IPM 和生物防治型 IPM 技术的概率分别比被调查对象为女性的农户高 32.15%、7.07% 和 16.11%。而 Mauceri(2004)则发现被调查对象的性别对技术采纳行为没有影响,本研究没有支持这一结论。

被调查对象文化水平显著正向影响农户对 IPM 技术采纳行为。说明在其他条件不变的条件下,被调查对象文化水平越高,农户对各项 IPM 技术采纳的可能性越大。文化水平影响农户学习知识、理解复杂信息能力,从而影响 IPM 技术采纳;教育降低了农户对技术复杂程度感知,提高了农户对新技术信息的理解能力、响应能力和分析能力,从而能够提高新技术的采纳行为。比如:对化学防治型技术需要理解病虫害病情来界定农药施用的关键期、完整理解农药施用说明按剂量施药、合理选择最优农药品种,具有较高文化水平的被调查对象更具优势。边际效用分析发现,如果被调查对象文化水平在均值处变动一个单位,采纳化学防治的概率提高 8.15%,采纳物理防治防治的概率提高 3.10%,采纳生物防治的概率提高 8.30%。对农户 IPM 技术行为采纳的实地调研数据分组统计也清楚表明,文化水平高的农户 IPM 技术行为采纳水平较高(见表 7.8)。

表 7.8 被调查对象文化水平与 IPM 技术采纳情况

IPM 防治技术采纳	化学防治型(户,%)	物理防治型(户,%)	生物防治型(户,%)
文盲	37(56.06)	4(6.06)	13(19.70)
小学	73(54.89)	9(6.77)	48(36.09)
中学	115(70.99)	31(19.14)	62(38.27)
高中及以上	25(100.00)	6(24.00)	15(60.00)

传播 IPM 技术的一个障碍是农户难以理解复杂的生产系统和生态系统。被调查对象文化水平在很多地方发挥作用,首先,有效的 IPM 需要有规律地观测田间病虫害情况来界定喷洒农药的关键时期,农户的知识阅读和理解复杂的信息能力是影响技术采纳的一个重要方面,深刻理解 IPM 技术操作方法和特

定的控制策略有助于提高农户的采纳水平,文化水平越高越有助于相关知识传播进而降低采纳新技术的风险。在最近的研究中,Daku(2002)的研究发现教育正向的影响 IPM 采纳。Waller 等(1998)的研究发现在俄亥俄州的马铃薯种植者中,文化水平是影响农户马铃薯 IPM 采纳的主要影响因素,文化水平越高农户的 IPM 技术采纳水平越高;然而,Harper 等(1990)的研究则发现文化水平对IPM 技术采纳有负向影响,本研究没有支持这一结论。

被调查对象非农兼业正向显著提高农户对化学防治型、生物防治型 IPM技术的采纳,对物理防治型技术采纳影响为正但不显著。被调查对象外出务工开阔了视野、增长了见识、增强了技术接受能力,同时提升了农民对 IPM 技术的支付能力和抵抗风险能力,提高了对资本需求较高、风险较大技术的采纳程度。展进涛、陈超(2009)的研究发现,劳动力转移阻碍了农户对农业技术的采纳,本文的研究结果没有支持这一结论,可能的原因是:在样本农户中,非农兼业地点以县内为主(88.44%),非农兼业时间多在 10 个月以内(67.80%),因此,并没有产生劳动力转移的人口效应。可见,"劳动力转移阻碍农户对农业技术的采纳"并不具有一般意义。从边际效用来看,被调查对象非农兼业使得化学防治采纳概率增加 12.92%,生物防治采纳概率增加 17.40%。被调查对象非农兼业与各类型 IPM 技术采纳水平统计结果见表 7.9。

表 7.9 被调查对象非农兼业与 IPM 技术采纳情况

IPM 防治技术采纳	化学防治型(户,%)	物理防治型(户,%)	生物防治型(户,%)
兼业	149(84.18)	33(18.64)	87(50.85)
非兼业	101(48.33)	17(8.13)	51(24.40)

被调查对象健康意识对农户 IPM 技术采纳行为影响不显著。IPM 技术鼓励通过自然控制的方法控制病虫害,减少了合成农药的施用,从而减少对农药施用者的健康影响。在调查中发现,只有很少的农民意识到农药暴露带来的短期健康风险,但没有意识到长期的健康影响,农民更关注农药施用的防灾减损效用,因此并没有把健康意识转换为对 IPM 技术的采纳行为。更多的农民没有意识到农药施用的健康风险,认为农药施用对健康影响为"没有"和"较小"的农户占样本农户的 68.91%。Crissman 等(1994)的研究也发现,农户可能意识到中毒的潜在影响,但是很少意识到长期的健康影响。Bonabana 等(2008)的研究发现,农户感知到的农药负面影响对 IPM 技术采纳没有影响。

环境保护意识对 IPM 各项技术采纳行为影响不显著。可能的原因是:一方面,调查中发现,约有 40%的农户认为农药施用对环境没有影响,农户环境保护意识普遍较低;另一方面,由于农药施用外部性的存在,农户缺乏施用农药外部环境负效应的考虑,环境保护意识与环境保护行为之间存在分离,部分农户较高的环境保护意识并没有转换为 IPM 技术采纳的动力。

农业劳力数量显著影响化学防治型 IPM 技术、生物防治型 IPM 技术采纳行为，但对物理防治型 IPM 技术采纳行为的影响不显著。化学防治型技术、生物防治型技术对劳动力要求较高，家庭农业劳动力越多的农户越有优势采纳这些劳动力密集型的 IPM 技术，农业劳力越多也部分说明这些劳动力在非农就业转移方面存在困难，从事农业生产活动的机会成本较低，从而更可能精工细作、理性施药。虽然在调查中发现样本地区农业生产性服务业有很大发展，大部分农民都存在雇工情况，在 2010 年户均雇工为 3.8 工作日，当问到雇工的难易程度，87.64％的农户表示雇工"很容易"，没有农户表示雇工"很难"。但由于 IPM 技术对劳动力需求的细碎性，家庭劳力更具优势，而普通雇工服务属性显然难以满足 IPM 技术劳动力需求特点；在调查中，农户雇工主要发生在插秧、收割、翻地等农业实践中。对物理防治型 IPM 技术采纳影响不显著的主要原因可能是由于物理防治型 IPM 技术主要是杀虫灯、性诱捕器等诱集杀灭害虫，对劳动力的需求不是很高。

表 7.10　变量的边际效应

变量	模型一		模型二		模型三	
	边际效用	标准误	边际效用	标准误	边际效用	标准误
被调查对象年龄	−0.0007	0.0030	0.0011	0.0014	−0.0016	0.0037
被调查对象性别*	0.3215	0.1193	0.0707	0.0172	0.1611	0.0781
被调查对象文化程度	0.0768	0.0263	0.0208	0.0120	0.0890	0.0322
被调查对象是否兼业*	0.1274	0.0503	0.0262	0.0253	0.1791	0.0624
被调查对象健康意识	0.0346	0.0257	0.0062	0.0104	0.0319	0.0306
被调查对象环境保护意识	0.0298	0.0205	−0.0031	0.0092	0.0010	0.0262
农业劳力数	0.3450	0.0505	−0.0002	0.0145	0.0911	0.0366
收入结构	0.0332	0.0214	0.0475	0.0124	0.0899	0.0294
耕地规模	0.0002	0.0009	0.0005	0.0002	−0.0031	0.0007
耕地产权*	0.0528	0.0577	−0.0079	0.0338	−0.0815	0.0856
耕地块数	−0.0536	0.0239	−0.0132	0.0123	−0.0670	0.0318
距离	0.0091	0.0347	−0.0198	0.0169	−0.0186	0.0463
参加农民田间学校*	0.2294	0.0385	0.1384	0.0657	0.3224	0.0986

注：(1)模型一以是否采纳化学防治为因变量；模型二以是否采纳物理防治为因变量；模型三以是否采纳生物防治为因变量。

(2)带*号变量的边际效应表示 0 到 1 变化的边际效用，其他变量表示在均值处的边际效用。

收入结构显著正向影响农户对物理防治型 IPM 技术和生物防治型 IPM 技术的采纳行为，对农户采纳化学防治型 IPM 技术行为的影响也为正，虽然其不显著。说明在其他因素不变的情况下，水稻收入占总收入比重越高的农户越倾向于采纳物理防治型 IPM 技术和生物防治型 IPM 技术。水稻收入在家庭总收入中所占比例反映了农户的家庭经营结构以及水稻种植对于农户的重要程度；该比例越高,农户非农收入越少,农户对种植业收入的依赖性越强,因而更有可能在农业生产中投入更多的时间和精力,采纳 IPM 技术以更好地防治病虫害,进而获得 IPM 技术带来的收益。从边际效应来看,收入结构在均值处每提高 1 个等级,采纳物理防治型 IPM 技术的概率增加 3.32％,化学防治型 IPM 技术的概率增加 4.75％,采纳生物防治型 IPM 技术的概率降低 8.99％。

耕地规模显著正向影响农户对物理防治型 IPM 技术采纳行为,负向影响生物防治型 IPM 技术采纳行为,但对化学防治型 IPM 技术采纳行为的影响不显著,虽然其系数为正。说明在其他条件不变的条件下,耕地规模越大,农户越可能采纳物理防治型 IPM 技术、化学防治型 IPM 技术,但对采纳生物防治型 IPM 技术的可能性越小。出现这一差异的原因在于：物理防治型 IPM 技术对资本投入要求较高,规模大的农户拥有较多流动性资本更有能力选择购买灭虫灯等投入较大的设备,同时灭虫灯技术特点决定了只有规模较大的农户使用才能采纳克服其外部性,小规模农户则缺乏采纳物理防治型 IPM 技术的激励。进一步的统计分析表明,采纳物理防治型 IPM 技术农户耕地规模平均为 93.49 亩,远高于样本农户平均耕地规模(24.87 亩)。而生物防治型技术对劳力投入较高,耕地规模越大的农户其越可能受到家庭劳力制约难以采纳,同时生物防治型技术的产量风险更大,耕地规模越大的农户的水稻产值越高,对产量的关注度更高,降低了生物防治型技术的采纳。虽然耕地规模对化学防治型技术采纳的影响不显著,但其系数为正,说明规模对化学型防治技术的采纳有正向影响。究其原因可能可能是规模越大的农户越有激励学习病虫害防治技术、提高病虫害防治专业水平以达到产量最大化、成本最小化;但耕地规模增加,也导致农户风险意识更强,更可能出于产量风险考量不愿意施用毒性低、副作用小的农药,导致耕地规模对化学防治型技术采纳的影响不显著。陶佩君(2006)的研究认为,传统小农时代已经一去不复返,中国农户呈现出明显的"社会化小农"的经济特征。由于社会化小农经营规模狭小、农产品市场量小,比较效益低下,导致农民对农业生产条件的改善动力不足、新技术成果的采纳反应迟钝,仅局限于成熟技术的充分利用,对关键技术的替代缺乏强有力的内在动机。从边际效应来看,规模在均值处每增加 1 个单位,采纳物理防治型 IPM 技术的概率增加 0.02％、化学防治型 IPM 技术的概率增加 0.05％,采纳生物防治型 IPM 技术的概率降低 0.31％。

耕地产权对农户 IPM 技术采纳行为的影响不显著。一方面,租种耕地的农户水稻生产成本意识更强,可能愿意采纳节约农药施药的 IPM 技术从而减少农药费用;另一方面,租种耕地的农户需要支付租金,农户面临的产量风险规避意识更大,更不愿意冒险采纳 IPM 技术。同时,样本地区农户在当地政府的协调下,农户租种耕地契约较稳定,土地流转期限由以前的 3 年改为到二轮土地承包期末,租种土地的农户较少担心土地被出租者收回。

耕地块数显著负向影响农户对化学防治型 IPM 技术和生物防治型 IPM 技术的采纳行为,对物理防治型 IPM 技术影响也为负,虽然其不显著。说明在其他条件不变的条件下,随着耕地块数的增加,农户对 IPM 技术的采纳在不断下降。可能的原因是:耕地块数越多说明耕地越分散,采纳 IPM 技术更麻烦,采纳 IPM 技术的成本更高或者效益更低。对生物防治型 IPM 技术,耕地块数增加必然增加农户农事活动的时间成本和劳动强度;对化学防治型 IPM 技术,耕地块数越多其田间观测病虫害病情的时间成本越高;而对物理防治型技术,耕地块数越多,投入越大从而成本越高。从边际效应来看,耕地块数在均值处增加一个单位,化学防治型技术的采纳率下降 5.34%,生物防治型技术的采纳率下降 6.27%。

耕地距离对 IPM 技术采纳的影响不显著。耕地距离对农户 IPM 技术采纳行为的影响不显著。对样本的统计分析发现,样本平均耕地块数为 3.24 块,最大为 16 块;耕地平均离家距离为 1.26 公里,其中介于 0~1 公里占 64.77%,1~2 公里占 18.91%,2~2.5 公里占 16.32%。随着国家对农业机械补贴的增加,农民拥有更多大型农业设备,增加了作业半径。在调查中还发现,部分农户在离家较远的耕地上种植单季稻,离家较近的耕地上才种植双季稻,也部分减轻了稻田平均离家距离对 IPM 技术采纳作业难度的影响,导致耕地平均离家距离对 IPM 技术采纳影响不显著。

农民田间学校显著正向影响农户化学防治型 IPM 技术、物理防治型技术和生物防治型 IPM 技术的采纳。这说明参加农民田间学校培训的农户显著提高了对化学防治型技术、生物防治型技术的采纳。农民田间学校从提高农民发现问题、分析问题、解决问题的能力入手,进行开放式、启发式培训,多段式、全过程学习,针对性、参与式研究,参加农民田间学校的农民获得了 IPM 技术更加完整的视角,提高了 IPM 技术实际操作能力和应用能力。从边际效应来看,参加 FFS,使得样本农户对化学防治采纳水平增加 22.94%,生物防治采纳水平提高 32.24%,物理防治的采纳水平提高 13.84%。由于信息传播的不完善,中国贫困地区的农户在技术采纳决策中仍面临巨大的主观风险。对技术内容和效果的不了解使许多农户放弃、推迟或减少了新技术的采纳(汪三贵、刘晓展,1996),农民田间学校使得农户对 IPM 技术的内容和效果更加了解,提高了农户关于 IPM 的应用水平,Borkhani 等(2011)的研究发现,农户的 IPM 技术知识水平是影响农户 IPM 技术采纳的主要因素影响,农民田间学校不仅是传播 IPM 技术相关知识的有效途径,能提高 IPM 技术采纳率,而且有助于农户之间 IPM 信息的传播(Rustam,2010)。

7.6 本章小结

本章利用安徽省芜湖市 386 个农户实地调研数据,采用 Logit 模型分析农户采纳不同类型 IPM 技术的影响因素。调查结果表明,在 386 个样本农户中,分别有 64.77%、12.95% 和 35.75% 的农户采纳化学防治型技术、物理防治型技术和生物防治型技术。实证研究发现农民田间学校显著地促进农户对各类型 IPM 技术的采纳,说明在农户技术"自选择"情况下,外部制度环境在农户 IPM 技术采纳行为中发挥重要作用;同时农户个体特征、家庭特征和耕地特征也对其采纳行为有重要影响。分析结果表明,当被调查对象为男性、被调查对象文化程度越高对促进农户采纳化学防治型 IPM 技术、物理防治型 IPM 技术、生物防治型 IPM 技术均具有积极影响;水稻种植收入占家庭总收入的比重越高的农户越倾向于采纳物理防治型 IPM 技术和生物防治型 IPM 技术;被调查对象非农就业、家庭农业劳力数越多则农户更可能采纳化学防治型 IPM 技术和生物防治型 IPM 技术,但对农户采纳物理防治型技术采纳的影响不显著;耕地规模越大抑制了农户采纳生物防治型 IPM 技术,促进了物理防治型 IPM 技术采纳;耕地块数越多,农户采纳农户化学防治型 IPM 技术、生物防治型 IPM 技术的可能均在下降。

8　IPM 技术采纳的农户农药施用成本影响

　　病虫害管理是水稻生产的一个重要方面,也是水稻生产的主要成本投入之一。施用化学农药是防治病虫害的有效手段。但中国农民在农药施用时普遍存在结构不合理、过量施用的现象。农药不合理使用在带来环境、生态、食品安全和人体健康危害的同时,也给农民造成很多不必要的经济损失。

　　IPM 是传统化学农药防治措施的有效替代方式,IPM 技术强调以农田生态系统为中心,强调综合采用各种手段来管理病虫害,从动态角度提高农民农业生产、病虫害管理水平,减少农药施用带来的负外部性。Hall(1984)发现,IPM 技术应该被种植者所接受,因为其保护了产量和收益;Hruska(1995)发现,尼加拉瓜玉米种植户减少了 70% 的农药施用量且没有降低产量;Jr(2011)对菲律宾洋葱种植户的研究发现,在控制内生性以后,农民田间学校显著降低了农户施药量。也有研究发现 IPM 技术对农户农药施用成本没有影响甚至是产生负面的影响,如 Fernandez-Cornejo(1996)的研究发现,农户 IPM 技术采纳对其农药施用量没有显著影响;Yee 和 Ferguson(1996)的研究则认为 IPM 技术引致农户农药施用量的增加;Jason 和 George(2010)的研究也发现采纳 IPM 技术导致了农药施药成本和农药剂量的增加。

　　采纳 IPM 技术对中国水稻种植户的农药施用成本产生什么样的影响? 虽然国内已有研究的结论比较一致,如刘道贵等(2005)的研究发现,采纳 IPM 技术农户的施药次数减少 72.7%,投入降低 12.1%,产值增加 10.7%,折合增效 31.0%;孙作文等(2006)的研究发现,受过 IPM 技术培训对农户的农药施用次数由平均 8.60 次降到 5.32 次,平均减少 3.28 次。但国内现有的研究多基于描述性统计分析,无法将各个因素的影响单独分离出来,从而无法精确评价 IPM 技术采纳对农户农药施用成本的影响。

　　因此,接下来本章首先对影响农户农药施用成本的关键因素进行理论分析,提出研究假设;然后构建农户农药施用成本的计量经济模型,并利用实地调查数据实证分析农户 IPM 技术采纳及其对施药成本的影响;最后对本章内容作出小结。

8.1　模型构建与变量选取

以西奥多·舒尔茨为代表的理性小农学派认为农户的决策行为与资本主义企业决策行为没有多少差别,农户的行为完全是理性的;Ellis(1993)则认为农民的理性是有限的,农民不是"具有理性最大化行为的经济人",而是"有条件的最大化"。由于中国农民生产规模较小,抵御风险的能力较弱,一般认为农民是风险规避者(胡豹,2004)。农民的农药施用决策是在权衡经济、健康、环境、市场风险和物理因素等基础上作出的理性决策(Galt,2007)。

为定量评价水稻种植农户农药施用费用影响因素,本文采用如下计量模型:

$$y = \beta_0 + \beta_i x_i + \mu$$

其中,y 为农药施用费用,影响农户农药施用的因素(x_i)包括:是否采纳物理型 IPM 技术、是否采纳化学型 IPM 技术、是否采纳生物型 IPM 技术、被调查对象年龄、性别、文化水平、施药年限、是否兼业、健康意识、环境意识、耕地规模、收入结构、雇工施药、施药设备等。

IPM 技术鼓励农户采纳综合手段来防治病虫害而不仅仅依赖化学防治手段,化学防治型 IPM 技术强调根据病虫害迁入主峰时间,确定用药最佳时期,在病虫害危害较小时尽量不施用农药;并且在防治过程中强调预防为主,治疗为辅;针对不同的病虫害,选配高效、对路农药,规范用药技术,提高防治效果,从而减少了农药施用成本。物理防治型 IPM 技术强调利用害虫的趋光性、趋化性原理,使用太阳能杀虫灯、电源光控杀虫灯、性诱捕器等,诱集杀灭害虫。生物防治型 IPM 技术强调结合农事操作活动,改善天敌的生态条件,利用天敌来管理病虫害。因而,农户的 IPM 技术采纳程度越高,其农药施用成本越合理,从而施药成本越低。

年龄越大的农户亲身经历或了解周围人发生农药中毒的事件越多,对高毒农药危害性的认识越深,农药施用成本越可能合理。因此,农户被调查对象年龄越大,农户施药成本可能越低。

男性被调查对象在资源获取、信息获得等方面更具优势,因为更可能理性施用农药。因此,男性的施药成本可能较女性低。

被调查对象文化程度越高,接受新事物和新知识的速度越快,会更加合理地安排农药投入,越可能理性施用农药。因此,农户被调查对象文化程度越大,农户施药成本可能越低。

被调查对象非农兼业有利于其开阔视野、增长见识,提高其农业生产管理能力,同时,被调查对象兼业其非农收入较高,从而粮食产量波动风险意识更低,从而影响农户对农药的施用。

被调查对象喷洒农药年限代表的农药施用经验可能会提高农民病虫害的评估能力,对相关信息接受和辨别能力,从而降低农药施用成本。因此,农户喷洒农药年数越长,施药成本可能越低。

农药施用在减轻病虫害对农作物产量影响的同时,农民在农药施用过程都经历不同程度的农药暴露,引发了农药急性中毒,从而降低了农民的田间劳动和管理效率(Antle & Pingali,1994)。同时,据农业部稻米安全普查结果,2002年和2003年,中国稻米农药残留总体超标率分别为 6.7% 和 4.7%,2004 年稻谷农药残留总体超标率迅速上升至 13.9%。因此,健康意识更高的被调查对象更可能会出于健康考量,施用更少的农药,从而降低施药成本。

农药施用在减轻病虫害对农作物产量影响的同时,也带来各种环境问题,意识到农药施药环境负面影响的被调查对象可能会施用更少的农药,从而施药成本更低。因此,被调查对象环境意识越高的农户,可能会出于对环境负面影响的考量,越减少农药的施用。

耕地规模影响农户对先进技术、方法的采用,小规模农户缺乏学习病虫防治知识、搜寻用药信息的激励,规模较大的农户拥有较多的病虫害相关知识,从而影响农户施用成本(鲁柏祥等,2000;王华书、徐翔,2004)。因此,农户种植规模越大可能施药成本越低。

收入结构反映了农户对水稻种植收入的依赖程度,与化肥、劳动力等增加产量的投入要素不同,农药某种程度上更多的是减少病虫害产量损害、规避风险的投入,为了规避风险和减少收入的变异性,对水稻种植收入越依赖的农户,其风险规避倾向会更强。因此,水稻种植收入占总收入的比重越高的农户,其施药成本可能越高。

中国农户家庭经营生产相对分散,农产品市场流通中广泛存在信息不对称而导致的逆向选择,缺乏根据农药施用结构和水平确定农产品价格的激励机制(王华书、徐翔,2004)。因此,粮食商品化率越高的农民更可能出于对产量的考虑施用更多的农药。因此,商品化率越高,农户的施药成本可能越高。

家庭层面上的劳动力的可获得性是对农业生产实践的约束,农药可以看成是劳动力资本的替代,雇人喷洒农药的农户农药施用成本可能存在差异。

不同类型喷雾器(包括手动喷雾器、电动喷雾器和担架式喷雾器)的生产效率存在明显差异,担架式喷雾器由于压力高、雾点细,比普通喷雾器可提高防效10%~15%(朱焕潮等,2009);同时电动喷雾器和担架式喷雾器的价格是手动喷雾器价格的 10 倍以上,是否购买高效率喷雾器反映了农民收入程度的差异,也反映了其对病虫害防治的重视程度。因此,是否使用高效率喷雾器对农户施药成本应该有影响。

病虫害防治是一项复杂的技术,病虫害防治信息的提供有助于农民科学、合理、及时、有效地防治病虫害。随着信息复杂程度的增加,农民更信任经过科学训练的人(Feder et al,1985)。鉴于中国农业从业者的老龄化,植物保护是一门复杂的科学,病虫害防治服务有助于农民掌握病虫害防治知识,及时获得病虫害信息,及时、科学、高效地施用农药,从而减少农药施用,降低施药成本。因此,得到病虫害防治服务的农户的施药成本可能更低。

农药施用成本用农户在一个生长周期内对单位面积作物为防治病虫害购买农药所花费的费用来衡量。主要是由于样本农户施用的农药种类繁多,而且不同农药的活性成分不同、形态不同(比如有固体农药、液体农药等),不像化肥有统一的折纯公式可以进行相互间比较,所以直接进行农药剂量的简单相加并不一定能够反映农药的施用量。而价格则是价值的货币表现,在一定程度上反映了农药浓度以及有效成分的差别,所以选用农药费用作为自变量能够比较全面地反映农户施药行为的差异。

粮食商品化率、农药价格、粮食价格和病虫害发生情况等因素对农药施用费用也有很大的影响。但对同一地区农户而言,农药价格、粮食价格和病虫害发生情况等因素呈现出同质性特征,可以认为是给定的外生变量,在模型中表现为截距的变化,归入常数项中;同时,由于样本地区农户基本不食用晚稻,因此,在晚稻模型中没有考虑粮食商品化率对农药施用费用的影响。

模型中各变量的定义与特征见表8.1。

表 8.1　变量说明

变 量 名	变量类型	变 量 解 释
亩均农药施用成本	因变量	作物一个生长周期内亩均农药施用费用支出
化学防治型 IPM 技术	IPM 技术采纳情况	类别变量:否=0;是=1
物理防治型 IPM 技术		类别变量:否=0;是=1
生物防治型 IPM 技术		类别变量:否=0;是=1
被调查对象年龄	被调查对象个体特征	年龄(周岁)
被调查对象性别		性别(女=0;男=1)
被调查对象文化水平		受教育水平:文盲=1;小学=2;中学=3;高中及以上=4
被调查对象是否兼业		是否非农兼业:否=0;是=1
被调查对象施药年限		喷洒农药的年限(年)
被调查对象健康意识		施用化学农药对健康的影响:没有=1;较小=2;一般=3;很大=4
被调查对象环境意识		施用化学农药对环境的影响:没有=1;较小=2;一般=3;很大=4
耕地规模	家庭经营特征	水稻耕地面积(亩)
商品化率		出售粮食占总产量的比重
收入结构		水稻种植收入占家庭总收入的比重:小于25%=1;25%-50%=2;50%-75%=3;75%及以上=4
雇工施药		类别变量:否=0;是=1
施药设备		手动喷雾器=0;机动化喷雾器(包括电动喷雾器和担架式喷雾器)=1
病虫害防治服务	农技服务变量	农户在2010年是否得到病虫害防治服务:是=1;否=0

8.2 描述性统计分析

样本地区农户在早稻生产中遇到的病虫害主要包括纹枯病和穗颈瘟等，5—6 月份是发病的高峰期。在晚稻生产中遇到的病虫害主要包括"四病"（稻曲病、稻瘟病、纹枯病、细条病）、"两迁"（稻飞虱、稻纵卷叶螟）和三代二化螟等，9—10 月是晚稻病虫害防治的关键时期。样本地区农户在早稻生产中农药施用次数平均为 2.20 次，亩均施用金额为 32.41 元/亩；晚稻生产过程中，农药施用次数平均为 9.69 次，亩均施用金额为 108.37 元/亩（见表 8.2）。

表 8.2　农民水稻农药施用情况

	均　值	最大值	最小值
早稻农药施用次数	2.20	6	0
早稻亩均农药施用金额	32.41	42	0
晚稻农药施用次数	9.70	15	0
晚稻亩均农药施用金额	108.37	175	0

水稻种植户的 IPM 技术采纳情况见表 8.3。从表中可以看出，在 341 户早稻种植户中，有 70.97%、13.78% 和 37.56% 的农户分别采纳了化学防治型 IPM 技术、物理防治型 IPM 技术和生物防治型 IPM 技术；在 287 户晚稻种植户中，有 50.17%、11.15 和 33.10% 的农户分别采纳了化学防治型 IPM 技术、物理防治型 IPM 技术和生物防治型 IPM 技术。

表 8.3　IPM 技术采纳情况

		化学防治型 IPM 技术	物理防治型 IPM 技术	生物防治型 IPM 技术
早稻	户数（户）	242	47	128
	比例（%）	70.97	13.78	37.56
晚稻	户数（户）	144	32	95
	比例（%）	50.17	11.15	33.10

注：同一农户可能存在采纳一种或者两种及以上类型的 IPM 技术，所以表中各项比例加总大于 1。

8.3 模型估计结果分析

根据调查的 341 户早稻种植和 287 户晚稻种植户的相关数据，采用 Stata10.1 软件包对模型进行估计。由于部分农户采纳了两种或三种 IPM 技术,为了防止它们产生交互效应,在估计模型中加入了交叉变量:a＝IPM1×IPM2;b＝IPM1×IPM3;c＝IPM2×IPM3;d＝IPM1×IPM2×IPM3。得到的具体结果见表8.4。从两个模型的 F 值来看,模型的整体效果良好,达到分析问题的要求。

表 8.4　农药施用成本模型

变　量	早稻施用成本模型		晚稻施用成本模型	
	系　数	t 值	系　数	t 值
采纳化学防治型 IPM 技术	−2.83**	−2.16	−10.00***	−2.47
采纳物理防治型 IPM 技术	2.42	1.51	−28.49***	−3.17
采纳生物防治型 IPM 技术	1.13	0.95	0.57	0.11
被调查对象年龄	−0.12	−1.49	−0.54	−1.49
被调查对象性别	1.16	0.62	−3.66	−0.71
被调查对象文化水平	−0.17	−0.27	−4.94**	−2.55
被调查对象是否兼业	0.06	1.06	7.95**	2.20
被调查对象施药年限	−0.07	−0.75	0.35	0.98
被调查对象健康意识	0.30	0.48	1.48	0.80
被调查对象环境意识	0.07	0.13	−0.86	−0.55
耕地规模	0.00	0.15	−0.40**	−2.54
收入结构	2.95***	3.95	2.80*	1.69
商品化率	7.40***	2.86		
雇工施药	−7.91***	−3.26	−17.18***	−3.00
施药设备	−5.57***	−3.05	−11.76*	−1.91
病虫害防治服务	−0.58	−0.33	6.17	1.17
a	0.01	0.14	17.04	1.39
b	0.08	1.43	−3.14	−0.44
c	−0.06	−1.19	7.31	0.45
d	0.06	0.84	6.81	0.33
	$R^2=0.2545$		$R^2=0.3058$	
	$F(20,320)=6.03$		$F(19,267)=7.63,$	
	Prob $> F=0.0000$		Prob $> F=0.0000$	

注:(1) *、**、*** 分别表示在 10%、5%、1% 的水平上显著。

(2) 在调查的地区农民不食用晚稻,全部商品化,所以在晚稻模型中去掉该变量。

(3) a＝化学防治型 IPM 技术×物理防治型 IPM 技术;b＝化学防治型 IPM 技术×生物防治型 IPM 技术;c＝物理防治型 IPM 技术×生物防治型 IPM 技术;d＝化学防治型 IPM 技术×物理防治型 IPM 技术× 生物防治型 IPM 技术。

8.3.1 IPM技术采纳对农户施药成本的影响

根据表8.4的估计结果,化学防治型IPM技术在5%的水平上分别显著负向影响早稻和晚稻农药施用成本,说明农户采纳化学型IPM技术显著减少了农药施药成本。模型估计结果表明,在其他条件不变的条件下,采纳化学防治型IPM技术分别使早稻、晚稻农药施用成本减少2.83元/亩和10元/亩。采纳化学型IPM技术减少农药施用成本的主要原因在于:化学防治型IPM技术强调根据病虫害迁入主峰时间,确定用药最佳时期,在病虫害危害较小时尽量不施用农药;并且在防治过程中强调预防为主,治疗为辅;针对不同的病虫害,选配高效、对路农药,规范用药技术,提高防治效果,从而降低了喷洒的杀菌剂和杀虫剂的数量(Fernandez-Cornejo,1996)和农药开支(Burrows,1983)。进一步的统计也说明采纳化学防治型IPM技术降低了农户农药施用成本:采纳化学防治型IPM技术农户的早稻平均农药施用成本为32.01元/亩,而没有采纳化学防治型IPM技术农户的平均农药施用成本为33.53元/亩,两者相差1.52元/亩;采纳化学防治型IPM技术农户的晚稻平均农药施用费用为101.17元/亩,而没有采纳化学防治型IPM技术农户的平均农药施用费用为115.62元/亩,两者相差13.95元/亩(见表8.5)。

物理防治型IPM技术在1%的水平上显著负向影响晚稻的农药施用成本。从模型估计系数来,在其他条件不变的情况下,采纳物理防治型IPM技术,可以减少晚稻农药施用成本28.49元/亩。物理防治型IPM技术强调利用害虫的趋光性、趋化性原理,使用太阳能杀虫灯、电源光控杀虫灯、性诱捕器等,诱集杀灭害虫。在调查中发展农户采用这种方法诱杀二化螟、稻纵卷叶螟等鳞翅目害虫收到了非常好的效果,在杀虫灯周围病虫害数量明显减少。进一步的统计表明:采纳物理防治型IPM技术农户的晚稻平均农药施用费用为81.88元/亩,而没有采纳化学防治型IPM技术农户的平均农药施用费用为111.70元/亩,两者相差30.10元/亩(见表8.5)。

而物理防治型IPM技术和生物防治型IPM技术对早稻的施药成本影响不显著,且系数为正。可能的原因是采纳物理防治型IPM技术和生物防治型IPM技术农户的产量风险意识更强,具体的原因有待进一步研究。

表8.5 IPM技术采纳与农户施用农药成本   单位:元/亩

	化学防治型IPM技术		物理防治型IPM技术		生物防治型IPM技术	
	采 纳	未采纳	采 纳	未采纳	采 纳	未采纳
早稻施药成本均值	32.01	33.53	33.48	32.73	32.32	32.55
晚稻施药成本均值	101.17	115.62	81.88	111.70	103.87	110.60

生物型 IPM 技术对晚稻农药施用成本的影响为负,但不显著。说明采纳生物型 IPM 技术也可能会降低农户的农药施用成本,但这种影响与其他因素比较起来显得不显著。

8.3.2　其他因素对农户施药成本的影响

1. 被调查对象年龄

被调查对象年龄对早稻和晚稻农药施药成本的影响为负,但没有通过显著性检验。说明随着被调查对象年龄的增加,早稻和晚稻亩均农药施用成本在减少。这是由于随着年龄的增加,其农药施用、病虫害管理等方面的经验在增加,从而减少了农药的施用。

2. 被调查对象性别

被调查对象性别对农户施用成本的影响不显著。这可能是在调查的样本农户中,女性被调查对象的比例过低,早稻模型中只有 9.09%,晚稻模型中只有 10.45%;也有可能是女性在病虫害管理决策时,更多地向男性咨询、获得信息,从而使得她们的施药行为趋同。

3. 被调查对象文化水平

被调查对象文化水平对早稻施用农药成本影响不显著,但在晚稻模型中,在 5% 的水平上有显著负向影响。被调查对象的文化水平影响其生产管理决策能力,包括对农药施用的决策,以及对田间病虫害严重程度判断,对市场信号的判断,从而影响农药施用成本。对早稻的施用农药成本影响不显著可能的原因是早稻病虫害较晚稻轻;也有可能是早稻种植户和晚稻种植户被调查对象文化水平的差异所造成。

4. 被调查对象是否兼业

被调查对象非农兼业在 5% 的水平上显著提高了晚稻的农药施用成本,对早稻的影响不显著,但系数同样为负。说明被调查对象兼业增加了水稻种植过程中的农药施用成本。从模型估计系数来看,在其他条件相同的情况下,兼业农户的晚稻农药施用成本比非兼业户高 7.95 元/亩。这可能是由于非农就业使得以往农业生产中隐性的劳动力成本进一步显化,理性的农户必然会在要素价格的诱导下重新配置家庭资源,被调查对象兼业的农户会增加在非农活动上的劳动力投入而采用节约劳动力的种植模式,导致农业化学品对劳动力的替代。

5. 被调查对象施药年限

施药年限变量对农户早稻、晚稻农药施用成本的影响均不显著。可能的原因是在调查的样本农户中,喷洒农药的年限都很长,如在晚稻模型中,样本农户平均喷洒农药的年限为 24.42 年,而且 98.71% 的农户农药施用年限都在 10 年以上,病虫害防治和农药施用的经验都很丰富,从而使得该变量不显著。

6. 被调查对象健康意识

健康意识对农户早稻、晚稻农药施用成本的影响均不显著,可能是由于很多农民没有意识到农药施用的健康风险,同时农户施药时并不考虑稻米质量安全(杨天和,2006)。从统计结果来看,认为农药施用对健康影响为"没有"和"较小"的农户占晚稻模型样本农户的 70.38%;同时在调查中发现,农民通常只意识到农药暴露带来的短期健康风险,但没有意识到长期的健康影响,更关注农药施用的防灾减损收益。而且,在样本农户中有 12.69% 的农户雇人喷洒农药,部分农户农药施用健康成本转嫁给了其他农户,也进一步引致健康意识对农户 IPM 技术采纳行为的影响不显著。

7. 被调查对象环境意识

被调查对象环境意识对施药费用的影响不显著。可能的原因是:一方面,调查中发现,认为农药施用对环境影响为"没有"和"较小"的农户占样本农户的 69.69%,农户环境保护意识普遍较低;另一方面,由于农药施用的外部性,农户缺乏施用农药外部负效应的考虑,环境意识与行为之间存在分离,部分农户较高的环境保护意识并没有转换为对 IPM 技术的采纳。

8. 耕地规模

种植规模对早稻的农药施用成本影响不显著,可能的原因是早稻病虫害不是很严重,农户的农药施用成本并不高。在晚稻模型中,种植规模对晚稻的农药施用成本在 5% 的水平有显著负向影响,说明随着规模的增加,农户的晚稻农药施用成本在减少。从模型系数来看,耕地规模每增加 1 亩,晚稻农药施用成本降低 0.40 元/亩。从统计结果来看,晚稻种植规模大于 50 亩农户的施药成本为 78.33 元/亩,介于 10~50 亩之间农户晚稻施药成本为 94.51 元/亩,小于 10 亩农户晚稻施药成本为 114.31 元/亩。一方面,这可能是在农药施用过程中存在规模效应,规模越大的农户越可能精细化农药施用;另一方面,规模越大的农户,其越有动力学习、获取病虫害防治方面的信息、知识,提高了病虫害的防治效率,减少了农药施用成本。

9. 收入结构

在早稻模型中,收入结构在 1% 的水平上显著正向影响施药成本,在晚稻模型中,收入结构在 10% 的水平上显著正向影响施药成本。说明水稻收入占总收入的比重越高农户亩均农药施用量越大。风险偏好对农民的农药施用产生显著的影响(黄季焜等,2008),家庭收入的多样性某种程度上是测量风险的方法(Ryan,2008),对农业收入依赖程度越高的农户越是风险厌恶的,会施用更多的农药作为"保险",来规避病虫害产量风险。从表 8.6 统计结果可以看出,不同收入结构农户的施药成本存在差异。

表8.6　收入结构与施药成本　　　　　　　单位:元/亩

收入结构	小于25%	25%～50%	50%～75%	75%及以上
早稻施药成本	27.16	33.99	35.66	35.68
晚稻施药成本	114.39	118.58	100.07	105.52

10. 水稻商品化率

在早稻模型中,水稻商品化率的系数为正,其在1%的水平上显著,说明水稻商品化率显著提高了早稻的施药成本,这与王华书等(2004)研究结论相同。这意味着农民也意识到农药施用对食品安全、健康的潜在影响,自己食用的比重越高,农药施用强度越低;另一方面反映了由于稻米市场准入制度和监督机制缺失,缺乏基于病虫害控制定价的市场机制和信息的不对称,农户没有足够的内部激励和外部约束保证出售的稻谷与自给的稻谷相同的农药施用水平,从而出现商品化程度提高导致施药成本增加的现象。根据统计结果,水稻商品化率大于0.5的农户早稻施药成本为36.22元/亩,而商品化率小于0.2的农户施药成本为30.39元/亩,进一步验证了这一结论。

11. 雇工施药

雇工施药在1%的水平上显著负向影响早稻和晚稻的施药成本。说明雇工施药的农户亩均农药施药显著低于非雇工施药的农户。根据实地调研结果,对早稻种植户来说,雇工施药农户的施药成本为20.78元/亩,非雇工施药户为33.50元/亩,两者相差12.72元/亩,两者存在显著性差异;对晚稻种植户来说雇工施药农户的施药成本为78.36元/亩,非雇工施药户为112.67元/亩,两者相差34.31元/亩,两者存在显著性差异。雇佣别人喷洒农药与个人自己喷洒农药比较起来,一方面农户为了减少雇工成本支出和其他交易成本,可能会减少农药施用次数和行为;另一方面从事代治服务的人员一般为专业人员,工作效率和防治质量较高。

12. 施药设备

施药设备对农药施用成本有显著影响,从统计数据来看,使用机动化喷雾器早稻施药成本为27.52元/亩,使用传统手动喷雾器的施药成本为33.35元/亩,两者相差6.15元/亩,两者存在显著性差异;使用机动化喷雾器早稻施药成本为77.65元/亩,使用传统手动喷雾器的施药成本为112.78元/亩,两者相差35.13元/亩,两者存在显著性差异。说明使用机动化的喷雾效果更好的背式喷雾器可以大幅度减少农药的使用量,显著地降低农药施用成本。这是由于使用高效率喷雾器可以大幅度减少或基本消除农药喷到非靶标植物上去的可能性,提高农药施用的精准度和病虫害防治效率(袁会珠、齐淑华,2001)。一个农机手采用机动喷雾器每天能防治50～80亩,而一个强壮劳动力采用背负式喷雾器最多只能防治 5 亩(江应松、李慧明,2007)。因为农药施药器械落后,我国农药的有效利用率仅为 10%~30%,平均不到 15%,而以色列、日本、法国、德国等国家的农药有效利用率则高出我国 60%左右(孙明海等,2004),通过施药设备的改进提高农药施用效率还有很大空间(祁力钧、傅泽田,1998)。在调查中发现,农民也认识到电动喷雾器的效率高,但问到为什么不使用效率更高的电动喷雾器时,大部分农民的回答是"价格太贵"、"自家耕地面积小,不需要",还有部分农民认为电动喷雾器技术含量高,不易操作。

病虫害防治方面的服务在早稻、晚稻模型中均不显著。虽然 Huang 等(2000)对中国的研究指出,农民过量施用农药可能与其从农业技术推广部门得到的信息有关,但现有的农技服务体系的主要目标是提高病虫害防治效果。减少病虫害造成的产量损失。而且调查发现,2010 年度样本农户中只有 9.04%的农户得到农业技术服务,进而使得该变量不显著。农户农药施药信息主要来自农药经销商、邻居和亲戚朋友(见表 8.7)。

表 8.7　农民农药施用信息来源(多选)

信息来源	农技服务人员	农药经销商	邻　居	亲戚朋友	其　他
户数(户)	68	231	235	221	79
比例(%)	17.62	59.84	60.88	60.05	20.47

交互项 a、b、c、d 的影响均不显著,说明化学防治型 IPM 技术、物理防治型 IPM 技术和生物防治型 IPM 技术之间对产量的影响不存在显著交互效应。

8.4　本章小结

实证研究结果表明,在其他条件不变的情况下,采纳化学防治型 IPM 技术农户的早稻、晚稻农药施药成本显著低于没有采纳的农户,采纳物理防治型 IPM 技术农户的晚稻农药施药成本显著低于没有采纳的农户。

模型估计结果还表明,水稻种植收入占家庭总收入比重越高,样本农户早稻、晚稻农药施用成本越高;雇工施药农户的农药施药成本显著低于非雇工户;使用高效率喷雾器施药显著降低了农户早稻、晚稻农药施用成本;早稻商品化率越高,农户早稻农药施用成本越高;被调查对象文化水平越高,晚稻的农药施用成本越低;被调查对象兼业农户的晚稻施药成本较非兼业农户要高;耕地规模越大,农户晚稻的农药施用成本越低;但病虫害防治服务、被调查对象健康意识、被调查对象环境意识和施药年限等变量对早稻和晚稻的农药施用成本影响均不显著。

9 IPM 技术采纳的农民施药健康成本影响

农药在有效防治病虫害的产量损失的同时,也可能对施药者的身体健康产生负面影响。由于缺乏相应的法律法规,农户获取农药信息、防护设施的渠道受限,或者成本过于昂贵(Antle & Capalbo,1994;Tjornhom et al. , 1997),施药带来的农户健康危害在欠发达国家进一步加剧,尤其是不识字农民的农药暴露的风险进一步加大(Kiss & Meerman, 1991)。一些研究开始关注 IPM 技术采纳对施药者的健康影响。部分研究发现,参加 IPM 技术培训对农户农药施药健康成本影响并不显著(Maumbe & Swinton, 2000;Labarta & Swinton, 2005)。而 Hruska 和 Corriols(2002)的研究发现,农户参加 IPM 技术训练后的农药施药健康成本显著减少。必须注意到现有的文献主要考察参加 IPM 技术培训对农民施药健康成本的影响,而不是具体研究农户 IPM 技术采纳行为的差异对施药健康成本影响。定量分析 IPM 技术采纳行为对农户农药施药健康成本的影响,能够检验 IPM 技术采纳是否存在健康成本降低效应。同时,农药施用的农民健康成本定量测度和影响因素分析,能够揭示 IPM 技术采纳和农药施用对农民个体、家庭福利和农业生产影响的广度和深度,为制定与调整中国未来农药政策和农民健康政策提供适宜的理论基础。

本章在已有研究的基础上,利用 20 世纪 50 年代以来广泛采用的疾病成本法(Wilson, 2005;Atreya, 2008)测度农药施用的农民健康成本,运用双对数模型,定量分析 IPM 技术采纳及其他因素对农药施用农民健康成本的影响,以期从经济学角度阐释农民施药的健康成本及其影响因素。

本章的结构如下:第一部分是对农民农药接触的描述性分析;第二部分介绍健康成本测度的一般方法,并采用疾病成本法定量测度了样本农户的健康成本;第三部分采用计量分析的方法,分析了 IPM 技术采纳对农民农药施用健康成本的影响;最后是对本章的小结。

9.1 农民农药接触现状分析

虽然很多农户都知道农药对人体有害,但关于农药暴露路径的相关知识较少且差异较大,特别是农药施药对健康的影响,采取规避、减少农药接触的方法的知识很少(Damalas & Eleftherohorinos,2011)。大部分农户错误地认为呼吸是农药接触的主要路径(Martinez et al.,2004)。影响农民农药施用健康成本的因素还包括农药施用者的年龄、体质特征、农药毒性级别、农药暴露的次数(Rola & Pingali, 1993;Dung & Dung, 1999;Huang et al., 2000),同时农药施用的健康成本更多地与小规模农户联系在一起(Lopes et al., 2009)。李红梅等(2007)的研究发现,农户施药行为是有限理性的,在施药过程中存在很多不安全行为,包括在施药过程中对防护措施不重视、不规范,甚至放弃防护,随便冲洗器械和扔弃包装物等。

农药暴露可能发生在运输、喷洒或者施用农药的过程中,也可能发生在清洗、修理设备或者重新进入已经喷洒过农药的田间。

农民接触农药最频繁的季节集中在夏季,占 73.93%;77.08% 的农民一天喷洒一次农药,12.89% 的农民一天喷洒两次农药,大部分农民(58.74%)每次喷洒持续时间在 2 小时以内。

71.35% 的施药者会选择晴天无风的时间喷洒农药,其他人则认为只要不下雨就行。在农药喷洒过程中,器械出现滴漏的情况比较普遍,占 40.69%,但样本农户普遍反映近几年器械滴漏现象明显减少,主要是施药器械质量在不断提高。

在喷洒农药过程中,农户采用的防护措施主要包括穿长裤和长袖上衣,而戴帽子、手套和口罩的比例较低(见表 9.1)。在农药喷洒过程中,86.53% 的农民在施药过程中不休息连续作业,88.25% 的人站在上风向喷洒农药,27.22% 的人采用边喷边后退的行进方式。在喷洒农药后洗手、洗浴及换衣的比例分别达 93.42%、99.43% 和 96.56%(见表 9.2)。

表 9.1　农民农药施用过程中的防护情况

	穿长裤	穿长袖上衣	戴帽子	戴手套	戴口罩
户 数(户)	344	341	103	53	12
比 例(%)	98.57	97.71	29.51	15.19	3.44

表 9.2 农民农药施用后的卫生习惯

类　别	行　为	户　数(户)	比　例(%)
洗　手	立刻洗	125	35.82
	回家后洗	160	45.85
	想起就洗	41	11.75
	不洗	23	6.58
洗　澡	30 分钟内洗澡	112	32.09
	2 小时内洗澡	101	28.94
	晚上洗	134	38.40
	不一定洗	2	0.57
换衣服	立刻换	70	20.06
	回家换	267	76.50
	不一定换	12	3.44

被调查的农民中,有 71.35% 的农民在喷洒农药过程中或者喷洒完农药后出现不同程度的急性中毒症状。急性中毒症状发生次数平均为 1.67 次,最多的出现 7 次,常见的症状是皮肤瘙痒,占 52.33%(见表 9.3)。

表 9.3 农药施用急性中毒症状发生情况

皮肤瘙痒	头痛	眼睛难受	食欲减少	脸部疼痛	发烧	其他
52.33%	13.95%	10.96%	8.64%	7.14%	3.49%	3.49%

急性中毒症状发生时,大部分农民都是不管它或者自己处理一下,只有 37.35% 的农民去医院就诊,其中 33.33% 的人去附近的私人诊所,38.71% 的人去乡镇卫生院,27.96% 的人到县级及以上医院就诊。这个比例远低于 Lopes 和 Firpo(2009)对巴西农民的研究结果,他们的研究结果表明,有 77.8% 的农民在发生急性中毒事件后到医院就诊。

9.2　农药施用健康成本测度

综合有关文献,主要有三种方法测度农药施用导致的健康成本,包括疾病成本法、条件估值法和预防成本法。

疾病成本法(COI 方法,Cost of Illness Methods),COI 方法计算的健康成本通常包括疾病的医疗成本、时间成本和因为疾病导致的生产力的损失。COI 方法因为具有基于真实的市场条件的优点,受到了学者的广泛应用。由于很难评估农药中毒以后,农户身体恢复到正常水平所需要的全部成本,本文关注的成本主要是医疗成本和损失的劳动能力等这些可观测的身体健康损害。

条件估值法(CVM 方法,the Contingent Valuation Methods)通过农户的支付意愿来测算施用农药的健康成本,因此其所计算的健康成本还包括疾病所带来的痛苦、对个人非工作活动的约束等非市场价值;一般地,个体愿意支付更多来避免和农药接触导致的健康问题,因此 CVM 方法计算出来的健康成本一般大于 COI 方法和预防成本法计算出来的健康成本(Kenkel, Berger & Blomquist,1994;Wilson,2005)。CVM 方法虽然可以用更低的成本全面的衡量健康成本,但同时也承担了很多批评,因为被访问者在表达支付意愿时往往忽略了真实市场条件的约束(Diamond & Hausman,1994)。

预防成本法(the Defensive Behaviour Approaches)通过计算农户为避免施用农药带来的健康损害所采取的预防措施成本。预防成本法以实际行为作为研究基础,但对数据采集的完整性要求仅能捕捉部分健康成本的缺陷,限制了其应用范围。因此,本文采用疾病成本法定量测度农民农药施用的健康成本,基于对客观行为和真实市场的观察,相对完整、客观地测度农药施用的健康成本。

COI 方法在测算健康成本时主要关注医疗费、时间损失等易于观测、度量的成本,基于对客观行为和真实市场的观察能够相对完整、客观地测度农药施用的健康成本,因而得到广泛应用。本研究采用该方法来计算农民施用农药的健康成本,主要包括农药暴露导致的急性中毒的医疗成本和损失的劳动时间等这些可以观测的健康成本。具体来说,包括:①农民在医院和私人诊所的医疗成本、交通成本、家人的陪同成本等;②看病所花费的等待时间、治疗时间和生病导致的不能工作的机会成本。本研究没有计算长期的慢性病的成本、痛苦和不舒服等成本,家庭的照料成本,也没有计算有意的农药中毒成本。

本研究基于 COI 方法测度的农户农药施用的健康成本见表 9.4。总的健康成本为 74.46 元/年·人,其中直接的货币支出为 30.62 元/年·人,包括医疗费 28.17 元/年·人和交通费 2.45 元/年·人;时间损失的机会成本为 33.84 元/年·人。不同学者的研究结论差异较大:Devi 研究了印度农药喷洒者的健康成本约为为 36 美元/年(2007);Atreya 研究发现,尼泊尔每个农民家庭的健康成本为 16.8 美元/年(2008);Blessing 和 Maumbe(2003)的研究发现,津巴布韦两个地区棉农施用农药的健康成本分别为 4.7 美元/年和 8.3 美元/年;Wilson(2005)对斯里兰卡的研究发现,农民因为农药暴露导致的健康成本相当于 10 周的工资收入;Huang 等(2000)的研究发现,浙江省稻农施用农药的健康成本平均为 21.68 元/年·户。在不同文献中应用 COI 方法估计出来的农民农药施用的健康成本的差异部分是由于计算方法不同所导致的,Atreya(2005),Wilson(2005)分别使用计算一个种植季度和一年的方法;也可能是由于地区之间作物种植结构、农药施用水平、自然条件差异等所造成的。

表 9.4　农药施用的农民健康成本

变　量	最大值	最小值	均　值
直接的货币支出(元)	620.00	620.00	30.62
医疗费(元)	450.00	0.00	28.17
交通费(元,包括陪同人员的交通费)	85.00	0.00	2.45
损失的时间成本(元)	320.00	0.00	33.84
损失的总时间(小时)	48.00	0.00	5.88
时间机会成本(元/小时,有非农收入者)	5.89	0.00	6.76
时间机会成本(元/小时,无非农收入者)	2.54	2.54	2.54
总健康成本(元/年·人)	705.00	0.00	74.46

注:(1)在计算休息时间的时候,如果农民住院,我们以每天 10 小时计算。

(2)考虑对时间机会成本的计算主要依据是农民每天打工的收入,而农民打工时每天的工作时间一般为 10 小时,我们在计算每小时的机会成本时用每天的打工收入/10 小时;对没有打工收入农民的机会成本的计算用每年平均收入/365 天/10 小时。

由于 COI 方法只测度了急性中毒症状的健康成本;再加上很多农民在发生急性中毒症状后并不去医院就诊,因此对健康成本的测度是不完全的,实际发生的健康成本远远高于我们用 COI 方法测度的健康成本。但无论如何,农药施用的健康成本占总成本的比重在晚稻、中稻和早稻中分别达到 9.85%、9.40% 和 1.57%(见表 9.5)。考虑到我国农业从业人员数量规模巨大,由此可推断全

表 9.5　农户水稻种植成本收益表

	指　标	晚　稻	中　稻	早　稻
收益	产量(公斤/亩)	448.66	616.33	419.08
	平均门槛价格(元/公斤)	2.48	2.58	2.40
	总收益(元/亩)	1112.68	1582.39	1005.79
	净收益(元/亩)	448.97	871.08	453.94
成本	化肥费用(元/亩)	161.33	189.23	146.79
	种子费用(元/亩)	36.18	37.49	26.51
	机械费用(元/亩)	71.63	74.78	85.23
	灌溉费用(元/亩)	13.13	26.05	11.94
	雇工费用(元/亩)	3.58	8.04	4.28
	燃料动力费(元/亩)	4.18	1.37	3.63
	家庭劳动投入(元/亩)	189.63	183.36	226.74
	其中:农药喷洒时间成本(元/亩)	46.72	45.31	16.72
	健康成本(元/亩)	65.37	66.87	8.68
	农药费用(元/亩)	118.68	124.12	38.05
	总成本(元/亩)	663.71	711.31	551.85
	健康成本占总成本的比重(%)	9.85	9.40	1.57

国农民因喷洒农药所支付的健康成本可能数目庞大,是除农药等直接投入品支出外的又一项重要支出。健康成本对于农业持续发展的影响值得深入思考。

9.3　IPM 技术采纳的农户施药健康成本影响

9.3.1　模型构建与变量选取

有关中国 IPM 技术采纳行为与农民施药健康成本的定量研究很少见,且多为描述性分析(赵希畅,2009),仅有 Huang 等(2000)提交给世行的报告定量研究了浙江农民农药施用的健康成本,发现其为 21.68 元/年·人。由于对农药施用的健康成本的忽视,决策者在评估农药施用效果、IPM 技术推广、分析"绿色植保"、"统防统治"等社会化服务介入时潜在的成本收益时,可能高估了农药施用收益;农民在作出农药施用决策时,也常常忽略了农药施用的健康问题,导致对 IPM 技术的效果评价不完整进而影响其对 IPM 技术的采纳。

Pingali 和 Pierre(1995)提出了健康成本函数,其健康成本被模拟成一个假设变量的对数形式。双对数成本函数允许变量很少,可以描述成真实成本函数的一级近似(First Order Approximation),所以被广泛采用(Blessing & Maumbe,2003)。具体形式如下:

$$\ln(Health\ Cost) = \beta_0 + \beta_1(IPM) + \beta_2\ln(Age) + \beta_3(Gender) + \beta_4\ln(Weight/High)$$
$$+ \beta_5(Alcohol) + \beta_6(Smoke) + \beta_7 Ln(Frequecy) + \beta_8\ln(Time)$$
$$+ \beta_9\ln(Area) + \beta_{10}\ln(Safety) + \beta_{11}(Label\ Illiteracy)$$
$$+ \beta_{12}(Equipment) + \beta_{13}\ln(Health\ Center\ Distance) + e_i$$

根据相关文献、预调查的实际情况,本研究选取的因变量包括:农户 IPM 技术采纳情况、农户施药者个体特征变量、施药者健康特征变量、农药接触变量、制度变量五大类。其中每大类变量又分别选取若干具体的、可测度的变量作为替代变量(见表 9.6)。

如果健康成本、受教育年限和急性病发生次数为 0,为了使其取对数后有意义,我们假设其为一个很小的数(0.1～0.0001)。

根据以往的研究,农药的毒性级别是影响急性病和健康成本的重要因素(Antle & Pingali,1994;Blessing & Maumbe,2003;Huang, et al.,2000;Atreya,2008)。但鉴于本研究调查地区的病虫害种类相同,农药品种相似,而且近年来国家禁用高毒高残留农药,调查的样本农户经常施用的 23 种农药中,只有一个品种为中毒,其他品种均为低毒或无毒,该变量最终没有进入模型。

表9.6　变量说明

变 量	变量类型	变 量 解 释
健康成本	因变量	2010年度施药发生的健康成本
化学防治型IPM技术		类别变量:否=0;是=1
物理防治型IPM技术	IPM技术采纳变量	类别变量:否=0;是=1
生物防治型IPM技术		类别变量:否=0;是=1
施药者年龄		施药者的年龄(周岁)
施药者性别	施药者个体特征变量	性别,女=0;男=1
施药者受教育年限		施药者受到的正规教育年限
施药知识		施药者是否是农药标签文盲;否=0;是=1
营养状况		施药者的身高/体重
抽烟	施药者健康特征变量	施药者是否经常抽烟:否=0;是=1
喝酒		施药者是否经常喝酒:否=0;是=1
防护措施数量		农民使用的防护措施主要包括长裤、长袖上衣、口罩、手套和帽子,取值介于0和5之间。
喷洒农药的频次	农药接触变量	2010年度施药次数
每次所花费的时间		2010年度平均每次施药所耗费的时间
耕地规模		水稻耕地面积(亩)
施药设备		手动喷雾器=0;机动喷雾器=1
到诊所(医院)的距离	距离变量	施药者到诊所(医院)的距离

9.3.2　模型估计结果分析

模型采用Stata10.1软件运算,运行的结果见表9.7健康成本模型。

从模型回归结果来看,各个变量的影响方向与研究假设基本保持一致。具体分析如下。

1. IPM技术采纳与健康成本

化学防治型IPM技术采纳程度对健康成本的影响不显著,虽然其系数为负。根据统计结果,采纳化学防治型IPM技术农户的施药健康成本为50.09元/户·年,未采纳化学防治型IPM技术农户的施药健康成本为114.52元/户·年,两者相差64.43元/户·年。化学防治型IPM技术采纳包括合理确定用药适期和施用毒性小、流失少、安全性好的农药,从而降低农户的施药健康成本,其系数不显著的原因可能是由于与其他因素比较起来该变量不是很重要,具体原因有待进一步研究。

物理防治型IPM技术在1‰的水平上显著负向影响施药者的健康成本。物理防治型IPM技术强调利用害虫的趋光性、趋化性原理,使用太阳能杀虫灯、电源光控杀虫灯、性诱捕器等,诱集杀灭害虫,从而降低农药施用量,减少了农民与农药的接触,减少对农民健康的负面影响。这与调查中的实际情况相符。

表 9.7　健康成本模型

变　量	系　数	t 值
化学防治型 IPM 技术	−0.29	−0.97
物理防治型 IPM 技术	−2.50***	−4.49
生物防治型 IPM 技术	−3.53***	−11.11
施药者年龄	1.90**	2.13
施药者性别	−0.25	−0.50
施药者受教育年限	−0.92**	−2.47
施药知识	0.78***	2.66
体重/身高	2.11	1.50
抽烟	−0.32	−0.93
喝酒	−0.44	−1.13
防护措施数量	−0.40*	−1.72
喷洒农药的频次	2.26***	3.77
每次所花费的时间	0.76**	2.32
耕地规模	0.78**	2.05
施药设备	−0.98***	−2.35
到诊所(医院)的距离	−0.89**	−2.08
常数项	−10.63**	−2.45
Adj. R²	0.5504	
	$F_{(16, 332)}=27.63, Prob > F = 0.0000$	

注:(1)稳健性回归。

(2)*、**、***分别表示在 1%、5%、10%水平上显著。

表 9.8 显示,采纳物理防治型 IPM 技术农户的健康成本为 2.79 元/户·年,未采纳农户的健康成本达 80.23 元/户·年,两者相差 77.44 元/户·年。生物防治型 IPM 技术在 1%的水平上显著负向影响施药者的健康成本。生物防治型 IPM 技术强调结合农事操作活动,改善天敌的生态条件,为天敌提供栖息或庇护场所。如冬前结合挖土清沟、在田埂边作堆、控制"三光"铲草、保护蜘蛛和青蛙等天敌的越冬和隐蔽场所,减少了农药施用,从而减少了施药者的健康成本。从表 9.8 可以看出来,采纳生物防治型 IPM 技术农户的健康成本为 31.24 元/户·年,未采纳农户的健康成本达 97.69 元/户·年,两者相差 66.45 元/户·年。

表 9.8　IPM 技术采纳与农民农药施用健康成本　　单位:元/户·年

	化学防治型 IPM 技术		物理防治型 IPM 技术		生物防治型 IPM 技术	
	采纳	未采纳	采纳	未采纳	采纳	未采纳
健康成本	50.09	114.52	2.79	80.23	31.24	97.69

2. 施药者个体特征与健康成本

年龄对健康成本在 5％的水平上有显著的正向影响,农民年龄越大其抵御农药暴露影响的能力越弱,健康成本越高。这与 Antle 和 Pingali(1994),Asfaw(2009)的研究结论一致。而 Atreya(2008)的结论则认为,年龄越大,农民喷洒农药的经验越多,则健康成本越低。鉴于本研究受访者喷洒农药的年限都很长(平均为 23.92 年),经验均较丰富,削弱了经验的影响。

施药者性别对健康成本的影响不显著,这与 Asfaw(2009)的研究结论不一致。一般地,女性因为低的农药使用安全知识和意识,更容易受到农药暴露的影响,从而承担了更高的农药暴露风险(Atreya, 2007)。但从统计结果来,施药者为男性的平均施药健康成本为 74.59 元/户·年,施药者为女性的平均施药健康成本为 73.15 元/户·年,差异较小,可能是女性施药者在施用工作中更加小心等我们没有观测到的变量综合影响的结果。

施药者文化水平对健康成本的影响在 5％的水平上有显著负向影响。说明农户受教育年限越高,其农药施用的健康成本越低。同时受教育年限越高的农民越有可能拥有更多农药毒性、农药施用知识,在施药过程中更小心。同时受教育年限越高的农户在急性病发生时更有可能及时采取治疗措施,从而减少了健康成本支出。从统计结果来看,施药者文化水平为 0 的健康成本为 102.78元/户·年;施药者受教育年限为 1～5 年的健康成本为 98.81 元/户·年;施药者受教育年限为 5～8 年的健康成本为 41.40 元/户·年;施药者受教育年限为9 年及以上的健康成本为 26.13 元/户·年,进一步验证了这一结论。在调查中发现,当问及在喷雾器里的农药液体漏到后背如何处理时,受教育年限高的农户大多回答说立刻停下来处理,而受教育年限低的农民则认为无所谓,喷完了农药再说。

农民施药知识对健康成本有显著影响。是否农药标签文盲对健康成本在5％的水平上有显著正向影响,从统计结果来看,施药者为农药标签文盲的施药成本为 91.94 元/户·年,非农药标签文盲的健康成本为 61.74 元/户·年,两者之间存在显著的差异性。对农药标签越关注的农民健康成本越低,这与Blessing 和 Maumbe(2003)的研究结论一致。值得注意的是,在调查中发现,整体上农民对农药标签的关注度不高,42.12％农药施用者是农药标签文盲。农民对农药标签漠视的主要原因包括对农药标签内容的不信任(34.39％)、看不懂(33.33％)和不需要(31.98％)。农民农药施用决策更多的是基于经销商推荐(59.03％)、经验(54.15％)和邻居亲戚朋友建议(38.68％),只有 12.89％的农民把农药标签作为主要的农药施用决策依据。这说明,农民农药施用较多的还是取决于经验,而经销商出于商业利益考虑可能会推荐多打药、打药效更快但残留也较多的农药。因此,有必要加强病虫害信息服务,可以使农民施药及时而准确,减少农药施用强度,从而降低农民健康成本。

表 9.9　农民农药施用决策依据

农药标签		经　验		零售商推荐		亲戚、朋友、邻居推荐		虫害的数量和规模		IPM	
户数(户)	比例(％)	户数(户)	比例(％)	户数(户)	比例(％)	户数(户)	比例(％)	户数(户)	比例(％)	户数(户)	比例(％)
45	12.89	189	54.15	206	59.03	135	38.68	78	22.35	30	8.60

注:因为问题为多选项,所以表中各项比例加总大于1。

3. 农药施用者健康特征与健康成本

农药施用者健康特征对健康成本影响不显著。身高/体重所代表的营养状况对健康成本的影响不显著,可能是营养状况差的农民在喷洒农药时更小心;是否经常抽烟和是否经常喝酒对健康成本影响也不显著,可能是某些农民因为身体状况差戒烟戒酒等这些我们没有观测到的因素作用的结果。这与 Antle 和 Pingali(1994),Atreya(2008)等的研究结论一致。

4. 农药暴露与健康成本

防护措施数量对健康成本在10％的水平有显著的负向影响。防护衣服的使用,被广泛看成是降低农药暴露水平的一个重要的实践(Blessing & Maumbe,2003),田间观察和已有的研究显示,农户农药暴露的水平比较高,主要是因为采取的预防措施和保护措施不充分导致的(Wilson,2005)。王志刚和吕冰(2009)的研究发现,蔬菜出口产地农民在施用农药的过程中普遍存在缺乏保护措施等一系列不规范的使用行为;这些行为对农民的整体健康造成了不可忽视的负面影响,其中是否采取保护措施对农民健康有着显著的影响。从统计结果来看,施药者防护措施为1件的健康成本平均为311.70元/户·年;施药者防护措施为2件的健康成本平均为93.53元/户·年;施药者防护措施为3件的健康成本平均为26.07元/户·年;施药者防护措施为4件的健康成本平均为7.21元/户·年;施药者防护措施为5件的健康成本平均为0.09元/户·年,进一步验证了这一结论。

调查发现,农民在施用农药过程中所采取的防护措施有限,平均为2.42件。当问到为什么不戴帽子、手套和口罩时,农民的主要回答包括“无所谓”、“使用这些措施会不舒服”、“降低劳动效率”、“随大流”等(见表9.10)。说明由于农民的追求便利、短视和从众心理,导致农民喷洒农药实践时的非最优选择(王志刚、吕冰,2009)。农民防护措施较少的可能原因包括社会群体压力、防护设备的质量限制、防护设备的可得性限制以及成本限制等。

表 9.10　　农民不采取防护措施的原因

指　标	长裤		长袖上衣		帽子		手套		口罩	
	人数（人）	比例（%）	人数（人）	比例（%）	人数（人）	比例（%）	人数（人）	比例（%）	人数（人）	比例（%）
无所谓	3	0.92	3	0.92	45	13.76	86	26.30	44	13.46
不舒服	0	0	3	0.92	68	20.80	75	22.94	56	17.13
降低劳动效率	0	0	1	0.31	13	3.98	97	29.66	23	7.03
随大流	0	0	0	0	51	15.60	35	10.70	176	53.82

· 农药喷洒轮数在 1% 的水平对健康成本有显著的正向影响,耕地规模和每轮持续时间也分别在 1% 和 5% 的水平上正向影响健康成本。农药施用量的增加加大了施药者与农药接触的机会,从而有可能面临更高的健康成本。范传航(2007)发现,种植面积较大从而农药施用量较大的农户,为了节约时间往往用混浊的沟水稀释,甚至没有充分混匀就喷洒,或直接取下喷雾器的喷嘴大水量地冲洒农作物,带来更多的农药接触。从统计数据来看,大于 10 亩农户施药者健康成本为 130.61 元/户·年,5～10 亩农户施药者健康成本为 99.28 元/户·年,小于 5 亩农户施药者健康成本为 31.26 元/户·年,进一步验证了这一结论。同等条件下,每次喷洒农药持续的时间越长、播种面积越大的农民出售的商品粮越多,这意味着出售商品粮越多、为国家粮食安全贡献越大的农民,其健康成本越高。

施药设备对健康成本有显著的负向影响。施药设备在 5% 的水平上显著负向影响健康成本。张甫平(2006)的研究指出,手动式和背负式喷雾器是中国农户的主要工具,在施用过程中滴冒跑漏的问题突出。使用机动化喷雾效果更好的背式喷雾器可以提高工作效率,同时还可大幅度减少或基本消除农药喷到非靶标植物上去的可能性,减少了农药接触(祁力钧、傅泽田,1998)。从统计结果来看,使用手动喷雾器施药者的施药健康成本为 40.06 元/户·年,使用机动喷雾器施药者的施药健康成本为 80.90 元/户·年,两者相差 40.84 元/户·年,均值存在显著性差异。农户没有采用高效率电动喷雾器和柴油机喷雾器的原因包括:价格贵;耕地面积小,不需要;使用、维护较麻烦等。

5. 距离变量

诊所(医院)的距离对健康成本有显著的负向影响。说明距离诊所(医院)越远,施药健康成本越低,这与 Blessing 和 Maumbe(2003)的研究结论不同。可能的原因在于:一方面,在急性症状相同的情况下,离医院的距离增加了农民就诊困难,从而更多地采用自我治疗,或者交通不便更多采用步行、骑自行车等不发生交通费用的方式就诊;另一方面,离医院越近的农民离城镇的距离较近,非农就业可能更容易,导致时间机会成本更高。具体原因有待进一步研究。

9.4　本章小结

　　本章研究发现,农民在施用农药的过程中经常经历农药暴露导致的急性中毒事件的困扰,应用疾病成本法计算的农民施药健康成本为 74.46 元/年·人,农药施用健康成本分别占晚稻、中稻、早稻生产成本的 9.85%、9.40% 和 1.57%。实证研究的结果表明,采纳物理防治型 IPM 技术和生物防治型 IPM 技术显著降低了施药者的健康成本:采纳物理防治型 IPM 技术农户的健康成本为 2.79 元/户·年,未采纳农户的健康成本达 80.23 元/户·年,两者相差 77.44 元/户·年;采纳生物防治型 IPM 技术农户的健康成本为 31.24 元/户·年,未采纳农户的健康成本达 97.69 元/户·年,两者相差 66.45 元/户·年。施药者年龄越大,施药健康成本越高;施药者受教育年限越高,施药健康成本越低;施药者为农药标签文盲,其施药的健康成本越高;施药者在施药时采用防护措施越多,施药者的施药健康成本越低;喷洒农药频次越频繁、每次施药花费的时间越多、耕地规模越大,施药者的施药健康成本越高;使用高效率喷雾器显著降低了施药者的施药健康成本;而到诊所的距离越远,施药者的施药健康成本越低。

10 农户 IPM 技术采纳的粮食产量影响

提高水稻生产效率和综合生产能力，对保证中国粮食安全至关重要，合理的病虫害防治对保持、促进水稻产量具有重要意义。我国农药使用量中只有约 1/3 能被作物吸收利用，其余大部分进入了水体、土壤及农产品(刘兆征，2009)，在污染环境的同时，也影响了病虫害防治效果。2009 年我国农作物病虫害发生面积达到 70 亿亩次，导致的粮食产量损失约为 150 亿~250 亿公斤(吴新平等，2010)，通过提高病虫害防治水平提高产量的潜力还很大。

IPM 技术的粮食增收效应引起国内外学者的广泛重视，已有文献在 IPM 技术采纳对产量影响的研究结论也存在差异。Daku(2002)的研究发现，IPM 技术提高了农作物产量，Resosudarmo(2001)检验了印度尼西亚政府 1991—1999 年间 IPM 计划的实施情况，发现其显著提高了粮食产量；而 Fernandez-Cornejo 和 Jans (1996)则发现，IPM 技术采纳对作物产量的影响不显著。国内的研究结论则比较一致，减少农药施用的同时，也增加了粮食产量，提高了资源利用效率，是目前化学防治策略的有效替代和补充。刘道贵等(2005)的研究发现，采纳 IPM 技术的农户产值增加了 10.7%。

综观现有的研究成果，国内研究大多从理论和案例角度研究 IPM 采纳对农药施用费用和粮食产量的影响，并取得了丰富的研究结论。但仍有一些问题值得进一步地深入研究：第一，国内现有的研究多基于描述性分析，没有控制其他因素的影响，因并无法将各个因素的影响单独分离出来，从而也无法真正理解 IPM 技术采纳对粮食产量的影响及其程度；第二，IPM 采纳对农户农药施用的影响并不确定，有可能降低，也有可能增加或保持不变，这取决于农户 IPM 技术采纳的程度和类型。现有的文献在研究中将 IPM 技术定义为一个整体，分析时将农户的 IPM 技术采纳行为看成一个二元变量：要么采纳要么没有采纳，分析时多采用二元 probit 模型。实际上，IPM 技术是一个技术"包"，包含了多项技术。本研究将 IPM 技术分为三个类型：物理防治型 IPM 技术、生物防治型 IPM 技术和化学防治型 IPM 技术，有效度量了 IPM 技术的采纳程度，有效弥补了现有研究将 IPM 技术采纳看成单一技术的缺陷。

为此，本研究利用安徽省水稻种植农户的实地调查数据，运用计量模型实证分析 IPM 技术采纳对粮食产量的影响，揭示 IPM 技术采纳对农业生产和家庭福利的影响，以期为政府相关政策的制定提供实证依据。本章的结构如下：第一部分是模型构建和变量选择；第二部分是对模型估计结果的分析；最后是对本章的小结。

10.1 模型构建与变量选取

现有的文献研究表明，影响水稻产量的因素主要包括耕作规模、农业生产要素投入、被调查对象特征、气候因素、土地质量等（廖洪乐，2005；周曙东和朱红根，2010）。本文选用多变量的柯布-道格拉斯生产函数构建水稻生产函数。具体模型如下：

$$y = \sum_{i=1}^{n} x_{1i}^{\alpha_i} \cdot \sum_{j=1}^{m} x_{2j}^{\beta_j}$$

式中，y 为水稻产量；α_i 为第 i 种生产要素投入的系数；x_{1i} 为各种投入生产要素；β_j 为第 j 种外在因素系数；x_{2j} 为各种外在影响因素。上式的对数线性方程为：

$$\ln y = \sum_{i=1}^{n} \alpha_i \ln(x_{1i}) + \sum_{j=1}^{m} \beta_j \ln(x_{2j})$$

表 10.1 变量说明

变 量 名	变 量 解 释
水稻产量	因变量
化学防治型 IPM 技术	农户采纳化学防治型 IPM 技术
物理防治型 IPM 技术	农户采纳化学防治型 IPM 技术
生物防治型 IPM 技术	农户采纳化学防治型 IPM 技术
化肥费用	亩均化肥施用费用（元/亩）
农药费用	亩均农药施用费用（元/亩）
种子费用	亩均种子费用（元/亩）
机械费用	亩均机械费用支出（元/亩）
灌溉费用	亩均灌溉费用（元/亩）
雇工费用	亩均雇工费用（元/亩）
燃料动力费	亩均燃料动力费（元/亩）
家庭劳动投入	亩均家庭劳动投入（元/亩）
被调查对象年龄	年龄
被调查对象性别	性别：女＝0；男＝1
被调查对象文化水平	受教育程度：文盲＝1；2＝小学；3＝中学；4＝高中及以上
被调查对象是否兼业	是否非农兼业：否＝0；是＝1
耕地规模	水稻耕地面积（亩）

上式根据变量展开,得到用于本文研究的实证模型如下:

$$\ln y = \alpha_0 + \alpha_1(IPM_1) + \alpha_2(IPM_2) + \alpha_3(IPM_3) + \alpha_4\ln(Ferti)$$
$$+ \alpha_5\ln(Pesti) + \alpha_6\ln(Seed) + \alpha_7\ln(Mache) + \alpha_8\ln(Age)$$
$$+ \alpha_9(Gender) + \alpha_{10}\ln(Edu) + \alpha_{11}\ln(Area) + \alpha_{12}(EmPlo)$$

就本研究而言,样本农户处在同一地区,气候、土地质量因素影响呈现出同质性特征,可以视其为给定的外生变量;同时鉴于农户家庭经营的多样化和农业生产的季节性特点,农户水稻用工投入效率受劳动力年龄、体质、吃苦耐劳以及生产工具、精耕细作程度等因素的影响,本研究没有考虑用工投入对粮食产量的影响。农药费用、化肥费用如果为0,为了使得取对数后有意义,本章假设其为一个很小的数,位于0.0001~0.1。

10.2　模型估计结果分析

本文利用Stata 10.1统计计量软件,运用OLS估计对水稻生产函数进行回归,结果如表10.2所示。

农户水稻IPM技术的采纳是一个复杂的组合,农户存在同时采纳两种或三种IPM技术,为了防止它们产生交互效应,在估计时还设置了化学防治型IPM技术、物理防治型IPM技术和生物防治型IPM技术的在模型中加入了交叉变量:a=化学防治型IPM技术×物理防治型IPM技术;b=化学防治型IPM技术×生物防治型IPM技术;c=物理防治型IPM技术×生物防治型IPM技术;d=物理防治型IPM技术×生物防治型IPM技术×物理防治型IPM技术×生物防治型IPM技术。模型估计结果见表10.2。

10.2.1　IPM技术采纳对水稻产量影响

根据表10.2的估计结果,化学防治型IPM技术在10%和5%的水平对早稻和晚稻产量有显著正向影响。表示在其他条件不变的条件下,采纳化学防治型IPM技术可以提高早稻和晚稻产量。从调查结果来看,采纳化学防治型IPM技术和没有采纳化学防治型IPM技术农户早稻的产量分别为419.23公斤/亩和405.55公斤/亩,两者相差13.68公斤/亩;采纳化学防治型IPM技术农户的晚稻产量为480.94公斤/亩,而没有采纳化学防治型IPM技术农户的晚稻产量为463.36公斤/亩,两者相差17.58公斤/亩。这是由于化学防治型IPM技术鼓励在稻种下地之前消毒,通过田间观测确定关键的适期施用农药,提高了防治病虫害的时效性和防治效果,减少了病虫害的产量损失,从而提高了早稻产量。

表 10.2　粮食产量模型估计结果

解释变量	早稻产量模型		晚稻产量模型	
	估计系数	t 值	估计系数	t 值
化学防治型 IPM 技术	0.019*	1.901	0.027**	2.476
物理防治型 IPM 技术	0.008	0.262	0.039	1.610
生物防治型 IPM 技术	0.001	0.059	0.047***	3.249
化肥费用	−0.001	−0.033	−0.026	−0.986
农药费用	0.007	1.001	0.053	0.938
种子费用	0.038***	2.714	0.081***	4.184
机械费用	−0.002	−1.052	0.001	0.221
灌溉费用	0.084	0.393	0.126	1.163
雇工费用	0.091	0.195	−0.022	−0.217
燃料动力费	0.235	0.675	−0.085	−0.702
家庭劳动投入	0.256	0.491	0.423	1.217
被调查对象年龄	0.006	0.412	−0.028	−0.922
被调查对象性别	−0.001	−0.103	0.057***	4.133
被调查对象文化水平	−0.006	−0.752	0.024**	2.165
被调查对象是否兼业	0.028***	4.011	0.011	0.996
耕地规模	0.014***	4.667	0.045***	7.050
a	0.005	0.147	−0.013	−0.399
b	−0.003	−0.167	−0.016	−0.845
c	−0.007	−0.389	−0.023	−0.530
d	(dropped)		−0.016	−0.283
常数项	5.824***	0.175	5.675***	2.476
卡方值	$F_{(16,324)}=7.52$		$F_{(16,270)}=13.98$	
R^2	0.2619		0.4206	

注:*、**、***分别表示在 1%、5%、10%水平上显著。

生物防治型 IPM 技术对晚稻产量有显著的正向影响。说明农户采纳化学防治型 IPM 技术能够显著增加晚稻产量。这是由于化学防治型 IPM 技术强调在关键的适期施用农药,提高了防治效果,从而减轻了病虫害产量损害。从统计结果来看,采纳生物防治型 IPM 技术农户的平均粮食产量为 486.46 公斤/亩,而没有采纳生物防治型 IPM 技术农户的平均平均粮食产量为 466.61 公斤/亩,两者相差 19.85 公斤/亩。

生物防治型 IPM 技术和物理防治型 IPM 技术对早稻、晚稻的产量具有正向影响,但影响不显著。Mauceri 等(2007)在其研究中指出,厄瓜多尔的马铃薯农户在采纳 IPM 技术后降低了生产成本,减少了农药暴露,提高了农业可持续发展。Resosudarmo(2001)总结了印度尼西亚政府 1991—1999 年间 IPM 技术推广计划的实施情况,发现其显著提高了粮食产量;Daku(2002)的研究发现,IPM 技术提高了农作物产量。

10.2.2　其他因素对水稻产量的影响

化肥和农药投入对产量具有负向影响,但影响不显著。肥料是水稻生产中最重要的投入因素之一,是作物的"粮食",供给作物生长发育所必需的养分。张利庠等(2008)的研究发现,化肥施用量对粮食产量的显著的正增产效应在近几年变得不显著。单位播种面积施肥量远高于发达国家所公认的每公顷播种面积施肥量225公斤的环境安全上限(张维理等,2004),大量施用化肥破坏了耕地的土壤结构,使土壤酸化,加速土壤中营养元素的流失,致使土壤严重板结,导致粮食产量下降(丁长春,2001;王建美,2003)。这与我们的研究结论一致。

水稻生产中病虫害比较多,施用农药是控制有害物质、减少作物产量损失的有效方式,但农药投入对于产量影响不显著,原因在于IPM技术的采用。推广和鼓励农户采纳IPM技术是优化农户施药行为的一个有效途径。IPM技术不仅仅是简单的"施用更少的农药",而是提高农民对作物病虫害、农业生产管理的决策水平,决策水平的提高必然有助于克服技术、分配的无效率。Colette等(2001)的研究表明,美国德克萨斯州的农户采纳IPM技术后,生产成本节约总和约为1.73亿美元,Hruska(1995)发现尼加拉瓜玉米种植户减少了70%的农药施用量但没有降低产量;Cuyno(2001)的研究发现,IPM技术使得洋葱种植户的农药施用费用减少了25%～65%,经济收益增加了5.78～7.63美元/户·种植季节,IPM技术实施的5个中心村庄合计的环境收益为15万美元。Yudelman(1998)研究从20世纪80年代开始的FAO在印度尼西亚的IPM项目,发现在在水稻种植中,IPM技术推广和农药管制制度政策一起,在1987—1990年,共同促使农药施用量减少了65%,而产量大约增加了12%。

种子费用对早稻、晚稻产量均有显著正向影响。一般地,种子越贵,其质量越好,从而产量越高。从统计数据来看,农户早稻种子费用平均为22.19元/亩,处于均值以上农户的早稻产量为421.14公斤/亩,处于均值以下农户的早稻产量为413.15公斤/亩。

机械费用对早稻、晚稻产量的影响都不显著。可能的原因是,样本地区地处南方,农业机械化的发展只是在一定程度上减轻了劳动强度,农业机械投入主要集中于翻耕、交通运输等方面;机械对劳动力替代的主要目标不是增加粮食产量,而是替代农村劳动力。这导致了机械费用对粮食产量不显著。也可能与机械技术和作业质量。

被调查对象年龄对粮食产量影响不显著。整体上,被调查对象年龄对农业生产发展有负面影响(李旻、赵连阁,2009),随着农村年轻劳动力大规模转移到非农行业、流向城市,造成了农业劳动力"老龄化"现象。本研究结果表明,被调查对象年龄变量并没有显著地影响粮食产量,可能的原因是随着年龄的增加,其农业生产经验在水稻生产中的作用可以补偿劳动者体能的下降,农业劳动力老龄化并不会导致水稻产量出现下滑,从而被调查对象年龄变量的影响不显著。

被调查对象性别对晚稻产量有显著的正向影响,说明男性被调查对象的产量显著高于被调查对象为女性的产量。这是由于男性在获取影响产量的信息、外部资源时更具优势,而且男性被调查对象在接受新事物方面的主动性更强,对水稻田间生产管理得更为及时和到位。从统计数据来看,被调查对象为男性的晚稻产量为 475.15 公斤/亩,被调查对象为女性的产量为 456.37 公斤/亩,两者相差 18.78 公斤/亩。

被调查对象文化水平在 5% 的水平显著正向影响晚稻产量。文化水平越高的被调查对象对技术和信息的理解和接受能力更强,可能掌握的农业生产技能更多,从而增加粮食产量。被调查对象文化水平代表的个人能力和知识将影响到整个家庭的粮食生产过程,水稻粮食生产自然离不开懂技术、善管理的高素质农户。教育能通过其"内部效应",提高农户的人力资源质量和个人能力,激发技术进步和创新,从而提高产品产量和质量。另外,教育具有正"外部效应",即 Lucas(1988)所谓的"外溢"作用。从表 10.3 中也可以看出,随着被调查对象文化水平的提高,晚稻的产量整体上在增加。

表 10.3　被调查对象文化水平与晚稻产量　　　　　　单位:公斤/亩

文化水平	文盲	小学	初中	高中及以上
晚稻产量	458.14	473.17	477.95	474.33

被调查对象是否兼业显著正向影响早稻的产量,但对晚稻的产量影响不显著,虽然其系数为正。从统计数据来看,被调查对象兼业户的早稻产量为 415.07 公斤/亩,兼业户的早稻产量为 413.87 公斤/亩。被调查对象非农就业可以从外界获得更多知识和信息,可以优化农业生产中的资源配置,从而提高产量。

耕地规模对早稻、晚稻产量有显著的正向影响,说明水稻生产过程中存在规模效应。土地经营规模越大,农户越倾向于采用先进的农业技术(Saha et al.,1994;Khanna,2001;林毅夫,2006),从而提高了产量。从统计数据来看,大于 10 亩农户晚稻产量为 493.45 公斤/亩,5~10 亩农户晚稻产量为 476.78 公斤/亩,小于 5 亩农户晚稻产量为 456.90 公斤/亩;大于 10 亩农户早稻产量为 419.72 公斤/亩,5~10 亩农户早稻产量为 419.43 公斤/亩,小于 5 亩农户早稻产量为 404.92 公斤/亩,进一步验证了这一结论。

灌溉费用、雇工费用、燃料动力费和家庭劳动投入变量的影响均不显著。

可能的原因是在调查的地区,农户的灌溉费用、雇工费用、燃料动力费投入水平都较高,差异性不大;家庭劳动虽然投入差异较大,但农户可以通过雇工和机械投入弥补家庭劳动投入不足,平滑了其对产量的影响差异。交互项 a、b、c、d 的影响均不显著,说明化学防治型 IPM 技术、物理防治型 IPM 技术和生物防治型 IPM 技术之间对产量的影响不存在显著交互效应。

10.3　本章小结

本章实证研究发现,在其他条件不变的情况下,相对于传统病虫害防治方式,采纳化学防治型 IPM 技术可以显著增加早稻粮食产量;采纳化学防治型 IPM 技术和生物防治型 IPM 技术能够显著增加晚稻产量。计量模型分析结果还表明,种子费用越高,早稻、晚稻的产量越高;被调查对象为男性,晚稻的产量越高;被调查对象文化水平越高,晚稻的产量越高;农户非农兼业显著提高了早稻的产量;耕地规模越大的农户,其早稻和晚稻的产量也越高。

11　农户病虫害统防统治服务需求意愿研究

11.1　农户病虫害统防统治服务需求影响因素分析

确保粮食安全是农业发展和农村工作迫在眉睫的首要任务,合理施用农药是稳定、增加农产品产量,保障粮食安全,改善食物供应的有效手段。农户采纳IPM技术能够减少农民农药施用量、优化农药施用结构,增加粮食产量,同时减少农民农药施用的健康成本。但本研究也表明,即使是在世界银行示范区,农户的IPM技术采纳积极性并不高,在386个样本农户中,只有64.77%、12.95%、35.75%的农户采纳了化学防治型IPM技术、物理防治型IPM技术和生物防治型IPM技术。

虽然IPM技术得到显著的发展,但推广成本过高,特别是在发展中国家(Maumbe & Swinton, 2000; Way & van Emden, 2000)。而且,IPM技术采纳情况在作物和地区之间差异较大(Hollingsworth & Coli, 2001),因为不同地区和作物的病虫害发生情况存在差异。实际上,IPM项目的发展是很复杂的。它需要联系到不同的活动、实践和概念,农技推广部门提供的适当的技术和服务,这通常是缺乏或者是无效率的(Norton et al., 1999)。已有的研究表明,通过农户来推广IPM技术、采纳IPM技术面临着种种挑战,IPM技术的特点包括对农民劳动力的特殊需求和对资本的特殊投入等;IPM技术推荐的病虫害控制方法很少是精确的,其试图利用自然控制的优点,农户感到产量风险较高。同时农业技术的接受如IPM技术是非常缓慢的过程(Fernandez-Cornejo & Ferraioli, 1999),IPM技术的复杂性和资本的要求过高,导致农户的采纳率不高。IPM技术的农户推广方式在财政上的可持续性也受到质疑(Quizon et al, 2001),IPM鼓励使用生物农药,但因其品种少、价格偏高,见效稍慢,推广难度远高于一些广谱性化学农药(陈杰林、韩群鑫,2005);同时,也有文献发现,IPM技术培训短期内改变了农户的施药行为,但在长期,这些农户的施药行为又与其他农户没有差异(Feder et al., 2004)。而且并不是总是能够有效地改变农户的病虫害管理实践,或者提高农户的农业表现(Feder et al,2003),推广的效率低下(Rola et al,2002)。

在化学农药很容易获得、价格便宜的情况下,鼓励农户采纳风险更高、劳动和资本投入更大的 IPM 技术是很困难的(Robinson et al.,2007)。由于植保知识缺乏、农药品种繁杂,期望单个分散农民及时全面掌握 IPM 技术和病虫害防治知识既不经济也不可行。中国农药市场上农药品种多而杂,由于病虫防治知识缺乏和农药品种繁杂,农户不合理施用农药情况相当普遍(王金良,2008),农户分散的病虫害自防自治传统方式桎梏日益凸显。如何激励农民合理施用农药、提高病虫害防治水平面临新的挑战。

同时,20 世纪 90 年代以来,随着农村劳动力非农就业程度的加深,劳动力的机会成本不断升高,理性的农户必然会在要素价格的诱导下重新配置家庭资源;要素市场特别是劳动力市场的变化会极大地影响到农户的种植行为:在非农就业机会较多的地区,农户会增加在非农活动上的劳动力投入从而采用节约劳动力的种植模式(Mcnamara & Weiss,2005),加剧了农业化学品对劳动力的替代。未来我国农业技术发展的主要方向之一应该是大力发展节约劳动型技术,以适应广大农村劳动力市场变化的需要(罗小锋,2011)。因此,有必要寻找更有效的 IPM 技术推广方式、推广途径,以提高推广效率,降低推广成本。

病虫害专业化统防统治是对目前面临多重困境的农户自防自治病虫害防治方式系统的、积极的回应,是推广 IPM 技术的有效载体。农作物病虫害专业化统防统治是通过成立市场化的专业防治组织,在农业部门的科学指导和管理下,采用先进的测报技术、防治器械和防治方法,对较大面积的农作物实行统一病虫害防治的方式(田红等,2010)。病虫害专业化统防统治具有显著的经济效益、明显的生态效益和深远的社会效益,对增强农业生产中分工的细密程度,提高生产要素的配置效率,增加粮食产量,减少农药施用对环境、食品安全和人体健康负面影响意义重大。病虫害专业化统防统治贯彻"公共植保"和"绿色植保"的先进理念,在增加粮食产量的同时显著减少了农药使用量和次数(朱焕潮等,2009);有效降低了农药使用成本,增加了农民收入(鲍光跃,2010);提高了病虫害防治技术到位率,从源头上消除了食品安全隐患(王金良,2008)。大力推进专业化统防统治,对于应对当前严峻的病虫害防治形势,确保我国粮食安全意义重大,但在发展过程也面临农民需求不足、发展不平衡等问题(朱景全,2010)。

已有的文献主要集中在病虫害专业化统防统治的优势、原因,成效、发展对策等方面的研究,几乎都是基于经验的描述性分析,运用模型构建的实证分析尚属空白,缺乏从农户角度实证研究农户对植保社会化服务需求意愿及其影响因素。农民作为病虫害专业化统防统治的参与主体,其行为的意向性及理性选择应当成为制度设计或改革的重要依据和微观基础。鉴于此,本章基于安徽省芜湖市农户实地调研数据,运用多项 Logit 模型定量研究农民对病虫害专业化统防统治服务的需求意愿及其影响因素。据不完全统计,2008 年芜湖市已组建农作物病虫防治专业队 147 个,其中农民带头人(种粮大户)专业队 63 个,农资经营大户专业队 32 个,植保协会所属专业队 15 个,乡(村)农技人员专业队 26 个,其他方式专业队 11 个,拥有机动喷雾器 1905 台(袁艳,2008)。

本文认为影响农户病虫害专业化统防统治服务需求意愿的因素主要包括四个方面,即被调查对象特征、家庭经营特征、耕地特征和政府政策诱导。具体的影响因素如下:

被调查对象特征:(1)被调查对象年龄。年龄大的被调查对象一般偏向保守,更愿意维持现状。因此,一般地,年龄与病虫害统防统治服务需求之间存在负相关的关系。(2)被调查对象性别。农药施用是一项体力劳动,因此女性被调查对象可能对病虫害专业化统防统治服务需求更迫切。(3)被调查对象文化水平。文化水平越高,越容易意识到病虫害专业化统防统治带来的收益,同时文化水平高的被调查对象非农就业的收益会更高。因此,其理性决策可能对病虫害专业化统防统治产生正的效应。(4)被调查对象是否兼业。农户是以家庭整体利益最大化为准则的市场主体。一般地,农业比较收益偏低,非农就业的收益高于农业就业,农户会根据非农就业难度作出兼业化行为抉择的理性判断,从而实现家庭收入最大化。因此,如果被调查对象存在兼业行为,那么农户就可能倾向于选择节省劳动力的病虫害专业化统防统治。(5)被调查对象非农就业难度。由于农业比较收益偏低,非农就业的收益高于农业就业,农户会根据非农就业难度作出兼业化行为抉择的理性判断,从而实现家庭收入最大化。如果被调查对象非农就业较容易,更可能选择病虫害专业化统防统治。(6)被调查对象健康意识。病虫害专业化统防统治将施药的健康损害转嫁给专业防治人员,从而避免了施药的健康损害,对农药施用的健康风险的感知越多,更可能会出于健康的考量,产生病虫害专业化统防统治服务需求意愿。

家庭经营特征:(1)农业劳力数量。农药施用是一项体力劳动,必然会受到家庭劳力数量的影响,家庭农业劳力越多,受到的劳动力约束越小,从而可能对病虫害专业化统防统治需求意愿更低。(2)收入结构。收入结构中来自种植业收入的比重影响农户对农业收入的依赖程度和对农业生产活动决策权的重视程度,影响农户对产量风险的关注程度。因此,收入中来自水稻收入的比重越高,农户对病虫害专业化统防统治服务需求意愿可能越低。(3)是否种植晚稻。由于晚稻病虫害更加严重,种植晚稻的农户病虫害量远远大于仅种植早稻的农户,从而影响其对病虫害专业化统防统治的需求。因此,种植晚稻的农户对病虫害专业化统防统治服务需求意愿可能更高。

耕地特征:(1)耕地规模。耕地规模既影响农户的病虫害防治量,又影响农户对病虫害统防统治的风险预期和收益预期。因此,农户耕地规模越大,对病虫害专业化统防统治服务需求意愿可能越高。(2)耕地块数。耕地块数越多,农户自己施药越烦琐、时间成本越高,本文假设耕地块数正向影响农户的病虫害专业化统防统治需求。(3)耕地距离。耕地距离直接影响农户施药的方便程度、交通成本和时间成本,因此耕地距离可能会影响农户的病虫害专业化统防统治需求。农药施用是一项体力劳动,稻田离家平均距离越远,病虫害防控的时间成本越高、作业劳动强度更大。因此,稻田离家平均距离可能会影响农户对病虫害专业化统防统治服务需求意愿。

政府政策诱导:病虫害专业化统防统治作为一种新兴事物,农户会因为对其不了解而不能正确评估其预期效果和收益。政府政策诱导能够帮助农户认识其潜在收益,进而有可能提高农户对病虫害专业化统防统治服务参与的积极性和需求意愿。因此,政府政策诱导变量可能正向影响农户的病虫害专业化统防统治需求。

11.2　模型构建与变量选取

农户农药病虫害统防统治服务需求意愿是多种因素相互作用的结果。根据上面的理论分析、预调研的实际情况和相关数据的可获得性,本研究选取被调查对象个体特征、家庭经营特征和政府政策诱导变量,作为农户病虫害专业化统防统治服务需求的待检验因素。农作物病虫害统防统治服务在具体实践中采取的形式包括:代防代治和承包防治。代防代治指由农户自己购药,请具有一定植保知识技能的人员代为施药防治,代防代治的价格一般为3~5元/桶水(一般每亩防治一次大约需要3桶水,喷洒每桶水的时间大约12~20分钟);承包防治指农民全权委托服务人员购药和进行防治,一般农民会与专业服务人员签订"植保代治服务协议书",由专业服务人员负责农作物生长全过程的病虫防治工作,实行包农药、包施药器械、包人工、包防效和因病虫防治不力造成减产给予赔偿的"四包一赔"制,两者的主要区别表现在代防代治的农药施用决策权仍然由农户掌握。在调查的样本农户中没有人参加,说明整体上我国的植保社会化服务还处于起步阶段。

本文主要考察稻农对专业化统防统治服务的需求意愿,稻农病虫害防治方式主要有三种选择:愿意购买承包防治、愿意购买统防统治、两者都不愿意(采用自防自治方式)。由于因变量属于离散变量,在分析离散选择问题时采用概率模型(Logit、Probit 和 Tobit)是理想的估计方法。根据数据特征,本文采用多项 Logit 模型来分析这一问题,多项 Logit 模型主要用来估计不同的个体在 j 个互斥的备选项中作出选择的情形。其概率公式如下:

$$P_{nj} = \frac{e^{V_{ni}}}{\sum\limits_{j=1}^{J} e^{V_{nj}}}$$

式中,V 表示可由被观察到的自变量解释的部分效用,即非随机效用,一般假定为线性函数,即:$V_j = X_{1j} + X_{2j} + \cdots + X_{pj}$ $(j = 1, 2, \cdots, J)$ 表示备选的选择集。多项 Logit 模型采用极大似然估计的方法估计参数,构造似然函数如下:

$$L(\beta) = \sum_{n=1}^{N} \sum_{j=1}^{J} (P_{nj})^{y_{nj}}$$

式中,y_{nj} 为指示变量,在农户 n 选择病虫害防治方式 j 时取值为 1,否则为 0。为了计算的方便,可以进一步去似然函数的自然对数,代入概率公式,得到对数似然函数:

$$LL(\beta) = \sum_{n=1}^{N} \sum_{j=1}^{J} y_{nj} \ln \frac{e^{V_{ni}}}{\sum\limits_{j=1}^{J} e^{V_{nj}}}, \quad V_{nj} = \beta_j x_n$$

参数的估计值为 $\frac{\mathrm{d}LL(\beta)}{\mathrm{d}\beta} = 0$。代入概率公式,可以得到,

$$\ln\left[\frac{Pr(Y_i = j \mid X)}{Pr(Y_i = k \mid X)}\right] = X(\hat{\beta}_j - \hat{\beta}_k), \quad \forall k, k \neq j$$

多项 logit 模型的参数 $\hat{\beta}_j$ 的含义为,在控制其他变量的情况下,变量 X_j 变化一个单位使得个体选择选项 j 相对选择选项 i 的相对概率的变化 $e^{\hat{\beta}_j}$ 倍。通常将自变量各自对应的风险比转换成相对风险比是有用的。其计算公式为:

$$\frac{Pr(Y_i = j)}{Pr(Y_i = k)} = \exp(X_i \beta_i)$$

由于很难直接解释估计系数的经济含义,通常,需要计算自变量对农民选择某种防治方式的意愿的边际效应。其公式为:

$$\frac{\partial Pr(Y_i = j)}{\partial x_i} = Pr(Y_i = j)(\beta_j - \overline{\beta_i})$$

需要注意的是,多项 Logit 模型的使用要求随机项 ε_{ij} 服从 Gumbull 分布,同时各 ε_{ij} 之间还必须满足独立不相关(IIA)性质。一般在估计出参数 β_j 后,可以通过 Hausman 或者 Small-Hsiao 检验来判断 IIA 性质的满足情况。如果 Hausman 估计的系数 P 值小于 0.05,则不服从 IIA 假设。

根据对影响因素分析、预调研的实际情况和相关数据的可得性,选取的变量见表 11.1。

表 11.1 变量说明

变量名	变量类型	变量解释
Y(农户病虫害专业化统防统治服务需求意愿)	因变量	自防自治=1;代防代治=2;承包防治=3
被调查对象年龄		被调查对象实际年龄(周岁)
被调查对象性别		被调查对象性别:女=0;男=1
被调查对象文化水平	被调查对象	被调查对象受教育水平:文盲=1;小学=2;中学=3;高中及以上=4
被调查对象是否兼业	个体特征	被调查对象是否非农兼业:否=0;是=1
被调查对象非农就业难度		被调查对象非农就业难度:容易=1;一般=2;难=3
被调查对象健康意识		施用化学农药对健康的影响:没有=1;较小=2;一般=3;很大=4
农业劳力数		家庭经常参加农业生产活动的劳动力数量
收入结构	家庭经营特征	水稻种植收入占总收入的比重
是否种植晚稻		是否种植晚稻:否=0;是=1
耕地规模		家庭耕种的稻田面积(亩)
耕地块数	耕地特征	家庭耕地块数(块)
耕地距离		耕地平均离家距离(公里)
政府政策诱导	外部诱导	是否接受过作物病虫害专业化统防统治的宣传:没有=0;有=1

11.3 模型估计结果分析

在 386 户样本农户中,大部分(65.54%)农户倾向于保持目前的自防自治现状,22.02%的农户愿意购买代防代治服务,12.44%的农户愿意购买承包防治服务。总体上,愿意参与病虫害专业化统防统治的农户比重较低(34.46%)。

表 11.2 农户病虫害专业化统防统治服务需求

项目	自防自治	代防代治	统防统治
户数(户)	253	85	48
比例(%)	65.54	22.02	12.44

数据处理借助 Stata10.1 软件包,模型 IIA 检验的结果(Prob＞chi2＝1.000、Prob＞chi2＝0.060,均大于 0.05)说明本研究应用多项 Logit 模型是合适的,估计结果和边际效应见表 11.3 和表 11.4。从回归结果看,LR chi2 等于－233.71,相应的伴随概率 Prob＞F＝0.0000,说明模型拟合效果很好,达到研究的目标和要求。具体解释如下。

表 11.3 模型估计结果

病虫害防治方式	代防代治（对照自防自治）			承包防治（对照自防自治）		
变量代码	系 数	Z 值	相对风险比	系 数	Z 值	相对风险比
被调查对象年龄	0.02	0.75	1.02	−0.01	−0.59	0.99
被调查对象性别	0.68	0.83	1.98	−0.13	−0.20	0.88
被调查对象文化水平	0.42*	1.96	1.51	−0.21	−1.03	0.81
被调查对象是否兼业	1.72***	3.69	5.58	1.27***	3.06	3.55
被调查对象非农就业难度	−0.76***	−2.91	0.47	−0.50**	−2.11	0.61
被调查对象健康意识	−0.17	−0.81	0.84	−0.28	−1.32	0.75
农业劳力数	−0.48*	−1.88	0.62	0.28	1.17	1.32
收入结构	−0.32	−1.46	0.73	−0.81***	−3.75	0.44
是否种植双季稻	−0.32	−0.67	0.73	−0.41	−1.02	0.67
耕地规模	0.08***	4.64	1.08	−0.00	−0.03	1.00
耕地块数	0.33	1.62	1.38	−0.10	−0.5	0.91
耕地距离	0.65*	1.91	1.92	0.21	0.66	1.23
政府政策诱导	1.53***	3.05	4.64	0.73	1.21	2.08
常数项	−5.43***	−2.61	3.34***	1.89		

Pseudo R^2 = 0.3449

Hausman test for IIA： chi2 = −4.988，Prob > chi2 = 1.000
chi2 = 6.482，Prob > chi2 = 0.953

Log likelihood = −220.9221

LR chi2 (24) = 232.58 Prob > chi2 = 0.0000

注：*、**、***分别表示在 10%、5%、1%水平上显著。

表 11.4 模型估计的边际效应

变 量	代防代治（对照自防自治）		承包防治（对照自防自治）	
	边际效应	标准差	边际效应	标准差
被调查对象年龄	0.0043	0.0053	−0.0016	0.0020
被调查对象性别 *	0.1217	0.1237	−0.0246	0.0570
被调查对象文化程度	0.0881	0.0422	−0.0254	0.0176
被调查对象是否兼业 *	0.3120	0.0941	0.0516	0.0380
被调查对象非农就业难度	−0.1409	0.0529	−0.0204	0.0195
被调查对象健康意识	−0.0286	0.0430	−0.0174	0.0179
农业劳力数	0.0421	0.0462	0.0661	0.0252
收入结构	−0.0452	0.0428	−0.0541	0.0248
是否种植晚稻 *	−0.0548	0.1000	−0.0245	0.0368
耕地规模	0.0155	0.0048	−0.0018	0.0014
耕地块数	0.0674	0.0391	−0.0146	0.0157
耕地距离	0.1264	0.0688	0.0010	0.0237
政府政策诱导 *	0.3299	0.1121	0.0041	0.0438

注：带 * 号自变量的边际效应为其从 0 到 1 变动时的结果，其他变量的边际效应为变量均值处的边际效应。

被调查对象年龄对代防代治和承包防治服务需求意愿的影响不显著。一方面,由于随着年龄的增加,农业劳动能力在逐渐减弱,越倾向于购买代防代治服务来满足病虫害防治需求;但另一方面,年龄越大的农户风险意识更强,可能越倾向于保守,更喜欢熟悉的化学病虫害控制方式,不愿意放弃病虫害防治的决策权,导致其在统计上不显著。

被调查对象性别对农户代防代治和承包防治服务需求意愿影响较小,且在统计上不具有显著性。调查数据显示,在被调查的农户中,农户为男性为 348户,占样本农户的 90.16%,可能是女性被调查对象的比重过低,导致其不显著。这与中国农村家庭一般以男性为主的现实相吻合。

被调查对象文化水平对农户代防代治在 10% 的水平有显著的正向影响,这可能是由于文化水平越高,则越容易从农业行业转移,或者在其他条件相同的情况下更易获得较高的比较收益,从而更愿意购买统防统治服务,以减少农业劳动时间。相对风险比结果显示,与选择自防自治的概率相比,选择代防代治的概率为其 1.51 倍。从边际效应来看,农户文化水平在均值处每提高一个等级,选择代防代治的概率上升了 8.81%。

但被调查对象文化水平对农户承包防治服务需求意愿影响为负,且在统计上不具有显著性。可能的原因是受教育程度越高的农户一方面能够更好地认识到统防统治带来的益处,这可能会增加其对病虫害专业化统防统治服务的需求意愿;但同时也更有能力理解病虫害防治信息、采用先进的防治器械和防治方法,取得较好的病虫害防治效果,从而降低了代防代治和承包防治服务需求意愿。具体的原因还有待进一步的研究。

被调查对象是否兼业对农户代防代治和承包防治服务需求意愿有显著正向影响。农民进入非农产业就业必然会对农业生产产生影响(蒋乃华、卞智勇,2007),一方面,非农就业改变了农业生产所需劳动力有效供给不足,导致其他要素对劳动力投入的替代;另一方面,非农就业丰富了农户的收入来源,由于收入的增加和多元化(谷树忠等,2009),改变了农民对农业的依赖程度,增加了农户对病虫害专业化统防统治服务的支付能力。相对风险比结果显示,相比较与对自防自治的选择概率,被调查对象兼业对代防代治、承包防治服务需求的相对概率为其 5.58 倍和 3.55 倍。从边际效应来看,如果被调查对象兼业,其选择代防代治、承包防治的概率增加 31.20% 和 5.16%。

被调查对象非农就业难度对农户一般的代防代治和承包防治服务需求意愿有显著的负向影响。非农就业较容易的农药施用决策者将会因为劳动力机会成本的增加而更倾向于病虫害专业化统防统治,同时由于兼业市场通常有容易度量的工资水平,在价格信号的引导下,农民病虫害防治方式选择决策也更加理性。相对风险比结果显示,与选择自防自治的概率相比,代防代治、承包防治服务需求的相对概率为其 0.47 倍和 0.61 倍。边际效应结果显示,非农就业难度从"一般"提高到"难",选择代防代治、承包防治的概率分别减少 14.09% 和 2.04%。

被调查对象健康意识对农户代防代治和承包防治服务需求意愿影响为负,但在统计上不具有显著性。在调查中发现,很多农户根本就没有意识到农药施用的健康风险;部分农民虽然认识到农药暴露带来的健康风险,但认为其影响是短期的,农户对病虫害防治方式的选择更多是出于经济利益的考量,更关注家庭劳动力的合理分配和家庭收入目标。

家庭农业劳动力数量对农户代防代治服务需求意愿有显著负向影响,但对承包防治的影响不显著。一项劳动力需求较大的农业劳动,从农户家庭决策的角度分析,家庭决策的基础是尽可能地利用家庭内部成员的分工优势使家庭收益最大化,家庭农业劳动力越多,农业劳动力对病虫害防治劳动的约束越少,从而越不愿意购买代防代治。家庭农业劳力数量变量的结果表明,农户对代防代治服务的需求相对概率显著降低,相比较选择自防自治的概率,选择代防代治的概率为其 0.62 倍;从边际效应来看,家庭农业劳动力数量在均值处每增加一人,选择代防代治概率减少 4.21%。

但农业劳力数量对承包防治的影响没有通过显著性检验。可能的原因是,病虫害防治是决策能力与具体的实施能力(劳动能力)的结合,由于中国农业从业者的老龄化,这些农业从业者可能不缺乏病虫害防治的决策能力,而是缺乏具备病虫害防治的具体劳动能力,从而使得对承包防治的变量影响不显著。

收入结构对农户承包防治服务需求意愿有显著负向影响;对代防代治服务需求意愿影响系数为负,快接近于(P 值 = 0.14)在 10% 的水平上显著,说明种植业收入占家庭总收入比重越高的农户越不愿意参与承包防治和承包防治。风险偏好是农民行为决策的基础之一,家庭收入的多样性某种程度上是测量风险的方法,对农业收入依赖程度越高的农民对病虫害防治效果越重视,对病虫害产量风险更厌恶,更不愿意放弃对病虫害防治的决策权,不愿意采纳承包防治和统防统治服务。收入结构变量的结果表明,相比较选择自防自治的概率,选择承包防治、代防代治的概率分别为其 0.72 倍和 0.44 倍;从边际效应来看,种植业收入占家庭总收入比重在均值处提高 1%,选择承包防治的概率减少5.41%,选择代防代治的概率减少 4.52%。

是否种植晚稻对农户代防代治和承包防治服务需求意愿的影响均为负,虽然没有通过显著性检验。这是由于:一方面,种植晚稻的农户可能是本身就是农业生产管理能力较强的农户;另一方面,晚稻病虫害远比早稻严重,产量风险更大,同时病虫害防治难度、防治成本更高,从而产生不同的风险—收益预期和成本—收益预期,使得种植晚稻的农户越偏好病虫害专业化统防统治服务。这两个方面的共同作用使得该变量不显著。

耕地规模对农户代防代治服务需求意愿均有显著正向影响,而对农户承包防治服务需求意愿的影响为负但不显著。边际效应结果显示,耕地面积在均值处增加 1 亩,农户选择代防代治的概率增加 1.55%。说明拥有耕地越多的农民对代防代治服务的需求意愿越大。从样本统计结果来看,对代防代治服务有需求意愿农户的耕地面积平均为 85.53 亩,样本农户平均耕地面积为 24.87 亩。由于病虫害防治的时效性,耕地面积越大的农户为了有效地防治病虫害,必须通过雇人施药来解决临时性的劳动力短缺,从而对代防代治服务的需求意愿较高。

耕地规模对农户承包防治服务需求意愿的影响为负但不显著。耕地面积越大的农户可能会为了有效地防治病虫害而选择承包防治。但同时在调查中发现,耕地面积较大的种植大户一般购置了先进的喷洒工具,拥有比较丰富的病虫害防治知识和经验,参加承包防治的沉没成本较高,同时更不愿意放弃病虫害防治的决策权。

耕地块数对农户代防代治和承包防治服务需求意愿影响较小,且在统计上不具有显著性。主要的原因可能是在调查的地区,水源较多,农户在施药时都是在田间取水兑药,距离对施药的劳动强度影响不大。

耕地距离对农户代防代治和承包防治服务需求意愿影响较小,且在统计上不具有显著性。可能是由于在调查地区农户稻田平均离家距离都较小,平均距离为 1.26 公里,其中介于 0～1 公里占 64.77%,1～2 公里占 18.91%,2～2.5公里占 16.32%,因而对病虫害防治成本影响不显著,而且在调查的地区等外公路都很发达,稻田平均离家距离对病虫害防控方便程度不构成严重制约,进而导致该变量的影响不显著。

政府政策诱导也是本研究重点关注的变量之一。政府政策诱导对农民代防代治服务需求意愿有显著影响,对承包防治服务需求意愿的影响虽然不显著但系数为正。相对风险比结果显示,接受过统防统治宣传的农户选择代防代治的概率是选择自防自治概率的 4.64 倍,说明接受过政策宣传的农民更倾向于选择病虫害专业化统防统治。病虫害专业化统防统治服务需求很大程度取决于农民的理性预期,由于我国农户的理性受制于他们所掌握的知识、信息等,是一种有界理性,这使得农户所作出的选择更多地基于已知信息。病虫害专业化统防统治服务作为新生的事物,农户对其缺乏了解,通过政府的宣传,农户可以获取相关的服务信息,并了解该服务的潜在成本和收益情况,从而提高参与意愿。边际效应分析显示,接受过政策诱导的农民选择代防代治的概率提高32.99%。政府政策诱导对农户承包防治服务需求意愿的影响不显著,主要原因是样本地区政府政策宣传基于当地病虫害统防统治发展水平,鼓励农户参加代防代治,很少涉及承包防治。

11.4 进一步分析

虽然文献研究表明,病虫害专业化统防统治服务在增加粮食产量的同时显著减少了农药使用量和次数(朱焕潮等,2009);有效降低了农药使用成本,增加了农民收入(鲍光跃,2010);提高了病虫害防治技术到位率,从而从源头上消除了食品安全隐患(王金良,2008)。但在调查的样本农户中只有22.02%的农户愿意购买代防代治服务,12.44%的农户愿意购买承包防治服务;有77.98%(301户)对代防代治服务没有需求意愿,87.56%(338户)的农户对承包防治服务没有需求意愿。总体上,愿意购买病虫害专业化统防统治服务的农户比重较低(34.46%)。

农户对代防代治服务需求意愿不高的原因主要包括:自家劳动力充足(93.02%)、产量风险顾虑(40.41%)等。农户对承包防治服务需求意愿不高的原因主要包括:自家劳动力充足(82.84%)、产量风险顾虑(69.23%)、成本顾虑(65.38%)和害怕纠纷(47.93%)(见表11.5)。因此,在推广代防代治服务和承包防治服务时,要有重点的区别对待,采取不同的策略和措施。比如,在推广代防代治服务时,有必要加大政策宣传和扶持力度,让农民充分了解承包防治服务时的优点和长处,并对病虫害专业化统防统治提供一定的扶持,同时加大劳动力非农就业政策扶持;在推广承包防治服务时,一方面要让农民了解承包防治服务的优点和长处,同时还要侧重于加大服务条款和服务标准的宣传,解除农民的顾虑。

表 11.5 农户不愿意购买病虫害专业化统防统治服务的原因

原　　因	代防代治		承包防治	
	频次(户)	频次(%)	频次(户)	比例
自家劳动力充足	280	93.02	280	82.84
产量风险顾虑	156	40.41	234	69.23
害怕纠纷	34	11.30	185	47.93
成本顾虑	89	23.06	221	65.38

注:因为问题为多选项,所以表中各项比例加总大于1。

11.5　本章小结

本章研究发现,有 22.02% 的农户愿意购买代防代治服务,12.44% 的农户愿意购买承包防治服务。总体上,愿意参与病虫害专业化统防统治的农户比重较低(34.46%)。计量结果表明,被调查对象文化程度越高、农户非农兼业、耕地规模越大、耕地距离越远和受到过政府政策诱导的农户,其代防代治服务意愿更强;而非农就业难度越大、家庭农业劳力数量越多,农户代防代治服务的需求意愿越低;农户被调查对象兼业,农户更愿意购买承包防治服务;被调查对象非农就业难度越大、水稻种植收入占家庭总收入比重越高,农户对承包防治服务的需求意愿越低。

本篇参考文献

1. Abhilash, P. C. , & Singh, N. Pesticide Use and Application: An Indian Scenario. Journal of Hazardous Materials. 2009, 165(1-3):1-12.

2. Adesina, A. A. , & Zinnah, M. M. Technology Characteristics, Farmers' Perceptions and adoption decisions: A Tobit Model Application in Sierra Leone. Agricultural Economics, 1993, 9(4):297-311.

3. Adesina, A. A. , Mbila, D. , Nkamleu, G. B. , et al. Econometric Analysis of the Determinants of Adoption of Alley Farming by Farmers in the Forest Zone of Southwest Cameroon. Agriculture, Ecosystems camp; Environment, 2000, 80(3):255-265.

4. Antle, J. M. , & Capalbo, S. M. Pesticides, Productivity, and Farmer Health: Implications for Regulatory Policy and Agricultural Research. American Journal of Agricultural Economics, 1994, 76(3):598-602.

5. Antle, J. M. , & Pingali, P. L. Pesticides, Productivity, and Farmer Health: A Philippine Case Study. American Journal of Agricultural Economics, 1994, 76(3):418-430.

6. Antle, J. M. , Cole, D. C. , & Crissman, C. C. Further Evidence on Pesticides, Productivity and Farmer Health: Potato Production in Ecuador. Agricultural Economics, 1998, 18(2):199-207.

7. Asfaw, S. , Mithfer, D. , & Waibel, H. Food-safety Standards and Farmers Health, Evidence from Kenyan. Beijing, 2009.

8. Atreya, K. Farmers' Willingness to Pay for Community Integrated Pest Management Training in Nepal. Agriculture and Human Values, 2007(24):399-409.

9. Atreya, K. Health Costs from Short-term Exposure to Pesticides in Nepal. Social Science and Medicine, 2008(67): 511-519.

10. Atreya, K. Pesticide Use Knowledge and Practices: A Gender Differences in Nepal. Environmental Research, 2007(104):305-311.

11. Atreya, K., Sitaula, B. K., Johnsen, F. H., et al. Continuing Issues in the Limitations of Pesticide Use in Developing Countries. Journal of Agricultural and Environmental Ethics, 2010, 24(1):49-62.

12. Batz, F. J., Peters, K. J., & Janssen, W. The Influence of Technology Characteristics on the Rate and Speed of Adoption. Agricultural Economics, 1999, 21(2): 121-130.

13. Beckmann, V., & Wesseler, J. How Labour Organization May Affect Technology Adoption: An Analytical Framework Analyzing the Case of Integrated Pest Management. Environment and Development Economics, 2003, 8(3):437-450.

14. Beckmann, V., Irawan, E., & Wesseler, J. The Dffect of Farm Labor Organization on IPM Adoption: Empirical Evidence from Thailand. Gold Coast, Australia, 2006.

15. Beshwari, M., Bener, A., Ameen, A., et al. Pesticide-related Health Problems and Diseases among Farmers in the United Arab Emirates. International Journal of Environmental Health Research, 1999, 9(3):213-221.

16. Becher, G, S. A Theory of the Allocation of Time. The Economic Journal, 1965, 75:493-517

17. Binswanger, H. P., & Townsend, R. F. The Growth Performance of Agriculture. In Birch, E., Begg, G. S., & Squire, G. R. How Agro-ecological Research Helps to Address food Security Issues under New IPM and Pesticide Reduction Policies for Global crop Production Systems. Journal of Experimental Botany, 2011, 62(10):3251-3261.

18. Birch, E., Begg, G. S., & Squire, G. R. How Agro-ecological Research Helps to Address Food Security Issues under New IPM and Pesticide Reduction Policies for Global Crop Production Systems. Journal of Experimental Botany, 2011, 62(10):3251-3261.

19. Blake, G., Sandler, H. A., Coli, W., et al. An Assessment of Grower Perceptions and Factors Influencing Adoption of IPM in Commercial Cranberry Production. Renewable Agriculture and Food Systems, 2006, 22(2):134-144.

20. Blessing, M., & Maumbe, S. Hidden Health Costs of Pesticide Use in Zimbabwe's Smallholder Cotton Growers. Social Science and Medicine, 2003(57):1559-1571.

21. Bonabana-Wabbi, J. Assessing Factors Affecting Adoption of Agricultural Technologies: The Case of Integrated Pest Management (IPM). In Kumi District, Eastern Uganda. Virginia, Virginia Polytechnic Institute and State University, 2002.

22. Bonabana-Wabbi, J., & Taylor, D. B. Health and Environmental Benefits of Reduced Pesticide Use in Uganda: An Experimental Economics Analysis. Virginia, Virginia Polytechnic Institute and State University, 2008.

23. Borkhani, F. R., Rezvanfar, A., Fami, H. S., et al. Investing the Major Barriers to Adoption of IPM Technologies by Paddy Farmers. American-Eurasian Journal of Toxicological Sciences, 2010, 2(3):146-152.

24. Borkhani, F. R., Fami, H. S., Rezvanfar, A., et al. Application of IPM Practices

by Paddy Farmers in Sari County of Mazandaran Province, Iran. African Journal of Agricultural Research, 2011, 6(21):4884-4892.

25. Brewer, M. S., & Prestat, C. J. Consumer Attitudes toward Food Safety Ussues. Journal of Food Safety, 2002, 22(2):67-83.

26. Burrows, T. M. Pesticide Demand and Integrated Pest Management: A Limited Dependent Variable Analysis. American Journal of Agricultural Economics, 1983, 65(4): 806-810.

27. Byerlee, D., & de Polanco, E. H. Farmers' Stepwise Adoption of Technological Packages: Evidence from the Mexican Altiplano. American Agricultural Economics Association, 1986, 68(3):519-527.

28. Carvalho, P. F. Agriculture, Pesticides Food Security and Food Safety. Environmental Science and Policy, 2006, 9(7-8):685-692.

29. Caviglia, H. Sustainable Agricultural Practices in Rondonia, Brazil: Do Local Farmer Organizations Affect Adoption Rates? Economic Development and Cultural Change, 2003, 52(1):23-49.

30. Chaves, B., & Riley, J. Determination of Factors Influencing Integrated Pest Management Adoption in Coffee Berry Borer in Colombian Farms. Agriculture, Ecosystems and Environment, 2001(87):159-177.

31. Chowdhury, S., & Ray, P. Knowledge Level and Adoption of the Integrated Pest Management (IPM) Techniques: A Study among the Vegetable Growers of Katwa Sub-division, Bardhaman District. Indian Journal of Research, 2010, 44(3):168-176.

32. Cochranc, W. W. Farm Prices: Myth and Reality. Minneapolis: University of Minnesota Press, 1958

33. Colette, W. A., Almas, L. K., & Schuster, G. L. Evaluating the Impact of Integrated Pest Management on Agriculture and the Environment in the Texas Panhandle. Logan, Utah, 2001.

34. Cooper, J., & Dobson, H. The Benefits of Pesticides to Mankind and the Environment. Crop Protection, 2007, 26(9):1337-1348.

35. Crissman, C. C., Cole, D. C., & Carpio, F. Pesticide Use and Farm Worker Health in Ecuadorian Potato Production. American Journal of Agricultural Economics, 1994, 76(3):593-597.

36. Cropper, M. L., Evans, W. N., Berardi, S. J., et al. The Determinants of Pesticide Regulation: A Statistical Analysis of EPA Decision Making. Journal of Political Economy, 1992, 100(1):175-197.

37. Cuyno, L., Norton, G., & Rola, A. Economic Analysis of Environmental Benefits of Integrated Pest Management: A Philippine Case Study. Agricultural Economics, 2001, 25 (2-3):227-233.

38. Daku, L. S. Assessing Farm-level and Aggregate Economic Impacts of Olive Integrated Pest Management Programs in Albania: An Ex-ante Analysis. Virginia: Virginia

Polytechnic Institute and State University, 2002.

39. Damalas, C. A., & Eleftherohorinos, I. G. Pesticide Exposure, Safety Issues, and Risk Assessment Indicators. International Journal of Environmental Research and Public Health, 2011, 8(5):1402-1419.

40. Damalas, C. A., Georgiou, E., & Theodorou, M. Pesticide Use and Safety Practices among Greek Tobacco farmers: A Surve. International Journal of Environmental Health Research, 2006, 16(5):339-348.

41. David, P. J. Pests and Pesticides, Risk and Risk Aversion. Agricultural Economics, 1991, 5(4):361-383.

42. Davis, K., Nkonya, E., Kato, E., et al. Impact of Farmer Field Schools on Agricultural Productivity and Poverty in East Africa. International Food Policy Research Institute, 2010.

43. de Souza, F. H. M., Young, T., & Burton, M. P. Factors Influencing the Adoption of Sustainable Agricultural Technologies: Evidence from the State of Espirito Santo, Brazil. Technological Forecasting and Social Change, 1999, 60(2):97-112.

44. Diamond, P. A., & Hausman, J. A. Contingent Valuation: Is Some Number better than no Number?. The Journal of Economic Perspectives, 1994, 8(4):45-64.

45. Doss, C. R. Understanding Farm-level Technology Adoption Lessons Learned from Cimmyt's Micro Surveys in Eastern Ndone. Cimmyt Economics Working Paper 03-07, Mexico, D. F., 2003.

46. Dung, N. H., & Dung, T. Economic and Health Consequences of Pesticide Use in Paddy Production in the Mekong Delta, Vietnam. Singapore, IDRC, 1999.

47. Ellis, F. Peasant Economics: Farm Households and Agrarian Development. Cambridge, Cambridge University Press, 1993.

48. Escalada, M. M., & Heong, K. L. Communication and Implementation of Change in Crop Protection. John Wiley and Sons, Ltd., 2007:191-207.

49. Falconer, K. E. Managing Diffuse Environmental Contamination from Agricultural Pesticides: An Economic Perspective on Issues and Policy Options, with Particular Reference to Europe. Agriculture, Ecosystems and Environment, 1998, 69(1):37-54.

50. Feder, G., & Slade, R. The Acquisition of Information and the Adoption of New Technology. American Journal of Agricultural Economics, 1984, 66(3):312-320.

51. Feder, G., & Umali, D. L. The Adoption of Agricultural Innovations: A Review. Technological Forecasting and Social Change, 1993, 43(3-4):215-239.

52. Feder, G., Just, R. E., & Zilberman, D. Adoption of Agricultural Innovations in Developing Countries: A Survey. Economic Development and Cultural Change, 1985, 33(2): 255-298.

53. Feder, G., Murgai, R., & Jaime, D. Sending Farmers back to School: The Impact of Farmer Field Schools in Indonesia. Review of Agricultural Economics, 2003, 26(1): 45-62.

54. Feder, G. , Murgai, R. , & Quizon, J. B. The Acquisition and Diffusion of Knowledge: The Case of Pest Management Training in Farmer Field Schools. Indonesia, 2004 (55):221-243.

55. Fernandez-Cornejo, J. , Beach, E. D. , & Huang, W. The Adoption of IPM Techniques by Vegetable Growers in Florida, Michigan and Texas. Journal of Agricultural and Applied Economics, 1994, 26(1).

56. Fernandez-Cornejo, J. Environmental and Economic Consequences of Technology Adoption: IPM in Viticulture. Agricultural Economics, 1998, 18(2):145-155.

57. Fernandez-Cornejo, J. The Microeconomic Impact of IPM Adoption: Theory and Application. Agricultural and Resource Economics Review, 1996, 25(2):149-160.

58. Fernandez-Cornejo, J. , & Ferraioli, J. The Environmental Effects of Adopting IPM Techniques: The Case of Peach Producers. Journal of Agricultural and Applied Economics, 1999, 31(3):551-564.

59. Fernandez-Cornejo, J. , Sharon, J. , & Smith, M. Issues in the Economics of Pesticide Use in Agriculture: A Review of the Empirical Evidence. Review of Agricultural Economics, 1998, 20(2):462-488.

60. Fliegel, F. C. , & Kivlin, J. E. Attributes of Innovations as Factors in Diffusion. American Journal of Sociology, 1966, 72(3):235-248.

61. Florencia, P. G. The Role of Culture in Farmer Learning and Technology Adoption: A Case Study of Farmer Field Schools among Rice Farmers in Central Luzon, Philippines. Agriculture and Human Values, 2006(23):491-500.

62. Gallivana, G. J. , Surgeoner, G. A. , & Kovachb, J. Pesticide Risk Reduction on Crops in the Province of Ontario. Journal of Environmental Quality, 2001, 30(3):798-813.

63. Galt, R. E. Regulatory Risk and Farmers Caution with Pesticides in Costa Rica. Transactions of the Institute of British Geographers, 2007, 32(3):377-394.

64. Galt, R. E. Toward an Integrated Understanding of Pesticide Use Intensity in Costa Rican Vegetable Farming. Human Ecology, 2008(36):655-677.

65. Garming, H. , & Waibel, H. Do Farmers Adopt IPM for Health Reasons? The Case of Nicaraguan Vegetable Growers. Kassel, Germany, 2007.

66. Garming, H. , & Waibel, H. Pesticides and Farmer Health in Nicaragua: A Willingness-to-pay Approach to Evaluation. The European Journal of Health Economics, 2009(10):125-133.

67. Gershon, F. , Just, R. E. , & Zilberman, D. Adoption of Agricultural Innovations in Developing Countries: A Survey. Economic Development and Cultural Change, 1985, 33 (2):255-298.

68. Ghadim, A. , & Pannell, D. J. A Conceptual Framework of Adoption of an Agricultural Innovation. Agricultural Economics, 1999, 21(2):145-154.

69. Gould, B. W. , Saupe, W. E. , & Klemme, R. M. Conservation Tillage: The Role of Rarm and Operator Characteristics and The Perception of Soil Erosion. Land Economics,

1989，65(2):167-182.

70. Govindasamy, R., Herriges, J., & Shogren, J. Nonpoint Source Pollution Regulation: Issues and Analysis. Boston: Kluwer Academic Publishers, 1994.

71. Grieshop, J. I., Zalom, F. G., & Miyao, G. Adoption and Diffusion of Integrated Pest Management Innovations in Agriculture. Bulletin of the ESA, 1988(34):72-79.

72. Grossman, L. S. Pesticides, Caution and Experimentation in St. Vincent, Eastern Caribbean. Human Ecology, 1992, 20(3):315-326.

73. Hall, D. C., & Duncan, G. M. Econometric Evaluation of New Technology with an Application to Integrated Pest Management. American Journal of Agricultural Economics, 1984, 66(5):624-633.

74. Harper, J. K, Rister, M. E., Mjelde, J. W., et al. Factors Influencing the Adoption of Insect Management Technology. American Journal of Agricultural Economics, 1990, 72(4):997-1005.

75. Hashemi, S. M., & Damalas, C. A. Farmers' Perceptions of Pesticide Efficacy: Reflections on the Importance of Pest Management Practices Adoption. Journal of Sustainable Agriculture, 2010, 35(1):69-85.

76. Heger, M., Oerke, E. C., Dehne, H. W., et al. Evaluation of an Action Threshold-based IPM Wheat Model in Rheinland (Germany) in 1999/2001. Blackwell Science Ltd, 2003(33):397-401.

77. Hruska, A. J., & Corriols, M. The Impact of Training in Integrated Pest Management among Nicaraguan Maize Farmers: Increased Net Returns and Reduced Health Risk. International Journal of Occupational and Health, 2002, 8(3):191-200.

78. Huang, J., Pray, C., & Rozelle, S. Enhancing the Crops to Feed the Poor. Nature, 2002(418):678-684.

79. Huang, J., Qiao, F., & Zhang, L. Farm Pesticide, Rice Production, and Human Health. Singapore: IDRC, 2000.

80. Indira, D. P. Pesticide Use in the Rice Bowl of Kerala: Health Costs and Policy Options. SANDEE, Kathmandu, NP, 2007.

81. Isin, S., & Yildirim, I. Fruit-growers' Perceptions on the Harmful Effects of Pesticides and Their Reflection on Practices: The Case of Kemalpasa, Turkey. Crop Protection, 2007, 26(7):917-922.

82. Jeger, J. M. Bottlenecks in IPM. Crop Protection, 2000, 19(8-10):787-792.

83. Just, D. R., Wolf, S., & Zilberman, D. Principles of Risk Management Service Relations in Agriculture. Agricultural Systems, 2003, 75(2-3):199-213.

84. Just, R. E., & Zilberman, D. Stochastic Structure, Farm Size and Technology Adoption in Developing Agriculture. Oxford Economic Paper, 1983(35):307-328.

85. Kainea, G., & Bewsellb, D. Adoption of Integrated Pest Management by Apple Growers: The Role of Context. International Journal of Pest Management, 2008, 54(3):255-265.

86. Kasumbogo, U. The Role of Pesticides in the Implementation of Integrated Pest Management in Indonesia. Journal of Pesticide Science, 1996, 21(1):129-131.

87. Kathleen, S. Uncertainty and Incentives for Nonpoint Pollution Control. Journal of Environmental Economics and Management, 1988, 15(1):87-98.

88. Kenkel, P, Criswell, J. T. , Cuperus, G. W. , et al. Stored Product Integrated Pest Management. Food Reviews International, 1994, 10(2):177-193.

89. Khanna, M. Sequential Adoption of Site-specific Technologies and Its Implications for Nitrogen Productivity: A Double Selectivity Model. American Journal of Agricultural Economics, 2001, 83(1):35-51.

90. Kishi, M. , Hirschhorn, N. , Djajadisastra, M. , et al. Relationship of Pesticide Spraying to Signs and Symptoms in Indonesian Farmers. Scand Journal Work Environment Health, 1995(21):124-133.

91. Knutson, R. D. Economic Impacts of Reduced Chemical Use. College Station, 1990.

92. Kogan, M. Integrated Pest Management: Historical Perspectives and Contemporary Developments. Annual Review of Entomology, 1998(43):243-270.

93. Labarta, R. A. , & Swinton, S. M. Do Pesticide Hazards to Human Health and Beneficial Insects Cause or Result from IPM Adoption? Rhode Island, 2005.

94. Lichtenberg, E. , & Zilberman, D. Efficient Regulation of Environmental Health Risks. The Quarterly Journal of Economics, 1988, 103(1):167-178.

95. Lichtenberg, E. , Spear, R. C. , & Zilberman, D. The Economics of Reentry Regulation of Pesticides. American Journal of Agricultural Economics, 1993, 75(4):946-958.

96. Lichtenberg, R. Z. Adverse Health Experiences, Environmental Attitudes, and Pesticide Usage Behavior of Farm Operators. Risk Analysis, 1999, 19(2):283-294.

97. Lipton, M. The Theory of the Optimizing Peasant. Journal of Development Studies, 1968,4(3):138-158

98. Lopes, S. W. , & de Souza, P. M. Estimating the Social Cost of Pesticide Use: An Assessment from Acute Poisoning in Brazil. Ecological Economics, 2009, 68(10):2721-2728.

99. Low, A. Agricultural Development in Southern Africa: Farm-household Economics and the Food Crisis. London: James Currey, 1986

100. Lucas, R. E. On the Mechanics of Economic Development. Journal of Monetary Economics, 1988, 22(1):3-42.

101. Mancini, F. , Van Bruggen, A. H. , Jiggins, J. L. , et al. Acute Pesticide Poisoning among Female and Male Cotton Growers in India, 2005, 11(3):221-232.

102. Margaret C. , Tone I. A. , Ruth H. , et al. TP53 Alterations in Atypical Ductal Hyperplasia and Ductal Carcinomain Situ of the Breast. Breast Cancer Research and Treatment, 1996, 41(2):103-109.

103. Martinez, R., Gratton, T. B., Coggin, C., et al. A Study of Pesticide Safety and Health Perceptions among Pesticide Applicators in Tarrant County, Texas. Journal Environmental Health, 2004(66):34-37.

104. Mauceri, M. Adoption of Integrated Pest Management Technologies: A Case Study of Potato Farmers in Carchi, Ecuador. Virginia: Virginia Polytechnic Institute and State University, 2004.

105. Mauceri, M., & Alwang, J. Effectiveness of Integrated Pest Management Dissemination Techniques: A Case Study of Potato Farmers in Carchi, Ecuador. Journal of Agricultural and Applied Economics, 2007, 39(3):765-780.

106. Maumbe, B. M., & Swinton, S. M. Why Do Smallholder Cotton Growers in Zimbabwe Adopt IPM? The Role of Pesticide-related Health Risks and Technology Awareness. Tampa, 2000.

107. Maupin, J., & Norton, G. Pesticide Use and IPM Adoption: Does IPM Reduce Pesticide Use in the United States. Colorado, 2010.

108. Mccann, E., & Sullivan, S. Environmental Awareness, Economic Orientation, and Farming Practices: A Comparison of Arganic and Conventional Farmers. Environmental Management, 1997, 21(5):747-758.

109. Mcnamara, K. T., & Weiss, C. Farm Household Income and On-and-off Farm Diversification. Journal of Agricultural and Applied Economics, 2005, 37(1):37-48.

110. Mcnamara, K. T., Wetzstein, M. E., & Douce, G. K. Factors Affecting Peanut Producer Adoption of Integrated Pest Management. Review of Agricultural Economics, 1991, 13(1):129-139.

111. Millock, K., Sunding, D., & Zilberman, D. Regulating Pollution with Endogenous Monitoring. Journal of Environmental Economics and Management, 2002, 44 (2):221-241.

112. Morgan, S. E., Cole, H. P., Struttmann, T., et al. Stories or Statistics? Farmers— Attitudes toward Messages in an Agricultural Safety Campaign. Journal of Agricultural Safety and Health, 2002, 8(2):225-239.

113. Mukherjee, I., & Arora, S. Impact Analysis of IPM Programs in Basmati Rice by Estimation of Pesticide Residues. Springer New York, 2011:307-313.

114. Negatu, W., & Parikh, A. The Impact of Perception and Other Factors on the Adoption of Agricultural Technology in the Moret and Jiru Woreda (district) of Ethiopia. Agricultural Economics, 1999, 21(2):205-216.

115. Nowak, P. J. The Adoption of Agricultural Conservation Technologies: Economic and Diffusion Explanations. Rural Sociology, 1987, 52(2):208-220.

116. Nuwayhid, I. A. Occupational Health Research in Developing Countries: A Partner for Social Justice. American Journal of Public Health, 2004, 94(11):1916-1921.

117. Nyankanga, R. O., Wien, H. C., Olanya, O. M., et al. Farmers—cultural Practices and Management of Potato Late Blight in Kenya Highlands: Implications for

Development of Integrated Disease Management. International Journal of Pest Management, 2004, 50(2):10.

118. Perry, M. J., & Layde, P. M. Farm Pesticides: Outcomes of a Randomized Controlled Intervention to Reduce Risks. American Journal of Preventive Medicine, 2003, 24(4):310-315.

119. Perry, M. J., Marbella, A., & Layde, P. Association of Pesticide Safety Knowledge with Beliefs and Intentions among Farm Pesticide Applicators. Journal of Occupational and Environmental Medicine, 2000, 42(2):187-193.

120. Pimentel, D. Environmental and Economic Costs of the Application of Pesticides Primarily in the United States. Environment, Development and Sustainability, 2005(7):229-252.

121. Pimentel, D., Acquay, H., Biltonen, M., et al. Environmental and Economic Costs of Pesticide use. BioScience, 1992, 42(10):750-760.

122. Pingali, L., & Pierre, A. Impact of Pesticides on Farmer Health and the Rice Environment. Philippines: Kluwer Academic Publishers, 1995.

123. Pingali, P. L., Marquez, C. B., & Palis, F. G. Pesticides and Philippine rice Farmer Health: A Medical and Economic Analysis. American Journal of Agricultural Economics, 1994, 76(3):587-592.

124. Poubom, C., Awah, E. T., Tchuanyo, M., et al. Farmers' Perceptions of Cassava Pests and Indigenous Control Methods in Cameroon. International Journal of Pest Management, 2005, 51(2):157-164.

125. Rahm, M. R., & Huffman, W. E. The Adoption of Reduced Tillage: The Role of Human Capital and Other Variables. American Journal of Agricultural Economics, 1984, 66(4):405-413.

126. Rahman, S. Farm-level Pesticide Use in Bangladesh Determinants and Awareness, Agriculture, Ecosystems and Environment, 2003(95):241-252.

127. Resosudarmo, B. P. Impact of the Integrated Pest Management Program on the Indonesian Economy. Singapore, 2001.

128. Ridgley, A., & Brush, S. B. Social Factors and Selective Technology Adoption: The Case of Integrated Pest Management. Human Organization, 1992, 51(4):367-378.

129. Rola, A. C., & Pingali, P. L. Pesticides, Rice Productivity, and Farmers— Health an Economic Assessment. Philippines, and Washington D. C.: International Rice Research Institute and World Resource Institute, 1993.

130. Rustam, R. Effect of Integrated Pest Management Farmer Field School (IPMFFS) on Farmers—Knowledge, Farmers groups' Ability, Process of Adoption and Diffusion of IPM in Jember District. Journal of Agricultural Extension and Rural Development, 2010, 2(2):29-35.

131. Saha, A., Love, H. A., & Schwart, R. Adoption of Emerging Technologies under Output Uncertainty. American Journal of Agricultural Economics, 1994, 76(4):836-846.

132. Samiee, A., Rezvanfar, A., & Faham, E. Factors Influencing the Adoption of

Integrated Pest Management (IPM) by Wheat Growers in Varamin County, Iran. African Journal of Agricultural Research, 2009, 4(5):491-497.

133. Sexton, S. E., Lei, Z., & Zilberman, D. The Economics of Pesticides and Pest Control. International Review of Environmental and Resource Economics, 2007(1):271-326.

134. Shennan, C., Cecchettini, C. L, Goldman, G. B., et al. Profiles of California Farmers by Degree of IPM Use as Indicated by Self-descriptions in a Phone Survey. Agriculture, Ecosystems and Environment, 2001, 84(3):267-275.

135. Shetty, P. K. Socio-ecological Implications of Pesticide Use in India. Economic and Political Weekly, 2004, 39(49):5261-5267.

136. Shetty, S. L. Investment in Agriculture: Brief Review of Recent Trends. Economic and Political Weekly, 1990, 25(7-8):389-398.

137. Shrestha, P., Koirala, P., & Tamrakar, A. S. Knowledge, Practice and Use of Pesticides among Commercial Vegetable Growers of Dhading District, Nepal. The Journal of Agriculture and Environment, 2010 (11):95-100.

138. Strauss, J., Barbosa, M., Teixeira, S., et al. Role of Education and Extension in the Adoption of Technology: A Study of Upland Rice and Soybean Farmers in Central-West Brazil. Agricultural Economics, 1991(5):341-359.

139. Strauss, J., Barbosa, M., Teixeira, S., et al. Role of Education and Extension in the Adoption of Technology: A Study of Upland Rice and Soybean Farmers in Central-West Brazil. Agricultural Economics, 1991, (5):341-359.

140. Sunding, D., & Zilberman, D. The agricultural Innovation Process: Research and Technology Adoption in a Changing Agricultural Sector. Handbook of Agricultural Ecoomics, 2001(1):207-261.

141. Supriatna, A. Integrated Pest Management and Its Implementation by Rice Farmer in Java. Jurnal Litbang Pertanian, 2003, 22(3):109-115.

142. Thrupp, L. A. Inappropriate Incentives for Pesticide Use: Agricultural Credit Requirements in Developing Countries. Agriculture and Human Values, 1990, 7(3-4):62-69.

143. Tjornhom, J. D., Norton, G. W., Heong, K. L., et al. Determinants of Pesticide Misuse in Philippine Onion Production. Philippine Entomologist, 1997, 11(2):139-149.

144. Turaihi, E. H. A. Integrated Pest Management as an Alternative to Chemical Pesticides with Low Environmental Impact. Doha, 2010.

145. Waibel, H., Fleischer, G., & Becker, H. The Economic Benefits of Pesticides: A Case Study from Germany. Agrarwirtschaft, 1999(48):219-230.

146. Waller, B. E., Hoy, C. W., Henderson, J. L., et al. Matching Innovations with Potential Users: A Case Study of Potato IPM Practices. Agriculture, Ecosystems & Environment, 1998, 70(2-3):203-215.

147. Way, M. J. & van Emden, H. F. Integrated Pest Management in Practice

Pathways towards Successful Application. Crop Protection, 2000. 19(2):81-103.

148. Weersink, A., Livernois, J., Shogren, J. F., et al. Economic Instruments and Environmental Policy in Agriculture. Canadian Public Policy, 1998, 24(3):309-327.

149. Widawsky, D., Rozelle, S., Jin, S., et al. Pesticide Productivity, Host-plant Resistance and Productivity in China. Agricultural Economics, 1998, 19(1-2):203-217.

150. Wilson, C. Exposure to Pesticides, Ill-health and Averting Behaviour: Costs and Determining the Relationships. International Journal of Social Economics, 2005, 32(12): 1020-1034.

151. Wilson, C., & Tisdell, C. Why Farmers Continue to Use Pesticides Despite Environmental, Health and Sustainability Costs. Ecological Economics, 2001, 39(3): 449-462.

152. Wozniak, G. D. Joint Information Acquisition and New Technology Adoption: Late versus Early Adoption. The Review of Economics and Statistics, 1993, 75(3):438-445.

153. Xepapadeas, P. A. Environmental Policy under Imperfect Information: Incentives and Moral Hazard. Journal of Environmental Economics and Management, 1991, 20(2): 113-126.

154. Yassin, M. M., Mourad, T., & Safi, J. M. Knowledge, Attitude, Practice and Toxicity Symptoms Associated with Pesticide Use among Farm Workers in the Gaza Strip. Occupational and Environmental Medicine, 2002, 59:387-393.

155. Yee, J., & Ferguson, W. Sample Selection Model Assessing Professional Scouting Programs and Pesticide Use in Cotton Production. Agribusiness, 1996, 3(12): 291-300.

156. Yorobe, J. M., Rejesus, R. M., & Hammig, M. D. Insecticide Use Impacts of Integrated Pest Management (IPM) Farmer Field Schools: Evidence from Onion Farmers in the Philippines. Agricultural Systems, 2011, 104(7):580-587.

157. Yudelman, M., Ratta, A., & Nygaard, D. Pest Management and Food Production: Looking to the Future. Washington, D. C.: Food Policy Research Institute (IFPRI), 1998.

158. Zhou, J., & Jin, S. Safety of Vegetables and the Use of Pesticides by Farmers in China: Evidence from Zhejiang Province. Food Control, 2009, 20(11):1043-1048.

159. Zilberman, D., Schmitz, A., Casterline, G., et al. The Economics of Pesticide Use and Regulation. Science, 1991, 253:518-522.

160. Zilberman, K. M. Pesticide Use and Regulation: Making Economic Sense Out of an Externality and Regulation Nightmare. Journal of Agricultural and Resource Economics, 1997, 22(2):321-332.

161. 恰亚诺夫. 农民经济组织. 北京:中央编译出版局,1996

162. 曹建民,胡瑞法,黄季焜. 技术推广与农民对新技术的修正采用:农民参与技术培训和采用新技术的意愿及其影响因素分析. 中国软科学,2005(6):60—66.

163. 常向阳,姚华锋. 农业技术选择影响因素的实证分析. 中国农村经济,2005(10):

38—43.

164. 陈杰林,韩群鑫.我国实施IPM的影响因素及对策.仲恺农业技术学院学报,2005(2):51—58.

165. 陈晶中,陈杰,谢学俭,等.土壤污染及其环境效应.土壤,2003(4):298—303.

166. 陈松林,徐再清.水稻病虫统防统治效益分析及发展前景初探.湖北植保,2004(6):17—28.

167. 陈雨生,乔娟,闫逢柱.农户无公害认证蔬菜生产意愿影响因素的实证分析——以北京市为例.农业经济问题,2009(6):34—39

168. 范传航.农药使用效果不佳的原因及对策.现代农业科技,2007(11):80.

169. 范存会,黄季焜.生物技术经济影响的分析方法与应用.中国农村观察,2004(1):28—34.

170. 方炎.农业技术推广过程中制度因素的影响——湖北省天门市棉花IPM案例分析报告.中国农村经济,1998(10):10—14.

171. 付静尘.丹江口库区农田生态系统服务价值核算及影响因素的情景模拟研究.北京林业大学,2010.

172. 傅泽田,祁力钧.国内外农药使用状况及解决农药超量使用问题的途径.农业工程学报,1998(2):13—18.

173. 高启杰.农业技术推广中的农民行为研究.农业科技管理,2000(1):28—30.

174. 高启杰.农业推广学.北京:中国农业大学出版社,2003.

175. 戈峰,曹东风,李典谟.我国化学农药使用的生态风险性及其减少对策.植保技术与推广,1997(2):35—37.

176. 顾俊,陈波,徐春春,等.农户家庭因素对水稻生产新技术采用的影响——基于对江苏省3个水稻生产大县(市)290个农户的调研.扬州大学学报(农业与生命科学版),2007(2):57—60.

177. 郝利,任爱胜,冯忠泽,等.农产品质量安全农户认知分析.农业技术经济,2008(6):30—35.

178. 何丽莲,李元.农田土壤农药污染的综合治理.云南农业大学学报,2003(4):430—434.

179. 洪崇高,丁晓宇,林伟等.我国水稻主产区农药使用调查及安全生产的建议与对策.亚热带农业研究,2008(2):136—140.

180. 胡豹,卫新,王美青.影响农户农业结构调整决策行为的因素分析——基于浙江省农户的实证.中国农业大学学报(社会科学版),2005(2):50—56.

181. 胡豹.农业结构调整中农户决策行为研究.浙江大学,2004.

182. 胡志丹,王奎武,柏鑫,等.区域文化对农户技术采纳的影响分析.江西农业大学学报,2010(6):168—170.

183. 黄季焜,齐亮,陈瑞剑.技术信息知识、风险偏好与农民施用农药.管理世界,2008(5):71—76.

184. 黄士忠,李治祥,陈国光,等.农药的环境问题及发展趋向.农业环境与发展,1990(2):21—23.

185. 黄宗智. 长江三角洲小农家庭与乡村发展. 北京:中华书局,2000.

186. 黄宗智中国乡村社会研究丛书——华北的小农经济与社会变迁. 北京:中华书局,2000.

187. 黄祖辉,钱峰燕. 茶农行为对茶叶安全性的影响分析. 南京农业大学学报(社会科学版),2005(1):39—44.

188. 江应松,李慧明. 农产品质量安全难题的制度破解. 现代财经(天津财经大学学报),2007(9):68—71.

189. 孔祥智,方松海,庞晓鹏,等. 西部地区农户禀赋对农业技术采纳的影响分析. 经济研究,2004(12):85—95.

190. 李光泗,朱丽莉,马凌. 无公害农产品认证对农户农药使用行为的影响——以江苏省南京市为例. 农村经济,2007(5):95—97.

191. 李红梅,傅新红,吴秀敏. 农户安全施用农药的意愿及其影响因素研究——对四川省广汉市 214 户农户的调查与分析. 农业技术经济,2007(5):99—104.

192. 李旻,赵连阁. 农业劳动力"老龄化"现象及其对农业生产的影响——基于辽宁省的实证分析. 农业经济问题,2009(10):12—18.

193. 李明川,李晓辉,傅小鲁,等. 成都地区农民农药使用知识、态度和行为调查. 预防医学情报杂志,2008(7):521—524.

194. 李圣军. 农户技术采纳中的微观选择与宏观行为分析. 湖北经济学院学报,2008(1):76—80.

195. 李伊梅,刘永功. 社会网络与农村社区技术创新的扩散效率——来自一个村庄的观察. 农村经济与科技,2007(3):52—53.

196. 梁文平,郑斐能,王仪,等.21 世纪农药发展的趋势:绿色农药与绿色农药制剂. 农药,1999(9):1—2.

197. 廖洪乐. 中国南方稻作区农户水稻生产函数估计. 中国农村经济,2005(6):11—18.

198. 廖西元,陈庆根,王磊等. 农户对水稻科技需求优先序. 中国农村经济,2004(11):36—43.

299. 林毅夫,潘士远,刘明兴. 技术选择、制度与经济发展. 经济学(季刊),2006(2):695—714.

200. 林毅夫,沈明高. 我国农业技术变迁的一般经验和政策含义. 经济社会体制比较,1990(2):10—18.

201. 刘道贵. 实施棉花 IPM 项目对池州市贵池区棉花生产及棉农行为的影响. 现代农业科技,2005(1):51—52.

202. 刘颖. 我国农药使用现状、原因及对策研究. 国土与自然资源研究,2005(4):50—51.

203. 刘兆征. 当前农村环境问题分析. 农业经济问题,2009(3):70—74.

204. 鲁柏祥,蒋文华,史清华. 浙江农户农药施用效率的调查与分析. 中国农村观察,2000(5):62—69.

205. 吕玲丽. 农户采用新技术的行为分析. 经济问题,2000(11):27—29.

206. 吕晓男,孟赐福,麻万诸等. 农用化学品及废弃物对土壤环境与食物安全的影响. 中国生态农业学报,2005(4):150—153.

207. 吕振宇,牛灵安,郝晋珉,等.中国农业生态环境面临的问题与改善对策.中国农学通报,2009(4):218—224.

208. 罗小锋,秦军.农户对新品种和无公害生产技术的采用及其影响因素比较.统计研究,2010(8):90—95.

209. 罗小锋.农户采用节约耕地型与节约劳动型技术的差异.中国人口•资源与环境,2011(4):132—138.

210. 满明俊,周民良,李同昇.技术推广主体多元化与农户采用新技术研究——基于陕、甘、宁的调查.科学管理研究,2011(3):99—103.

211. 满明俊,周民良,李同昇.农户采用不同属性技术行为的差异分析——基于陕西、甘肃、宁夏的调查.中国农村经济,2010(2):68—78.

212. 梅隆.推进专业化统防统治势在必行.农药市场信息,2009(22).

213. 蒙秀锋.广西贺州市农户选择农作物新品种的决策因素分析.中国农业大学,2004.

214. 祁力钧,傅泽田.影响农药施药效果的因素分析.中国农业大学学报,1998,3(2):80—84.

215. 斯科特.农民的道义经济学:东南亚的生存与反抗.南京:译林出版社,2001

216. 舒尔茨.改造传统农业.北京:商务印书馆,1987.

217. 宋军,胡瑞法,黄季焜.农民的农业技术选择行为分析.农业技术经济,1998(6):36—40.

218. 宋仲容,何家洪,高志强,等.农药使用中存在的问题及其对策.安徽农业科学,2008(33):14712—14713.

219. 孙建光,姜瑞波,任天志,等.我国农田和水体污染及微生物修复前景.中国农业资源与区划,2008(1):41—47.

220. 孙作文,王兰英,王书友,等.参与式转基因棉花病虫害综合防治技术培训对棉农使用农药频率的影响.中国植保导刊,2006(2):43—43.

221. 谭淑豪,Heerink Nico,曲福田.土地细碎化对中国东南部水稻小农户技术效率的影响.中国农业科学,2006,39(12):2467—2473.

222. 谭政华,刘学琴,李绍先.中宁县农作物病虫害统防统治的做法和经验.中国植保导刊,2008(1):45—46.

223. 唐博文,罗小锋,秦军.农户采用不同属性技术的影响因素分析——基于9省(区)2110户农户的调查.中国农村经济,2010(6):49—57.

224. 汪三贵,刘晓展.信息不完备条件下贫困农民接受新技术行为分析.农业经济问题,1996(12):31—36.

225. 王华书,徐翔.微观行为与农产品安全——对农户生产与居民消费的分析.南京农业大学学报,2004,4(1):23—28.

226. 王金良.创建植保专业合作社　探索统防统治社会化服务.中国稻米,2008(2):74—76.

227. 王琦,胡志,秦侠,等.安徽枞阳县农村居民急性农药中毒及防护措施研究.中国热带医学,2006(2):230—232.

228. 王青,于冷,王英萍.上海农业科技社会化服务需求的调查分析.农业经济问题,

2011(7):67-72.

229. 王晓军,刘纯彬.劳动力选择性流动对农业技术创新的影响.中南财经政法大学学报,2011,187(4):39-45.

230. 王秀清,苏旭霞.农用地细碎化对农业生产的影响——以山东省莱西市为例.农业技术经济,2002(2):2-7.

231. 王志刚,吕冰.蔬菜出口产地的农药使用行为及其对农民健康的影响——来自山东省莱阳、莱州和安丘三市的调研证据.中国软科学,2009(11):72-80.

232. 卫龙宝.沿海地区农产品出口面临的困境及应对策略.世界农业,2003(12):7-10.

233. 吴春华,陈欣.农药对农区生物多样性的影响.应用生态学报,2004(2):341-344.

234. 吴林海,侯博,高申荣.基于结构方程模型的分散农户农药残留认知与主要影响因素分析.中国农村经济,2011(3):35-48

235. 吴新平,朱春雨,刘杰民.专业化统防统治发展形势展望.农药科学与管理,2010(5):13-14.

236. 肖长坤,诚顼,胡瑞法,等.农民田间学校活动对农户设施番茄生产投入和产出的影响.中国农村经济,2011(3):15-25.

237. 阎文圣,肖焰恒.中国农业技术应用的宏观取向与农户技术采用行为诱导.中国人口·资源与环境,2002(3):27-31.

238. 杨大光,曹志平.积极开展病虫统防统治 促进植保服务向产业化发展.湖南农业科学,1998(6):42-43.

239. 杨天和.基于农户生产行为的农产品质量安全问题的实证研究.南京农业大学,2006.

240. 喻永红,张巨勇.农户采用水稻 IPM 技术的意愿及其影响因素——基于湖北省的调查数据.中国农村经济,2009(11):77-86.

241. 袁会珠,齐淑华,杨代斌.农药使用技术的发展趋势.植保技术与推广,2001(2):37-38.

242. 曾兰生,赖伍生,赖春华,等.大力推进统防统治 全面提升病虫害防治水平——宁都县农作物病虫害统防统治的做法和经验.农业科技通讯,2009(4):92-93.

243. 展进涛,陈超.劳动力转移对农户农业技术选择的影响——基于全国农户微观数据的分析.中国农村经济,2009(3):75-84.

244. 张甫平.农药使用存在的主要问题及对策探讨.农药市场信息,2006(5):4-6.

245. 张巨勇.化学农药的危害及我国应采取的对策.云南环境科学,2004,23(2):23-26.

246. 张巨勇.有害生物综合治理(IPM)的经济学分析.北京:中国农业出版社,2004.

247. 张蕾,陈超,展进涛.农户农业技术信息的获取渠道与需求状况分析——基于 13 个粮食主产省份 411 个县的抽样调查.农业经济问题,2009(11):78-84.

248. 张利庠,彭辉,靳兴初.不同阶段化肥施用量对我国粮食产量的影响分析——基于1952—2006 年 30 个省份的面板数据.农业技术经济,2008(4):85-94.

249. 张明明,石尚柏,林夏竹,等.农民田间学校的起源及在中国的发展.中国农业大学学报(社会科学版),2008(2):129-135.

250. 张蔚文.农业非点源污染控制与管理政策研究.浙江大学硕士学位论文,2006.

251. 张五常. 佃农理论——应用于亚洲的农业和台湾的土地改革. 北京:商务印书馆,2002

252. 张耀钢,应瑞瑶.农户技术服务需求的优先序及影响因素分析——基于江苏省种植业农户的实证研究.江苏社会科学,2007(3):65—71.

253. 张云华,马九杰,孔祥智,等.农户采用无公害和绿色农药行为的影响因素分析——对山西、陕西和山东 15 县(市)的实证分析.中国农村经济,2004(1):41—49.

254. 赵建欣.农户安全蔬菜供给决策机制研究——基于河北、山东和浙江菜农的实证.浙江大学,2008.

255. 郑龙章.茶农使用农药行为影响因素研究.福建农林大学硕士学位论文,2009.

256. 周波,于冷.农业技术应用对农户收入的影响——以江西跟踪观察农户为例.中国农村经济,2011(1):49—57.

257. 周峰,徐翔.无公害蔬菜生产者农药使用行为研究——以南京为例.经济问题,2008(1):94—96.

258. 周洁红,钱峰燕,马成武.食品安全管理问题研究与进展.农业经济问题,2004(4):26—29.

259. 周曙东,朱红根.气候变化对中国南方水稻产量的经济影响及其适应策略.中国人口·资源与环境,2010(10):152—157.

260. 朱焕潮,钟阿春,汪爱娟.余杭区植保统防统治工作的实践与思考.中国稻米,2009(4):74—75.

261. 朱明芬,李南田.农户采用农业新技术的行为差异及对策研究.农业技术经济,2001(2):26—29.

262. 朱希刚,赵绪福.贫困山区农业技术采用的决定因素分析.农业技术经济,1995(5):18—32.

263. 朱兆良,孙波,杨林章,等.我国农业面源污染的控制政策和措施.科技导报,2005(4):47—51.

第三篇
中国生猪养殖规模演进及其污染治理政策设计与选择

改革开放以来,人民生活水平提高引起消费结构变化,中国畜牧业发展迅猛。伴随着中国城乡居民肉类消费结构的调整,猪肉消费仍然是肉类消费的主体。强劲的市场需求和政府政策支持,中国不仅是世界第一生猪生产大国,也是猪肉消费第一大国。20世纪90年代以来中国猪肉进出口贸易呈现出净出口格局。为了发挥生猪规模养殖的技术效率优势,生猪养殖标准化规模发展已经成为政府畜牧业发展的重要目标。

为了实现生猪养殖的规模效率,中国生猪养殖正在经历历史性的组织结构变革——由家庭散养到规模养殖的转变。根据《畜牧业年鉴》数据资料,1998年到2010年我国生猪出栏50头以上规模的养殖户出栏生猪数由11647.95万头增加到60250.4万头,2010年我国年出栏生猪50头以上的养殖场总出栏量占全国比例为64.51%。从全国规模生猪养殖的出栏情况看,500头及以上生猪规模养殖占总出栏量的比例由1998年的7.66%上升到2010年的48.38%。中国2010年生猪出栏量500头以上的农场比例仅为8.32%,中小规模生猪养殖农场占规模养殖场的比例为91.68%,距离中国2015年标准化规模养殖比重占规模养殖场50%的目标还存在很大距离。中小规模生猪养殖仍然是中国生猪养殖的主体,中国生猪养殖标准规模发展任务艰巨。

根据四川省三台县144位生猪养殖专业户的调查发现,虽然三台县生猪养殖发展强劲,平均饲养规模近610头,为农民增收作出了巨大贡献。但在144个被调查样本养殖户中,年均存栏30头以下(包括30头)的散养户为35户,30～100头的小规模养殖农户31户,年均存栏100～1000头的中规模养殖户53户,1000头以上的大规模养殖户仅为25户。100头以下的小规模和散养户占调查样本的45.84%。

本研究发现,影响生猪养殖规模演进的因素包括:农户村中居住代数、在政府机关工作的近亲人数、家庭固定资产数量、修建猪场政府补贴所占比例等,正向影响生猪养殖规模;养殖资金、养殖年限、养猪场地与最近公路的距离等,负向影响生猪养殖规模演进。

养殖户的污染防治对策随着猪舍周围环境和自身经济能力的不同而存在差异。散养户通常采用自家耕地直接处理生猪排泄物，不会导致大的环境问题；大规模养殖企业依靠自身的经济实力建立有机肥厂集中处理粪污。由于自身知识水平和技术成本限制，以及经济激励政策的缺失，中小规模生猪养殖户污染治理水平低下。伴随着生猪养殖规模化和商品化的发展，生猪养殖废弃物处置的土地规模限制日益凸显，生猪养殖有机肥施用规制政策设计对于环境保护尤为重要。生猪养殖规模演进废弃物处置模式选择决定因素实证研究发现，被调查对象年龄、生猪出栏规模、社会资本、耕地数量、培训次数、清粪所需时间、沼气池政府出资比例、生猪养殖地块类型和是否加入合作社，影响农户沼气池建设面积。

生猪养殖作为中国畜禽养殖的主体，其废弃物污染治理问题是我国农村经济、社会可持续发展面临的最重要的问题之一。但农民环保意识淡薄、污水处理率低和沼气池容积偏小的问题，使得三台县生猪养殖的环境威胁不容小觑。为降低生猪养殖环境污染风险，政府必须采取措施提升农户环保意识，引导农户科学减污，倡导适度规模养殖和完善沼气池补贴政策，以实现生猪养殖废弃物治理的目标。

首先，必须提升农户环保意识。政府相关部门可以通过加强对生猪废弃物空气和水体污染的宣传，提高农户对污染危害的了解，同时开展各种治污技术的宣传和培训。

第二，调查发现，农户对减少废弃物产生量的方法了解甚少，为改进废弃物污染的前端控制提供了巨大空间。根据农户对各种控制方法的选择意愿和动机，政府部门可以开发或引进合适的消毒剂；进一步规范农户清粪方式是减少污水产生量的最有效方法，加大在农户中开展科学选配饲料和特种添加剂、改善猪舍建筑设施等方法的宣传工作。

第三，加大政府资源循环利用沼气池建设的政策支持。通过以下措施，推进循环经济的发展：一是加大对养猪业沼气池修建的扶持力度，进一步扩大沼气发酵技术在生猪养殖废弃物治理中的覆盖范围；二是政府部门在提高沼气池修建补贴的同时，需要对被补贴农户提供必要的技术支持，做好沼气池设计、施工和使用等环节的管理工作，做到设计合理、施工严格和使用规范；三是在支持沼气发酵技术应用的同时，可以增加沼气相关技术领域的科技投入，开发高产气率、促进综合利用、减少劳动或建池成本的新技术；四是建立健全农村沼气服务体系，加快农村沼气服务网点的建设，将沼气使用尽量延伸到更多的农户家庭，进而加快沼气发酵的运转速度，间接提高废弃物处理率。

12　中国生猪养殖规模演进的环境影响

20 世纪 90 年代以来,随着农业产业结构的调整,我国畜牧业迅猛发展,生猪养殖发展尤为迅速,表现为养殖规模扩大和数量的迅速增长。中国生猪养殖的迅猛发展为优化农村经济结构、提高农业效益和增加农民收入作出了重要贡献。近年来,作为对生猪市场波动与生猪疫情的回应,我国生猪产业进入了一个剧烈调整和变动的时期,表现为猪肉产量增速减缓,散养户加速退出生猪养殖业,规模化发展加速,区域分布大范围转移等现象。值得一提的是,在生猪规模户养殖迅猛发展的同时,生猪养殖废弃物处置成为影响其持续健康发展最具挑战的难题之一。生猪产业规模化发展将引致供给和需求条件,以及相应的技术结构、产业结构和区域资源配置的变化。

12.1　中国生猪养殖规模演进现状

12.1.1　中国生猪养殖产量变动趋势

改革开放以来,随着国民经济的迅速发展,人民生活水平的提高和人口的增长,中国的畜产品需求迅速增长。为缓解副食品供应偏紧的矛盾,农业部于 1988 年启动了"菜篮子工程"建设,为中国畜牧业的迅速发展提供了契机,促进了生猪养殖的迅猛发展。中国生猪出栏数由 1952 年的 6545 万头增加到 2011 年的 66170 万头,2011 年猪肉产量达到 5053.1 万吨。1996—2011 年的 15 年间,我国猪肉产量以年均 3.18% 的速度增长;虽然猪肉产量的增长低于全国肉类总产量 3.87% 的增长速度,但猪肉在整个肉类生产中仍占据主导地位(见表 12.1)。

表 12.1　1996—2011 年中国生猪生产概况

年　份	出栏量(万头)	年末存栏量(万头)	出栏率(%)	猪肉产量(万吨)
1996	41 225.2	36 283.6	113.6	3 158.0
1997	46 483.7	40 034.8	116.1	3 596.3
1998	50 215.1	42 256.3	118.8	3 883.7

续表

年 份	出栏量(万头)	年末存栏量(万头)	出栏率(%)	猪肉产量(万吨)
1999	51 977.2	43 144.2	120.5	4 005.6
2000	51 862.3	41 633.6	124.6	3 966.0
2001	53 281.1	41 950.5	127.0	4 051.7
2002	54 143.9	41 776.2	129.6	4 123.1
2003	55 701.8	41 381.8	134.6	4 238.6
2004	57 278.5	42 123.4	136.0	4 341.0
2005	60 367.4	43 319.1	139.4	4 555.3
2006	61 207.3	41 850.4	146.3	4 650.5
2007	56 508.3	43 989.5	128.5	4 287.8
2008	61 016.6	46 291.3	131.8	4 620.5
2009	64 538.6	46 996.0	137.3	4 890.8
2010	66 686.4	46 460.0	143.5	5 071.2
2011	66 170.3	46 766.9	141.5	5 053.1

注:基于我国 20 世纪 80 年代肉类生产统计数据存在很大偏差(钟甫宁,1997)。因此本文数据主要引用 1996 年之后的生产统计数据。

资料来源:根据 2012 年《中国统计年鉴》整理所得。

中国已经成为世界第一大猪肉生产大国。2011 年中国猪肉产量占肉类总产量的 63.54%,占全球猪肉总产量的 45.9%。同时,生猪出栏 66170.3 万头,同期年末存栏 46766.9 万头,分别占世界生猪总出栏量和存栏量的 47.9% 和 48.6%,稳居世界首位(见表 12.2)。

表 12.2   2011 年世界主要生产国生猪生产概况

	出栏量 (万头)	存栏量 (万头)	出栏率 (%)	猪肉产量 (万吨)	平均胴体重 (公斤/头)
世　界	138258.4	96304.4	143.6	11001.2	79.6
中　国	66170.3	46766.9	141.5	5053.1	76.4
美　国	11095.7	6636.1	167.2	1033.1	93.1
丹　麦	2089.9	1293.2	161.6	172.0	82.3
加拿大	2127.0	1278.5	166.4	195.4	91.8
日　本	1638.8	976.8	167.8	126.7	77.3
荷　兰	1459.4	1242.9	117.4	134.7	92.3
德　国	5973.6	2675.8	223.2	561.6	94.0
法　国	2480.3	1398.7	177.3	215.7	87.0
西班牙	4174.3	2563.5	162.8	346.9	83.1
中国占世界比例/%	47.9	48.6	98.6	45.9	96.0

注:表中所选的 9 个国家的生猪出栏量稳居世界前十位,总出栏量超过世界总出栏量的 50%。

资料来源:根据 FAOSTAT 资料、2012 年《中国统计年鉴》整理所得。

　　与中国 1996—2011 年人均猪肉占有量的稳步增长趋势相对应,中国农村居民家庭人均出售猪肉量呈缓慢上升趋势。尽管近年农村居民生猪养殖量呈波动状态,但由于农村具有劳动力资源丰富、饲料原料来源便捷和农牧结合的养猪废弃物循环利用等优势,目前农村生猪养殖仍是中国猪肉的主要来源(见图 12.1)。

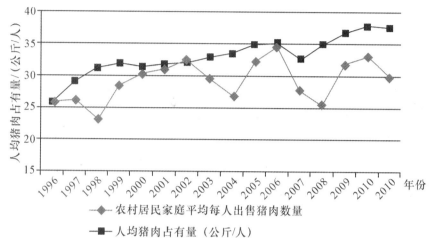

图 12.1　1996—2011 年农村居民出售猪肉量情况

资料来源:根据历年《中国统计年鉴》数据整理。

12.1.2　中国生猪养殖规模演进趋势

　　为了实现生猪养殖的规模效率,中国生猪养殖正在经历历史性的组织结构变革——由家庭散养到规模养殖的转变。生猪养殖的社会接受程度和经济回报率是决定我国规模化发展波动的内在决定因素(陈顺友,2000);城市化进程的加快,人们对猪肉安全的重视程度的提高,迫使使生猪养殖业的产业结构向规模化转型。

　　从表 12.3 可以看到,中国生猪养殖出栏量《中国统计年鉴》和《中国畜牧业年鉴》统计数据自 2007 年起存在巨大差异。根据《中国畜牧业年鉴》数据资料,1998 年到 2010 年我国 50 头以上规模的养殖户出栏生猪量由 11647.95 万头增加到 60250.4 万头,2010 年我国年出栏生猪 50 头以上的养殖场总出栏量占全国比例为 64.51%(见表 12.3)。

表 12.3 中国生猪养殖规模化发展趋势

| 年份 | 中国生猪总出栏量(1)(万头) | 中国生猪总出栏量(2)(万头) | 历年不同规模养殖出栏量(万头) | | | | 散养比例(%) | 50头以上规模养殖比例(%) | 500头以上规模养殖比例(%) |
			1~49头	50~499头	500头及以上规模	50头及以上规模			
1998	50215.10	50215.10	38567.15	7799.59	3848.36	11647.95	76.8	23.2	7.66
1999	51977.20	51977.20	40855.36	7311.88	3809.96	11121.84	78.6	21.4	7.33
2000	51862.31	51862.31	38312.23	8443.23	5106.85	13550.08	73.87	26.13	9.85
2001	53281.08	53281.08	39158.15	9142.4	4980.53	14122.93	73.49	26.51	9.35
2002	54143.87	54143.87	37545.72	10528.88	6069.27	16598.15	69.34	30.66	11.21
2003	55701.78	55701.78	36794.37	11863.78	7043.63	18907.41	66.06	33.94	12.65
2004	57278.48	57278.48	33884.39	14884.38	8509.71	23394.09	59.16	40.84	14.86
2005	60367.42	60367.42	32109.78	18300.72	9956.78	28257.5	53.19	46.81	16.49
2006	61207.26	61207.26	29026.89	20941.46	11238.91	32180.37	47.42	52.58	18.36
2007	56508.27	80357.36	41418.37	21420.03	17518.96	38938.99	51.54	48.46	31
2008	61016.61	85738.34	37764.70	24584.93	23388.71	47973.64	44.05	55.95	38.33
2009	64538.61	88091.98	34061.01	26138.38	27892.59	54030.97	38.67	61.33	43.22
2010	66686.43	93399.90	33149.50	27988.1	32262.3	60250.4	35.49	64.51	48.38

数据来源:(1)为历年《中国统计年鉴》;(2)为《中国畜牧业年鉴》。

畜禽标准化规模养殖是现代畜牧业发展的必由之路。不同部门对规模化生猪养殖具有不同的界定标准。中国国家环保总局环境标准(HJ497－2009)《畜禽养殖污染治理技术规范》规定常年存栏量 500 头以上为集约化养猪场;《中国畜牧业年鉴》则将年出栏生猪数量 50 头作为生猪规模养殖统计的下限;《全国农产品成本收益分析》根据年出栏生猪数进一步细分 30 头以下为散养户、31~100 头、101~1000 头和 1000 头以上分别界定为小规模、中规模和大规模。

尽管不同部门对于规模化养殖的定义存在差别,从全国生猪养殖情况来看,500 头及以上生猪规模养殖占总出栏量的比例由 1998 年的 7.66% 上升到 2010 年的 48.38%。从全国规模生猪养殖的出栏情况看,500 头以下生猪养殖出栏量占规模生猪养殖的比例为 66.96%,2010 年这一比例下降到 46.45%(见表 12.4)。

表 12.4 中国规模化生猪养殖现状

| 年份 | 不同规模猪场数量(个)及所占比例 | | | | | | | | | | | |
	50~99头		100~499头		500~2999头		3000~9999头		1万~49999头		5万头及以上		合计
1998	697930	79.91	156325	17.90	16069	1.84	2468	0.28	614	0.07	11	0.0013	873417
1999	637434	78.51	154650	19.05	16814	2.07	2368	0.29	629	0.08	12	0.0015	811907
2000	685802	78.27	165462	18.88	21437	2.45	2867	0.33	669	0.08	13	0.0015	876250
2001	703777	76.19	193450	29.94	22956	2.49	2798	0.30	747	0.08	16	0.0017	923744
2002	790307	76.37	212909	20.57	27495	2.66	3242	0.31	862	0.08	28	0.0027	1034843
2003	851429	74.78	249016	21.87	33844	2.97	3388	0.30	911	0.07	30	0.0026	1138518

年份	不同规模猪场数量(个)及所占比例													
	50~99 头		100~499 头		500~2999 头		3000~9999 头		1 万~49999 头		5 万头及以上		合计	
2004	1056793	73.54	328811	22.88	46175	3.21	4162	0.29	1048	0.07	44	0.0031	1437033	
2005	1382874	75.07	391434	21.33	54780	2.98	5094	0、28	1 221	0.07	39	0.0021	1835442	
2006	1581697	75.07	458184	21.75	60054	2.85	5690	0.27	1317	0.06	44	0.0021	2106986	
2007	1577645	70.30	542014	24.15	113784	5.07	9004	0.40	1803	0.08	50	0.0022	2244300	
2008	1623484	67.05	633791	26.17	148686	6.14	12916	0.53	2432	0.10	69	0.0028	2421378	
2009	1653865	65.16	689739	27.18	175798	6.93	15459	0.61	3083	0.12	96	0.0038	2538040	
2010	1685279	63.63	742772	28.05	199051	7.52	17636	0.67	3558	0.13	121	0.0046	2648417	

年份	不同规模年出栏头数(万头)及所占比例													
	50~99 头		100~499 头		500~2999 头		3000~9999 头		1 万~49999 头		5 万头及以上		合计	
1998	4586.22	39.37	3213.37	27.59	1733.37	14.88	1187.29	10.19	853.97	7.33	73.73	0.63	11647.95	
1999	4336.59	38.99	2975.29	26.75	1746.33	15.70	1085.90	9.76	898.81	8.08	78.92	0.71	11121.84	
2000	4754.43	35.09	3688.8	27.22	2300.93	16.98	1627.8	12.01	1082.58	7.99	95.54	0.71	13550.08	
2001	4977.26	35.24	4165.14	29.50	2406.49	17.04	1342.17	9.5	1115.39	7.90	116.48	0.82	14122.93	
2002	5363.74	32.32	5165.14	31.12	2936.32	17.69	1643.23	9.9	1283.88	7.74	205.84	1.24	16598.15	
2003	5899.85	31.20	5963.93	31.54	3647.70	19.29	1741.97	9.2	1418.12	7.50	235.84	1.25	18907.41	
2004	7382.14	31.56	7502.24	32.07	4542.57	19.42	2061.53	8.81	1567.32	6.7	338.29	1.45	23394.09	
2005	9490.67	31.59	8810.05	31.18	5344.90	18.91	2500.89	8.85	1814.41	6.42	296.58	1.05	28257.5	
2006	10565.82	32.83	10375.64	32.24	6066.56	18.85	2792.83	8.68	2045.56	6.36	333.96	1.04	32180.37	
2007	10424.39	26.77	10995.64	28.24	10293.9	26.44	4110.2	10.56	2736.14	7.03	378.72	0.97	38938.99	
2008	11086.16	23.11	13498.77	28.14	13287.9	27.7	5888.53	12.27	3665.94	7.64	546.34	1.14	47973.64	
2009	11394.69	21.09	14743.69	27.29	15523.94	28.73	7067.36	13.08	4570.54	8.46	730.75	1.35	54030.97	
2010	11900.9	19.75	16087.2	26.7	17874.9	29.67	8190.6	13.59	5269.7	8.75	927.1	1.54	60250.40	

资料来源:《畜牧业年鉴》,数据统计年份始于 1998 年。

推进生猪养殖标准化规模发展、加快转变农业生产经营方式,是中国"十二五"畜牧发展规划的明确要求。根据《国务院关于当前稳定农业发展促进农民增收的意见》(国发〔2009〕25 号),2009 年中央投资 25 亿元以支持生猪标准化规模养殖场改扩建。根据 2010 年 3 月 22 日发布的《农业部关于加快推进畜禽标准化规模养殖的意见》,力争到 2015 年,中国生猪养殖将"全国畜禽规模养殖比例在现有基础上再提高 10~15 个百分点,其中标准化规模养殖比例占规模养殖场的 50%"。根据《中国畜牧业年鉴》统计资料,中国 2010 年生猪出栏量 500 头以上的农场比例仅为 8.32%,中小规模生猪养殖农场占规模养殖场的比例为 91.68%(见表 12.4),距离中国 2015 年标准化规模养殖比例占规模养殖场 50%的目标还存在很大距离。中小规模生猪养殖仍然是中国生猪养殖的主体,中国生猪养殖标准规模发展任务艰巨。散养户在加速退出的同时,中小规模养殖比例不断增加,如果这些不受政府环境政策规制的中小规模养殖专业户的污染治理水平得不到相应的改善,中小规模生猪养殖所带来的环境问题将日趋严重。

12.2 中国生猪养殖规模化发展动因解析

12.2.1 中国居民肉类消费需求与生猪养殖发展

随着消费者对公共卫生及食品安全问题的关注日益加强,由于原料等生产成本的不断增加,以及市场和疫病风情加大,加快了散养户的退出(冯永辉,2006)。随着工业化和城镇化的快速发展,大量的农村劳动力转移到了城镇,使大量散户退出了生猪养殖业,从客观上促进了生猪规模化养殖的发展。生猪繁殖技术、疫病防控技术、环境工程技术以及营养配制技术等方面的进步为生猪规模化的发展提供了技术保障(史小琴、王桂霞,2011)。

近年来,我国生猪出栏数和猪肉产量保持持续增长,由于我国居民肉类消费模式的改变与生猪市场价格波动,导致增速放缓。2011 年我国人均肉类占有量达 59.06 公斤,1996—2011 年年均增长率为 3.08%。肉类消费中,禽肉增长最为明显,2011 年比 1996 年的人均占有量增加 14.09 公斤,年均增长率为7.78%;而牛肉和羊肉人均占有量的增长同样超过了肉类增长的速度,年增长率分别为 3.41%和 4.63%;人均猪肉占有量增长了 11.70 公斤,年均增长率仅为 2.52%,增长速度相对较慢(见表 12.5)。

表 12.5　1996—2011 年我国畜产品的人均占有量　　单位:公斤/人

年份	肉类	猪肉	牛肉	羊肉	禽肉
1996	37.45	25.80	2.91	1.48	6.78
1997	42.62	29.09	3.57	1.72	7.70
1998	45.88	31.13	3.85	1.88	8.50
1999	47.29	31.84	4.02	2.00	8.87
2000	47.45	31.29	4.05	2.08	9.53
2001	47.84	31.75	3.98	2.13	9.48
2002	48.53	32.10	4.06	2.21	9.73
2003	49.86	32.80	4.20	2.39	10.15
2004	50.84	33.40	4.31	2.56	10.40
2005	53.07	34.84	4.34	2.68	11.20
2006	53.93	35.38	4.39	2.77	10.37
2007	51.96	32.45	4.64	2.90	10.96
2008	54.81	34.79	4.62	2.86	20.35
2009	57.32	36.65	4.76	2.92	20.55
2010	59.11	37.82	4.87	2.97	20.60
2011	59.06	37.50	4.81	2.92	20.87

资料来源:根据历年《中国统计年鉴》和《中国农业年鉴》整理。

　　随着居民家庭肉类消费量的增加,我国城乡居民人均肉类消费的内部结构也发生了很大变化,牛、羊等其他替代品的消费增长,猪肉消费比例由 1997 年的68.26% 下降到 2011 年的 63.98%,但猪肉仍然是居民肉类消费的主体(见表 12.6)。

表 12.6　中国历年生猪生产及家庭消费情况

年份	出栏量(万头)	猪肉(万吨)	肉类(万吨)	猪肉占比(%)	城镇猪肉人均消费(公斤)	城镇人口(万人)	农村猪肉人均消费(公斤)	农村人口(万人)	总消费量(万吨)
1997	46483.7	3596.3	5268.8	68.26	15.34	39449	11.46	84177	1569.82
1998	50215.1	3883.7	5723.8	67.85	15.88	41608	11.89	83153	1649.42
1999	51977.2	4005.6	5949.0	67.33	16.91	43748	12.70	82038	1781.66
2000	51862.3	3966.0	6013.9	65.95	16.73	45906	13.28	80837	1841.52
2001	53281.1	4051.7	6105.8	66.36	16.00	48064	13.35	79563	1831.19
2002	54143.9	4123.1	6234.3	66.14	20.30	50212	13.70	78241	2091.21
2003	55701.8	4238.6	6443.3	65.78	20.40	52376	13.78	76851	2127.48
2004	57278.5	4341.0	6608.7	65.69	19.19	54283	13.46	75705	2060.68
2005	60367.4	4555.3	6938.9	65.65	20.15	56212	15.62	74544	2297.05
2006	61207.3	4650.5	7089.0	65.60	20.00	58288	15.46	73160	2296.81
2007	56508.3	4287.8	6865.7	62.45	18.21	60633	13.37	71496	2060.03
2008	61016.6	4620.5	7278.7	63.48	19.26	62403	12.65	70399	2092.43
2009	64538.6	4890.8	7649.7	63.93	20.50	64512	13.96	68938	2284.87
2010	66686.4	5071.2	7925.8	63.98	20.73	66978	14.40	67113	2355.13
2011	66170.3	5053.1	7957.8	63.50	20.63	69079	14.42	65656	2371.86

　　20 世纪 90 年代以来中国猪肉进出口贸易呈现净出口格局。1999 年中国首次成为猪肉净进口国,但净进口量较小。2002 年变为净出口国,2007 年的净出口量为 4.76 万吨。2008 年我国猪肉进口一举超过 30 万吨,达到 37.3 万吨,同比激增 3.4 倍,且在当年 6 月创下 6 万吨的猪肉单月进口量历史最高纪录,从此我国由猪肉净出口国转为净进口国(吴慧军、孙丹,2011)。2011 年的进口量比 2010 年增长了 3.31 倍。与此同时,猪肉的出口也在不断缩减,进出口的差额逐年加大(见图 12.2)。

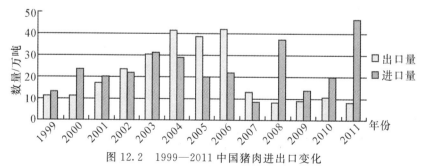

图 12.2　1999—2011 中国猪肉进出口变化

资料来源:美国农业部(USDA)经济研究服务数据。

12.2.2 生猪养殖规模化的效率优势

规模化养殖的技术效率优势是生猪养殖规模化发展的主要诱因。规模化养殖人工成本、生猪能耗和原材料消耗远远低于散养户。2011年,规模养殖户育肥一头猪的平均周期为143天,比散养户少18天。与规模化养殖相比,散养模式下生猪饲养周期长,平均日增重低,2002—2011年这一差值始终在0.1公斤左右徘徊。以生产1公斤猪肉的精饲料用量的料肉比代表饲料转化效率,规模养殖户的料肉比均高于散养户。这主要是由于散养户饲养时青粗饲料用量多,而料肉比的计算不包括青饲料用量。但2002—2011年规模养殖户的生猪料肉比总体呈下降趋势,散养户的生猪料肉比以1.45%的年均增长速度上升,2011年规模养殖和散养料肉比趋向一致(见表12.7)。

表12.7 2002—2011年我国生猪养殖技术效率对比

年份	规模养殖户				散 养 户			
	每头人工成本(元)	平均饲养天数	日增重(公斤)	料肉比	每头人工成本(元)	平均饲养天数	日增重(公斤)	料肉比
2002	35.16	142.00	0.56	3.20	127.60	184.00	0.48	2.74
2003	39.91	142.00	0.57	3.25	135.52	185.00	0.48	2.84
2004	56.07	143.00	0.58	3.14	151.52	186.00	0.48	2.84
2005	55.69	142.00	0.61	3.03	167.11	174.00	0.52	2.87
2006	59.17	141.00	0.61	3.06	175.08	179.00	0.52	2.80
2007	63.93	139.00	0.63	3.09	176.53	173.00	0.53	3.01
2008	69.83	139.00	0.66	3.00	187.13	169.00	0.56	3.00
2009	74.13	141.18	0.66	3.07	197.38	163.29	0.58	3.04
2010	88.08	140.22	0.66	3.08	238.98	160.48	0.59	2.99
2011	106.00	143.41	0.67	3.10	301.53	161.69	0.59	3.12

资料来源:历年《全国农产品成本收益资料汇编》。

我国中小规模生猪养殖处于规模报酬递增阶段。从目前生猪养殖业的投入产出状况来看,我国生猪生产的综合能力持续增强,规模化在提高经济效益,抵御市场风险中发挥了重要的作用。但利用成本利润率指标进行测量发现,目前我国中等规模养殖在各类规模生产模式中盈利能力最强(闫振宇等,2012)。生猪养殖规模化通过降低购进饲料原料价格,降低养殖饲料成本;通过自繁自育,在保证仔猪品质的同时,大大减轻补栏的资金压力;通过建立公共卫生防疫体系,实行严格的养殖、卫生防疫和环境控制标准,有效地防止动物疫病,减少生猪死亡损失费用;规模化养殖有利于提高我国生猪养殖产业的市场竞争力(王松伟,2011)。

与此同时,规模化生猪养殖也面临如下劣势(冯永辉,2006),包括一次性固定投资过大,成本回收速度慢,风险较大;因其规模化程度高,生产过程要求严格,由于我国蛋白饲料短缺而对国外进口依赖性很大;玉米等能量饲料虽然短时期内不会出现此问题,但"人畜争粮"矛盾已显现并将逐渐加深;因我国没有统一的适应本国国情的饲养标准,在玉米、豆粕等饲料量大量消耗的同时,短期内还导致农村大量的农作物副产品等非常规饲料积压,不能充分利用,给生态环境带来一定的压力;需大量消耗水、电等社会资源;若生猪规模养殖企业配套除污设施不完善,将给生态环境造成相当程度的污染。

12.2.3　中国生猪养殖的政府政策支持

从目前的生猪养殖发展状况来看,中国生猪养殖仍然以散养为主,但规模化养殖是养殖业发展的必然趋势。改革开放以来,中国畜牧业发展逐步向专业化、商品化转化;尤其是在进入 90 年代后,为加快缓解我国副食品供应偏紧的矛盾,农业部于 1995 年起启动了新一轮的"菜篮子工程",通过加大基地建设,向区域化、规模化、设施化和高档化发展,城乡携手共建"菜篮子工程",加速了集约化和规模化生猪养殖的快速发展。2007 年国务院发布了《关于促进生猪生产发展稳定市场供应的意见》,提出了对生猪标准化规模养猪场(小区)建设实施补助政策;国土资源部与农业部也就规模养殖用地问题联合发出《关于促进规模化畜禽养殖有关用地政策的通知》,以促进规模化畜禽养殖发展。为发挥生猪养殖规模化发展的效率和市场优势,2007 年底财政部先后出台了 10 项扶持政策以支持生猪养殖规模化发展,包括:能繁母猪补贴、能繁母猪保险、疫病防疫补助、生猪良种补贴、高致病性猪蓝耳病强制扑杀补偿、屠宰环节病害猪无害化处理补助、生猪调出大县奖励、完善生猪生产消费监测预警体系、增加猪肉储备规模、支持标准化规模养殖场基础设施建设等。政府生猪养殖的政策支持,加快了中国生猪养殖规模化发展速度。

2004 年至 2010 年中央连续出台的 7 个一号文件,以及 2006 年 7 月 1 日开始实施的《中华人民共和国畜牧法》,2007 年国务院发布的《关于促进畜牧业持续健康发展的意见》,2008 年党的十七届三中全会作出的《中共中央关于推进农村改革发展若干重大问题的决定》都对加快标准化规模养殖、促进畜牧业生产方式转变作出了明确规定。2010 年农业部发布了《关于加快推进畜禽标准化规模养殖的意见》,提出"加快畜牧业生产方式转变,继续深入推进标准化规模养殖,以规模化带动标准化,以标准化提升规模化,逐步形成畜禽标准化规模养殖发展新格局"的目标,进一步加大政策和资金支持力度,并推动与实施生猪养殖标准化示范创建活动。

12.3　中国生猪养殖规模演进与地域分布

12.3.1　中国生猪养殖地域变动

伴随着中国生猪养殖的迅速发展,生猪养殖地域分布发生了一定改变。《中国统计年鉴》和《中国畜牧业年鉴》关于各省养殖数量统计口径较全面的数据始于 1998 年。从统计数据看,1998 年生猪出栏 4000 万头以上的省份仅有四川和湖南 2 省;出栏在 2000 万～4000 万头的省份包括:河南、山东、河北、江苏、湖北、广东、广西、江西、安徽 9 省;出栏在 1000 万～2000 万头的省份包括:云南、重庆、福建、浙江、辽宁、吉林、贵州、黑龙江 8 省。生猪出栏 1000 万头以上的省份 19 个(见表 12.8)。

表 12.8　1998 年和 2010 年生猪养殖区域变动

	2010 年					1998 年				
	出栏数量(万头)	规模养殖场数量(个)	占比(%)	规模养殖场出栏量(万头)	占比(%)	出栏数量(万头)	占比(%)	规模养殖场数量(个)	规模养殖场出栏量(万头)	占比(%)
全国	66686.4	2648417	4.29	60250.4	64.51	50215.1		873417	11647.95	23.20
北京	311.8	9555	41.70	285.7	91.63	374.8	0.75	11277	371.6	99.15
天津	358.2	16730	57.81	388.9	93.85	188.2	0.37	11860	163.4	86.84
河北	3222.9	134198	8.96	3265.2	75.09	2902.6	5.78	49845	629.3	21.68
上海	266.0	4024	28.83	243.4	91.47	460.0	0.92	5686	344.8	74.96
江苏	2847.0	95812	6.82	2551.2	68.57	2531.2	5.04	28882	467.8	18.48
浙江	1922.2	59026	7.30	1873.2	82.31	1271.8	2.53	25837	579.7	45.58
福建	1963.3	53964	8.82	1949.5	81.01	1365.1	2.72	12726	401.8	29.43
山东	4301.1	276070	17.64	5578.3	73.78	3123.2	6.22	59947	840.9	26.92
广东	3732.0	104770	8.53	3795.4	84.52	2425.8	4.83	49683	1152.9	47.53
海南	505.7	9332	1.61	393.2	55.09	234.7	0.47	1190	39.70	16.92
山西	684.0	40548	10.38	841.9	68.66	545.5	1.09	21320	151.4	27.75
安徽	2782.1	91265	3.14	2236.5	67.48	2239.6	4.46	23924	290.8	12.98
江西	2847.2	60747	4.42	2346.5	80.64	2271.1	4.52	35352	348.4	15.34
河南	5390.5	163647	7.75	6184.2	80.70	3592.9	7.16	54790	808.6	22.51
湖北	3827.4	94271	2.19	3270.2	63.80	2492.1	4.96	37816	433.1	17.38
湖南	5723.5	270108	5.39	5333.6	62.91	5467.3	10.89	170489	1645.0	30.09
辽宁	2682.7	138563	10.90	2454.5	70.59	1223.9	2.44	58834	524.2	42.83
吉林	1454.6	157011	17.05	2768.1	71.47	1166.4	2.32	64807	594.7	50.98
黑龙江	1601.8	149892	19.51	2582.5	68.78	1063.1	2.12	44366	412.5	38.80
内蒙古	913.9	34498	2.56	473.6	45.02	791.2	1.58	7463	100.8	12.74
广西	3230.0	70283	2.13	1645.3	50.85	2424.5	4.83	25949	482.1	19.88
重庆	2010.5	46243	1.20	924.7	39.29	1720.1	3.43	4859	41.6	2.42

续表

	2010 年				1998 年				
	出栏数量（万头）	规模农养殖场数量（个）	占比（%）	规模养殖出栏（万头）	占比（%）	出栏数量（万头）	占比（%）	规模养殖场数量（个）	规模养殖场出栏量（万头）	占比（%）
四 川	7178.3	315107	2.83	4986.7	50.17	5589.8	11.13	11383	148.5	2.66
贵 州	1688.7	21353	0.41	281.9	15.66	1073.8	2.14	4026	35.4	3.30
云 南	2961.8	93940	1.53	1168.4	25.11	1926.0	3.84	23924	290.8	15.10
西 藏	15.0	152	0.89	2.3	9.06	12.6	0.03	0	0.0	0.00
陕 西	1111.5	72592	4.13	1257.8	62.05	794.5	1.58	7353	80.2	10.09
甘 肃	638.8	34849	2.41	473.1	53.36	524.0	1.04	13469	132.7	25.33
青 海	131.4	2033	0.65	46.9	30.06	107.6	0.21	13	1.6	1.45
宁 夏	120.0	4471	1.53	111.1	47.72	114.2	0.23	2872	82.1	71.89
新 疆	262.7	23363	24.14	537.1	75.94	197.4	0.39	3475	51.5	26.09

2010 年中国生猪出栏 4000 万头以上的省份按出栏数量由高到低的顺序排列分别为：四川、湖南、河南、山东 4 省；出栏在 2000 万～4000 万头的省份按出栏数量由高到低顺序排列分别为：湖北、广东、广西、河北、云南、江西、江苏、安徽、辽宁和重庆 10 省；出栏在 1000 万～2000 万头的省份按出栏数量由高到低的顺序排列，分别为：福建、浙江、贵州、黑龙江、吉林、陕西 6 省。这 20 个省份构成了中国生猪生产的主要产地。

表 12.9　中国主要养殖省份年出栏量占全国生猪出栏量的比例　　单位：%

	2010 年	1998 年	变动		2010 年	1998 年	变动
四川	10.76	11.13	−0.37	江苏	4.27	5.04	−0.77
湖南	8.58	10.89	−2.31	安徽	4.17	4.46	−0.29
河南	8.08	7.16	0.93	辽宁	4.02	2.44	1.59
山东	6.45	6.22	0.23	重庆	3.01	3.43	−0.41
湖北	5.74	4.96	0.78	福建	2.94	2.72	0.23
广东	5.60	4.83	0.77	浙江	2.88	2.53	0.35
广西	4.84	4.83	0.02	贵州	2.53	2.14	0.39
河北	4.83	5.78	−0.95	黑龙江	2.40	2.12	0.28
云南	4.44	3.84	0.61	吉林	2.18	2.32	−0.14
江西	4.27	4.52	−0.25	陕西	1.67	1.58	0.08

资料来源：历年《中国统计年鉴》。

20 世纪 90 年代，不同省份之间生猪生产的比较优势差异，使我国逐步形成了以长江中下游区为中心向南北扩散的生猪生产格局，东北三省、直辖市及东部城市周边地区的生猪生产不断呈扩大之势（张存根、梁振华，1998）。由表 12.9 可以看到，中国的生猪生产主要集中在长江流域、中原、东北和两广，其生猪出栏占全国的 90% 以上。近年来随着我国生猪养殖业的不断成熟，生猪养殖区域分布呈现以下新的特征。

第一,从生猪出栏量增长速度来看,2010 年全国有 19 个省份的生猪出栏量保持增长的趋势。其中江西、海南、陕西、青海、湖北、广西、福建、黑龙江、云南、吉林、贵州等 11 个省份的年平均增长率明显高出全国平均 1.84% 的水平,江西省的年平均增长率高达 5.65%;而四川、湖南、河南、山东等生猪饲养大省的年均增长率分别只有 1.46%、−0.72%、−1.26% 和 0.66%,远低于全国平均水平;河北、甘肃、宁夏、北京、上海、天津都出现负增长,3 个直辖市的生猪出栏数明显降低。

第二,从生猪出栏情况来看,主产地基本稳定。2010 年全国生猪出栏数居前 10 位的省份分别为四川、湖南、河南、山东、湖北、广东、河北、广西、云南、江西,2010 年生猪出栏数占全国生猪总出栏量的 63.59%。我国生猪饲养的主要产地仍以传统农业大省为主,生猪饲养的产地集中度有所降低。

表 12.10   2010 年各省规模化生猪养殖出栏对全国生猪养殖的贡献

规模养殖占各省出栏量比例排序						各省生猪出栏量占全国比例排序					
排序	省份	占比	排序	省份	占比	排序	省份	占比	排序	省份	占比
1	天津	93.85%	17	安徽	67.48%	1	四川	10.76%	17	贵州	2.53%
2	北京	91.63%	18	湖北	63.80%	2	湖南	8.58%	18	黑龙江	2.40%
3	上海	91.47%	19	湖南	62.91%	3	河南	8.08%	19	吉林	2.18%
4	广东	84.52%	20	陕西	62.05%	4	山东	6.45%	20	陕西	1.67%
5	浙江	82.31%	21	海南	55.09%	5	湖北	5.74%	21	内蒙古	1.37%
6	福建	81.01%	22	甘肃	53.36%	6	广东	5.60%	22	山西	1.03%
7	河南	80.70%	23	广西	50.85%	7	广西	4.84%	23	甘肃	0.96%
8	江西	80.64%	24	四川	50.17%	8	河北	4.83%	24	海南	0.76%
9	新疆	75.94%	25	宁夏	47.72%	9	云南	4.44%	25	天津	0.54%
10	河北	75.09%	26	内蒙古	45.02%	10	江西	4.27%	26	北京	0.47%
11	山东	73.78%	27	重庆	39.29%	11	江苏	4.27%	27	上海	0.40%
12	吉林	71.47%	28	青海	30.06%	12	安徽	4.17%	28	新疆	0.39%
13	辽宁	70.59%	29	云南	25.11%	13	辽宁	4.02%	29	青海	0.20%
14	黑龙江	68.78%	30	贵州	15.66%	14	重庆	3.01%	30	宁夏	0.18%
15	山西	68.66%	31	西藏	9.06%	15	福建	2.94%	31	西藏	0.02%
16	江苏	68.57%				16	浙江	2.88%			

资料来源:根据 2011《畜牧业年鉴》整理得到。

通过对各省份年生猪出栏量占全国的比例和各省份规模养殖占各省年出栏量的比例的对比分析,不难发现生猪出栏大省和规模化养殖发展的不协调。两个比例都排在前列的省份包括:广东、福建、河南、江西、河北、山东、辽宁,占比排序分别为 4−6、6−15、7−3、8−10、10−8、11−4、13−13(前面数字表示规模出栏占比排位,后面数字表示总出栏占比排位)。出栏排位第 1 位和第 2 位的四川与湖南的规模出栏占比排位分别为 24 和 19 位(见表 12.10)。生猪养殖规模化发展的影响因素值得进一步分析。

12.3.2 中国生猪养殖地域分布与粮食生产的耦合

　　散养农户能够依靠堆肥还田的途径循环利用废弃物,而这种方式需要大量的农田或水产业来消耗有机肥。为了避免过高的废弃物运输成本,城市周边的生猪养殖企业纷纷向农村、山区转移,同时农业发达省份由于拥有丰富的农田来吸收大量的生猪废弃物,使得生猪饲养向农业发达地区转移。伴随着中国生猪出栏量的迅速增加,20世纪90年代中期以来,中国生猪生产正逐渐向粮食生产优势区集中。中国生猪生产区域布局在生猪生产优势区域之间以及区域内部都在不断调整,中东部优势区的产业地位不断提升,而沿海优势区和西南优势区的地位均有所下降。生猪生产区域布局正在由自然资源决定向经济资源决定转变(王军等,2011)。

表 12.11　2003—2011 年国内主要省份生猪生产情况

	出栏量(万头)		2003—2011年平均增长率(%)	2011年占全国生猪出栏量比例(%)	2011年粮食总产量(万吨)	2011年玉米产量(万吨)
	2003年	2011年				
四　川	6236.9	7002.6	1.46	10.58	3291.6(5)	701.6(9)
湖　南	5905.8	5575.9	−0.72	8.43	2939.4(9)	188.5(20)
河　南	4850.0	5361.2	1.26	8.10	5542.5(2)	1696.5(4)
山　东	4016.2	4234.2	0.66	6.40	4426.3(3)	1978.7(3)
湖　北	3000.7	3871.4	3.24	5.85	2388.5(10)	276.2(15)
广　东	3269.7	3664.1	1.43	5.54	1361.0(16)	78.9(24)
河　北	3875.1	3235.8	−2.23	4.89	3172.6(6)	1639.6(5)
广　西	2555.1	3195.1	2.83	4.83	1429.9(15)	244.7(17)
云　南	2384.5	2964.7	2.76	4.48	1673.6(14)	598.2(10)
江　苏	3009.1	2878.2	−0.55	4.35	3307.8(4)	226.2(19)
江　西	1858.8	2884.8	5.65	4.36	2052.8(12)	10.5(28)
安　徽	2557.2	2721.1	0.78	4.11	3135.5(8)	362.6(14)
辽　宁	1712.8	2652.1	5.62	4.01	2035.5(13)	1360.3(7)
重　庆	1818.4	2020.9	1.33	3.05	1126.9(20)	257.0(16)
浙　江	1792.0	1929.9	0.93	2.92	781.6(23)	14.6(27)
福　建	1603.1	1950.4	2.48	2.95	672.8(24)	16.6(25)
贵　州	1398.1	1689.0	2.40	2.55	876.9(22)	243.7(18)
黑龙江	1174.2	1635.9	4.23	2.47	5570.6(1)	2675.8(1)
陕　西	816.4	1063.7	3.36	1.61	1194.7(18)	550.7(11)
内蒙古	791.9	905.1	1.68	1.37	2387.5(11)	1632.1(6)
吉　林	1127.1	1480.2	3.47	2.24	3171.0(7)	2339.0(2)
甘　肃	675.9	633.1	−0.81	0.96	1014.6(21)	425.6(13)
山　西	610.2	672.1	1.22	1.02	1193.0(19)	854.6(8)

	出栏量(万头)		2003—2011年平均增长率（%）	2011年占全国生猪出栏量比例(%)	2011年粮食总产量(万吨)	2011年玉米产量(万吨)
	2003年	2011年				
海 南	346.3	513.7	5.05	0.78	188.0(26)	10.3(29)
天 津	412.9	352.7	−1.95	0.53	161.8(27)	94.4(22)
北 京	467.0	312.2	−4.91	0.47	121.8(29)	90.3(23)
新 疆	240.7	256.1	0.78	0.39	1224.7(17)	517.7(12)
上 海	410.0	267.0	−5.22	0.40	121.95(28)	2.8(30)
青 海	105.4	130.2	2.68	0.20	103.4(30)	15.2(26)
宁 夏	165.1	99.7	−6.11	0.15	359.0(25)	172.4(21)
西 藏	13.9	16.4	2.09	0.02	93.73(31)	2.8(31)

注：括号内数字为全国排名。

资料来源：《中国统计年鉴》2004—2012年，其中粮食指标包含稻谷、小麦、玉米、豆类、薯类。

养猪为耗粮型畜牧业，需要消耗大量的玉米、豆类等。全国生猪散养户和规模养殖户每育肥50公斤生猪，精饲料用量分别为151.26和155.24公斤，而饲料成本是养殖总成本中最主要部分，规模养殖的饲料成本甚至超过了总成本的50%（见表12.12）。

表12.12　2010年全国主要省份生猪主要饲养成本比较　　单位：元/50公斤

	散 养 户				规 模 养 殖 户			
	总成本（元）	人工成本（元）	精饲料费（元）	精饲料（公斤）	总成本（元）	人工成本（元）	精饲料费（元）	精饲料（公斤）
全国	519.22	44.76	389.48	154.95	519.22	44.76	389.48	154.95
四川	489.15	137.39	282.11	139.52	427.99	67.06	287.99	143.65
湖南	546.37	89.59	398.36	156.87	537.69	32.98	421.10	153.54
河南	526.84	61.54	376.27	152.34	524.73	55.60	366.54	149.34
山东	546.04	105.05	390.62	159.90	491.13	40.43	387.39	156.39
湖北	557.72	111.12	370.01	150.17	532.67	33.24	407.57	157.33
广东	662.57	189.26	341.12	136.01	575.61	35.46	401.89	151.73
河北	517.61	91.01	357.65	149.53	479.96	29.83	366.87	146.56
广西	630.01	163.61	379.45	149.13	559.22	47.61	391.64	139.94
云南	553.76	130.57	364.24	152.01	505.78	26.33	411.73	151.29
江苏	500.28	95.39	339.28	154.16	499.92	36.24	420.43	178.38
辽宁	557.50	81.04	406.47	164.52	535.40	57.39	397.61	162.61
吉林	503.16	86.73	351.74	157.90	503.28	55.61	366.95	161.72
黑龙江	489.29	57.70	352.12	159.38	519.25	70.66	353.77	160.46

注：精饲料费用计算方法为：购进的饲料按照实际购进价格加运杂费计算，自产的按照正常购买期市场价格计算。精饲料数量指实际耗用的各种精饲料的实物数量。

资料来源：根据《2011年全国农产品成本收益资料汇编》整理，中国统计出版社，2011。

　　饲料运输成本是生猪饲养区域选择的重要参考因素。我国生猪生产居全国前十位的省份通常具有丰富的饲料原料资源。东北粮食主产区拥有充足的饲料原料资源供于生猪生产。无论是散养模式还是规模养殖模式,在饲料用量都高于全国平均水平的情况下,其总成本仍然远远低于全国平均水平,推动了东北三省生猪产业的迅猛发展。我国的生猪养殖主产区有向黄淮流域玉米、小麦等粮食主产区转移的趋势;而经济发达地区向山区及周边地区转移的趋势;此外,惠农政策引导了边远地区生猪养殖地快速发展;东北粮食生产区生猪养殖快速崛起,四川、湖南等传统主产区地位巩固并平稳发展(冯永辉,2006)。

　　相对于边远省份和经济落后地区,城市区域依托先进的科技文化优势、发达的工业化水平以及便利的交通和贸易条件,区域整体的经济发展速度快,城镇居民的收入高,购买能力强,对肉蛋奶等具有较高营养价值的食品需求大,客观上也推动了当地畜牧业的发展,推动了集约化畜牧业在城市周边地区的优先发展。而东部经济发达地区近几年由于自产饲料不足和饲料价格的快速上涨,进一步限制了生猪养殖发展。但中国大中型畜禽养殖场位于中国东部、南部人口密集地区,或坐落在一些大城市如北京、上海的周边地带(张绪美,2009)。随着生猪养殖的进一步区域聚集,生猪养殖废弃物排放环境污染治理,是环境污染治理的一大挑战。

12.4　中国生猪养殖污染现状与环境污染治理困境

　　2010 年 2 月发布的《第一次全国污染源普查公报》中对农业源、生活源和工业源主要污染物的排放量进行了分析汇总。其中农业源 COD 和总氮排放量分别为 1324.09 万吨和 270.46 万吨,若将总氮折算为氨氮,氨氮排放量约为 91.81 万吨,因此,农业源 COD 和氨氮分别占全国排放量的 43.7% 和 53.1%。随着中国生猪养殖的规模化发展,生猪养殖废弃物排放对周围环境造成巨大压力,生猪废弃物处置成为生猪养殖区位选择的一个重要影响因素。畜禽养殖对生态环境的危害主要来源于畜禽排泄物,表现为畜禽养殖场排放的污水、粪渣及恶臭气体对大气、水体、土壤、动物和人体健康,以及生态系统所造成的直接或间接的影响。生猪饲养所排放的粪、尿量因品种、饲养周期、体重、饲料结构、地区、季节等不同而存在差异。随着畜禽养殖业的发展,规模化畜禽饲养的比例不断扩大,大量的畜禽粪尿处理消纳措施滞后,对环境造成了严重污染。

　　为应对生猪养殖的环境污染挑战,中国政府相继出台了相关环保政策法规来规范养殖业。2001 年 5 月和 11 月,中国政府相继颁布了《畜禽养殖业污染防治管理办法》和《畜禽养殖业污染物排放标准》,明确规定集约化养猪场使用水冲工艺时,冬季和夏季最高允许排水量分别每百头每天 2.5m³ 和 3.5 m³;使用干清粪工艺时,冬季和夏季最高允许排水量分别每百头每天 1.2m³ 和 1.8 m³,严格控制规模养猪所产生的废水、废渣和恶臭对环境的危害,维护生态平衡。2009 年 9 月 30 日,《畜禽养殖业污染治理工程技术规范》被批准为国家环境保护标准,制定了畜禽养殖业污染治理工程设计、施工、验收和运行维护的技术要求,进一步规范集约化畜禽养殖业的废弃物治理。随着公众对生猪养殖环境污染风险认识的提高,生猪养殖污染已经成为政府环境污染治理的一大挑战。

根据国家环境保护资料,每头生猪日排泄粪尿为 5.3 公斤,规模养猪场每天产生的粪尿达到几吨(肖军,2004)。生猪饲养所排放的粪、尿量因品种、饲养周期、体重、饲料结构、地区、季节等不同而存在差异。全国或各地区生猪排泄的废弃物总量,需要根据生猪粪尿排泄系数和生猪养殖数量计算,氮、磷、COD等污染物的总量同样需要根据生猪粪尿中含量比例来计算。其中系数的测定包括:实测法、经验系数法和专家咨询法。

基于已有的研究结果,本研究发现第一种方法计算受到不同农户饲养特征的影响,日排放粪、尿系数在 2.4～5 公斤/天、2.0～5.87 公斤/天之间存在一定差异,且饲养周期的估算存在较大偏差。所以本研究根据经验系数法得出的系数值1[①],每头猪产生的粪便、尿、污水的排泄量分别为 390 公斤/年、870 公斤/年、4000 公斤/年(该系数的估算与实际生产中的 5—6 个月的饲养周期十分接近),每吨猪粪尿中 COD、BOD、NH3、总磷、总氮的平均含量见表 12.13。

表 12.13　生猪粪尿污染物平均含量　　　　单位:公斤/吨粪尿

类别	化学需氧量(COD)	五日生化需氧量(BOD)	氨氮(NH₃-N)	总磷	总氮
猪粪	52.0	57.03	3.08	3.41	5.88
猪尿	9.0	5.0	1.43	0.52	3.3

资料来源:李建华,《畜禽养殖业的清洁生产与污染防治对策研究》,2004 年浙江大学硕士学位论文。

由此可以算出我国及各地区生猪排污总量(见表 12.14 和表 12.15)。畜牧业的发展在为人们提供丰盛畜禽产品的同时,不可避免地产生了大量的畜禽废弃物,包括畜禽粪尿、垫料、死畜禽、加工及禽孵化产生的废物、畜禽场的废水等(张绪美,2009)。急剧攀升的饲养规模和逐年减少的耕地面积导致每公顷土地生猪粪尿负荷量越来越高。

[①]　浙江省农业厅 2001 年面源污染调研报告。

表 12.14 1996—2011 年全国生猪粪尿污染物排放总量

年份	污水排放总量（万吨）	排粪总量（万吨）	排尿总量（万吨）	COD（万吨）	BOD（万吨）	NH₃-N（吨）	总磷（吨）	总氮（吨）	每公顷土地猪粪尿负荷（吨/公倾）
1996	164900.8	16077.8	35865.9	1158.8	1096.2	100.8	73.5	212.9	4.0
1997	185934.8	18128.6	40440.8	1306.7	1236.1	113.7	82.8	240.1	4.5
1998	200860.4	19583.9	43687.1	1411.5	1335.3	122.8	89.5	259.3	4.9
1999	207908.8	20271.1	45220.2	1461.1	1382.2	127.1	92.6	268.4	5.0
2000	207449.2	20226.3	45120.2	1457.8	1379.1	126.6	92.4	267.8	5.0
2001	213124.4	20779.6	46354.6	1497.7	1416.8	130.3	95.0	275.2	5.2
2002	216575.6	21116.1	47105.6	1522.0	1439.8	132.4	96.5	279.6	5.2
2003	222807.2	21723.7	48460.6	1565.2	1481.0	136.2	99.3	287.7	5.4
2004	229114.0	22338.6	49832.3	1610.1	1523.1	140.1	102.1	295.8	5.5
2005	241469.6	23543.8	52519.6	1696.9	1605.3	147.6	107.6	311.7	5.8
2006	244829.2	23870.8	53250.4	1720.5	1627.6	149.7	109.1	316.1	5.9
2007	226033.2	22038.2	49162.0	1588.4	1502.7	138.2	100.7	291.8	5.8
2008	244066.4	23796.0	53084.2	1715.2	1622.6	149.2	108.7	315.1	6.3
2009	258154.4	25170.1	56148.6	1814.2	1716.2	157.8	115.0	333.3	6.7
2010	266745.6	26007.7	58017.2	1874.6	1773.3	163.1	118.9	344.4	6.9
2011	264681.2	25806.4	57568.2	1860.0	1759.6	161.8	117.9	341.7	6.8

注:每公顷土地猪粪尿负荷生猪粪尿排放总量/耕地面积所得。

资料来源:根据《中国统计年鉴》1997—2012 年整理。

表 12.15 2011 年全国生猪粪尿污染物排放总量

	污水排放总量（万吨）	排粪总量（万吨）	排尿总量（万吨）	COD（万吨）	BOD（万吨）	NH₃-N（吨）	总磷（吨）	总氮（吨）	每公顷土地猪粪尿负荷（吨/公顷）
全　国	264681.2	25806.4	57568.2	1860.0	1766.5	161.8	117.9	341.7	6.8
北　京	1248.8	121.8	271.6	8.8	8.3	0.8	0.6	1.6	17.0
天　津	1410.8	137.6	306.8	9.9	9.4	0.9	0.6	1.8	10.1
河　北	12943.3	1262.0	2815.2	91.0	86.4	7.9	5.8	16.7	6.5
山　西	2688.4	262.1	584.7	18.9	17.9	1.6	1.2	3.5	2.1
内蒙古	3620.4	353.0	787.4	25.4	24.2	2.2	1.6	4.7	1.6
辽　宁	10608.4	1034.3	2307.3	74.6	70.8	6.5	4.7	13.7	8.2

续表

	污水排放总量（万吨）	排粪总量（万吨）	排尿总量（万吨）	COD（万吨）	BOD（万吨）	NH₃-N（吨）	总磷（吨）	总氮（吨）	每公顷土地猪粪尿负荷（吨/公顷）
吉 林	5920.8	577.3	1287.8	41.6	39.5	3.6	2.6	7.6	3.4
黑龙江	6543.7	638.0	1423.3	46.0	43.7	4.0	2.9	8.4	1.7
上 海	1068.0	104.1	232.3	7.5	7.1	0.7	0.5	1.4	13.8
江 苏	11512.9	1122.5	2504.1	80.9	76.8	7.0	5.1	14.9	7.6
浙 江	7719.6	752.7	1679.0	54.2	51.5	4.7	3.4	10.0	12.7
安 徽	10884.4	1061.2	2367.3	76.5	72.6	6.7	4.8	14.1	6.0
福 建	7801.7	760.7	1696.6	54.8	52.1	4.8	3.5	10.1	18.5
江 西	11539.2	1125.1	2509.8	81.1	77.0	7.1	5.1	14.9	12.9
山 东	16937.0	1651.4	3683.8	119.0	113.0	10.4	7.5	21.9	7.1
河 南	21444.8	2090.9	4664.2	150.7	143.1	13.1	9.6	27.7	8.5
湖 北	15485.6	1509.8	3368.1	108.8	103.4	9.5	6.9	20.0	10.5
湖 南	22303.6	2174.6	4851.0	156.7	148.9	13.6	9.9	28.8	18.5
广 东	14656.4	1429.0	3187.8	103.0	97.8	9.0	6.5	18.9	16.3
广 西	12780.5	1246.1	2779.8	89.8	85.3	7.8	5.7	16.5	9.5
海 南	2054.9	200.4	447.0	14.4	13.7	1.3	0.9	2.7	8.9
重 庆	8083.5	788.1	1758.2	56.8	54.0	4.9	3.6	10.4	11.4
四 川	28010.4	2731.0	6092.3	196.8	186.9	17.1	12.5	36.2	14.8
贵 州	6758.6	659.0	1470.0	47.5	45.1	4.1	3.0	8.7	4.7
云 南	11858.9	1156.2	2579.3	83.3	79.1	7.2	5.3	15.3	6.2
西 藏	65.6	6.4	14.3	0.5	0.4	0.0	0.0	0.1	0.6
陕 西	4254.8	414.8	925.4	29.9	28.4	2.6	1.9	5.5	3.3
甘 肃	2532.4	246.9	550.8	17.7	16.9	1.5	1.1	3.3	1.7
青 海	520.7	50.8	113.2	3.7	3.5	0.3	0.2	0.7	3.0
宁 夏	398.7	38.9	86.7	2.8	2.7	0.2	0.2	0.5	1.1
新 疆	1024.4	99.9	222.8	7.2	6.8	0.6	0.5	1.3	0.8

注:每公顷土地猪粪尿负荷有生猪粪尿排放总量/耕地面积所得。

资料来源:根据《中国统计年鉴》2012年整理。

生猪粪尿对总耕地负荷量是反映生猪养殖污染情况的重要指标。2011年,全国生猪养殖排放污水、粪、尿总量分别为264681.2、25806.4和57568.2吨,全国每公顷耕地粪尿负荷为6.8吨。福建省每公顷土地负荷17.1吨生猪粪尿,居全国首位;湖南、北京、广东、四川等17个省份的指标超过了全国6.8吨/公顷的平均水平。

虽然我国还没有全国性的单位面积耕地土壤的畜禽粪便氮、磷养分限量标准,但急剧攀升的饲养规模和逐年减少的耕地面积导致每公顷土地生猪粪尿负荷量越来越高。《上海市养殖业规划纲要》规定一亩土地所承载的畜禽粪便量不能超过 1 吨(刘旭明、袁正东,2008)。欧盟规定土壤的粪便年施磷(P_2O_5)量不能超过 80 公斤/公顷,以纯 P 计约 35 公斤/公顷(阎波杰等,2009)。中国生猪养殖产生的全磷量远高于欧盟标准。以生猪产业的发展速度,如此高的粪尿产生量无疑会带来严重的耕地富营养化污染,造成农田生态破坏,作物减产。同时,猪舍冲洗污水中的氮、磷等元素不仅对地表水和地下水形成威胁,生猪饲料添加剂中砷、铜、锌等微量元素还容易渗入到地下水中,严重污染地下水,将对农业生产和居民生活造成极大威胁。"据调查,全国约 80% 的规模化养殖场没有污染治理设施,畜禽粪污一般未经任何处理即就地排放。畜禽粪便长期堆置或排放到附近水沟,堵塞了河道,污染了水体和空气,造成蚊蝇滋生。而含有大量有机物和 N、P 营养元素的污水进入河流和湖泊,造成水体富营养化;渗入地下,使地下水中硝态氮、硬度和细菌总数超标"(张绪美,2009)。大量的污水及粪污未经妥善处理而直接排入江河水系,导致严重的水体污染。

畜禽粪便堆放及清粪冲洗极易进入到水体中,但在不同地区、不同管理水平下畜禽粪便的流失程度差异很大,对生态环境造成了严重的危害。上海市对集约化畜禽养殖场污染情况进行调查发现,畜禽粪便进入水体的流失率达到 25%−30%(上海环保局,2000)。随着中国生猪养殖业规模的持续扩大,集约化程度不断提高,养殖场集中产生的粪尿污物量急剧增加,而污染控制在政策管理、法规建设和技术上都明显滞后于生猪产业发展速度(陶涛,1998),因而生猪养殖废弃物逐渐成为重要环境污染源之一(张琪,2006),有些城市生猪养殖业污染负荷量已超过了工业废水与生活污水的污染负荷的总和(杨朝晖,2002)。随着饲料添加剂的广泛使用,各种生猪排泄物中出现了多种微生物病菌、病原体与重金属,这也使生猪养殖废弃物对环境的潜在危害进一步加深。随着我国畜禽养殖产业集约化程度的不断提高,集中产生的粪污急剧增加,逐渐成为重要的环境污染源(李建华,2004)。且我国农户养殖大多是成片的,一个村甚至一个乡镇都在养殖,耕地显然不能直接承载如此多的粪便。

生猪粪尿本是一种极好的天然有机肥,但规模养猪场集中产生的大量废弃物如果不能及时被土地消纳,未经妥善处理的废弃物就可能产生一系列环境污染,包括水体污染、空气污染、病菌传播、土壤污染、富营养化等等问题(张华,2005)。20 世纪 90 年代,美国超过 1/4 的地表水污染来自于畜牧业废弃物,畜牧业废弃物所造成的环境恶化引起了公众的广泛关注(Innes,2000)。高度集约化养猪的荷兰由于耕地面积限制遭遇废弃物治理难题(World Bank,2005)。

12.5 国外生猪养殖污染治理规制政策

自 20 世纪 50 年代起,发达国家的畜禽养殖业开始向规模化、集约化方向发展,但规模化养殖在带来规模效益的同时也带来了负面效应,每年都有大量的畜禽粪便及污水产生,造成了严重的环境污染。20 世纪 90 年代,欧盟各成员国通过了新的环境法,规定了每公顷动物单位(载畜量)标准、畜禽粪便废水用于农用的限量标准和动物福利,鼓励进行粗放式畜牧养殖,限制养殖规模的扩大,凡是遵守欧盟规定的牧民和养殖户都可获得养殖补贴。根据农场的耕作面积安装粪便处理设备,通过减少载畜量、选择适当的作物品种、减少无机肥料的使用、合理施肥等良好的农业实践减少对环境造成的负面影响。

为控制生猪养殖业污染问题,荷兰政府出台了《生态指令》、《猪法》、《验证与记录系统》等行政法令,以加强生猪养猪环境保护工作,并在 20 世纪 80 年代通过可交易的猪配额制度限制、减少生猪饲养规模,以实现猪场废弃物排放量减少的目标。许多欧洲国家制定了粪便的贮存容量及粪便撒播的规章制度,引入了生产限制以降低畜牧业的集约化程度(Raineili,1996),欧洲地区联合制定了《欧共体硝酸盐控制标准》,对每一个国家关于畜禽粪便的贮存及施用都作了量的规定。美国《清洁水法》将集约型的大型养殖场看作点污染源,由各州自行监督实施大型养殖场污染许可制度(Smith and Kuch,1995)。荷兰为了防止畜禽粪便污染,1971 年立法规定,直接将粪便排到地表水中为非法行为。从 1984 年起,荷兰不再允许养殖户扩大经营规模,并通过立法规定每公顷 2.5 个畜单位,超过该指标农场主必须交纳粪便费。近几年的立法正根据土壤类型和作物情况,逐步规定畜禽粪便每公顷施入土地中的量。目前荷兰的大中型农场分散在全国 13.7 万个家庭,产生的畜禽粪便基本由农场进行消化。

丹麦为了减少畜禽粪便污染,也规定了每公顷土地可容纳的粪便量,确定畜禽最高密度指标;并规定施入裸露土地上的粪肥必须在施用后 12 小时内犁入土壤中,在冻土或被雪覆盖的土地上不得施用粪便,每个农场的储粪能力要达到储纳 9 个月的产粪量。

英国的畜牧业远离大城市,与农业生产紧密结合。经过处理后,畜禽粪便全部作为肥料,既避免了环境污染,又提高了土壤肥力。为了让畜禽粪便与土地的消化能力相适应,英国限制建立大型畜牧场,规定 1 个畜牧场最高头数限制指标为奶牛 200 头、肉牛 1000 头、种猪 500 头、肥猪 3000 头、绵羊 1000 只和蛋鸡 7000 只。

德国则规定畜禽粪便不经处理不得排入地下水源或地面。凡是与供应城市或公用饮水有关的区域,每公顷土地上家畜的最大允许饲养量不得超过规定数量:即牛 3～9 头、马 3～9 匹、羊 18 只、猪 9～15 头、鸡 1900～3000 只、鸭 450 只。

12.6　中国生猪养殖废弃物污染防治法律法规

　　近年来我国出台了相关畜禽养殖业污染防治管理条例和排污标准以改善养猪业污染问题,这些行政法规为改善养殖环境污染奠定了基础。国内学者陶涛(1998)、陈艳丽(2003)和张克强(2004)在比较国内外养殖业环保政策法规的研究中,提出我国环保部门需要学习发达国家在畜禽养殖污染防治立法上的经验,考虑不同地区、不同污染情况下的政策法规适应性,法律手段与经济手段相结合,控制工厂化养殖,适度发展养殖业,进一步加大在农村污染治理方面的投入。刘建昌(2005)和王晓燕(2006)提出通过征收养殖排税(费)、污税(费)或者有机肥补贴等经济政策来控制养殖总量,并提高废弃物资源化利用率。

　　我国规模化养殖发展迅猛,由于农户难以承担畜禽养殖污水处理的高成本,全国90％以上的畜禽养殖场没有污水处理系统,现行的畜禽养殖污水排放技术标准难以实施(朱兆良等,2005)。我国现有生猪产业污染防治的政策法规基本包含于畜禽养殖业污染防治的法规中,主要包括全国人民代表大会制定和颁布的法律、国务院制定和颁布的行政法规、国家环保总局或农业部等国务院有关部委制定和颁布的规章和政策、国务院及其部委制定的其他规范性文件和各地依据国家法律和政策的原则而制定的法规政策等五个层次。这些政策法规主要以命令控制和经济激励这两种方式实现生猪产业污染防治的目标。

12.6.1　命令控制型政策法规

1. 法律体系

　　我国现有七部法律与生猪养殖污染防治相关。明确提及畜禽养殖污染的法律有《畜牧法》、《农业法》、《固体废物污染环境防治法》和《清洁生产促进法》。间接相关的法律主要有《水污染防治法》、《大气污染防治法》和《动物防疫法》。《畜牧法》是我国唯一的一部对畜禽养殖污染防治作了详尽规定的法律,明确要求畜禽养殖场、养殖小区建设粪污、废水及其他废弃物的综合利用设施,造成环境污染的畜禽养殖场、养殖小区必须依法赔偿损失。但该法的主要目的是规范畜牧业生产经营行为、保障畜产品质量安全,保护和合理利用畜禽遗传资源,维护畜牧业生产经营者的合法权益、促进畜牧业持续发展,而不是防治畜牧业污染。其他的六部法律对畜禽养殖业污染没有相应的重视,而且,作为环境保护领域的基础法,《环境保护法》既忽略了畜禽养殖污染防治,也没有将其纳入"农业环境保护"的概念框架。

2. 行政法规

　　与生猪养殖污染防治有关的行政法规主要是1999年国务院制定的《饲料

及饲料添加剂管理条例》，在2001年修订后颁布。科学选择并合理配置的环保饲料和添加剂，是减少生猪养殖废弃物产生量的有效措施之一，这部行政管理条例从源头上控制生猪养殖业污染。相关的管理条例主要有：对新研制的饲料、饲料添加剂的环境影响进行评估，需要提供该产品的环境影响报告和污染防治措施；首次进口饲料、饲料添加剂需要申请登记的同时并提供产品的环境影响报告和污染防治措施；证实对环境有害的饲料、饲料添加剂，由国务院农业行政主管部门决定限用、停用或者禁用，并予以公布。

3. 行业标准

为了有效防治畜禽养殖污染，国家环保总局、农业部等部委制定和颁布了一些部门规章。2001年，国家环保总局先后颁布的《畜禽养殖污染防治管理办法》《畜禽养殖业污染防治技术规范》和《畜禽养殖业污染物排放标准》三部规章，明确说明了畜禽养殖污染的内涵，对畜禽养殖场的选址要求、场区布局与清粪工艺、污水处理、饲料管理等污染防治的基本技术作了详细规定，排污标准也实现了量化指标，是目前我国有关生猪养殖业污染防治最为具体的政策依据。2006年6月16日，农业部第14次常务会议审议通过《畜禽标识和养殖档案管理办法》并自7月1日起施行。各养殖场应严格按照《办法》的规定，建立包括猪只进出圈、耳标、兽药、饲料使用、防疫消毒、隔离治疗、休药期、检验检疫、出栏等内容的生产档案，落实生猪生产的可追溯体系，促进生猪产业规范化经营，对控制环境污染起到一定程度的影响。鉴于畜禽养殖污染工程治理方面标准的缺失，环保总局将各种实用的、低成本的、处理效果好的畜禽粪污处理和综合利用技术纳入国家技术规范体系，于2009年9月30日发布了《畜禽养殖业污染治理工程技术规范》，该规范一方面详细规定了畜禽养殖业污染治理工程设计、施工、验收和运行维护的技术要求，使集约化畜禽养殖场的废弃物治理工艺更加规范，提高了行业污染治理的管理水平；另一方面可以指导工程设计单位和用户进行技术方案选择，最大限度地发挥环境投资效益以及规范环保技术市场，使畜禽粪污处理设施的规划和设计、建设运行、技术评价等相关的工程咨询有章可循。2010年，农业部在《关于加快推进畜禽标准化规模养殖的意见》中明确提出推进畜牧业生产方式尽快由粗放型向集约型转变的同时，要突出抓好畜禽养殖污染的无害化处理，促进现代畜牧业持续健康平稳发展。

4. 其他规范性文件

国家环保总局于2004年2月制定了《关于加强农村生态环境保护工作的若干意见》，对畜禽养殖污染防治作了比较详细的规定：对于新建、扩建或改建的具有一定规模的养殖场（厂），必须认真执行环境影响评价制度和"三同时"制度；对于"三河""三湖"等国家和地方明确划定的重点流域和重点地区，以及大中城市周围的中等以上规模的集约化养殖场（厂），必须进行限期治理，到2002

年底前建成污水处理设施或畜禽粪便综合利用设施,并采取有力措施控制沿海地区直接排海污染和防止地下水污染。2005年12月,国务院《关于落实科学发展观加强环境保护的决定》提出要加大规模化养殖业污染治理力度和严防养殖业污染水源。

12.6.2　经济激励型政策法规

随着政府对集约化养猪场所造成的污染问题逐步重视、人民生活水平的不断提高和环境意识的逐渐增强,制定科学合理的法规政策规范生猪养殖业污染排放,鼓励养殖农户采用高效、经济的方法对养殖场废弃物进行无害化处理、资源化利用,防止和消除规模化养殖场废弃物的污染,已经成为我国养猪业发展亟待解决的难题。

1. 法律层面

《畜牧法》、《农业法》和《固体废物污染环境防治法》都规定从事畜禽等动物规模养殖的单位和个人排放废水、废弃和固体废弃物造成农业生态环境污染事故的,应当依法赔偿、罚款;《水污染防治法》、《大气污染防治法》和《动物防疫法》在行使范围内都规定了破坏生态环境的罚款措施;2003年颁发的《清洁生产促进法》中有资金扶持、技术培训、税收优惠等鼓励政策推行农业清洁生产,但该项法律主要面对工业企业,对生猪养殖企业的照顾相对较少。

2. 行业标准方面

2001年国家环保总局颁布的《畜禽养殖污染防治管理办法》明确规定生猪常年存栏量500头以上的养殖场排放污染物时,应按照国家规定缴纳排污费,向水体排放污染物时,超过国家或地方规定排放标准的,应按照规定缴纳超标准排污费。

3. 国家及地方财政补助项目方面

为了鼓励规模养殖场采用更为有效地治污技术,中央及地方制定了一系列相关鼓励型政策扶持规模养殖农户治污工程的建设,如2008年,中央财政安排25亿元资金扶持一批生猪标准化规模饲养场(小区)基础设施建设,特别是粪污处理、猪舍标准化改造及水电路、防疫等建设。

各地主要通过财政补贴或者技术咨询等政策鼓励养殖户治理污染。上海市农委于2009年制定了关于《上海市规模化畜禽养殖场沼气项目建设实施意见》,为确保项目资金专款专用,项目建设单位需建立项目专户,实行账户封闭运行。具体扶持政策包括:中央补贴资金占项目总投资的25%,最高不超过100万元;对于符合政策条件要求的项目可依程序申请市节能减排专项扶持资金,扶持资金采取先建后补的一次性资助方式,资助额度为项目总投资的20%,最高不超过500万元;区(县)政府财政承担项目总投资的30%;对实施沼气工程的规模化畜禽养殖场,优先考虑生态还田项目建设的扶持政策;对实施沼气工程的规模化畜禽养殖场生产的沼肥给予有机肥扶持政策的优惠,生产沼肥用电参照中小化肥用电价格执行;规模化畜禽养殖场沼气工程建设项目涉及少量的土建用地,根据国家有关文件规定,按农业用地实施。

12.7 本章小结

为了实现生猪养殖的规模效率,中国生猪养殖正在经历历史性的组织结构变革——由家庭散养到规模养殖的转变。根据《畜牧业年鉴》数据资料,1998年到2010年我国生猪出栏50头以上规模的养殖户出栏生猪数由11647.95万头增加到60250.4万头,2010年我国年出栏生猪50头以上的养殖场总出栏量占全国比例为64.51%。从全国规模生猪养殖的出栏情况看,500头及以上生猪规模养殖占总出栏量的比例由1998年的7.66%上升到2010年的48.38%。中国2010年生猪出栏量500头以上的农场比例仅为8.32%,中小规模生猪养殖农场占规模养殖场的比例为91.68%(见表12.4),距离中国2015年标准化规模养殖比重占规模养殖场50%的目标还存在很大距离。中小规模生猪养殖仍然是中国生猪养殖的主体,中国生猪养殖标准规模发展任务艰巨。

本章利用宏观统计数据对我国生猪产业的演进趋势展开讨论,研究发现:(1)我国生猪产业快速发展,猪肉产量显著增加,但仍然以农户散养为主,居民肉类消费模式的转变和生猪市场价格的波动是我国生猪产业增长速度下降的直接原因。(2)农业大省拥有丰富的饲料粮供应和土地来吸收养猪废弃物,我国生猪养殖与粮食生产表现出一定的地理耦合性;同时,经济发达地区环境成本压力,促使我国生猪养殖向重要农业省份转移,但集中度有所降低。(3)与规模化养殖相比,散养户受规模、资金、人员的限制,精细化管理滞后,生猪养殖的规模化演进不可避免,但由于规模化养殖面临废弃物处理成本和环境政策约束压力,生猪产业的规模化演进所产生的大量废弃物已经导致全国土地猪粪尿负荷量快速攀升,同时水体、空气也都受到了不同程度的危害,而且污染程度随着生猪产业的规模化演进趋势进一步恶化。

在生猪养殖业污染防治对策方面,政府有关部门制定和颁布了一系列法规政策,主要通过命令控制和经济激励两种方式的组合来共同控制生猪产业污染问题。作为畜禽养殖业污染的主要部分,生猪养殖污染已成为一个重要的面源污染源是不争的事实,当然,这与我国过去环保工作重视工业和城市污染、忽视农业和农村污染的历史背景有关。但产业、政策和技术上的困境使得中、小规模生猪养殖专业户治污水平低下是我国生猪产业污染防治效果不佳的重要原因。在散养户加速退出的同时,中、小规模养殖专业户比例不断增加,如果这些养殖专业户的污染管理水平没有相应的提升,专业化养殖所带来的环境问题将日趋严重。研究中小规模养殖专业户废弃物治理行为,进一步完善生猪养殖业的相关污染防治政策对我国农村经济社会可持续发展具有十分重要的意义,而这也是以后章节研究的主要内容。

13 农户生猪养殖规模演进决定因素
——基于四川省三台县的实证分析

13.1 四川省生猪养殖规模演进现状

四川省是中国传统的生猪养殖大省,2010 年出栏量达到 7178.3 万头,比 1998 年的 5589.8 万头增加了 1588.48 万头,增加了 28.4%。虽然四川省生猪养殖占全国养殖的比例从 1998 年的 11.13% 下降到 2010 年的 10.76%,四川省生猪养殖对全国生猪养殖的重要性有所降低,但四川省仍然是全国生猪养殖贡献量最大的省份。

由于 1998—2001,2004—2006 年的统计口径不同,难以获得一致的统计数据。根据历年《畜牧业年鉴》生猪养殖规模统计资料,从 2002 年到 2010 年,四川省总的生猪养殖户下降了 20.45%,而总出栏量从 6402.28 万头上涨到了 9940.3 万头,上涨了 55.26%。出栏规模在 50~999 头的养殖户占所有年出栏 50 头以上的规模养殖户比例,从 2002 年的 91% 降至 2010 年的 74%,下降了 17%;与此同时,该规模年出栏量占规模农产总出栏量从 94.2% 下降到了 72.9%,下降了 21.3%。四川省 1000 头以上的大规模养殖出栏量占所有规模养殖出栏量比例,从 2002 年的 5.8% 增加到了 2010 年的 27.1%,1000 头以上的生猪养殖场占规模养殖的比例由 2002 年的 0.1%,上升到了 2010 年的 1.6%(见表 13.1)。

表 13.1　四川省生猪规模养殖场(户)数量

年份	50~999 头				1000~4999 头				5000 以上头			
	农场数(个)	占比 %	出栏量(万头)	占比 %	农场数(个)	占比 %	出栏量(万头)	占比 %	农场数(个)	占比 %	出栏量(万头)	占比 %
2002	435800	99.9	1105.30	94.2	617	0.1	67.83	5.8	0	0.0	0	0.0
2003	554874	99.8	1620.48	92.1	1028	0.2	134.47	7.6	5	0.0	5.11	0.3
2007	194269	99.2	2059.50	83.2	1440	0.7	290.30	11.7	117	0.1	125.32	5.1
2008	219197	98.9	2589.62	80.1	2146	1.0	408.14	12.6	239	0.1	234.02	7.2
2009	256916	98.5	3100.14	74.5	3376	1.3	662.16	15.9	407	0.2	396.35	9.5
2010	310248	98.5	3635.70	72.9	4314	1.4	807。00	16.2	545	0.2	544.00	10.9

2010 年,养殖规模在 50～999 头的农场占到了所有 50 头以上的规模养殖场的 98.5%,年出栏数占到了 72.9%。农场数量占比增大最多的是年出栏规模在 100～499 头的养殖场,养殖场数量增加了 34317,占规模养殖场的比重增加了 13.57%,出栏量占规模养殖场的比重增加了 9.11%。

表 13.2　四川省 50 头以上生猪规模养殖发展现状　　　单位:万头

年份	出栏量(1)	50 头以上规模养殖场数量(2)	50 头以上规模养殖场出栏量(3)	(3)/(1)占比(%)
1998	5589.8	11383.0	148.5	2.66
2001	5964.0	22296.0	277.7	4.66
2002	6202.6	37649.0	394.9	6.36
2003	6236.9	65059.0	745.3	11.95
2004	6489.8	88326.0	1017.0	15.67
2005	7105.0	135590.0	1551.0	21.83
2006	7471.4	149114.0	1811.4	24.24
2007	6010.7	195826.0	2475.1	24.65
2008	6431.4	221581.0	2926.1	45.50
2009	6915.5	260699.0	4158.7	43.47
2010	7178.3	315107.0	4986.7	50.17

资料来源:根据历年《畜牧业年鉴》生养殖规模统计得。

伴随着全国生猪养殖规模化发展,虽然四川省生猪规模养殖出栏占其年总出栏的比例也由 1998 年的 2.66% 提高到了 2010 年的 50.17%(见表 13.2),但四川省生猪养殖规模化发展远落后于全国 64.51% 的平均水平,四川省的规模养殖户出栏比例仅处于全国的第 24 位。四川省生猪规模养殖以中小规模为主,生猪养殖规模演进的影响因素值得深入分析。本章关于四川省三台县生猪养殖规模演进的决定因素的实证分析,能够为四川省生猪养殖规模演进现状提供一个很好的注解。

13.2　调查点的选取与数据获得

13.2.1　调查点的选取

为了进一步深入分析四川省生猪养殖规模演进的障碍因素,高质量的微观调研数据是客观分析的基础。为此,本研究选择了生猪养殖大县——三台县作为调研地点进行了实地调研。

三台县是四川省的农业大县和人口大县,也是四川省的生猪养殖大县。三台县地处四川盆地中部偏北,辖区面积 2661 平方公里,辖 63 个镇(乡),933 个村民委员会。2011 年末实有耕地面积 119.1 万亩,年末总人口 147.4 万人,其中农业人口 126.2 万人,占总人口数量的 85.62%,农户户数 37.6 万户。

20 世纪 80 年代后期就被列为全省"县级养猪示范县"、"全国瘦肉型商品猪生产基地县"。截至 2011 年底,已建成年出栏生猪 5000 头以上标准化规模养殖小区 13 个;培育年出栏生猪 50 头以上的规模养殖场 5093 户,发展万头猪场 7 个、千头猪场 98 个;绵三路、三中路、三大路、绵盐路 4 条优质生猪产业带全面建成。2011 年全县出栏生猪 1064819 头,年末存栏生猪 602511 头,生猪产值和产品产量位列全省县(区)前茅,位列绵阳市第一(见表 13.3)。

表 13.3　三台县生猪养殖规模户年出栏情况

	2009 年			2010 年			2011 年		
	养殖户(户)	出栏量(头)	年末存栏量(头)	养殖户(户)	出栏量(头)	年末存栏量(头)	养殖户(户)	出栏量(头)	年末存栏量(头)
小规模(50～1000 头)	4941	728095	401025	4967	736606	404728	4989	741521	419578
中规模(1000～5000 头)	83	188561	103857	86	191223	105068	91	203936	115394
大规模(5000 头以上)	11	97982	53967	13	114673	63007	13	119362	67539
合　计	5035	1014638	558849	5066	1042502	572803	5093	1064819	602511

近年来,三台作为全省生猪养殖和调出大县,抓住全省加快发展现代畜牧业和新增千万头生猪生产能力工程的难得契机,大力发展生猪标准化规模养殖,规模户总数和年出栏生猪总量呈"两个增长"趋势。三台县年出栏 50 头生猪的规模户由 2009 年的 5035 户增至 2011 的 5093 户,年均增长 0.57%;规模户年出栏由 2009 年的 101.5 万头增至 2011 年的 106.5 万头,年均增长 2.4%;规模户年末存栏由 2009 年的 54.9 万头增至 2011 年末的 59.2 万头,年均增长 3.8%;2009 年至 2011 年规模户出栏占全县的比重分别为 53.2%、53.6% 和 56.3%;2009 年至 2011 年规模户年末存栏占全县的比重分别为 54.1%、54.9% 和 57.2%,呈稳定增长态势。

2008 年,三台县的生猪出栏量由于"5.12 汶川地震"减少了 9.7% 左右。经历了 2008 年后两年连续恢复性增长,2011 年生猪出栏比 2007 年下降了 8.233 万头,下降了 4.17%。在三台县所管辖的 63 个镇(乡)中潼川、鲁班、景福、观桥、芦溪、立新、西平、古井、刘营等 9 个镇历年生猪出栏量均居前列,年出栏量均在 5 万头以上。2008 年以后,除了西平、古井以及刘营 3 个镇(乡)呈增长趋势,其他镇(乡)均呈下降趋势。

表 13.4　三台县主要生猪养殖镇(乡)年出栏数量　　单位:万头,%

年份	三台县		潼川镇		鲁班		景福		观桥	
	出栏量	增长率	出栏量	增长率	出栏量	增长率	出栏量	增长率	出栏量	增长率
2007	197.52	—	8.36	—	6.57	—	7.24	—	8.06	—
2008	189.16	−4.23	7.55	−9.67	5.94	−9.67	6.54	−9.67	7.28	−9.67
2009	190.77	0.85	9.22	22.07	5.70	−3.99	6.30	−3.70	7.23	−0.71
2010	194.54	1.98	7.26	−21.24	5.52	−3.10	6.30	0.07	7.02	−2.91
2011	189.29	−2.70	6.69	−7.84	5.40	−2.30	6.19	−1.72	6.73	−4.12

年份	芦溪		立新		西平		古井		刘营	
	出栏量	增长率	出栏量	增长率	出栏量	增长率	出栏量	增长率	出栏量	增长率
2007	9.70	—	7.93	—	4.71	—	4.42	—	6.15	—
2008	8.76	−9.67	7.16	−9.67	4.26	−9.67	3.99	−9.67	5.56	−9.67
2009	8.44	−3.61	5.38	−24.88	4.02	−5.55	4.06	1.73	5.77	3.77
2010	7.09	−16.06	5.31	−1.35	6.47	60.90	5.42	33.42	6.80	17.87
2011	6.93	−2.16	4.96	−6.64	6.21	−4.02	5.35	−1.21	6.69	−1.55

数据来源:《三台县计年鉴》,根据历年三台县统计年鉴整理得。

为了深入探索生猪养殖波动的具体原因,本研究选取了 2011 年比 2007 年下降比重达 37.5% 的立新,下降 28.49% 的芦溪;增长比重达 31.76% 的西平,以及产量比较稳定,增长 8.78% 的刘营,作为主要的调查点进行实地调研,以获得关于生猪养殖规模演进实证分析的微观数据基础。

13.2.2　数据收集

为了确保调研问卷能够全面、科学地反映当地生猪养殖现状,2012 年 8 月中旬走访了四川省三台县刘营镇,随机抽取了 20 户生猪养殖农户进行预调研,以获得生猪养殖从饲料购进、仔猪购进、养殖过程、养殖场所、屠宰及销售情况的相关信息。为保证抽样的代表性,调查领队首先到各镇乡畜牧站,了解当地农户养殖情况。通过预调研,检验了问卷设计的逻辑合理性,补充了遗漏问题,删除了冗杂问题及选项。修正了问卷,保证了问题设置的准确性。

2012 年 10 月初至 11 月开始了正式调研。共调研养殖户 144 户,生猪养殖专业合作社 1 个。在咨询了当地政府负责官员的情况下,选择了立新、芦溪、西平和刘营作为具体的调查点。共获得有效问卷 144 份,其中立新 16 份,芦溪 23分,西平 21 份,刘营 84 份。并对刘营镇的"青龙生猪养殖专业合作社"进行调研,样本分布见表 13.5。

调研采取随机抽样方式,采用调查员面对面入户访谈方式。对于关系到农户家庭收入,生猪养殖收入及所获得补贴等敏感性问题设计了前后验证题项。问卷回收后,通过保留的联系方式进行回访补充遗漏数据。

表 13.5　各乡镇抽样情况

		立新	芦溪	西平	刘营	合计
2011 年出栏生猪(万头)		4.96	6.93	6.21	6.69	24.79
2011 年比 2007 年生猪出栏增减比例		−37.50%	−28.49%	31.76%	8.78%	—
抽样农户数量		16	23	21	84	144
所占比例		11.11%	15.97%	14.58%	58.34%	100%
其中	散户(<30 头)	4	5	5	16	35
	小规模(30~100)	3	4	3	12	31
	中等规模(100~1000)	8	12	11	36	53
	大规模(>1000)	1	2	2	20	25

　　问卷分为两个部分。第一部分主要调查农户的基本情况。包括被访问对象的年龄、性别、受教育程度以及农户家庭人口情况、家庭收入的构成及用途、家庭人口兼业情况、家庭固定资产、社会资源和交通情况等。

　　第二部分主要是生猪养殖情况。包括历年生猪养殖数量、品种、养殖规模、养殖场地及养殖资金来源等情况。还包括了饲料、防疫、销售以及粪便处理情况。除此之外,调查了农户接受培训和政府政策补贴情况,以及养殖户参与合作社、合作社对其资金获得、技术培训和粪便处理行为的影响。

13.2.3　样本描述性统计特征

　　在回收的 144 份问卷中,有 83 户,约 57.64%不是村中大姓。其中 30 户散养户中有 60%是村中大姓;22 户小规模养殖户中有 63.64%不是村中大姓;67 户中等规模养殖户有 52.24%不是村中大姓;25 户大规模养殖户中有 64%不是村中大姓。不论何种规模,约一半以上的被调查对象的家庭都不是村中大姓,而且每组的比例相差甚小。

　　相比之下,家庭在村庄居住的代数对于养殖规模决策的影响较大。散养户的平均居住代数为 2.93 代,小规模养殖户平均居住代数为 2.95,中等规模养殖户的平均居住代数为 5.43,大规模养殖户的平均居住代数为 5。在当地居住代数越多,选择大规模养殖可能性越大。居住代数越多的家庭所拥有的人脉、信息以及政府资源会越多,大规模养殖时所获得的政策性支持、土地的获得、金融融资及养殖经验的获得都会容易并且渠道广泛。

　　近亲在政府机关工作的人数与农户规模养殖行为的关系。问卷设计中对于近亲的定义为:能够在事业上帮助自己的亲戚,包括直系和旁系亲属。散养户中有 15 户,即 50%的养殖户有近亲在政府机关工作;小规模养殖户中有 13户约 59.1%有近亲在政府机关工作;中等规模养殖户中有 34 户约 50.7%有近亲在政府机关工作;大规模养殖户中有 18 户约 72%有近亲在政府机关工作。近亲在政府机关工作,对于农户获得政策性信息、养殖新技术、金融融资,以及养殖场地的获得都有一定优势。我们将这三种衡量社会资本的方式包括是否村中大姓、在村中居住代数、在政府工作的近亲人数进行了加权平均。散养户和小规模养殖户的家庭社会资本相同约为1.4,中等规模养殖户和大规模养殖户的社会资本约为2.5。

表 13.6 不同规模生猪的被调查对象特征

	散养户 (Q≤30)	小规模养殖户 (30<Q≤100)	中等规模养殖户 (100<Q≤1000)	大规模养殖户 (Q>1000)
样本数(户)	30	22	67	25
被调查对象年龄(岁)	47.75	35.33	43.14	50.11
家庭人口总数(人)	3	3.5	4	4
农业人口(人)	1.4	1.5	2.5	3.5
外出打工人口(人)	1.2	1	0.5	0.5
依存人口(人)	0.4	0.5	0.5	0
家庭收入(元)	47400	50000	112372	2006400
粮食作物收入	14800	8636	4615	0
养猪收入	2600	10909	83447	2006400
其他经济作物收入	4000	2500	0	0
农业收入占比(%)	44.31	34.77	79.57	100
非农业收入	26000	32500	20597	0
被调查对象养猪以前外出打工比例(%)	43.5	37.2	66.7	11.3
打工平均年收入(元)	30000	30000	32500	40000
日平均工作小时数(小时)	10	8.5	9.5	10
猪场配备人数(人)	1.4	1.5	2.6	4
家庭自有劳动力(人)	1.4	1.5	2.3	2
雇佣劳动力(人)	0	0	0.3	2
雇工支出(元/月)	0	0	2166.67	3000
村中居住代数(代)	2.93	2.95	5.43	5
近亲在政府机关工作人数(人)	0.97	1.09	1.73	2.24
家庭社会资源	1.43	1.47	2.55	2.5
养猪场与公路距离(km)	0.847	0.809	0.711	0.638
被调查对象对资金获取难易程度评价 均值(%)	2.27	2.36	1.15	2.16
1=容易	13.33	13.64	10.45	28
2=一般	46.67	36.36	52.24	28
3=不容易	40	50	37.31	44
参加合作社比例(%)	0	31.82	47.76	52
养殖年限(年)	19.8	10.23	7.9	5.28
扩建生猪养殖场土地获取难易程度(%)	2.5	2.5	2.31	2.16
1=容易;	10	13.64	13.43	20
2=一般;	30	22.73	41.79	44
3=不容易	60	63.64	44.78	36
土地获取途径				
1=闲置荒地(户)	8	12	38	20
2=宅基地(户)	15	5	6	0
3=集体建设用地(户)	6	5	12	0
4=转租他人耕地(户)	1	0	1	0
5=其他来源(户)	0	0	10	5

资料来源:根据作者调查的144户农户资料整理而来,Q为农户饲养规模。

被访问对象年龄及性别与农户生猪规模养殖决策关系。在回收的问卷中，散养户的被访问对象平均年龄为47.75岁，小规模养殖户的被访问对象年龄为35.33岁，中等规模养殖户的被访问对象平均年龄为43.14岁，大规模养殖户的被访问对象平均年龄为50.11岁。

养殖规模越大的农户从事农业生产的人口比例越高，亦即兼业化程度越低。大规模养殖户中有87.5%的家庭人口从事农业生产，中等规模养殖户中有62.5%的家庭人口从事农业生产，而小规模养殖户和散养户分别为42.9%和46.7%，不足一半的人口从事农业生产。

农户收入中，养殖规模越大家庭收入越高。如果将收入分为农业收入和非农业收入，其中农业收入包括种植收入、养猪收入以及其他经济作物收入；非农业收入包括自营业收入、打工收入、工资收入。养殖规模越大，其农业收入比例越高，从散养户到大规模养殖户，其农业收入占比依次为：44.31%、34.77%、79.57%和100%。非农收入是散养户和小规模养殖户家庭收入的主要来源。随着规模的增大，粮食作物以及其他经济作物的收入逐渐减小。规模越大的养殖户越不会从事农作物生产，而更多的是专业养殖。

66.7%的中等规模养殖户在养猪之前外出务工，约有43.5%的散养户曾经外出务工，37.2%的小规模养殖户曾经外出务工，约11.3%的大规模养殖户曾经外出务工。散养户的务农人口比例平均值为0.589，小规模养殖户的务农人口比例平均值为0.439，中等规模养殖户的务农人口比例均值为0.712，大规模养殖户的务农人口比例平均值为0.510。小规模养殖户受养殖技术不成熟、土地以及资金等限制，他们更多的是选择外出打工，所以务农人口比例相对较低。而中等规模养殖户则会充分利用可获得的家庭劳动力尽可能扩大养殖规模，以获得规模养殖效率。

被调查对象外出务工期间的年均收入在3万～4万之间，平均日工作时长在8～10小时之间。外出务工者返乡的原因包括：约20%的被访问对象是为了回乡照顾老人小孩，40%左右的被访问对象是为了响应国家鼓励生猪规模养殖的号召回乡创业，其余40%的被访问对象由于外地找工作较难以及外地打工工资较低而返乡创业。

被调查农户生猪养殖劳动力投入随着规模的增加而增加。散养户平均为1.4人，小规模养殖户平均1.5人，中等规模养殖户为2.6人，大规模养殖户为4人。散养户和小规模养殖户的养殖人员均为家庭成员，中等规模养殖户有13%的人为雇工投入。大规模养殖户的猪场劳动力投入中有50%为雇佣人员。中等规模的雇工平均工资为每月2166.67元，大规模养殖户雇工为每月3000元。规模越大，雇佣人员的比例越高。

不同养殖规模的农户最初选择养猪的原因存在差异。散养户养猪原因大多是因为家里有余粮和剩饭残羹,为自家耕地积肥,并且能够自家宰杀以及补贴一定家用。而小规模养殖户养猪的原因一般是响应政府号召和解决自食猪肉问题,同时,生猪养殖能够带来一定的利润并且消耗部分家里的余粮。中等规模养殖户养猪的主要原因是由于生猪养殖的高收益,并且一定程度上是为了响应政府号召。大规模养殖户养猪的主要目的就是为了获取养猪的利润(见表 13.7)。

表 13.7　农户生猪养殖的原因

养猪原因	散养户 (Q≤30 头)	小规模 (30＜Q≤100)	中规模 (100＜Q≤1000)	大规模 (Q＞1000)
1＝政府号召	0	13	16	0
2＝他人示范	0	0	11	0
3＝养猪利润高	18	11	34	25
4＝获得政府补贴	0	0	11	0
5＝消耗家里余粮	30	5	6	0
6＝积肥	30	0	6	0
7＝自家吃肉	21	12	10	0
8＝其他	0	0	12	0

如果将被调查对象的文化程度被分为小学、初中、高中、大专及以上,并分别赋值为 1、2、3、4。全部调查对象的平均教育水平为 2.30。文化程度以初中和高中两个阶段居多。总样本中,有 20 户是小学文化程度,90 户是初中或中专文化程度,25 户是高中文化程度,9 户是大专及以上文化程度。随着养殖规模的提高,教育水平逐渐提高。

13.8　养殖规模与受教育水平

	散养户 (Q≤30 头)	小规模 (30＜Q≤100)	中规模 (100＜Q≤1000)	大规模 (Q＞1000)	合计
小学	7	7	4	2	20
初中	21	12	25	12	70
高中	2	2	32	9	45
大专	0	1	6	2	9
平均受教育水平	1.83	1.86	2.59	2.44	2.30
样本数(户)	30	22	67	25	144

不同规模养殖户对于资金获得难易程度具有不同的评价。为分析获取资金难易程度与农户规模养殖行为的关系,本研究将农户获取资金难易程度进行了一个主观评价,分为了 3 个等级,1 为容易,2 为一般,3 为不容易。根据个人通过银行等信贷机构贷款、亲朋好友借款,其他资金来源渠道的易得性,以及利率的高低给出评价。在回收的 144 份问卷中,21 户农户认为资金获取比较容易,其中散养户 4 户,小规模养殖户 3 户,中等和大规模养殖户各 7 户。选择获取

资金难度一般的有 64 户,其中散养户 14 户,小规模养殖户 8 户,中等规模养殖户 35 户,大规模养殖户 7 户。认为获取资金不容易的农户有 59 户,其中散养户 12 户,小规模养殖户 11 户,中等规模养殖户 25 户,大规模养殖户 11 户(见图 13.1)。

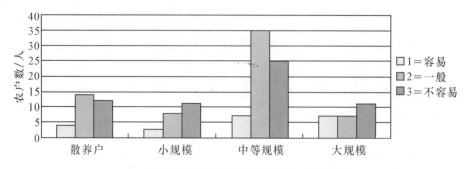

图 13.1　生猪养殖规模与资金获得难易程度

小规模和中等规模养殖户认为获取资金难度一般的居多,其次是较难,散养和大规模养殖户认为获取资金难度较大的居多。中等规模养殖户则处于一个中等的阶段,要扩大养殖规模不仅需要资金还需要场地,所以反而认为资金的获取程度相比不算太难。小规模养殖户要发展成为中等规模养殖户甚至大规模养殖户,他们资金获取的难度更大。

在回收的 144 份问卷中,猪场与最近公路的平均距离为 0.638km。其中散养户的平均距离为 0.847km,小规模养殖户的平均距离为 0.809km,中等规模养殖户的平均距离为 0.711km,大规模养殖户的平均距离为 0.638km。大规模养殖场会选择靠近公路的场地,以降低饲料和生猪运输成本。

本次调研设计了"农户对政府支持政策对其规模养殖决策影响的判断"项。在所调查的 144 户养殖户中,其中 18 户散养户,约占散养户的 60% 认为政府支持政策对其养殖决策没有影响;7 户小规模养殖户,约占小规模养殖户的 31.82% 认为政府支持政策对其养殖决策没有影响;20 户中等规模养殖户,约 29.85% 认为政府支持政策对其养殖决策没有影响;3 户大规模养殖户,约 12% 认为政府支持政策没有影响。12 户散养户,约 40% 认为政府支持政策影响一般;13 户小规模养殖户,约 59.09% 认为政府支持政策影响一般;23 户中等规模养殖户,约 34.33% 认为政府支持政策影响一般;8 户大规模养殖户,约 32% 认为政府支持政策影响一般。散养户中没有认为政府支持政策影响较大的,小规模养殖户中也只有 2 户,认为政府政策影响较大;中等规模养殖户中有 24 户,约 35.82%,大规模养殖户中有 14 户,约 56%,认为政府支持政策的影响很大。

在被访问的 144 户养殖户中,有 92 户没有参加合作社。52 户参加了合作社,其中小规模养殖户 7 户,中等规模养殖户 32 户,大规模养殖户 13 户。

144 户农户的平均生猪养殖年限为 10.28 年。其中散养户的平均养殖年限为 19.8 年,小规模养殖户为 10.23 年,中等规模养殖户为 7.90 年,大规模养殖户为 5.28 年。养殖年限与生猪养殖规模间存在一定的负相关关系,进入生猪养殖行业的时间越短,养殖规模越大。

土地获取难易程度是指养殖户想要扩大规模所需要的土地获取难易的主观判断。在回收的 144 份问卷中,有 20 户认为土地的获取是容易的,占到样本总量的 13.89%。散养户和小规模养殖户各 3 户,中等规模养殖户 9 户,大规模养殖户 5 户。有 53 户认为获取土地的难易程度一般,占 36.81%。其中散养户 9 户,小规模养殖户 5 户,中等规模养殖户 28 户,大规模养殖户 11 户。有 71 户认为土地获取不容易,占 49.31%。其中散养户 18 户,小规模养殖户 14 户,中等规模养殖户 30 户,大规模养殖户 9 户。土地获得对于养殖户规模扩张具有一定的限制作用。

13.3　农户生猪规模养殖技术效率

13.3.1　理论分析及模型设计

以上描述性统计分析发现,被访问对象特征、家庭特征和外部环境特征与生猪养殖规模具有一定影响。无论如何,生猪养殖户作为理性的经济行为人,生猪养殖规模发展的直接目标是获取市场和技术效率优势。因此,生猪养殖技术效率分析,能够为探索效率来源提供一定的数据基础。

全要素生产率增长率的测定方法包括两类:一是参数方法;一是非参数方法。本文采用的非参数方法即随机前沿分析法(DEA)。DEA 目前已经达到 140 种,其中最基本的模型为 CCR 模型、BCC 模型、CCGSS 模型。CCR 模型为主要用于测定综合技术效率的不变规模报酬模型。

假定有 n 个决策单元(DMU_i,$i=1,2,\cdots,n$),每个决策单元均以 m 种投入生产 k 种产品,分别以 m 维向量 X_i 和 k 维向量 Y_i 表示第 i 个生产单元的投入和产出,则 CCR 模型下的生产可能集 T_c 可以表示为:

$$T_c = \{(X,Y) \mid \sum_{i=1}^{n}\lambda_i X_i \leqslant X, \sum_{i=1}^{n}\lambda_i Y_i \geqslant Y, \lambda_i \geqslant 0, 1 \leqslant i \leqslant n\}$$

基于 T_c 建立的投入角度综合技术效率评价模型(加入松弛变量 S_1、S_2 以及摄动量 e)如下:

$$\min[\theta_v - \varepsilon(e^T S_1 + e^T S_2)]$$

$$CCR\begin{cases} s.t. \sum_{i=1}^{n}\lambda_i X_i + S_1 = \theta_c X_0 \\ \sum_{i=1}^{n}\lambda_i Y_i - S_2 = Y_0 \\ \lambda_i \geqslant 0, S_1, S_2 \geqslant 0; i = 1,2,\cdots,n \end{cases}$$

上式中，X_0，Y_0分别表示被评价决策单元（DMU_0）的投入和产出向量；θ_c表示DMU_0的综合技术效率，包含了纯技术效率和规模效率。

当该问题的解为θ_c^*，λ^*，S_1^*，S_2^*时，可作出如下判断：(1)若$\theta_c^*=1$，且$S_1^*=0$，$S_2^*=0$时，则DMU_0为综合有效；(2)若$\theta_c^*=1$，且$S_1^*\neq 0$或$S_2^*\neq 0$时，则DMU_0为弱综合有效，同时技术有效和规模有效；(3)若$\theta_v^*<1$时，则DMU_0为非综合有效。

在CCR模型中，综合技术效率值（θ_c）中包括了纯技术效率（θ_v）和规模效率（θ_s）两方面的内容。Banker，Charnes，Cooper(1984)对不变规模报酬的生产可能集进行了改造，提出了可变规模报酬模型（BCC）模型，其生产可能性集为：

$$T_c = \{(X,Y) \mid \sum_{i=1}^{n}\lambda_i X_i \leqslant X, \sum_{i=1}^{n}\lambda_i Y_i \geqslant Y, \lambda_i \geqslant 0, 1 \leqslant i \leqslant n\}$$

基于T_c建立的投入角度综合技术效率评价模型（加入松弛变量S_1、S_2以及摄动量e）如下：

$$\min[\theta_v - \varepsilon(e^T S_1 + e^T S_2)]$$

$$BCC\begin{cases} s.t. \sum_{i=1}^{n}\lambda_i X_i + S_1 = \theta_v X_0 \\ \sum_{i=1}^{n}\lambda_i Y_i - S_2 = Y_0 \\ \sum_{i=1}^{n}\lambda_i = 1 \\ \lambda_i \geqslant 0, S_1, S_2 \geqslant 0; i = 1,2,\cdots,n \end{cases}$$

上式中，X_0，Y_0分别表示被评价决策单元（DMU_0）的投入和产出向量；θ_v表示DMU_0的纯技术效率。

当该问题的解为θ_v^*，λ^*，S_1^*，S_2^*时，可作出如下判断：(1)若$\theta_v^*=1$，且$S_1^*=0$，$S_2^*=0$时，则DMU_0为技术有效，即在现有技术条件下，不能减少某种投入或增加某种产出；(2)若$\theta_v^*=1$，且$S_1^*\neq 0$或$S_2^*\neq 0$时，则DMU_0为弱技术有效，即在现有技术条件下，存在没有被充分利用的投入，或者产出还有增加的可能性；(3)若$\theta_v^*<1$时，则DMU_0为技术无效率，在保持现有产出不变的情况下，所有投入指标可按照（$1-\theta_v^*$）的比例减少。

CCR模型中的综合技术效率（θ_c）和BCC模型中得到的纯技术效率（θ_v），

可以推算出规模效率水平（θ_s）。三者的关系如下：

$$\theta_c = \theta_v \times \theta_s$$

$\theta_s = 1$，表示为决策单元生产规模最优，$\theta_s < 1$，表示决策单元生产规模无效率。规模过大或者过小均会造成规模无效率，即不能够判断现目前的决策单元是处于规模递增还是规模递减的阶段。Coelli（1997）提出了非增规模报酬（NIRS）模型，把 BCC 模型的约束条件 $\sum_{i=1}^{n} \lambda_i = 1$ 改为 $\sum_{i=1}^{n} \lambda_i \leqslant 1$，即为 NIRS，得到非增规模效率（$\theta_n$）。当 $\theta_s < 1$ 时，求解 θ_n，并将两者进行比较。如果相等，则可判断决策单元处于生产规模报酬递减阶段；如果两者不相等，可判断决策单元处于规模报酬递增阶段。

尽管 DEA 可以用于测算狭义技术进步和生产率增长指标，但仅能用于相对效率的分析，而不能够测算出生产率增长的具体真实水平。Malmquist 指数最早由瑞典经济学和统计学家 Malmquist 在 1953 年提出。实践中将 Malmquist 指数与前沿分析技术结合运用，在此基础上实现对生产率增长的分解和测算，它从以下几个角度反映了全要素生产率（TFP）的变化程度：

技术效率（TE_{ch}）体现了生产要素的社会结合形式，即组织管理水平，反映前沿技术的利用程度，包括对现有技术是否充分发挥、要素配置是否合理、规模是否适度。主要取决于知识掌握和运用现有知识存量的能力，是短期内改善 TFP 水平的主要源泉。

技术效率可以细分为纯技术效率（PE_{ch}）和规模效率（SE_{ch}）。纯技术效率反映生产领域中技术更新速度的快慢和技术推广的有效程度；规模效率反映现有生产规模的有效程度，即决策单元生产是否处于最合适的投资规模进行经营。

本研究中，技术效率分析中的投入与产出要素见表 13.9。

表 13.9　投入产出要素分析

	投入	产出
物质与服务费用	1. 直接费用 （1）仔畜费；（2）精饲料费；（3）青粗饲料费；（4）饲料加工费；（5）水费；（6）燃料动力费；（7）医疗防疫费；（8）死亡损失费；（9）技术服务费；（10）工具材料费；（11）修理维护费；（12）其他直接费用 2. 间接费用 （1）固定资产折旧；（2）保险费；（3）管理费；（4）财务费；（5）销售费	生猪出售收益 副产品出售收益
人工成本	1. 家庭用工折价 （1）家庭用工天数；（2）劳动日工价 2. 雇工费用 （1）雇工天数；（2）雇工工价	

本研究利用实地调研的要素投入与产出数据,整理出了各养殖规模每100公斤生猪的投入和产出数据;并利用 DEAP2.1 软件处理得出了如下不同规模生猪养殖的效率分析结果(见表 13.10)。

表 13.10 不同规模生猪养殖效率分析

	综合效率	纯技术效率	规模效率	规模报酬	产出冗余	投入冗余	
						资金	时间
散养户 (Q≤30)	0.868	0.951	0.913	递增	100	−61	−0.5
小规模 (30<Q≤100)	0.974	1.000	0.974	递增	30	−25	0
中规模 (100<Q≤1000)	0.991	1.000	0.991	递增	10	−19	0
大规模 (Q>1000)	1.000	1.000	1.000	不变	0	0	0

表 13.10 显示,不同规模养殖全要素生产率(TFP)均大于 1,但散养户的全要素生产率小于 1。散养户的养殖效率明显低于规模养殖户,规模养殖户的养殖效率随养殖规模提高而增加。

从综合效率角度而言,大规模养殖效率明显高于其他养殖规模和散养户;从纯技术效率而言,规模养殖户之间的纯技术效率是没有区别的,而规模效率随着养殖规模的增加而递增。此外,散养户、小规模养殖户以及中等规模养殖户在产出上都存在一定的产出冗余空间。

值得一提的是,散养户生产效率的提高主要得益于纯技术效率,来源于管理效率的改善和现有技术的掌握。由于散养户规模效率缺失,不能够充分利用现有养殖场地、人力资本投入和其他可变养殖成本,导致了散养户的养殖效率低下。另外,实地调研发现,散养户仍然沿袭了传统的养殖方式,自己配制饲料。自己配制的饲料相较于饲料企业配制的饲料而言,存在蛋白质等营养物质比例不协调,从而影响生猪生产效率。

对于中等规模养殖户来说,它们生产效率的提高主要来源于技术效率。而大规模养殖户虽然也具有技术效率带来的全要素生产率提高,但是这种提高略小于中等规模养殖户。大规模生猪养殖较高的专业化水平,可以为大规模养殖的最高综合效率提供有力的解释。

13.3.2 不同养殖规模的效率源泉

根据实地调研结果,三台县生猪养殖散养户猪场建设的平均面积为 51.66m²,小规模养殖户的平均面积为 118.18m²,中等规模养殖户猪场平均面积

表 13.11　生猪养殖效率来源

	散养户 （Q≤30）	小规模 （30＜Q≤100）	中规模 （100＜Q≤1000）	大规模 （Q＞1000）
样本总数（户）	30	22	67	25
平均饲养数量（头）	15	53	464	2200
平均每户饲养母猪（头）	2	5	32	68
猪场平均建筑面积（m²）	51.66	118.18	783.58	5080
限位栏（个）	2	4	27	46
产床（个）	0	3	10	20
保育栏（个）	2	4	10	25
孕肥池（个）	3	4	20	45
每平方米建筑费用（元）	286.45	267.31	303.52	340.94
养殖资金借贷款比例（%）	0	15.91	30.27	20.40
政府补贴比例（%）	0	0	3.87	15.12
一年培训次数（次）	1.97	5.5	6.7	12
销售渠道（多选）				
1＝当地农产品市场、猪肉贩子	21	10	7	0
2＝合作社	0	11	21	0
3＝市内猪肉加工企业、超市	0	0	32	25
4＝其他	9	1	7	0
仔猪来源				
1＝合作社	0	0	0	0
2＝邻居	3	4	3	0
3＝猪苗市场	10	8	5	0
4＝自繁自养	17	10	59	25
5＝其他	0	0	0	0
饲料购进途径				
1＝合作社	0	16	15	0
2＝饲料商店	30	0	17	0
3＝厂家	0	0	29	25
4＝其他	0	0	0	0
防疫技术来源（多选）				
1＝兽药店	0	0	0	0
2＝政府培训	0	0	0	0
3＝自己经验	14	16	31	25
4＝合作社培训	0	16	28	25
5＝向别人学习	16	0	24	25
6＝其他____	0	0	6	0
兽药来源（多选）				
1＝兽药商店	30	6	0	0
2＝政府发放	0	5	0	0
3＝自己配置	0	0	0	0
4＝合作社发放	0	16	0	0
5＝其他	0	16	44	25

为 783.58m²，大规模养殖户猪场平均面积为 5080m²。从猪场基础设施发展情况看，散养户平均有 2 个母猪限位栏，小规模养殖户平均 4 个，中等规模养殖户平均 27 个，大规模养殖户平均 46 个。散养户没有母猪生产的产床，小规模养

殖户 3 个,中等规模养殖户 10 个,大规模养殖户 20 个。散养户平均有仔猪保育栏 2 个,小规模养殖户平均 4 个,中等规模养殖户平均 10 个,大规模养殖户平均 25 个。散养户平均有肥猪育肥池 3 个,小规模养殖户平均 4 个,中等规模养殖户平均 20 个,大规模养殖户 45 个。从养殖场地的专业性来看,规模越大各类设施越齐全,专业化程度越高,生猪饲养的技术效率越高。

同时,由于不同规模的政府补贴差异,散养户的猪场建设资金为自有资金,小规模、中等规模以及大规模养殖有借贷资金的情况,而中等规模以及大规模养殖则获得一定程度的政府补贴,大规模生猪养殖政府补贴比例约占猪场总建设投资的 15.12%。

不同养殖规模的农户一年接受养殖培训的情况存在差异。散养户每年平均获得了兽药站、畜牧站组织的 1.97 次培训;小规模养殖户每年平均获得了兽药站、畜牧站组织的 5.5 次培训;中等规模养殖户一年平均获得 6.7 次培训,由畜牧站、兽药公司、饲料公司以及合作社组织提供;大规模养殖户平均每月都会接受培训,培训由畜牧站、兽药公司、饲料公司以及合作社提供。生猪养殖技术培训可以部分地解释生猪养殖的效率来源。

不同养殖规模的农户的生猪销售渠道存在差异。散养户的 70% 通过猪肉贩子直接销往当地农产品市场,剩余 30% 是销往当地屠宰厂。小规模养殖户的 45% 通过猪肉贩子直接销往当地农产品市场,50% 是通过合作社销售,剩余 5% 则是通过屠宰厂销售。中等规模的养殖户各类销售渠道都有,其中 48% 销往市内猪肉加工企业和超市,31% 通过合作社销售,剩余 21% 的一半通过猪肉贩子销往当地菜市场,一半销往屠宰厂。大规模养殖户则全部销售给市内猪肉加工企业或超市。可以看出,销售渠道越专业化发展促进了养殖规模化。

不同规模养殖农户获取仔猪的来源渠道也不同。43% 的散养户通过邻居或者猪苗市场购买猪苗,57% 的养殖户是自繁自养。除了从邻居或者猪苗市场购买外,45% 的小规模养殖户自繁自养猪苗,88% 的中等规模养殖户自繁自养,100% 的大规模养殖户是自繁自养。自繁自养的仔猪成本低于购进成本,此外,自繁自养能够预防外购仔猪带来的疫病,提高仔猪成活率。由于母猪饲养和繁育技术含量高,生产风险大,大规模养殖户的技术和资本优势,使得大规模养殖的仔猪自繁自养率更高。

不同的养殖规模饲料来源不同。散养户 100% 的饲料都是通过饲料商店购买。小规模养殖户大部分是通过合作社购买。中等规模养殖户有 43% 是通过厂家直接购买,25% 是通过饲料商店购买,22% 是通过合作社购买。大规模养殖户 100% 是通过厂家购买。可以看出养殖规模越大,购买饲料的渠道越专业化。大规模养殖户通过厂家购买不仅能够获得一定的价格优惠,并且能够保证质量。

防疫技术来源在不同规模之间差异不是很明显。46%的散养户依靠自己的经验积累,56%向别人学习。小规模养殖户的72%是依靠自己的经验积累,72%的农户接受了合作社的培训。中等规模养殖户的46%依靠自己的经验积累,41%接受合作社培训,35%是向别人学习。大规模养殖户则都凭借自己的经验,或者向别人学习来获取防疫技术。因为防疫技术是一项门槛较低的技术,而且是一个有益并应该加强推广的技术,所以渠道来源多种多样,并且各个规模差异性不大。但是兽药的来源则存在一定差异。散养户均为自己去兽药店购买,而规模越大则渠道越多的是来自于畜牧站、兽药公司、防疫站等较为官方权威的渠道。

13.4 生猪养殖规模演进决定因素

13.4.1 模型选择

规模养殖将是我国生猪养殖主要的发展方向。在 144 个被调查样本养殖户中,散养户 30 户,小规模养殖农户 22 户,中规模养殖户 67 户,大规模养殖户仅 25 户。从图 13.2 可以看到,在 144 个被调查的生猪养殖户中,出栏量低于 500 头的养殖户数为 84 户,占被调查样本的 58.33%。虽然生猪养殖规模化发展已经接近农业部生猪养殖规模发展的 50%的 500 头以上规模化养殖户的目标,但一个值得注意的事实是 500 头以下出栏量生猪养殖户发展的程度差异,出栏 30 头以下生猪养殖户为 36 户。从经济学角度而言,农户生猪养殖规模演化的直接目的是获得规模收益。哪些因素影响了生猪养殖规模演进,农户生猪养殖效率分析能够为理解农户养殖规模选择提供一定的理论基础。上节的生猪养殖效率分析表明,生猪养殖效率随养殖规模的增加而增长。给定政府政策支持条件下,生猪养殖规模演进决定因素值得深入分析。

为计量分析生猪养殖规模演进的决定因素,本研究将使用离散选择模型(Discrete Choice Model)。李子奈(2010)在多元离散选择模型中,应用最多的是一般多元离散选择 Logit 模型。一般多元 Logit 选择模型又分为三种类型:一是研究某种方案的概率与决策者的特征变量之间的关系,称作多项 Logit 模型(Multinomial Logit Model);二是研究某种方案的概率与决策者的特征变量以及方案的特征变量之间的关系,称作条件 Logit 模型(Conditional Logit Model);三是考虑到不同方案之间的相关性的嵌套模型(Nested Logit 模型)。

根据调查的 144 户生猪养殖农户,按照国家发改委的分类标准对被调查的 144 户养殖户的养殖规模进行分类,包括散养、小规模养殖、中等规模养殖和大

规模养殖四类。这样被解释变量就为多分类有序变量,所以本文采用如下有序多分类 Logit 选择模型:

$$y = \alpha + \sum_{i=1}^{n}\beta_i Z_i + \varepsilon$$

其中,y 为观测变量内在趋势;V_0 为误差项;V_2 为常数项;$X = X(x_1, x_2, \cdots, x_k)$ 为系数。Z_i 为影响农户养殖行为的外部因素和内部因素向量。

其分析原理如下:

当实际观测反应变量有 J 种类别时$(j = 1, 2, \cdots, J)$,相应地取值为 $y = (1, 2, \cdots, J)$,并且各取值间的关系为$(y = 1) < (y = 2) < \cdots < (y = J)$,那么,共有 $J - 1$ 个未知分界点将各相邻类别分开。亦即 如果 $y^* \leqslant \mu_1$,则 $y = 1$;

如果 $\mu_1 < y^* \leqslant \mu_2$,则 $y = 2$;

……

如果 $\mu_{j-1} < y^*$,则定义 $y = J$。

其中,μ_J 表示分界点,有 $J - 1$ 个值,且有 $\mu_1 < \mu_2 < \mu_3 < \cdots < \mu_{J-1}$。

在参数估计过程中,第一个分界点 μ_1 通常界定为 0,这样就可以减少一个参数估计。由于尺度的设定是随意的,所以,开始或者结束于任意序次数都是可行的。给定 Z 值的累积概率可以有如下表示形式:

$$P(y \leqslant j) = p(y^* \leqslant \mu_j) = p[(\alpha + \sum_{i=1}^{n}\beta_i Z_i + \varepsilon) \leqslant \mu_j]$$

$$= p[\varepsilon \leqslant \mu_j - (\alpha + \sum_{i=1}^{n}\beta_i Z_i)] = F[\mu_j - (\alpha + \sum_{i=1}^{n}\beta_i Z_i)]$$

本文中引入分类变量 $y(y = 1, 2, 3, 4)$ 表示生猪养殖规模大小的 4 个级别。根据国家发改委对生猪养殖规模的界定,被解释变量 y 取值如下:

$$\begin{cases} y = 1, g \leqslant 30 \\ y = 2, 30 < g \leqslant 100 \\ y = 3, 100 < g \leqslant 1000 \\ y = 4, 1000 < g \end{cases}$$

其中,$P(y = j)$ 表示养殖规模属于 j 的概率;$P(y \leqslant j)$ 表示 j 及其以下类别的累积概率。与二分类 Logistic 模型类似,有序多分类 Logistic 模型可以定义为:

$$\ln(\frac{P(y \leqslant j)}{1 - p(y \leqslant j)}) = \mu_j - (\alpha + \sum_{i=1}^{n}\beta_i Z_i)$$

其中

$$P(y \leqslant j) = \frac{e^{[\mu_j - (\alpha + \sum_{1}^{n}\beta_i Z_i)]}}{1 + e^{[\mu_j - (\alpha + \sum_{1}^{n}\beta_i Z_i)]}}$$

从而

$$P(y = j) = P(y \leqslant j) - P(y \leqslant (j-1))$$

相应地,如果将不同养殖规模的概率记为 π_1、π_2、π_3、π_4,则有序多分类 Logistic 模型可以定义为:

$$\text{logit}\left(\frac{\pi_1}{1-\pi_1}\right) = \alpha_1 + \sum_{i=1}^{n}\beta_i x_i$$

$$\text{logit}\left(\frac{\pi_1 + \pi_2}{1-(\pi_1 + \pi_2)}\right) = \alpha_2 + \sum_{i=1}^{n}\beta_i x_i$$

$$\text{logit}\left(\frac{\pi_1 + \pi_2 + \pi_3}{1-(\pi_1 + \pi_2 + \pi_3)}\right) = \alpha_3 + \sum_{i=1}^{n}\beta_i x_i$$

$$\pi_1 = \frac{\exp\left(\alpha_1 + \sum_{i=1}^{n}\beta_i x_i\right)}{1 + \exp\left(\alpha_1 + \sum_{i=1}^{n}\beta_i x_i\right)}; \pi_2 = \frac{\exp\left(\alpha_2 + \sum_{i=1}^{n}\beta_i x_i\right)}{1 + \exp\left(\alpha_2 + \sum_{i=1}^{n}\beta_i x_i\right)} - \pi_1$$

$$\pi_3 = \frac{\exp\left(\alpha_3 + \sum_{i=1}^{n}\beta_i x_i\right)}{1 + \exp\left(\alpha_3 + \sum_{i=1}^{n}\beta_i x_i\right)} - \pi_1 - \pi_2; \pi_4 = 1 - \pi_1 - \pi_2 - \pi_3$$

被解释变量为生猪养殖规模,属于 j 规模及 j 规模以下的概率与属于 j 规模以上概率之比的自然对数。这两个概率之比称为优势比(Odds Ratio,OR)。若 x_i 的回归系数为 β_i,则 OR 值为 e^{β_i}。以因变量级别最高的取值作为比较的基准,回归系数 β_i 的含义是,其他条件不变,当 x_i 从最高级别的取值改为另一级别的取值时,优势比(OR 值)为原来取值的 e^{β_i} 倍。

13.4.2 变量确定

影响农户养殖行为的因素分为内部因素和外部因素。外部因素包括:饲料供应、销售市场、国家对于生猪养殖的鼓励政策情况、土地可获得情况、贷款获得情况等;内部因素包括:农户个人年龄、人口素质、家庭人口构成、养殖技术、兼业情况和农户收入等。

被访问对象个人基本特征包括年龄、受教育程度和性别。不同年龄段的农户在养殖经验、承担风险的能力都存在差异。年龄越大可能养殖经验越丰富,更愿意尝试大规模养殖,但年龄越大则受教育水平相对较低。受教育程度高的农户有两点特征:一是人力资本积累水平较高,获取和理解与养殖技术、规模养殖经营管理的能力较强。而被调查对象的性别也可能会影响规模养殖决策。男性比女性更愿意尝试风险较大的生产性活动。

家庭特征包括家庭务农人口比例、兼业情况、家庭收入水平、打工收入占家庭收入比例、家庭现有固定资产、被调查对象是否是村中大姓、在村庄居住了几代人、有几个近亲在政府机关工作、获取资金难度、获取土地难易程度。家庭务农人口的比例越大,农户有更多的人力资源参与生猪养殖行为,可能更愿意扩大养殖规模。家庭现有固定资产将会影响农户的融资,家庭生产决策的资本,可能影响生猪规模养殖决策。由于生猪规模养殖会影响家庭收入,以及兼业收入所占家庭收入的比例。

养殖外部客观条件包括农户饲养生猪饲料进购、生猪销售等的条件,包括猪场距离最近公路的距离、政府政策和农村合作组织的发展。

养殖技术度量包括养殖年限和培训次数。在资金、技术、人脉均较为合适的情况下,扩大养殖规模还有一项重要的限制因素则是土地获得的难易程度。此外,现有的养殖地块类型也决定了农户养殖规模。比如一些农户选用自由地或自家宅基地,那么养殖规模扩大较难,而选择租用废弃学校、厂房或者在荒山新建猪场都可以保证更大的规模养殖。计量分析采用的变量定义及含义见表 13.12。

表 13.12 模型分析的变量定义与含义

解释变量	含义及备注
受教育程度	1=小学 2=初中或中专 3=高中 4=大专及以上
家庭固定资产	万元房产、设备、土地
村庄居住代数	代
近亲在政府机关工作的人数	人
猪场与公路的距离	km
是否加入合作社	否=0,是=1
养猪年限	年
获取土途径	1=容易;2=一般;3=不容易
政府补贴比例	政府对猪场基础设施补贴%
养殖资金投入	元
养殖资金外来比例	%

13.4.3 结果分析

在计量分析的变量选取过程中,首先对描述性统计分析中的变量进行了共线性检验。将具有共线性的变量进行主成分分析。最后在对养殖资金投入、猪场建设面积以及猪场建筑投资进行共线性分析的基础上,选择了养殖资金投入作为主要变量。同时,将养殖资金来源中的贷款比例和政府补贴比例合并,作为外来养殖资金投入,以分析外来养殖资金对生猪养殖规模选择的影响。

本研究利用 SPSS 软件对因变量和自变量进行有序多分类 Logistic 回归。从模型的卡方检验、-2 倍对数似然值和显著性水平来看,模型的整体效果良好。模型估计结果见表 13.13。

表 13.13　生猪养殖规模演进决定因素分析

	估计	标准误	Wald	显著性
[规模＝1.00]	−3.113	2.459	1.603	0.206
[规模＝2.00]	2.677	2.176	1.514	0.219
[规模＝3.00]	21.245	5.413	15.407	0.000
家庭固定资产	0.101	0.033	9.305	0.002
村中居住代数	0.743	0.267	7.773	0.005
政府部门工作的近亲	0.368	0.238	2.390	0.098
猪场与公路距离	−0.890	0.369	5.807	0.016
养殖年限	−0.208	0.067	9.513	0.002
猪场建设政府补贴比例	6.432	2.388	7.254	0.007
养殖资金	$6.788E-5$	$1.691E-5$	16.111	0.000
外来资金比例	1.233	1.403	0.773	0.379
[文化程度＝1.00]	−4.905	2.029	5.845	0.016
[文化程度＝2.00]	−2.794	1.904	2.152	0.142
[文化程度＝3.00]	−2.706	2.004	1.823	0.177
[文化程度＝4.00]	0a	.	.	.
[是否参与合作社＝.00]	−1.438	0.920	2.443	0.118
[是否参与合作社＝1.00]	0a	.	.	.
[土地难易程度＝1.00]	0.548	1.322	0.172	0.678
[土地难易程度＝2.00]	−1.577	0.862	3.350	0.067
[土地难易程度＝3.00]	0a	.	.	.

注:0a 表示不同类别的对照组。

表 13.13 计量分析结果显示,村中居住代数的系数为正,且在 1% 的水平上显著。表明在其他条件保持不变的情况下,在村中居住的代数每增加一个单位,相对于较小养殖规模,农户选择较大养殖规模的优势比是原来的 2.10 倍。整个家庭在村中居住的时间越长,从其他养殖户获取市场信息和技术相对更容易,生猪养殖的学习成本相对较低,有利于生猪养殖规模的提高。

有几个近亲在政府机关工作的系数为正,且在 1% 的水平上显著。表明在其他条件保持不变的情况下,每增加一个单位的在政府机关工作近亲的数量,相对于较小规模养殖,农户选择较大规模养殖的优势比是原来的 1.445 倍。有近亲在政府机关工作的农户获取政府补贴信息更为便捷,这种人脉资源可以使养殖户更多地获取养殖技术以及市场信息渠道。

养殖年限的系数为负数,且在 1% 的水平上显著。意味着在其他条件保持不变的情况下,养殖时间每增加一个单位,相对于较小规模养殖,农户选择较大养殖的优势比是原来的 0.812 倍。虽然生猪养殖时间越长,农户的养殖经验越丰富,越可能选择较大的养殖规模。但实地调研发现,养殖规模较大的农户养殖时间大约为 5~8 年,农户从事生猪养殖的主要原因是政府 2007 年"小区建设"补贴政策和 2008 年"灾后重建"补贴以及 2009 年"产业园"补贴政策的激励的结果。较晚开始养殖的农户在获取养殖技术上也存在一定优势，小规模和中等规模养殖户的平均年龄是 4 组中最小的两组，分别为 35.33、43.14 岁，规模养殖的人偏年轻，可以较快掌握先进的养殖技术。规模养殖户中有 40% 左右养殖前都在外打工，外出务工经历拓宽了视野。散养户和小规模养殖户长期养殖形成了固有的养殖模式，他们除了养殖之外，更多地把精力放在务农或者其他生计经营上。这就是为什么养殖年限越短反而养殖规模越大的原因。

家庭固定资产系数为正，而且在 1% 的水平上显著。表明在其他条件保持不变的情况下，家庭固定资产每增加一个单位，相对于较小养殖规模，农户选择更大养殖规模的优势比是原来的 1.106 倍。本次调研将包括房产、交通工具、家用电器以及农业机械等较为大型的固定资产现值之和作为衡量农户家庭固定资产的指标。散养户的平均家庭固定资产现值为 14.19 万元，小规模养殖户的平均固定资产现值为 15.92 万元，中等规模养殖户的平均固定资产现值为 29.20 万元，而大规模养殖户的平均固定资产现值则为 95.92 万元。农户家庭固定资产拥有量与养殖规模呈正向变动关系。同时，较高的家庭固定资产，使得农户在贷款、人脉资源、交通运输以及获取养殖场地上都占有一定优势。此外，家庭固定资产往往也以交通工具作为载体，这能够保证运输生猪或者获取外界更多信息及农业资源的方便，更能够促进生猪的规模化养殖。拥有更多家庭固定资产的农户对于生猪养殖中所存在的风险也更具有承受能力，也能够从另一方面促进生猪规模化的养殖。

修建猪场政府补贴所占比例的系数为正数，并且在 1% 的水平上显著。表明在其他条件保持不变的情况下，政府对于猪场修建的补贴比例每增加一个单位，农户选择更大养殖规模的优势比是原来的 641.42 倍。在实际情况中，政府补贴激励了生猪养殖标准化规模发展。政府对于生猪养殖有一些常规性的补贴支持政策，例如母猪补贴、生猪保险补贴以及防疫补贴等，这些较为常规性的补贴支持政策对于农户生猪养殖规模决策影响不大，因为补贴量依养殖规模而变化。国家专项扶持资金是影响农户生猪养殖规模决策的重要因素。比如 2007 年的"小区建设"补贴项目中，对于猪场规模修建达到 70 平方米以上的农户，每平方米补贴 80 元，占整个修建猪场费用的 1/3，激励了农户生猪养殖发展。

养殖资金的系数为正，并且在 1% 的水平上显著。养殖资金是农户生猪养殖规模的关键投入要素。养殖资金每增加一个单位，相对于较小规模，农户选择更大养殖规模的优势比将比原来增加 $6.788E-5$ 倍。养殖资金是生猪养殖的可变成本，是生猪养殖的必要投入要素。同时，外来养殖资金比例的系数为正数，但影响不显著。

养猪场与最近公路的距离的系数为负，且在5%的水平上显著。表明在其他条件保持不变的情况下，养猪场与公路的距离每增加一个单位，相对于较小规模养殖，农户选择较大规模养殖的优势比是原来的0.411倍。距离公路的距离越远，养殖规模越小。公路交通是养殖户购买饲料、出售生猪以及获取市场信息的重要载体。便捷的交通能够降低生猪养殖的物料购买和产品运输成本。刘营镇靠近公路的村庄的养殖户数量是交通不便的村庄的养殖户数量的10倍以上。

是否参与合作社的系数为负，在10%的水平显著。这意味着，在其他条件不变的情况下，不加入合作社的农户会选择更大的养殖规模的优势比是加入合作社农户的0.237倍。合作社拥有较大数量的养殖户以及生猪出栏量，在饲料购买价格谈判和生猪出售价格谈判方面能够为社员谋得一定市场优势。此外，合作社还会有公用的消毒防疫设备和物料提供给社员，并且定期组织培训，所以养殖户是愿意加入合作社的。然而，合作社成立时设定了会员养殖规模前提条件，只有出栏50头以上的养殖户才能够加入合作社。散养户中没有参与合作社的农户，小规模养殖户中有31.82%，中等规模养殖户有47.76%，大规模养殖户有52%加入合作社。

表 13.14　农户各个规模养殖特征及均值

	散养户 (Q≤30)	小规模 (30<Q≤100)	中规模 (100<Q≤1000)	大规模 (Q>1000)
样本总数(户)	30	22	67	25
家庭固定资产(万元)	14.91	15.92	29.2	95.92
在村中居住代数(代)	2.93	2.95	5.43	5
近亲在政府机关工作人数(人)	0.97	1.09	1.73	2.24
养猪场与公路距离(km)	0.847	0.809	0.711	0.638
获取资金难易程度均值(%)	2.27	2.36	1.15	2.16
1=容易	13.33	13.64	10.45	28
2=一般	46.67	36.36	52.24	28
3=不容易	40	50	37.31	44
参与合作社比例(%)	0	31.82	47.76	52
养殖时长(年)	19.8	10.23	7.9	5.28
土地获取难易程度(%)	2.5	2.5	2.31	2.16
1=容易;	10	13.64	13.43	20
2=一般;	30	22.73	41.79	44
3=不容易	60	63.64	44.78	36
猪场平均建筑面积(㎡)	51.66	118.18	783.58	5080
每平方米建筑费用(元)	286.45	267.31	179.24	340.94
养殖资金借贷比例(%)	0	15.91	30.27	20.40
政府补贴比例(%)	0	0	3.87	15.12

文化程度的系数为负，说明在其他条件保持不变的条件下，文化程度越高越可能选择较大规模养殖，但影响不显著。虽然文化程度的高低影响农户接受

新技术和新资讯的能力,但大规模养殖户的丰富社会经历和企业家才能,弥补了文化水平低的缺陷。因此,文化程度对农户规模养殖决策并没有显著影响。另外,从被调查样本的总体情况看,被访问对象的平均受教育水平为初中以上,整体受教育水平低下的现状,使得受教育水平的临界改变并没有带来生猪养殖的质的飞跃。

如果该户在村庄居住时间较长,所拥有的获取信息的渠道将会比较广泛,获得土地来源更为广泛。在土地来源中,大规模养殖户由于需要较大的厂房,所以猪场主要是利用闲置荒地。

土地获取难易程度的系数为正数,且1(容易)的系数大于2(一般)的系数。这意味着,土地获取越容易越可能选择较大规模的养殖,但影响不显著。在统计数据中,散养户有60%认为土地获取不容易,小规模养殖户则有63.64%,中等规模养殖户有44.78%,大规模养殖户有36%。除了土地获取难度会影响养殖规模选择意外,不同规模养殖户对于土地获取难易的感知也是存在差异的。比如中等、大规模养殖户没有太强烈的扩张规模的需求,所以不会感知到土地获取的真实难度。而较小规模的养殖户面临扩张需求,可能会有意夸大感知到的土地获得难度。

13.5 本章小结

本章实证研究发现,农户家庭固定资产、村庄居住代数、在政府工作的近亲数量,对于农户选择养殖规模具有显著的正向影响。养殖场地与最近公路的距离和养殖年限对养殖规模具有显著的负向影响。是否加入合作社和政府政策支持和土地获取越容易会促进农户选择较大规模的养殖,但影响不显著。根据上文生猪规模养殖户的废弃物治理对环境的影响,结合不同饲养规模的技术效率测算结果,可知政府倡导当地农户进行适度规模养殖是解决降低生猪产业环境污染问题的有效途径。据实地访谈,农户接受的培训内容主要为畜牧部门有关生猪防疫的培训和饲料公司的饲料搭配方法,关于治污技术的培训根本没有相关人员重视,适当增加环保内容培训的频次,能够让农户改变传统观念,接受适度饲养规模的理念。最后,养猪协会或合作组织能够对当地生猪养殖专业户的养殖行为起到很显著的影响,政府部门合理引导当地养猪组织、协会的服务内容和方式,能够间接实现倡导适度规模养殖的目标,如针对适度规模且环保工作优秀的养猪场,组织给予优先服务或加大补贴力度,进而影响农户养殖行为。政府可以通过规范仔猪销售市场、合理安排培训内容及适当引导当地组织协会的方式来倡导适度规模养殖。

14 政府支持政策与农户生猪养殖废弃物处置模式选择

14.1 农户生猪养殖废弃物处置的经济学分析

14.1.1 生猪养殖废弃物处置的私人和社会成本

发展农村经济、保护生态环境,是中国经济社会可持续发展的内在要求。近年来随着中国的集约化畜禽养殖业的迅猛发展,生猪养殖废弃物未经妥善处理而随意排放使我国农村生态环境面临严峻的挑战。生猪养殖业作为我国畜禽养殖业的主导产业,其废弃物治理问题是我国农村经济、社会可持续发展面临的最重要问题之一。

从环境科学角度来看,生猪养殖废弃物污染问题随着自然环境的改变和饲养技术的不同,具有不确定性和难以识别等特点。从政策角度来看,生猪养殖废弃物污染问题由于养殖户的分散具有一定的广域性和难以监测等特点,传统的点源污染税或技术标准等相关政策在实际操作中难以发挥应有的效果。从经济学角度来看,生猪养殖造成的污染问题是典型的负外部性问题,往往难以追溯污染源,污染者及其责任难以认定,污染损害难以量化。随着生猪养殖规模化演进,规模养猪场集中排放的大量废弃物所产生的环境问题日趋严重,生猪养殖污染治理需要政府和养殖户共同的责任分担。通过相关强制法规或者补贴激励政策将外部性内化是化解生猪养殖废弃物污染的重要途径。

许多学者从生猪排泄物的成分、对环境的影响及最佳治理技术方面着手,期望通过治理技术的创新研究来提升治污效果,同时降低农户污染处置技术采纳成本。从微观经济学角度分析,生猪养殖的环境污染问题本质上是外部性问题。外部性问题发生导致的后果是,生猪产业污染处于一个无效率的高水平,当然,养殖户自身也会受到环境污染的影响。养猪农户的知识水平、猪舍位置、养殖规模、经营模式、技术特征、政策法规等各种因素都会影响养猪农户选择适合的废弃物处理方式(Smith et al.,2000;Vu and Tran,2007)。生猪养殖社会预期净收益最大化是政府环境政策的目标,图 14.1 给出了考虑社会成本的生猪养殖最优污染排放水平。

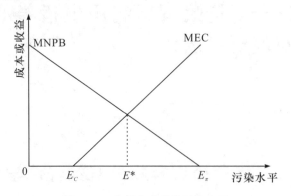

图 14.1　生猪产业最优污染水平

图 14.1 中,横轴代表生猪产业污染水平,纵轴表示生猪产业的成本或效益。MNPB 代表预期的边际私人净收益(marginal net private benefit),MEC 代表边际外部成本(marginal external cost),是生产活动产生的未由生产者承担的成本。E_π 是产生最大私人收益的污染水平,这是无政府管制情况下追求利润最大化的私人污染水平。随着生产规模扩大,边际成本递增,产量增加,价格下降,边际私人收益下降;同时,污染物排放量增加,边际外部成本逐渐上升。

当 MEC 和 MNPB 两条曲线相交于 E^* 点时,私人总收益与产生的外部成本之差最大,即达到了社会预期净收益最大化的目标,这点代表了最优化污染水平。政府相关部门的主要任务是通过政策设计,诱导农户调整其生产决策,实现社会最优。然而,由于信息缺失,难以获得污染水平与经济损失之间的确切关系,因此通过政策设计来实现最优污染水平几乎是不可能的。目前,政府相关部门更加关注的政策设计是能够以最低成本来实现特殊的环境目标,例如实现减污成本与减污效益的平衡来确定最优减污水平(见图 14.2)。

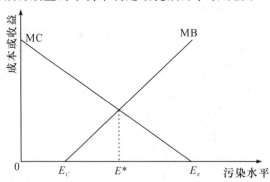

图 14.2　污染治理的边际成本和边际收益

图 14.2 中的两条曲线分别代表治理污染的边际成本(MC)和污染减少的边际收益(MR)。当污染越少,治理难度越大,MC 随着污染治理水平的提高不断增加,即随着污染增加而下降;污染越多,它对环境的边际损害越大,MB 随着污染治理水平的提高不断下降,即随着污染增加而提高。可见,从治理污染成本最优的角度来看,污染应控制在两条曲线相交的水平(MR＝MC)上,即投入污染治理的成本与环境改善所带来的效益相抵。

通常有两种方式,能够实现污染水平从无管制状态下的 E_π 下降到最优污染水平 E^*。一是通过控制农户排污量或生产规模,可以有效降低污染水平,因此国家可以制定命令控制型政策来限制生猪产业排污量,进而实现减污目标。另一种方法是通过采用新治污技术、科学选址等来治理污染以实现减污效果。政府可以通过命令控制型政策或经济激励手段来限制、鼓励养殖企业或农户以各种方式来有效减污,这是国内最为常用的政策手段。目前,通过征收庇古税将外部性内部化或排污权交易的手段在国内农业污染控制领域仍不成熟,更多的是采用命令控制型政策和经济激励性政策组合的方式来共同控制生猪产业污染问题。

14.1.2 农户生猪养殖废弃物处置模式可行选择

根据 2009 年《畜禽养殖业污染治理工程技术规范》的说明,畜禽粪污是养殖场废水和固体粪便的总称。生猪养殖的污染主要来自粪尿混合物、冲洗废水和恶臭气体等废弃物,治理生猪养殖污染主要是对各种废弃物进行无害化处理。我国各地自然条件不同,养殖户的粪污处置与排放方式不同,从而生猪养殖废弃物处理的技术模式各有不同。不同的畜禽养殖主体,养殖规模差异导致的经济能力相差很大,处理废弃物的技术模式也相差很大。例如饲养数量在 10 头以下的散养农户,有足够耕地来消纳粪便,通常采用土地直接处理方法,一般不存在环境问题;大规模养殖企业的饲养量很大,有很强的经济实力,可以建立粪污集中处理的有机肥厂;养殖专业户的饲养量较大,经济实力有限,主要采用堆肥或者沼气处理方法。生猪养殖废弃物处置模式主要包括以下模式:

1. 预处理模式

目前,我国生猪养殖业普遍采用的清粪方式包含干清粪、水清粪和水泡粪三种。干清粪方式主要是先通过机械或者人工收集生猪粪便,然后冲洗猪舍,尿液和污水则从猪舍排水道流出。这种方式能大大减少污水的产生量,同时生猪粪污中的有机养分流失率很低,循环利用价值高,散养户或中、小规模专业养殖户大都采用该清粪方式。

由于机械化干清粪工艺还没有发展成熟,清粪工作完全通过人工完成。当生猪粪便产生量随着饲养规模扩大而不断增加,清粪工作就需要投入越来越多的人工劳动,人力成本随之增加。部分大规模养猪场为了省时省力,降低清污人工成本,从国外引进水清粪或水泡粪工艺,但这两种工艺的日均污水排放量都很大,一般超出了猪场沼气系统的日处理能力,且排出的污水和粪尿混合在一起,使得粪便中的可溶性有机物进入了污水,大大提高了污水中污染物的浓度。

为了减少有机肥料流失,同时降低水清粪或水泡粪工艺污水排放量大的弊端,部分规模化养猪场利用压滤机、离心机、斜板挤压和振动筛挤压机对粪尿、污水混合物进行固液分离,收集的固态粪污则集中干化处理后循环利用,液态粪污则通常通过沉淀池或者氧化塘进行自然生物处理,然后作为液态肥还田。规模养猪场不同于散养户,其粪便污水产生量大,尤其污水中污染物浓度高。为了减少废弃物处理成本,大都采用干清粪、固液分离或沉淀的预处理过程,把固体粪便和液态污水清除开来,进而分别处理(见图14.3)。

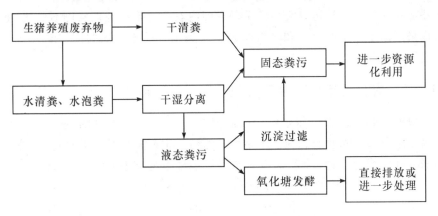

图 14.3　生猪养殖废弃物预处理模式

2.生物处理模式

生物处理模式(见图14.4)是微生物利用畜禽粪便中营养物质大量生长繁殖,在发酵过程中降解有机物并对粪便进行处理,包括好氧发酵和厌氧发酵两类,其中沼气发酵是一种主要的厌氧发酵方法。通过这些生物处理技术,都能实现对生猪粪便的脱水、灭菌、除臭的效果,从而能降低对环境的污染。除了某些好氧发酵技术(如好氧低温发酵)和厌氧发酵技术(如湿式厌氧发酵)需要较大投资外,其他类型的生物处理模式在经济上都是能被中、小规模养猪专业户所接受的。我国沼气系统发酵方式是规模化养猪场最常用的固体粪便处理技术,既能解决生猪废弃物减量化和无害化问题,又可为社会提供清洁的生活能源和发电能源,而沼气发酵的副产物——沼渣、沼液是我国无公害蔬菜生产提倡施用的肥料之一。但随着生猪养殖业的规模化发展,目前沼气系统产生的沼渣、沼液与种植业消纳废弃物能力出现季节性失衡,即种植业收获季节无法消耗过剩的沼渣、沼液,进而出现新的矛盾。部分小规模专业养猪户利用普通的粪池贮存养猪废弃物,进行露天堆积、晾晒和自然发酵,然后直接用于土壤作底肥或堆肥还田,虽然这样的发酵方式一定程度上能降低废弃物中的病菌含量,但许多专业户的粪便处理设施过于简陋,没有防渗和防淋设施,极易造成地表水和地下水污染。

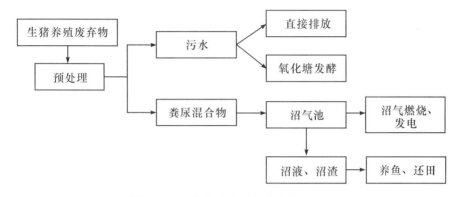

图 14.4 生猪养殖废弃物生物处理模式

3. 市场化处理模式

猪粪是规模养猪场废弃物中最为重要的成分之一,若未经妥善处理直接排入周围环境,将对大气、水体、土地以及人类健康造成严重危害,但猪粪在合理处理的前提下,也可变成一种宝贵的肥料资源。将大部分猪粪直接卖给当地种植农民或者养鱼专业户用作肥料和饲料的市场化处理模式(见表 14.5)是国内中、小规模养猪专业户普遍采用的一种处理方式,还有一小部分猪粪或污水混合物留作自家沼气发酵或蔬菜种植。这种方式利用市场机制有效解决了养猪场废弃物循环利用的问题,但同样面临着不容忽视的两大难题:第一,部分卖给当地农户的猪粪大都未经沉淀或好氧发酵等无害化处理而直接还田作肥料,田间粪肥的施用量超过农作物的营养需要量就会导致地表水和地下水的污染以及土壤中矿物质元素的积聚(田宗祥,2009);第二,把猪粪卖给当地农民的养殖户通常会受困于种养分离的局面,一旦遭遇种植业收割季节,猪场集中排放的废弃物销售市场将会供需失衡,大量的废弃物也因此未经无害化处理而直接向周围环境排放,造成严重污染。而大规模养猪企业的饲养规模很大,产生的猪粪量也远远超过普通种植业农户或者专业养鱼户的需求量,因而部分大规模养猪场将猪粪固定出售给有机肥厂,部分经济实力强劲的养猪企业则投资购买有机肥生产设备或建立大型有机肥厂集中处理养猪废弃物,生产出来的有机肥通过市场出售给广大农户。

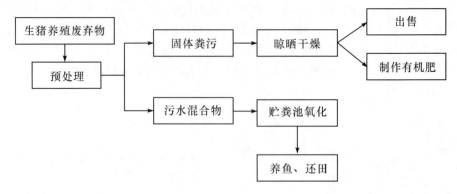

图 14.5　生猪养殖废弃物市场化处理模式

4. 综合利用模式

中、小规模养猪场的猪粪排放量与普通散养户相比多且集中,往往很难直接通过周围农田完全消纳废弃物,尤其是在城市郊区的规模养猪场面临更加严峻的难题。同时中、小规模专业养猪户不像大规模养猪企业一样拥有足够经济实力投资建造有机肥处理设施,因此专业养猪户除了向农户或者有机肥厂出售猪粪之外,通常利用堆肥还田方法或建立"猪—沼—果(鱼)"生态模式综合利用废弃物(见表 14.6)。一是堆肥还田处理。国内部分地区对生猪粪便进行干燥除臭处理,粪便在湿的时候容易腐败产生臭气,使粪便迅速干燥可以减少臭气的产生。由于猪粪氮、碳含量相对其他动物粪便较低,且含水量较高,不适合单独堆肥。南方地区将猪粪和稻草、粉煤灰或木屑、树叶按一定比例混合均匀堆成堆,经过有机分解反应后,原始粪污中的病原微生物和草种得到大幅度降低,变成理想的肥料资源用于粮食或者果蔬种植。不过堆肥过程中氮、磷、和碳水化合物的损失率很高(平均超过 6.5%),造成部分营养流失,但堆肥后的猪粪与

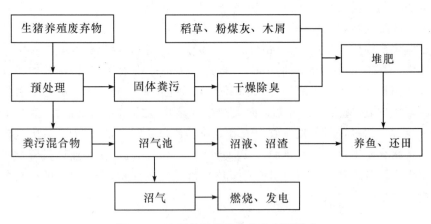

图 14.6　生猪养殖废弃物综合利用模式

化肥相比,粪肥中磷的损失比化肥中磷的流失率小,从而达到减轻环境污染的效果。二是"猪—沼—果(鱼)"生态利用模式,利用生猪粪尿、污水等废弃物入池发酵,产生的沼气用于农户做饭、照明,剩下的沼渣、沼液作为有机肥料施用给果蔬或作为饲料喂养鱼。

14.2　农户生猪养殖废弃物处置模式选择决定因素分析

14.2.1　生猪养殖废弃物处置模式选择决定因素

20 世纪 90 年代,美国畜禽养殖业集约化生产方式和饲养规模的急剧扩大被认为是造成畜禽养殖废弃物污染的主要原因(Pagano and Abdalla,1995);大规模集约化生产方式提高了生猪出栏率,但集中产生的大量废弃物存在大量的外溢和地下渗透,造成了严重的环境影响(Innes,2000)。而荷兰和我国台湾地区养猪业面临着耕地面积太小而无法消纳大量废弃物的困境。我国台湾地区的生猪饲养密度达 230 头/公顷,仅次于荷兰高居世界第二位,高密度的饲养给环境造成巨大的压力。据调查,台湾畜牧污染占总污染量的 23%。农村地区猪粪尿的大量排放,不仅达不到肥田之效,反而造成严重的环境污染(胡浩,2004)。

农业部门在大力发展畜禽养殖业的同时,环保部门仅仅重点加强了城市和工业的污染防治,而忽略了畜禽养殖业的环境管理问题,并且缺少出台废弃物处理的相关优惠政策(李建华,2004)。规模化养猪场集中产生的大量废弃物如果没有足够土地及时消纳,则会对生态环境造成严重危害,因而长期以来,国内外许多学者对养猪场废弃物的治理技术进行相关研究,并获得了许多有意义的成果。综合归纳起来,虽然不同废弃物处置模式的具体技术多种多样,但这些治理方式主要包含前端控制和末端处理两个方面。

1.前端控制

前端控制旨在通过科学配制饲料、提高饲养技术及改善基础设施等手段降低生猪废弃物产生、排放量(Vu,2007)。

(1)不同品种生猪的遗传基因不同,因而在其生长过程中每次摄食时实际所需的营养比例也会存在差异,且每头生猪在其饲养的不同阶段也需要不同质量的饲料(Aillery,2005),因而农户在实际生产时,通过科学的方法来选择和混配,让每次提供给生猪的饲料中的营养成分最大限度接近实际生长所需,这样能够避免生猪摄入营养过剩而造成的浪费,且有效提升生猪对饲料中蛋白质、氨基酸的吸收和利用效率，进而降低生猪排泄物中氮、磷等营养元素的含量，间接简化了生猪养殖废弃物处理的各个步骤。

（2）合理使用饲料添加剂，也是提高营养吸收效率的有效方法。如研究证明，植酸酶等酶制剂可以提高谷物和油料作物饼粕中植酸磷的利用效率，减少生长肥育猪日粮中磷的添加量而添加植酸酶，可使磷的排泄量减少50％以上。需要注意的是，一些添加剂包含大量的微量元素，如高铜饲料添加剂和砷制剂（高升鹏，1998），这些添加剂的使用造成生猪排泄物中包含大量的微量元素，进而形成新的环境污染源，而人们所关注的焦点也多集中在氮、磷元素的污染，对铜、砷等可能造成环境污染的微量元素还没有引起足够的重视。

（3）改善猪舍基础设施能够有效控制废弃物产生和排放量，如良好的通风能够有效降低猪舍恶臭气体的浓度，抑制粪污中病原体的传播和危害，同时在粪尿沟处铺设半漏缝地板（即漏缝缩小，漏尿不漏粪）将粪尿自动分开，进而方便生猪养殖废弃物的收集清扫工作，降低冲洗水量（Vu，2007；高升鹏，1998）。在收集猪粪时，采用干清粪工艺，可以减少污水排放总量的1/2～1/3，同时便于粪污的后处理工作（李健生，2005）。

2. 末端处理

通过各种物理方法（干湿分离，过滤除菌）、化学方法（通风氧化、氧化剂）、生物方法（沼气系统，生物过滤器）及其他技术方法（循环利用）对养猪场的各种废弃物进行综合处理，以实现环境污染最小化（Zhang，2005；Burton，2007；Ki-Youn Kim，2008）。

（1）治理生猪养殖废弃物的物理方法是通过机械装置初步处理粪尿、污水和恶臭气体等。其中最为常用的是固液分离方法，及利用离心机、振动筛挤压等机械装置把尿水混合物与猪粪进行分离或利用贮粪池自然沉淀析出固态废弃物，都可以减少污水中猪粪的含量，尤其能降低N元素以氨气形式挥发的可能性，同时便于粪污的进一步处理（林代炎，2005）。而在猪舍中安装空气清新装置能够降低猪舍空气中氨气等其他有毒气体的含量，如臭氧除菌装置或细菌过滤器。

（2）在生猪养殖废弃物中添加化学氧化剂是常用的一种预处理方法。规模化养猪场集中产生的大量废弃物如果得不到及时处理，就会产生氨气等恶臭气体，其中还可能包含病原体或细菌，进而威胁人畜的生理健康。在废弃物中使用化学添加剂，能够通过降低废弃物的pH值来减少氨气等恶臭气体的挥发，同时还能提高还田废弃物中氮元素的含量。

（3）生物发酵技术处理生猪养殖废弃物可以再生清洁能源，因而受到国内外学者的长期关注（Juteau，2006），其中厌氧性沼气发酵技术在欧洲已经成为许多国家处理生猪养殖废弃物的最重要方法（Emmanuelle，2009）。生猪养殖排放的废弃物经过简单的固液分离处理后,将污水排入水生植物氧化塘或人工湿地,依靠水生藻类等植物吸收、分解有机质,运转正常的情况下,可以很大限度降低废水中N、P及其他有机物的浓度(姚来银,2003)。其他固态废弃物通过特殊容器进行厌氧或好氧发酵处理,在降低废弃物中有机物浓度的同时,还可以获得沼气能源,剩下的残渣则还田施肥。近些年来,国外部分学者(Bernal et al.,1998)试图通过各种方法进一步深入了解废弃物发酵后的残渣成分,使得发酵残渣的最终处理更加成熟和稳定,不过Plam(2008)认为,目前人们把发酵残渣还田时仍然只注意到N、P等营养元素对植物的作用和部分微量元素对土地的污染,而忽略了许多其他对环境有利或者不利的信息。

(4)与化肥相比,生猪排泄的粪污中含有丰富的有机物能够提高土地生产率并保持土地长期肥沃。国外学者普遍认为用秸秆和粪污混合堆肥后还田,是农业可持续发展最为经济和环保的方法,但该方式需注意的是必须在适当的时间对农田施用合适的粪污量(Ronald A. Fleming et al.,1998)。

在实际生产过程中,区域环境、饲养规模等各种因素都影响废弃物治理技术的适用程度,不同养殖农户也会根据自己的利益或者偏好,采用某种技术或多种技术方组合来处理废弃物。因此,农户生猪养殖废弃物处置模式决定因素值得进一步深入分析。

国内学者(张军民,2003;张克强,2004;张存根,2005;张华,2005;李启美,2008)对生猪养殖业造成环境污染的原因做了大量研究:首先,养殖农户环保意识淡薄,且有关职能部门对规模化养猪场废弃物的治理监管力度不大。其次,为了满足猪肉消费市场的需求,生猪饲养业规模迅速扩大,但养殖专业户多,分布面广,遍及城郊、农村及山区,污染治理难度大。再次,种养脱节是造成我国生猪粪便污染的重要原因,部分养猪大户只养殖不农作,特别是城乡接合部的养殖小区,种养比例失衡,猪场废弃物缺少足够的土地或渔业消纳,加上化肥在实际生产中对有机肥的替代作用,生猪粪尿利用率低下。最后,由于传统养猪生产工艺落后,饲料利用率不高,猪舍设计和布局不尽合理,对废弃物也没有实行雨污分流、干湿分离,且多数农户不愿承担高昂的沼气工程建设成本。

在对规模养殖农户治理生猪饲养废弃物行为的微观研究方面,彭新宇(2007)对规模养殖农户治理废弃物行为进行了实证分析,发现专业户沼气技术采纳行为与被调查对象性别等变量呈负相关关系,与户主对畜禽废弃物与畜禽健康的认识、是否参加畜禽养殖协会、是否获得政府补贴、实际获得补贴量、当年饲养规模等变量呈正向关系。岳丹萍(2008)研究发现,散养户和养殖专业户在生猪粪尿排泄物处理方式上具有显著差异,规模化更倾向于选择沼气技术和直接排放到这两种方式。林斌(2009)运用多元回归分析方法,对规模化养猪场沼气工程发展的影响因素进行实证分析,发现沼气使用率和政府补贴对规模化养猪场沼气工程发展的影响作用最大。

国内许多学者(王德荣,1997;李健生,2005)也提出了以资源循环利用的原则来处理生猪养殖废弃物的方法,包括堆肥还田以替代果蔬种植业的化肥施用,通过干燥法或者青贮法将废弃物转化为有机饲料供于畜禽养殖或养鱼业等等。只有综合利用、农牧一体模式才能从根本上解决我国畜禽养殖污染问题,但这种方式在国内推广时存在环境标准和监管体系缺陷、资金和技术门槛较高、副产品没有获得应有的市场回报等诸多障碍(苏杨,2006)。

14.2.2 农户生猪养殖废弃物处置模式选择实证分析

综合以上分析,生猪养殖户会根据自身条件及自然、经济和社会环境条件选择合适的方式处置猪场废弃物。中国生猪养殖废弃物处理主要包括生猪养殖固体粪便和废液处理两个方面。影响农户生猪养殖废弃物处置模式选择的主要因素如图14.7所示。

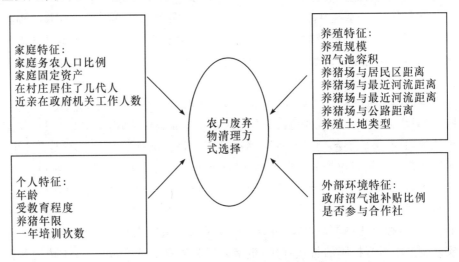

图 14.7 农户生猪养殖废弃物处理方式选择的影响因素分析框架

目前,四川省三台县生猪养殖普遍采用的清粪方式包括干清粪和水清粪两种模式。干清粪方式主要是先通过机械或者人工收集生猪粪便,然后冲洗猪舍,让尿液和污水从猪舍排水道流出。干清粪工艺在当地俗称干湿分离,即农户先将圈舍内的干粪铲出堆肥,再用水冲洗圈舍,废水流入沼气池发酵,发酵后剩下的液体用水泵抽出用于灌溉还田,这样的有机肥比不发酵的有机肥更有利于环境。调研地点普遍情况是,干清粪一天两次,早上及傍晚各一次。干清粪所需要的工具包括铁铲、运粪翻斗车、高压水枪以及抽水泵。全套投资1500~3000元不等。

水清粪则是直接将废弃物冲进沼气池发酵,这样发酵后的沼渣较多,发酵后的液体也同样用水泵抽出用于灌溉还田。没有修建沼气池的农户则是将废弃物储存在粪池,再用于还田。水清粪频率一天一次。水清粪主要工具为高压水枪、抽水泵。全套投资在 2000 元左右。

实地调研结果显示,在 144 个样本农户中,有 82 个农户选择了干清粪,占总样本的 56.94%。散养户中,选择干清粪和水清粪两种方式的农户比例为 1∶2,小规模养殖户的这一比值为 5∶6,中等规模养殖户的这一比值约为 5∶3,而大规模养殖户的这一比值为 4∶1。显然,养殖规模是废弃物处置模式选择的一个重要影响因素(见表 14.1)。

表 14.1　不同养殖规模农户清粪模式　　　　　单位:户,%

废弃物处置方式	散养户 (Q≤30)		小规模 (30<Q≤100)		中规模 (100<Q≤1000)		大规模 (Q>1000)		总　计	
	样本	比率	样本	比率	样本	比率	样本	比率	样本	比率
干清粪	10	12.2	10	12.2	42	51.2	20	56.9	82	56.9
水清粪	20	32.3	12	19.4	25	40.3	5	22.8	62	43.1
总　计	30	20.8	22	15.3	67	46.5	25	17.4		

注:Q 为农户饲养规模。

资料来源:根据作者调查 144 户农户的资料整理而来。

农户在权衡两种清粪方式时主要考虑的成本包括:前期设备投入、人工投入和水电投入。生猪养殖的废弃物主要包含粪尿、冲洗水和填棚料(秸秆粉或木屑等)混合物,粪尿的产生量与养殖种类、品种、性别、生长期、饲料、天气条件等诸多因素有关,且各养殖场生产方式和管理水平不同,废水排放量存在较大差异。采用干清粪方式的养殖场废水通常会比水冲粪方式养殖场废水中排放量低和有害物质含量低,但不同清粪方式的固定资产投资存在一定差异(见表 14.2)。

表 14.2　不同清粪模式与农户养殖特征

	散养户 (Q≤30)	小规模 (30<Q≤100)	中规模 (100<Q≤1000)	大规模 (Q>1000)
干清粪(户)	10(33%)	10(45%)	42(63%)	20(80%)
水清粪(户)	20(67%)	12(55%)	25(37%)	5(20%)
每日平均清粪小时数(小时)	0.68	1.57	4.15	11.2
干清粪	0.62	1.8	4.29	11.2
水清粪	0.71	1.38	3.91	11.2
家庭固定资产(万元)	14.91	15.92	29.2	95.92
干清粪	16.13	16.29	30.34	99.8
水清粪	13.51	15.61	27.29	71.2
距离水体(km)	0.78	1.5	1.84	2.16
干清粪	0.67	1.6	1.48	2.35
水清粪	0.84	1.42	2.44	1.4

为进一步定量研究农户废弃物处置模式选择的影响因素,本研究采用如下计量模型,实证分析农户清粪模式选择的决定因素。分析采用经典的二元分类 logistic 回归模型,被解释变量为二分变量,选择干清粪,赋值为 0;水清粪赋值为 1。生猪养殖户粪便处置模式选择行为可以概括为:

$$\ln\frac{p}{1-p} = \alpha_0 + \sum \alpha_i X_{ij} + \varepsilon_i \tag{14.2.1}$$

在此,y 为养殖户选择清粪模式的变量,选择干清粪,赋值为 0;水清粪赋值为 1。

P 为农户选择水清粪的概率

$$p(y=1) = \frac{e^{aX}}{1+e^{aX}} \tag{14.2.2}$$

在此,V_2 为参数向量,$X = X(x_1, x_2, \cdots, x_k)$ 为解释向量,包括个人基本特征,家庭基本特征,养殖特征和外部环境特征。

表 14.3　实证分析变量及其含义

变　量	含　义　及　备　注
农户个人特征	
年龄	岁
受教育程度	农户受教育的等级:1=小学;2=初中或中专;3=高中;4=大专及以上
养猪年限	年
每年接受的养猪培训的次数	次
家庭特征	
务农人口比例	%
家庭固定资产	万元
村中居住代数	代
政府工作的经常来往的亲朋好友	人
养殖特征	
饲养规模	头
沼气池容积	m³
公路距离	养猪场与最近公路的距离(km)
居民距离	养猪场与最近居民区的距离(km)
水体距离	养猪场与最近水体(河流、水塘、水井)的距离(km)
土地获取途径	1=闲置荒地 2=宅基地 3=集体建设用地 4=转租他人耕地 5=其他来源
外部环境特征	
政府沼气池补贴占沼气池建设成本的比例	%
农户是否参加养猪协会或合作社	否=0,是=1

本研究利用 SPSS19.0 软件,得到以下模型信息。其中 -2 倍对数似然最终值为 127.205;Cox 和 Snell R 平方值为 0.368;Nagelkerke R 平方值为 0.498,模型拟合良好。

从回归结果来看,被访问者年龄、家庭固定资产、饲养规模和养殖场距离水体的距离对农户废弃物处置模式选择具有显著影响。

表14.4　农户废弃物处置模式选择实证分析结果

变　　量	B	Sig.	Exp（B）
常量	−4.688	0.006***	0.009
年龄	0.115	0.001***	1.121
养殖年限	−0.038	0.365	0.963
培训	0.073	0.383	1.076
家庭务农人口比例	0.801	0.433	2.228
家庭固定资产	−0.043	0.053*	0.958
村中居住代数	0.017	0.875	1.017
沼气池政府补贴比例	−0.294	0.107*	0.746
养殖规模	−0003	0.014**	0.997
沼气池容积	0.002	0.829	1.002
公路距离	−0.212	0.335	0.809
居民距离	−0.105	0.631	0.900
水体距离	0.517	0.024**	1.676
政府补贴	−1.512	0.224	0.220
受教育程度	0.344	0.283	1.411
组织化程度	−0.196	0.727	0.822
土地途径	0.109	0.619	1.115

注:*、**、***分别表示在10%、5%、1%水平上显著。

从农户的个人特征来看,选择干清粪的农户平均年龄在42.41岁,选择水清粪的农户平均年龄在45.84岁。选择干清粪的农户每日平均花费清粪时长为5.23小时,选择水清粪的农户每日平均花费时长为2.98小时,可见干清粪需要消耗更多的体力,所以年龄偏大的农户一般不会偏向该清粪方式。

从家庭特征来看,家庭固定资产对农户选择清粪模式具有显著的影响。选择干清粪的农户的平均家庭资产为41.88万元,选择水清粪的农户的平均资产为26.70万元。各规模养殖户选择干清粪模式的农户平均家庭固定资产均大于水清粪模式的农户平均家庭固定资产。可以看出家庭固定资产越多的农户会越偏向于干清粪。尽管干清粪和水清粪的前期固定资产投资相差不大,但用于干清粪储存的堆粪棚和远距离运输粪便的运输设备都与农户的固定资产有关。固定资产越高,农户更偏向于选择干清粪。

养殖规模越大,选择干清粪方式的可能性越大。干清粪的粪肥出售不仅可以带来直接的经济收益,同时,干清粪比水清粪方式导致的粪污量低,能够显著降低规模养殖户生猪养殖废弃物处置压力。饲养规模越大,农户更不会选择水清粪模式,一方面是消耗的水电费较高,另一方面形成的污水较多不便于储存和处理。若采用干清粪模式,先将干粪铲除,再用水清洗猪圈,一方面节约用水,另一方面造成的污水较少并且污水中的废渣较少,便于沼气池储存和发酵。每日各养殖规模干清粪所需要多花费的时间并不是很多,相较于生猪养殖的水电成本支付,农户更愿意投入更多的人力清除粪肥。从干清粪比水清粪多消耗的人工时间来看,规模越大,两种清粪方式所消耗的时间差越小。所以,养殖规模越大,干清粪方式的成本越低,农户更倾向于选择干清粪。

养殖场距离水体越远,农户更倾向于选择水清粪模式。干清粪农户猪场距离水体的平均距离为 1.61 公里,水清粪农户猪场距离水体的平均距离为 1.64 公里,二者没有太大的差异。农户水清粪的水源大部分来自备井水、自来水厂用水,灌溉用水多来自河流水。农户的养殖废水用于还田,或者排放至河流。距离水体越远,农户选择水清粪模式的可能性越大,因为即使排入河流,废水流动的自然净化过程使得距离水体越远,废水排放对水体造成污染的可能性更小,从而农户生猪养殖废弃物排放的社会压力越低。

14.3 中国生猪养殖沼气池发展政策设计

中国生猪养猪场污染治理水平随养殖规模增加而表现出巨大的差异性。无论是干清粪模式,还是水清粪模式,生猪养殖废水处置,都是生猪养殖废弃物处置的一大挑战。沼气池建设是生猪养殖废弃物资源化的一项有力措施,少数建有沼气池的规模养殖场户,池容量处理能力、处理效果都达不到环保要求(陈春娟、谢建国,2006)。

表格 14.5　沼气池修建规模统计特征

	散养户 (Q≤30)	小规模 (30<Q≤100)	中规模 (100<Q≤1000)	大规模 (Q>1000)
沼气池容积(m³)	8.97	23.27	38.06	282.8
干清粪	8.9	23.6	33.74	282.5
水清粪	9	23	47.08	284
沼气池投资(元)	2400	4545	6299	54600
干清粪	2300	4800	5857	54500
水清粪	2450	4333	7040	55000
政府补贴占沼气池投资比例(%)	0	12.1	16.61	31.1
干清粪	0	16.6	16.87	30.63
水清粪	0	8.3	16.17	32.82

在 144 户样本农户中,散养户平均修建沼气池容积为 8.97m³,小规模养殖户平均修建沼气池容积为 23.27m³,中等规模养殖户平均修建沼气池容积为 38.06m³,大规模养殖户平均修建沼气池容积为 282.8m³。散养户沼气池平均

$$p(y=1) = \frac{e^{aX}}{1+e^{aX}} \qquad (14.2.2)$$

投资为 2400 元,小规模养殖户沼气池平均投资为 4545 元,中等规模养殖户平均投资为 6299 元,大规模养殖户沼气池投资为 54600 元。政府沼气池补贴对于大规模养殖户沼气池建设贡献最大,其比例高达 31.1%。显然养殖规模和政府补贴是影响生猪养殖沼气池建设的重要影响因素。

调研数据显示,干清粪方式的农户获得政府沼气池修建的补贴比例高于水清粪方式的农户。选择干清粪模式的农户平均沼气池容积为 90.15m³,政府补贴的平均比例为 18.14%。而选择水清粪模式的农户平均沼气池容积为 49.24m³,政府补贴的平均比例为 10.78%。虽然政府对于沼气池修建的补贴都有统一标准,沼气池修建有统一的模式,但政府补贴不到位导致沼气池使用率极低。农户没能够获得补贴的原因包括:不十分了解政府政策,对于申请补贴的审批流程不清楚;修建的沼气池没有达到标准,沼气池利用率较低,最后往往他们把沼气池当作普通的化粪池使用,也就是较为传统的水清粪模式的使用方式。

除了政府补贴外,哪些因素影响了生猪养殖的沼气池建设决策?政府补贴对于农户沼气池建设的激励效应如何?本研究采用多元线性回归模型,深入研究养殖户沼气池建设的影响因素。计量分析的具体回归模型如下:

$$Y = \beta_0 + \beta_1 X_1 + \cdots + \beta_P X_P + \varepsilon \qquad (14.3.1)$$

其中,Y 为沼气池容积,β_0 常数项,β_1,$\cdots$,β_p 称为回归系数。$X = (X_1, X_2, \cdots, X_p)$ 为回归分析自变量,包括农户个人特征、家庭特征、养殖特征和外部环境特征等因素。模型分析的具体变量见表 14.6。

表 14.6 自变量及其含义

变 量	含 义 及 备 注
农户个人特征	
年龄	岁
受教育程度	农户受教育的等级:1=小学;2=初中或中专; 3=高中;4=大专及以上
养猪年限	年
接受养猪培训的次数	(次/年)
家庭特征	
社会资本	平均加权社会资本项目数据:是否村中大姓、 村中居住代数、政府关系
家庭固定资产	万元
家中耕地面积	亩
养殖特征	
饲养规模	头
养猪场与最近居民区的距离	km
养猪场与最近水体(河流、水塘、水井)的距离	km
土地途径	1=闲置荒地 2=宅基地 3=集体建设用地 4=转租他人耕地 5=其他来源
清粪方式	干清粪=0;水清粪=1
每日清粪人工时长	小时

续表

变 量	含 义 及 备 注
外部环境特征	
沼气池修建经费的政府补贴比例	%
农户是否参加养猪协会或合作社	否＝0,是＝1

本研究利用SPSS17.0,对影响农户沼气池建设的可能的影响因素进行了回归分析。回归模型 $R=0.943$,调整 $R^2=0.877$,标准估计的误差为36.34,说明回归效果良好,模型具有很强的解释能力。具体回归分析结果见表14.7。

表 14.7 沼气池面积决定因素

	非标准化系数		标准化系数	t	Sig.
	B	标准误差			
常量	−67.020	21.374		−3.136	0.002
年龄	1.480	0.387	0.141	3.823***	0.000
文化程度	−3.259	4.305	−0.025	−0.757	0.450
养殖年限	0.162	0.581	0.011	0.279	0.781
出栏规模	0.057	0.008	0.507	6.715***	0.000
清理粪方式	1.224	7.369	0.006	0.166	0.868
猪场距离居民区距离	−1.468	2.488	−0.020	−0.590	0.556
距离最近河流距离	5.175	2.778	0.063	1.863*	0.065
社会资本	−10.706	3.945	−0.107	−2.714***	0.008
耕地数量	−2.200	0.776	−0.119	−2.834***	0.005
一年的培训次数	4.127	1.061	0.164	3.890***	0.000
每日清粪所需人工小时数	6.036	1.848	0.235	3.267***	0.001
家庭固定资产	0.067	0.119	0.027	0.566	0.572
沼气池政府出资比例	51.871	19.591	0.093	2.648***	0.009
土地获得	9.728	3.177	0.099	3.062***	0.003
是否参与合作社	−19.872	6.943	−0.092	−2.862***	0.005

注:*、**、***分别表示在10%、5%、1%水平上显著。

计量分析结果说明:被调查对象年龄、生猪出栏规模、社会资本、耕地数量、培训次数、每天清粪时间、沼气池建设政府出资比例、生猪养殖地块类型和是否加入合作社是影响农户沼气池面积的主要原因。

被调查对象年龄显著地影响沼气池建设,年龄越大的农户越倾向于修建更大的沼气池。根据实地调研数据统计,四川省三台县生猪养殖户调查样本年龄在21~30岁之间的养殖农户有23户,沼气池平均容积为27.83m³;年龄在31~40岁之间的养殖户有29户,沼气池平均容积为36.1m³;年龄在41~50岁之间的养殖户有53户,沼气池平均容积为89.43m³;年龄在51~60岁之家的养殖户有33户,沼气池平均容积为53.58m³。年龄在61岁以上的农户有6户,沼气池平均容积为70.83m³。41~50岁的农户沼气池平均容积最大。

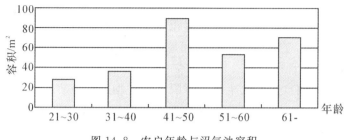

图 14.8　农户年龄与沼气池容积

养殖规模与沼气池容积具有显著的正相关性。随着养殖规模的扩大,生猪养殖粪便消纳对于养殖户而言是一个巨大的挑战,养殖规模越大的农户修建的沼气池容积越大,以缓解生猪养殖环境污染压力。

家庭耕地面积与生猪养殖沼气池容积建设呈负向影响。由表 14.8 可以看到,虽然小规模养殖户平均家庭耕地面积大于散养户,但随着专业化水平的提高,中规模和大规模养殖户兼业化程度降低,家庭平均耕地面积远小于小规模养殖户和散养户。对小规模养殖户而言,家庭耕地有足够的空间消纳生猪养殖废弃物。耕地面积越大,消纳能力越强,从而不必要花费金钱与时间修建沼气池。散养户和小规模养殖户猪场往往建在宅基地上,由于空间限制,使得养殖户难以建设更大的沼气池。

表 14.8　耕地面积与沼气池容积关系

	散养户 (Q≤30)	小规模 (30＜Q≤100)	中规模 (100＜Q≤1000)	大规模 (Q＞1000)
样本总数(户)	30	22	67	25
平均耕地面积(亩)	8.8	12.64	3.57	0
沼气池容积(m^3)	8.97	23.27	38.06	282.8

清粪时间越长,沼气池容积越大。养殖规模与清粪时间成正比。所需要的清粪时间越长,意味着生猪养殖废弃物管理劳动力投入越大,因此需要更大容积的沼气池来储存废液。

一年平均培训次数越多,农户沼气池容积越大。接受培训次数越多的农户,专业化养猪程度越高,对于沼气池的修建、使用也理解得更为透彻。

政府对于沼气池补贴比例越大,农户修建沼气池的积极性越高。沼气池修建成本是农户沼气池容积的重要决定因素。沼气池修建本身不仅能够使得养殖户本身获得能源节约收益,同时,政府补贴能够显著地缓解农户沼气池建设的成本压力。从而,政府补贴与养殖户沼气池容积呈正向关系。

距离河流越远,沼气池容积越大。一方面是距离河流越远,废水排放污染的可能性越低;另一方面是距离河流越远,农作物灌溉越不方便,所以会选择修建更大容积的沼气池用于农田灌溉。

　　土地地获得正向地影响沼气池容积。调查中将土地获得途径分为以下五种类型:闲置荒地、宅基地、集体建设用地、转租他人耕地和其他(包括废弃的学校、村公所和购买土地)。在 144 个农户中,67 个生猪养殖场建立在宅基地上,该类农户沼气池建设面临着土地获得限制而平均沼气池容积仅为 19.90 立方米。随着生猪养殖土地获得限制的改善,利用闲置荒地的养殖户沼气池平均容积为 60.14 立方米,沼气池容积随土地可获得性而提高。

表 14.9　农户生猪养殖场建设土地获得途径

	宅基地	闲置荒地	集体建设用地	转租他人耕地	其他
农户数(户)	67	29	18	9	21
沼气池平均容积(m³)	19.90	60.14	188.88	184.44	109.90

　　是否加入合作社负向地影响农户沼气池建设。在 144 户被调查农户中,有 52 个农户加入合作社,其中中规模养殖户 32 户,大规模养殖户 13 户,小规模养殖户 7 户。对小规模的农户而言,加入合作社农户的沼气池平均容积高于未加入合作社生猪养殖户;对中规模和大规模养殖户而言,是否加入合作社其沼气池容积没有很大差别,但具有负向影响。合作社并没有对生猪养殖废弃物处置提出任何要求,当养殖户加入合作社,通过合作社提供的产前饲料提供、产中技术服务和产后销售服务,显著促进了生猪养殖规模的发展。两种趋势叠加的结果是加入合作社导致其相对生猪养殖规模而言的沼气池容积的降低。

表 14.10　不同规模养殖户加入合作社比例

	散养户 (Q≤30)		小规模 (30<Q≤100)		中规模 (100<Q≤1000)		大规模 (Q>1000)	
样本总数(户)	30		22		67		25	
加入合作社	是	否	是	否	是	否	是	否
	0	30	7	15	32	35	13	12
沼气池容积(m³)		8.97	23.71	23.06	36.56	40.69	285.34	280

　　农户的文化程度和家庭固定资产对于其选择修建沼气池容积的大小没有显著影响。因为沼气池修建模式有具体的规定,政府同时提供技术指导,从而农户文化程度并不影响其技术把握。沼气池的修建费用并不高,一般养殖户都能够承受,所以家庭固定资产对于修建沼气池来说就没有修建猪场那样显著的影响。

14.4 中国生猪养殖废弃物治理对策建议

14.4.1 提升农户环保意识

农户的环境认知影响农户废弃物处理方式的选择行为。调查显示,在所有接受调查的农户中,仅有 14 户农户认为生猪养殖废弃物还田后会对水体产生较为严重的污染,甚至会对饮用水造成影响。而 90% 的农户认为生猪养殖废弃物还田后,通过环境降解后不会造成饮用水污染。可见四川省生猪养殖户对于污染物环境影响程度的认知程度较低。

通过对认为生猪养殖废弃物还田后会对水体产生较为严重的污染,甚至会对饮用水造成影响的 14 户农户的进一步调查发现。即使农户认识到了废弃物还田的环境污染后果,但仍然没有采取相应的治理措施,或者不知道应该采取怎样的措施来缓解这一问题。大多生猪散养户和养殖专业户受教育程度较低,难以全面掌握像微生物发酵、清洁生产这样的高新技术,因此部分治污效果好的技术很难普及推广。大部分规模养猪场已经建成了一些污染治理设施,但缺乏专业技术人员的指导,存在设计、技术、管理及运行等方面的问题,造成许多的治污工程处理和净化的效果并不理想,甚至根本无法正常运转,而且政府相关部门针对生猪养殖的培训主要集中在饲养技术、卫生防疫方面,对治污技术的专业培训过少也是导致治污技术推广效果不好的原因之一。

随着国内生猪养殖业的迅猛发展,大部分生猪养殖户并没有形成强烈的环保意识,对污染治理技术的掌握程度也有限,许多治污技术在实际应用的时候没有发挥应有的效果;有些工程运行效果虽然比较好,但存在着粪污处理工程建设的投资大、技术成本高及运转费用高等问题,不适合中国国情,这在一定程度上限制了处理技术的推广和运用,造成我国畜禽养殖业的污染问题最终未能得到有效的根本解决。鉴于农户对生猪废弃物污染情况的反映,政府有关部门可以通过加强宣传生猪废弃物造成的空气污染和水体污染的实例,来提高农户对污染危害的了解,同时开展各种治污技术的宣传、培训工作是农户改进治污水平的有效途径。

14.4.2　倡导养殖户科学选址

改革开放前,传统养猪是以家庭分散饲养的方式为主,饲养数量少,所产生的粪污较少,完全可以还田作为肥料利用,部分小规模生猪养殖生产队采用"小沼气"来处理废弃物,沼渣和沼液可以完全被种植业还田吸收,基本上不存在环境污染问题。直到 20 世纪 90 年代,畜禽养殖业速度迅猛加快,全国各地出现了大批集约化、规模化养猪小区,这些养猪场在成立之初,仅仅关注如何改善生猪饲养技术、提高防疫能力和管理水平,而没有形成足够的环保意识,忽视了大量局部集中的粪便、污水等废弃物对环境的危害。集约化畜禽养殖业的迅速发展和畜禽排污量大幅增加,使得畜禽养殖污染成为一个重要的面源污染源(李建华,2004)。

2001 年各项畜牧业污染防治标准颁布之前,为了运输方便,大多数规模化猪场都建在城市郊区,周围没有足够的农田消纳处理众多的粪污,加上环保意识淡薄的人为因素,污水任意排放,恶臭气体及生产过程中的微生物未经无害化处理而排入大气,散布于猪场及附近居民区,影响人畜健康。据调研统计结果,受调研养猪场分布在农村的有 66 家,占总样本的 45.83%,其他养猪场分布在城市郊区或乡镇中心附近,或者山区。从三台县生猪养殖场分布来看,44 个农户为了获得市场销售优势,将养殖场建在城镇郊区,建在乡镇的养殖场为 6 个(见表 14.11)。

表 14.11　三台县生猪养殖场分布

	1=市区	2=城郊	3=乡镇	4=农村	5=山区	6=其他
农户数	0	44	6	66	28	0

进一步猪舍具体地理位置调研发现,有 61 个猪场就在居民区邻近处选址,占总样本的 42.36%,与居民区距离低于 100 米的猪场也占了 11.2%,距离居民区 2000 米以内(包括 2000 米)的生猪养殖户为 125 户,占被调查样本农户的 86.8%(见表 14.12)。

表 14.12　养殖场离居民区距离

距离(km)	5	3	2	1	0.6	0.3	0
农户(户)	11	8	16	42	1	5	61
占比(%)	7.64	5.56	11.11	29.17	0.69	3.47	42.36

猪场与水体的距离在 100 米以内的农户为 17 户,1000 米以内(包括 1000 米)的农户数为 76 户,占被调查农户的 52.78%。与居民距离相比,猪场与河流、池塘等地上水体的距离则相对远些,有 15.7%的猪场附近不存在河流或池

塘(见表 14.13)。

表 14.13 养殖场离最近水体的距离

距离(km)	5	3	2	1	0.5	0.3	0.03	0
农户(户)	7	29	32	38	16	5	4	13
占比(%)	4.86	20.14	22.22	26.39	11.11	3.47	2.78	9.03

猪场与公路的距离在 100 米以内的农户为 60 户,500 米以上的农户数为 115 户,占被调查农户的 79.85%(见表 14.14)。

表 14.14 养殖场离公路的距离

距离(km)	4	3	2	1	0.5	0.4	0.3	0.2	0.1	0
农户(户)	6	11	4	8	10	5	14	26	19	41
占比(%)	4.17	7.64	2.78	5.56	6.94	3.47	9.72	18.06	13.19	28.47

如果农户在村庄居住时间较长,所拥有的获取信息的渠道将会比较广泛,获得土地来源更为广泛。从实地调研结果看,大规模养殖户的 20 户猪场建设是利用闲置荒地,5 户选择废弃学校。年出栏 1000 头以上的大规模养殖场经济实力较强,在场址选择、场区设计、猪舍建设等基础规划方面比较合理,在饲料选择、饲养方式和治污技术方面也逐步科学化,并且在政府部门的积极扶持下,各种经济有效的污染物治理设施与场区生产基础设施同步建设,科学化的污染防治方法基本能确保场区固体污染物良性循环,综合利用,污水排放达到国家标准。中规模养殖户更多地利用闲置荒地从事生猪养殖。

表 14.15 各规模养殖户土地获得途径

	散养户 (Q≤30)	小规模 (30<Q≤100)	中规模 (100<Q≤1000)	大规模 (Q>1000)
样本总数(户)	30	22	67	25
土地获取途径				
1=闲置荒地(户)	8	12	38	20
2=宅基地(户)	15	5	6	0
3=集体建设用地(户)	6	5	12	0
4=转租他人耕地(户)	1	0	1	0
5=其他来源(户)	0	0	10	5

56.18% 的中等规模养殖户和小规模养殖户利用闲置荒地,12.36% 的农户利用宅基地,19.10% 的农户利用集体建设用地,1.12% 的农户转租他人耕地,11.24% 的农户选择其他来源。散养户中,有 26.67% 选择了闲置荒地,5% 选择了宅基地,20% 选择了集体建设用地,3.33% 选择了转租他人土地。闲置荒地和集体建设用地是规模养殖户猪场建设的主要场所。而小规模养殖户基本上是利用农村旧房、废弃仓库、集体畜牧场改扩建而成,本身生产规模小、成本投

入低、饲养设备简陋,污染治理设施建设就更为简单。小规模养殖户和散养户利用宅基地建设猪场,对生活区的污染威胁更为严峻。

根据政府 2009 年 9 月 30 日发布的《畜禽养殖业污染治理工程技术规范》生猪养殖管理规定,为科学养殖畜禽,畜禽养殖场、养殖小区要建在地势平坦干燥、背风向阳、未被污染、无疫病的地方;距铁路、公路、城镇、学校、医院等公共场所 500 米以上,距离居民区上风向 2000 米以上;距其他畜禽养殖场、养殖小区、屠宰场、畜产品加工厂、畜禽交易市场、垃圾及污水处理场所等 1000 米以上,要远离水源保护区、风景名胜区,以及自然保护区的核心区和缓冲区;生产区、生活区、隔离区、污物处理区、病畜禽无害化处理区明显分离。随着城市化进程快速发展,许多原先处在郊区或农村的规模养猪场如今也处于城市居民生活区中,距离水体和公路的距离不符合政府生猪养殖污染治理技术规范要求,使得生猪养殖面临的污染治理问题更加严峻。

14.4.3 推动生猪养殖标准化发展

由于固态猪粪便于清扫回收,既可以干燥后堆肥还田,又可以作为有机肥出售,所以资源化利用率较高。实地调研发现,144 户生猪养殖户中,61.11% 的农户选择干清粪方式,38.89% 的农户选择水清粪方式。对于干清粪的固体粪便,各有 38.9% 的农户分别将固体粪便用于作物种植还田和赠送他人,只有 17.4% 的农户选择出售。但值得注意的是,许多养猪场未经无害化处理直接向农户、企业出售当天猪粪,可能会在运输的过程中产生微生物病菌传播和恶臭气体污染。选择水清粪方式的农户有 4.2% 的农户直接将粪污排放河流(见表 14.16)。

表 14.16　养殖户猪粪处理方式

不同处理方式	干清粪 61.11%			水清粪 38.89%
农户比例	自己作物种植还田	赠送他人	出售	直接排放至河流
	38.9%	38.9%	17.4%	4.2%

养猪场污水产生量大,且处理程序烦琐,所以污水处理率较低,大多数小规模场未经处理就直接排放,造成水体、农田污染。规模养猪场处理废弃物的技术上主要有两种类型:一是大规模养猪场按照标准化治污要求处理废弃物,形成机械干湿分离、高温厌氧发酵和三级沉淀池中的一种或几种联合无害化处理系统。这种类型基本能最大限度地降低环境污染程度,但其高额建设成本往往让许多中等规模养猪农户无法接受。二是普通养猪专业户无法承担治污技术的高成本而选择低水平处理技术。从实地调研结果看,无论生猪养殖规模如何,农户都没有购买压滤机等机械设施,固体粪便的清理采用人工清理方式,拥

有铲子、粪车的农户占被调查样本农户的 60.4%,干粪清理结束后,利用高压水枪清理剩余粪污。生猪养殖技术装备程度低,是未来生猪养殖污染治理的一大挑战,促进生猪养殖标准化发展,是产业可持续发展的一个重要选择。

表 14.17 降低环境污染相关措施

清粪设备	铲子、粪车	高压水枪	压滤机等	抽水机
农户比例	60.4%	66.7%	0	70.8%

适当的饲养密度对生猪产量及废弃物排放量都有较大影响。144 位受调研农户的猪舍平均饲养面积为 $1294m^2$,其中,在 $200\ m^2$ 及以下的有 57 户,$200\sim500\ m^2$ 和 $500\sim1000\ m^2$ 的农户分别有 26 和 12 户,$1000\ m^2$ 以上的有 49 户(见图 14.9)。但与较大饲养面积相反,仅仅只有 25 个农户在猪舍附近修建了贮粪池来容纳粪尿、污水等废弃物,同时容纳粪尿、污水混合物等废弃物的设施建设并没有得到农户的普遍重视。

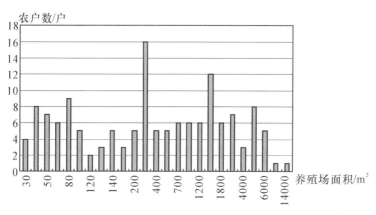

图 14.9 生猪养殖场面积分布

14.4.4 完善生猪养殖规制和加强政策实施

虽然,近些年来政府在制定畜禽养殖业污染防治政策法规上做了很多工作,尤其自 2001 年后,相继出台《畜禽养殖污染防治管理办法》、《畜禽养殖业污染防治技术规范》和《畜禽养殖业污染物排放标准》三部规章,在各个层面上对畜禽养殖污染防治工作作了详细规定。但相对于快速发展的畜禽养殖业而言,制度建设相对滞后,我国生猪养殖污染防治的法律体系仍不完善。

首先,对生猪养殖专业户污染关注不够。生猪养殖规模化发展的趋势表明,散养农户会逐渐退出养殖业,养殖专业户和大规模养殖企业越来越多,而且养殖专业户会成为我国生猪养殖业的主要生产主体。现有政策法规的适用对象主要是规模化生猪养殖场(年出栏 500 头以上)和养殖小区(年出栏 3000 头以上),对数量众多的养殖专业户和散养户的管制则比较少。据调查,中小规模养殖场污染是全国养殖业污染的主要部分(武淑霞,2005)。现有政策法规对中小规模养殖户污染治理的忽视会造成潜在的生猪养殖环境问题。

其次,生猪养殖污染排放标准的可操作性太低。一是生猪养殖污染程度与饲养方法、本地畜禽养殖业饲养规模、资源和环境容量相关,因此,各地畜禽养殖业污染物可排放量也存在差异。农业大省有足够的土地消纳废弃物,如果当地畜禽养殖按照国家统一标准排放,肯定会抑制畜禽养殖业发展;相反,环境容量偏低的沿海经济发达省份若按照国家统一标准排放,无疑会加重畜禽养殖业污染。因此,各地方必须在全国统一的排放标准基础上研究本地适合的排污标准。如浙江省于 2006 年实施了高于国家标准的地方畜禽养殖业排污标准,广东省珠三角地区决定于 2010 年实施高于国家和全省标准的畜禽养殖业排污制度。二是关于养殖排污的规定,国内普遍采用污染物质排放浓度标准的规定方法,而国外通常是直接规定一定面积土地上最大允许饲养量,如德国规定每公顷土地上家畜的最大允许饲养量、法国规定畜舍与住宅的最近距离等。前种方法的执法办法是在产生污染后进行事后检测和处罚,技术性强,农户不易掌握,执法成本高。后种方法在实践中农户容易理解,监测成本低,属于排污前的管理手段。

2003 年起,中央将农村沼气列入农村"六小工程"给予扶持,2003—2006 年共安排 55 亿元国债资金,在 418 万个村建设了 573 万口沼气池。如此大规模的沼气池建造和使用必将对我国农村居民的生产、生活、消费等诸多方面产生深远的影响(汪海波、辛贤,2008)。针对目前沼气发酵技术在四川省三台县生猪养殖的应用现状,政府部门应该完善沼气池修建补贴政策,提升沼气发酵技术的应用效果。具体建议包含以下几个方面:(1)加大对养猪业沼气池修建的扶持力度,进一步扩大沼气发酵技术在生猪养殖废弃物治理中的覆盖范围;(2)政府部门在提高沼气池修建补贴的同时,需要协同被补贴农户,根据养殖情况,共同做好沼气池设计、施工和使用等环节的管理工作,做到设计合理、施工严格和使用规范;(3)在支持沼气发酵技术应用的同时,可以增加沼气相关技术领域的科技投入,开发高产气率、促进综合利用、减少劳动或建池成本的新技术,调研结果中显示,技术的改进也是农户最乐意接受的方式;(4)外延沼气池修建补贴的范围,建立健全农村沼气服务体系,加快农村沼气服务网点的建设,将沼气使用尽量延伸到更多的农户家庭,进而加快沼气发酵的运转速度,间接提高废弃物处理率。

14.5   本章小结

本章首先简要陈述了实证调研前地点的选择和问卷的设计,在与农户面对面的深入访谈后共获得有效问卷 144 份,为实证分析提供了数据基础。据总样本数据的统计分析,富有专业养殖经验的中年农户为主的四川省三台县生猪养殖发展强劲,饲养规模普遍快速增长,为农民增收作出了巨大贡献。但依然存在农民环保意识淡薄、污水处理率低和沼气池容积偏小的问题,使得四川省三台县生猪养殖的环境威胁不容小觑。

四川省三台县生猪养殖普遍采用的清粪方式包含干清粪和水清粪两种模式。干清粪方式主要是先通过机械或者人工收集生猪粪便,然后冲洗猪舍,让尿液和污水从猪舍排水道流出。水清粪则直接是将废弃物冲进沼气池发酵,这样发酵后的沼渣较多,发酵后的液体也同样用水泵抽出用于灌溉还田。没有修建沼气池的农户则是将废弃物储存在粪池,再用于还田。采用干清粪方式的养殖场废水通常会比水冲粪方式养殖场废水中的有害物质含量低。实地调研结果显示,在 144 户样本农户中,有 82 户选择了干清粪,占总样本的 56.94%。被访问者年龄、家庭固定资产、饲养规模和养殖场距离水体的距离对农户废弃物处置模式选择具有显著影响。

中国生猪养猪场污染治理水平随养殖规模增加而表现出巨大的差异性。无论是干清粪模式,还是水清粪模式,生猪养殖废水处理,都是生猪养殖废弃物处置的一大挑战。沼气池建设是生猪养殖废弃物资源化的一项有力措施,少数建有沼气池的规模养殖场户,池容量处理能力、处理效果都达不到环保要求。为此,必须进一步提升农户环保意识,倡导规模养殖户科学选址,推动生猪养殖标准化发展,以及完善生猪养殖规制和加强政策实施。

本篇参考文献

1. Aillery, M. Managing Manure to Improve Air and Water Quality. A Report from the Economic Research Service, 2005 (7):55.

2. Banker, R. D., Chames, A., Cooper, W. W. Some Models for Estimating Technical and Scale Inefficiencies in Data Envelopment Analysis. Mangage. Sci., 1984, 30 (9): 1078-1092.

3. Bernal, M. P., Paredes, C., Sanchez-Monedero, M. A., et al. Maturity and Stability Parameters of Composts Prepared With a Wide Range of Organic Wastes. Bioresource Technology, 1998(63):91-99.

4. Burton, C. H. The Potential Contribution of Separation Technologies to the

Management of Livestock Manure. Livestock Science，2007 (112)：208-216.

5. Claire，E. M.，& Rabi，M. Impact of Anaerobic Digestion on Organic Matter Quality in Pig Slurry. International Biodeterioration & Biodegradation，2009(63)：260-266.

6. Innes，R. The Economics of Livestock Waste and Its Regulation. American Journal of Agricultural Economics，2000,82(1)：97-117.

7. Ki，Y. M.，& Han，J. K. Odor Reduction Rate in the Confinement Pig Building by Spraying Various Additives. Bioresearches Technology，2008 (99)：8464-8469.

8. Marcel，A. Managing Manure to Improve Air and Water Quality. A Report from the Economic Research Service，2005 (7)：55.

9. Pagano，A.，& Abdalla，C. Clustering in Animal Agriculture：Economic Trends and Policy. Great Plains Agricultural Council，1995 (151)：92-199.

10. Pierre，J. Review of the Use of Aerobic Thermophilic Bioprocesses for the Treatment of Swine Waste. Livestock Science，2006 (201)：187-196.

11. Palm. The Quality of Liquid and Solid Digestate From Biogas Plants and Its Application in Agriculture. Workshop：The Future for Anaerobic Digestion of Organic Waste in Europe，2008 (5)：90-97.

12. Rainelli, M.，Ekonomia Przemyslowa (Industrial Economy)，PWN，Warsaw，1996.

13. Ronald，A. F.，Bruce，A. B.，& Wang，E. Resource or Waste? The Economics of Swine Manure Storage and Management. Agricultural & Applied Economics Association，1998，20(1)：96-113.

14. Smith，K. R.，& Kuch，P. J. What We Know about Opportunities for Intergovernmental Institutional Innovation：Policy Issues for an Industrializing Animal Agriculture Sector. American Journal of Agricultural Economics，1995，77(5)：1244-1249.

15. Smith，K. A.，Brewer，A. J.，Dauven，A.，et al. A Survey of the Production and Use of Animal Manures in England and Wales. Pig Manure Soil Use Manage，2000 (16)：124-132.

16. Vu，T. K. V.，Tran，M. T.，& Dang，T. T. S. A Survey of Manure Management on Pig Farms in Northern Vietnam. Livestock Science，2007 (112)：288-297.

17. World Bank. Managing the Livestock Revolution：Policy and Technology to Address the Negative Impacts of a Fast-Growing Sector. Washington，DC，WB，2005：89.

18. Zhang，Z. J.，Zhu，J. Effectiveness of Short-term Aeration in Treating Swine Finishing Manure to Reduce Odor Generation Potential. Agriculture，Ecosystems and Environment，2005，105：115-125.

19. 陈顺友,熊远著,邓昌彦.规模化生猪生产波动的成因及其抗风险能力初探.农业技术经济,2000(6)：6—9.

20. 陈春娟,谢建国.常山县养殖污染治理的现状及对策.浙江畜牧兽医,2006(3).

21. 冯永辉.我国生猪规模化养殖及区域布局变化五大趋势.农村养殖技术,2006(10).

22. 高升鹏.规模化养猪场粪污治理问题探讨.中国畜牧杂志,1998(2)：54—55.

23. 韩洪云.中国农村土地环境退化的成因与国外政策设计的启示.浙江社会科学,2009

(1):52—56.

24. 胡浩.台湾生猪产业的发展及其政策变化的启示.贵州农业科学,2004,32(5):92—93.

25. 黄晶晶,林超文,陈一兵,张庆玉,中国农业面源污染的现状及对策.安徽农学通报,2006,12(12):47—48.

26. 李建华.畜禽养殖业的清洁生产与污染防治对策研究.浙江大学硕士学位论文,2004.

27. 李健生.循环经济在养猪业污染及生态修复中的应用.环境科学研究,2005(6):133—136.

28. 李启美,黄展裕.龙泉市养猪业的污染治理现状及对策调查.浙江畜牧兽医,2008,6:17—18.

29. 林斌.规模化养猪场沼气工程发展的影响因素研究.福建农林大学博士学位论文,2009.

30. 林代炎,姚金宝.种分离机械队规模化猪场污水处理效果研究.中国农学通报,2005(6):427—429

31. 刘建昌,陈伟琪,张路平,等.构建流域农业非点源污染控制的环境经济手段研究:以福建省九龙江流域为例.中国生态农业学报,2005(3):186—190.

32. 刘旭明,袁正东.规模化 VS 千家万户:谁的污染严重? 中国禽业导刊,2008(4).

33. 彭新宇,张陆彪.畜禽养殖业的环境影响及经济分析.产业观察,2007:271—274。

34. 邱君.中国农业污染治理的政策分析.中国农科院博士学位论文,2007.

35. 苏杨.我国集约化畜禽养殖场污染治理障碍分析及对策.中国畜牧杂志,2006(14):31—34.

36. 陶涛.国内外畜禽养殖业粪便管理及立法的比较.武汉城市建设学院学报,1998,15(2):35—38.

37. 汪海波,辛贤.农户采纳沼气行为选择及影响因素分析.农业经济问题,2008(12):79—85.

38. 王德荣.畜禽养殖业集约化发展与环境保护.天津畜牧兽医,1997,14(2):10—12.

39. 王军,田露,张越杰.中国生猪生产区域布局变动分析.中国畜牧杂志.2011,47(10):19—21.

40. 王松伟.农户生猪养殖不同规模的成本研究.西南大学硕士学位论文,2011.

41. 王晓燕,曹利平.中国农业非点源污染控制的经济措施探讨:以北京密云水库为例.生态与农村环境学报,2006,22(2):55—91.

42. 吴慧军,孙丹.猪肉进出口:冰火两重.中国海关,2011(8):88—89

43. 武淑霞.我国农村畜禽养殖业氮磷排放变化特征及其对农业面源污染的影响.中国农业科学院硕士学位论文,2005.

44. 肖军.推进城乡一体化,统筹经济和环境协调发展.环境污染与防治,2004(6):198—199

45. 杨朝晖,曾光明,陈信常,等.规模化养猪场废水处理工艺的研究.环境工程,2002(12):19—21.

46. 姚来银,许朝晖.养猪废水氮磷污染及其深度脱氮除磷技术探讨.中国沼气,2003,21(1):28－29.

47. 闫振宇,陶建平,徐家鹏.中国生猪生产的区域效率差异及其适度规模选择.经济地理,2012(7).

48. 阎波杰,赵春江,潘瑜春,王 妍.规模化养殖畜禽粪便量估算及环境影响研究.中国环境科学,2009,29(7):733－737.

49. 岳丹萍.江苏省养猪业污染与对策的实证研究.南京农业大学硕士学位论文,2008.

50. 张存根.畜牧业生产带来的生态环境问题分析.北京农学院学报,2005(1):32－35.

51. 张存根,梁振华.正确认识与引导畜牧产业化经营.中国牧业通讯,1998(6).

52. 张华.养猪业污染防治技术途径研究.东北大学硕士学位论文,2005.

53. 张军民.中国畜牧业环境污染现状及应对措施.中国农业科学院导报,2003(5).

54. 张克强,高怀友.畜禽养殖业污染物处理与处置.北京:化学工业出版社,2004.

55. 张琪.试论规模化养殖的利与弊.中国农业科学,2006(3):38－39.

56. 张绪美.中国畜禽养殖及其粪便污染与治理现状.环境科学与管理.2009,34(12).

57. 章力建,朱立志.实施集成创新战略综合防治农业立体污染.农业环境与发展,2006(3):1－4.

58. 朱兆良,孙波,杨林章.我国农业面源污染的控制政策和措施.科技导报,2005(23):47－51。

索　引

图书在版编目(CIP)数据

农业面源污染治理政策设计与选择研究 / 韩洪云，
杨曾旭，蔡书楷著. —杭州：浙江大学出版社，2014.5
ISBN 978-7-308-13036-3

Ⅰ.①农… Ⅱ.①韩… ②杨… ③蔡… Ⅲ.①农业污
染源－面源污染－污染防治－环境政策－研究－中国
Ⅳ.①X501

中国版本图书馆 CIP 数据核字(2014)第 060980 号

农业面源污染治理政策设计与选择研究

韩洪云　杨曾旭　蔡书楷　著

责任编辑　田　华

封面设计　春天·书装工作室

出版发行　浙江大学出版社

　　　　　(杭州市天目山路 148 号　邮政编码 310007)

　　　　　(网址：http://www.zjupress.com)

排　　版　浙江时代出版服务有限公司

印　　刷　杭州杭新印务有限公司

开　　本　710mm×1000mm　1/16

印　　张　20.75

字　　数　390 千

版 印 次　2014 年 5 月第 1 版　2014 年 5 月第 1 次印刷

书　　号　ISBN 978-7-308-13036-3

定　　价　58.00 元